节约资源和绿色发展视域下能源开发区国土生态土地利用研究

李 滢 图 木 苑 杨 主编

北京航空航天大学出版社

图书在版编目（CIP）数据

节约资源和绿色发展视域下能源开发区国土生态土地利用研究 / 李滢，图木，苑杨主编. -- 北京：北京航空航天大学出版社，2022.12

ISBN 978-7-5124-3978-8

Ⅰ.①节… Ⅱ.①李… ②图… ③苑… Ⅲ.①能源开发—开发区—国土资源—土地利用—中国—文集Ⅳ.①F129.9-53

中国版本图书馆CIP数据核字（2022）第254609号

节约资源和绿色发展视域下能源开发区国土生态土地利用研究

李 滢 图 木 苑 杨 主编

责任编辑 董宜斌

*

北京航空航天大学出版社出版发行

北京市海淀区学院路 37 号（邮编 100191） http：//www.buaapress.com.cn

发行部电话：（010）82317024 传真：（010）82328026

读者信箱：copyrights@buaacm.com.cn 邮购电话：（010）82316936

北京富资园科技发展有限公司印装 各地书店经销

*

开本：787 × 1 092 1/16 印张：24.75 字数：584 千字

2022 年 12 月第 1 版 2022 年 12 月第 1 次印刷

ISBN 978-7-5124-3978-8 定价：199.00 元

2011 年，在内蒙古少数民族自治区建立了首个国土资源部土地利用重点实验室内蒙古科研基地

2013 年，进入全国首批无人机应用示范试点，进一步拓展了航测新技术在典型地区的应用实践

2017 年，全国规划院系统第 6 个土地政策实证基地落户内蒙古，
成为西北地区首家开展相关政策研究的专业院所

中国国土勘测规划院专家实地指导野外站建设与发展情况

深入学习习近平总书记对标内蒙古重要指示批示，深刻把握
“两个确立”，自觉践行“两个维护”，坚决做到“三个领悟”

专题研讨内蒙古自然资源科技创新制度政策及野外科学观测研究站建设工作

组织研讨国土生态野外观测监测体系示范运行工作

成功安装运行自然资源部西部能源开发区域首个生态观测气象站

节约资源和绿色发展视域下能源开发区国土生态土地利用研究

编 委 会

主　编： 李　滢　图　木　苑　杨

副主编： 于艳华　郝　军　姚喜军　吴晓光　靳晓雯

编　委：（按姓氏拼音排序）

包宏菲　包萨楚荣贵　陈政香　车继虎
常立新　程　萱　杜东红　范晓冰
郝　军　贾　恪　贾　旭　李灏鑫
刘佳雨　鲁丽波　李　耀　李治国
彭晓娟　裴振源　孙彦飞　唐　磊
王宏磊　许静新　云　浩　张春颖
朱瑞华　张向炜

前　　言

2012 年，“能源开发区土地利用 – 内蒙古鄂尔多斯野外基地”成功申报，这是原国土资源部批准成立的第一批野外科学观测研究基地。2021 年，基地正式进入自然资源部科技创新平台序列，更名为“自然资源部西部能源开发区国土生态与土地利用野外科学观测研究站”。野外站建站 10 多年来连续开展观测调查，积累了大量的观测数据和宝贵工作经验。凭借地处西部能源开发区核心位置的独特优势，紧扣土地利用、能源开发与生态保护协调发展的主题，突出发挥创新平台科技引领作用，重点开展了能源开发区数量、质量、生态“三位一体”监测模式下的自然资源保护、利用、管理研究，内容涵盖国土资源开发利用、国土生态修复与预警、矿区人地关系、耕地保护以及国土空间生态环境综合监测等 5 个方面，推动了科技创新，政策研究与成果转化，建成了晋陕蒙能源富集区独具特色的学术交流、科普教育和技术示范基地。

本论文集收录了野外站团队近年来在 SCI、EI、ISTP、SSCI、CPCI 等重要数据库收录的重要论文以及《中国土地科学》《干旱区资源与环境》《中国农业资源与区划》等中文核心期刊已发表的学术论文 50 余篇，聚焦自然资源前沿热点科学问题和最新科技进展。通过深入思考研究，分栏目整理并编印成册，以供同行专家学者参考。论文集突出体现了以下特点：一是体现了团队在土地资源数量、质量、生态“三位一体”与可持续利用研究方面的成果以及以问题为导向，以生产需要为目标，以技术创新为突破口的研究试验方向；二是拓展了多学科融合、多视角研究的发展思路，丰富了自然资源科技创新的基础性、整体性内容，延伸了科技实践的范围；三是论文题材广泛、内容丰富、实践性强，在一定尺度上体现了团队协同创新和技术融合的作用；四是聚焦自治区实际问题，体现了内蒙古区域特色，为下一步提升创新平台建设积累了实践经验，夯实了学术基础。

展望未来，野外站及其团队还要再接再厉、再攀新高，紧紧围绕自治区“五大任务”和自然资源管理中心工作，依托重大科研课题和业务项目工作，促进重大基础业务建设、重大课题联合攻关和科研技术队伍建设，逐步建设成为基于长时序观测数据基础上的业务支撑平台、科技成果转化的重要窗口、政策需求反馈的重要渠道，为自治区推进生态文明建设和实现高质量发展提供智力支持和平台支撑，贡献积极的科技力量。

由于发表时间有早晚，刊物风格有差异，文章体例尚不统一；虽然编者力求保证文章的科学性，可读性，但受个人业务能力影响，论文集仍有诸多不能令人满意之处，望各位读者同行不吝赐教。

编者

2022 年 12 月于呼和浩特

目　录

不同降雨年份和放牧方式对荒漠草原初级生产力及营养动态的影响

杨霞[1, 3]，王珍[2]，运向军[2]，卫智军[1]

（1. 内蒙古农业大学生态环境学院，内蒙古呼和浩特 010019；2. 中国农业科学院草原研究所，内蒙古呼和浩特 010010；3. 内蒙古自治区土地调查规划院，内蒙古呼和浩特 010010）

摘　要：牧草品质直接体现了草地资源的质量和可利用性。本研究采用野外调查法对不同降雨年份和放牧方式下荒漠草原植物群落的地上净初级生产力（ANPP）、粗蛋白、粗纤维、粗灰分、粗脂肪、钙、磷和无氮浸出物进行了测定和分析。结果表明，1）在干旱的 2011 年，自由放牧显著降低了群落的 ANPP，而在降雨量充足的 2012 年，休牧 60 d 的 ANPP 值最高；2）相比于欠雨年份，降雨量充足的年份生长高峰期 ANPP、粗蛋白、粗灰分、钙和磷的含量分别是其的 2.67，1.08，1.27，1.26 和 3.75 倍；3）相比其他处理，粗蛋白、磷的含量在休牧 60 d 含量最高；4）在不同降雨量的两个放牧季节内，随着放牧的进行，粗蛋白、粗脂肪、粗灰分、钙和磷的含量呈现先增加后降低的趋势，均是在 7 或 8 月份达到一个峰值，而在植物枯黄期（10 月份）值最低，而粗纤维和无氮浸出物的含量在 7 月份最低，而在植物枯黄期最高。降雨量与荒漠草原植物群落 ANPP 及植物群落营养季节动态之间存在着密切的关系；休牧 60 d 为合理的草原利用方式；不同年际间放牧和季节气候变化共同制约了群落营养成分的变化。

关键词：荒漠草原；放牧利用方式；地上净初级生产力；营养成分

*Net primar production and forage quality of desert steppe plant communities under different grazing systems and growing seasons

YANG Xia[1, 3]，WANG Zhen[2]，YUN Xing-Jun[2]，WEI Zhi-Jun[1]

（1.Department of Grassland Science，College of Ecology and Environmental Science，Inner Mongolia Agricultural University，Hohhot 010019，China；2.Grassland Research Institute，Chinese Academy of Agriculture Sciences，Hohhot 010010，China；3.Institute of Land Survey and Planning of Inner Mongolia，Hohhot 010010，China）

Abstract：Forage value and productivity are important grassland traits. Plant community ANPP，crude protein，crude fiber，crude ash，ether extract，calcium，phosphorus and nitrogen-free extract were measured and analyzed under different grazing systems during two hydrologically contrasting growing seasons in a desert steppe. The results showed that grazing significantly decreased community ANPP in 2011 which was dry. ANPP was the highest after 60 days without grazing in

2012, a wet year. In 2011 plant community ANPP, crude protein, crude fiber, crude ash, ether extract, calcium, phosphorus was 2.67, 1.08, 1.27, 1.26 and 3.75 times that in 2012. The highest crude protein and phosphorus content was detected after 60 days without grazing. With continuous grazing, crude protein, ether extract, crude ash, calcium and phosphorus content initially increased and then decreased; peak values occurred in July or August and the lowest values were found at the end of the growing season (October). However, crude fiber and nitrogen-free extract was lowest in July and highest in October. Precipitation has a major influence on community ANPP and the seasonal dynamic of community forage quality; grazing and yearly rainfall variation co-limited the change of community forage nutrient content.

Key words: desert steppe; grazing use types; above-ground net primary productivity; nutrient composition

政府间气候变化专门委员会（IPCC）预测到21世纪末全球平均温度增加1.8~4.0℃，相应的全球降雨量的格局也将发生改变[1]。气候的变化对陆地生态系统产生了巨大的影响。作为全球变化影响草原生态系统的两种重要因子，放牧利用方式和降雨量空间格局的变化改变了草原植被的盖度，植物群落的组成，植物群落营养成分，甚至整个生物地球化学循环过程[2-3]。年际降水量的变化导致植物的生理生态过程受到了严重的影响，其草原生态系统的初级生产力的季节动态变化与降雨量的年际波动呈现出显著的相关[4]。增加的降雨量显著增加了群落的盖度[5]，物种的丰富度[6]和一年生植物的多度[7]，从而提高了群落的地上净初级生产力。气候变化特别是年际降雨量的巨大波动同样会对植物群落的营养动态产生影响[8-9]。放牧是人类管理利用草原生态系统最主要的途径，是草原上常见的土地利用方式[10]。大多数的研究表明，围栏禁牧对退化草地的恢复效果显著[11-12]，但也有研究认为长期的围栏禁牧限制了放牧利用价值，长时间的围栏禁牧引起了植物群落地上生物量的降低，凋落物量增加，抑制了植物的再生以及幼苗的生长，从而导致了围栏禁牧区牧草品质下降[13]。过度的放牧同样会对草原生态系统产生负面的影响，而合理的放牧制度被视为有利于草原生态系统功能稳定的利用方式[14-15]。牧草品质直接体现草地资源的质量和可利用性[9]。牲畜的采食、践踏以及粪便的排放干扰了草原生长的环境，对牧草的品质产生了影响。一般的研究认为，放牧压力的增加使得优质牧草的数量显著降低，而营养价值低的杂类牧草在草群中比例增加，草原营养价值降低，适口性变差，导致牧草品质下降[16-17]。合理的放牧制度会提高草原群落的牧草品质，但也有研究认为放牧并不能改变牧草品质或没有大的影响[18]。短花针茅（*Stipa brevi flora*）草原是草原区向荒漠区过渡的荒漠草原生态系统类型，该类型草地占到温性荒漠草原类总面积11.2%，对荒漠草原生态系统的整体功能有着很大的影响[19]。在全球气候变化影响下，由于缺乏科学管理和超载放牧等原因，荒漠草原呈现出不同程度的衰退现象。本实验以不同放牧方式为手段，对位于干旱区的荒漠草原在2011和2012年两个降雨量不同年份的地上净初级生产力（ANPP）和植物群落季节营养动态进行了研究，拟解决的关键问题有3个：1）不同放牧利用方式对植物群落ANPP和营养价值的影响；2）干旱年份和降雨量充足的年份不同放牧利用方式对植物群落的ANPP和营养价值的效应及机制；3）降雨年型和不同放牧利用方式对草地影响的交互作用及意义。

1 材料与方法

1.1 研究区概况

选取内蒙古自治区锡林郭勒盟苏尼特右旗都呼木苏木哈登呼舒嘎查（N42°16′26.2″，E112°47′16.9″，海拔1150 m）为野外试验地点。试验开展时间为2011和2012年植物生长季节（6~10月，降雨量不同的两年）。

试验区属短花针茅荒漠草原地带性植被，以短花针茅为建群种，它在决定群落外貌和建造群落环境方面起着主导作用，群落形成特有的景观特征。优势种为无芒隐子草（*Cleistogenes songorica*）和碱韭（*Allium polyrhizum*），3个种群的数量消长、时空变化及结构的位移均会引起群落的巨大波动，构成了短花针茅＋无芒隐子草＋碱韭群落类型。主要伴生种包括细叶韭（*A. tenuissimum*）、银灰旋花（*Convolvulus ammannii*）、糙隐子草（*C. squarrosa*）、木地肤（*Kochia prostrata*）、阿尔泰狗哇花（*Heteropappus altaicus*）、狭叶锦鸡儿（*Caragana stenophylla*）、寸草苔（*Carex duriuscula*）、栉叶蒿（*Neopallasia pectinata*）、猪毛菜（*Salsola collina*）、冠芒草（*Enneapogon borealis*）、虱子草（*Tragus berteronianus*）、狗尾草（*Setaria viridis*）等。

1.2 试验设计

在苏尼特右旗选取短花针茅天然草原作为试验区，样地从1990年一直处于自由放牧状态。2005年，在地势相对平坦、植被均匀的地段设立试验处理，分别设立不同草原利用方式处理，分别为：自由放牧区（CG）、休牧1区（40UG）、休牧2区（50UG）、休牧3区（60UG）和禁牧区（CK）。休牧试验分别于2005年4月5日，4月15日和4月25日开始，其中休牧1区、休牧2区和休牧3区休牧时间分别为40，50和60 d，自由放牧从4月5日开始全天放牧。为达到科学试验设计统计上所有处理的可比较性和对等性，采用完全随机区组设计，将选取的短花针茅草原架设围栏，设立区组与小区。共分3个区组，每个区组随机分布5种不同草地利用方式处理，共15个处理区。季节性划区轮牧与自由放牧区全年载畜率一致为0.67 hm^2/（只·半年）。

1.3 数据采集

1.3.1 ANPP的测定

在2011和2012年，对地上生物量进行测定。在每个样地中（放牧开始前），采用限定随机抽样法，分别于每个放牧小区内设置活动围栏。每个小区设定10个活动围栏（1.5 m×1.5 m），在活动围栏设置1 m×1 m测产样方对8月份的草产量进行监测。采用齐地面剪割法，用剪刀齐地面剪取植物地上部分，分种采集，在恒温箱65 ℃下烘48 h，称取干重，用于草地植物ANPP的计算。

1.3.2 草群常规营养成分测定

对每月、每个处理中的混合草样进行营养成分分析[20]。粗蛋白（CP）采用凯氏定氮法，使用的设备为KDN-08B消化器和FOSS全自动凯氏定氮仪；粗脂肪（EE）采用索氏乙醚浸提法，使用的仪器为SZF-06A脂肪测定仪；全钙采用草酸铵－高锰酸钾滴定法；全磷采用钼锑抗比色法，使用722分光光度计测定；粗灰分（Ash）、粗纤维（CF）和无氮浸出物的分析方法根据《饲料分析及饲料质量检测技术》进行测定。

1.4 数据处理与分析

利用Excel 2011软件对数据进行录入，应用SAS 9.0对数据进行统计分析。运用重复性方差对生长旺季（8月份）的ANPP和植物营养成分进行了分析比较。单因素分析法对年内的ANPP和植物营养成分的季节动态进行了分析。

2 结果与分析

2.1 气温与降水的变化

季节温度变化呈现单峰变化趋势，峰值出现在每年的7月份，而植物返青期和植物枯黄期温度稍低（图1）。两个生长季节降雨量呈现不一致的变化：2011年降雨量的峰值出现在8月份（30.6 mm），而2012年7月份的降雨量最高（166.6 mm）；两个生长季节积累的降雨量分别为120.0 mm（2011）和286.0 mm（2012）；相比于长期生长期的降雨量（1952—2010年）（mean annual precipitation，MAP）（212.4 mm），2011年总的降雨量（142.3 mm）比长期降雨量降低了33.0%，

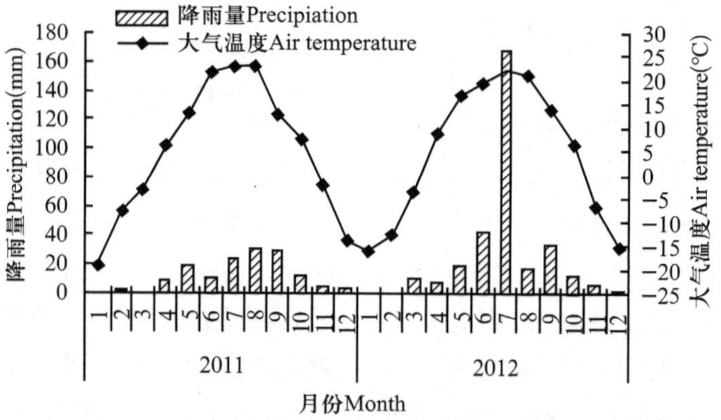

图1 2011和2012年苏尼特右旗月降雨量和月平均气温

Fig.1 Monthly precipitation and monthly mean air temperature at Sunite Banner in 2011 and 2012

而2012年总的降雨量（296.9 mm）比长期降雨量提高了39.8%。

2.2 降雨量不同的年际间ANPP和生长旺季群落营养成分的变化

荒漠草原以降雨量为主要差异的年份、草原不同利用方式以及交互作用都对生长高峰期ANPP和群落营养成分产生了显著性影响（$P < 0.01$，表1）。荒漠草原植物群落不同年份各项指标的变化为：丰雨年生长高峰期ANPP、粗蛋白、粗灰分、钙和磷的含量显著高于欠雨年，分别为2.67，1.08，1.27，1.26和3.75倍（表1）；欠雨年生长高峰期粗纤维、粗脂肪和无氮浸出物的含量显著高于丰雨年，分别为1.03，1.52和1.05倍（表1）。

不同放牧方式下，ANPP和粗蛋白的变化规律一致，其变化顺序为休牧60 d >围封

表 1　不同放牧利用方式对苏尼特右旗植物生长旺盛期地上净初级生产力、粗蛋白、粗纤维、粗脂肪、粗灰分、钙、磷和无氮浸出物的影响

项目 Item	地上净初级生产力 ANPP (g/m^2)	粗蛋白 Crude protein (%)	粗纤维 Crude fiber (%)	粗脂肪 Ether extract (%)	粗灰分 Crude ash (%)	钙 Calcium (%)	磷 Phosphorus (%)	无氮浸出物 Nitrogen-free extract (%)
放牧方式 Grazing type								
围封禁牧 Ungrazed	107.94AB	12.85B	23.02A	4.05B	10.86B	2.14BC	0.18B	42.90B
休牧 40 d 40 days ungrazed	68.35C	12.37C	21.08C	4.25AB	12.18A	2.47A	0.19B	43.47B
休牧 50 d 50 days ungrazed	90.47BC	12.96B	22.07AB	4.29AB	10.93B	1.95CD	0.20A	43.61B
休牧 60 d 60 days ungrazed	113.70A	14.87A	22.42A	4.55A	11.06B	2.32AB	0.21A	40.57C
自由放牧 Grazing	72.24C	11.57D	20.51C	4.59A	11.37B	1.91D	0.18B	45.84A
年份 Year								
2011	49.38B	12.25B	22.23A	5.24A	9.96B	1.91B	0.08B	44.11A
2012	131.70A	13.60A	21.41B	3.45B	12.60A	2.41A	0.30A	42.44B
放牧 Grazing	< 0.0001	< 0.0001	< 0.0001	0.0220	< 0.0001	< 0.0001	< 0.0001	< 0.0001
年份 Year	< 0.0001	< 0.0001	0.0015	< 0.0001	< 0.0001	< 0.0001	< 0.0001	< 0.0001
放牧 × 年份 Grazing × Year	< 0.0001	< 0.0001	0.0058	0.0010	< 0.0001	< 0.0001	< 0.0001	< 0.0001

注：表中围封禁牧、休牧 40d、休牧 50d、休牧 60d、自由放牧的结果为两年的均值（2011 和 2012 年）；同列不同大写字母表示差异极显著（$P < 0.01$）。

禁牧 > 休牧 50 d > 自由放牧 > 休牧 40 d（$P < 0.01$，表 1）；粗纤维的含量在围封禁牧区最高，而粗脂肪的含量在自由放牧区最高；粗灰分和钙的含量在休牧 40 d 最高，而无氮浸出物的含量在自由放牧区最高（$P < 0.01$，表 1）。

2.3　不同利用方式下各年内 ANPP 和生长季节群落营养成分的变化

干旱的 2011 年：相比其他处理，自由放牧显著降低了群落的 ANPP（图 2）；其各处理下粗蛋白、粗纤维和粗灰分呈现规律性的变化，而其他各项营养指标的季节动态变

化没有规律性；粗蛋白变化呈单峰变化趋势，在7月份达到一个峰值，而随着生育期的推移到枯黄期下降到最低，其中7月份围封处理（CK）的粗蛋白含量在各处理下值最小（$P < 0.05$，图3a）；粗纤维的含量在8月份最低，枯黄期的值最高（图3c）；群落粗脂肪含量的峰值出现在8月份，在此之前含量逐渐增加，以后逐渐减少（图3e）。

湿润的2012年：休牧60 d群落的ANPP值最高，其变化顺序为休牧60 d＞围封禁牧＞休牧50 d＞自由放牧＞休牧40 d（$P < 0.05$，图2）；其各处理下各项指标的季节动态变化均呈现规律性的变化；粗蛋白和磷的变化趋势一致，均是在7月份达到一个峰值，而随着生育期的推移逐渐降低（图3b，图4d）；各处理下粗脂肪的含量（除围封禁牧）在7月份达到一个峰值（图3f）；与2011年一致，粗纤维的含量在枯黄期10月份达到一个峰值；各处理下粗灰分和钙的变化规律较一致，其峰值出现在8或9月份，而其他月份值相对较低（图3h，图4b）；各处理下无氮浸出物的含量在7月份最低，而10月份植物枯黄期其含量最高（图3j）。

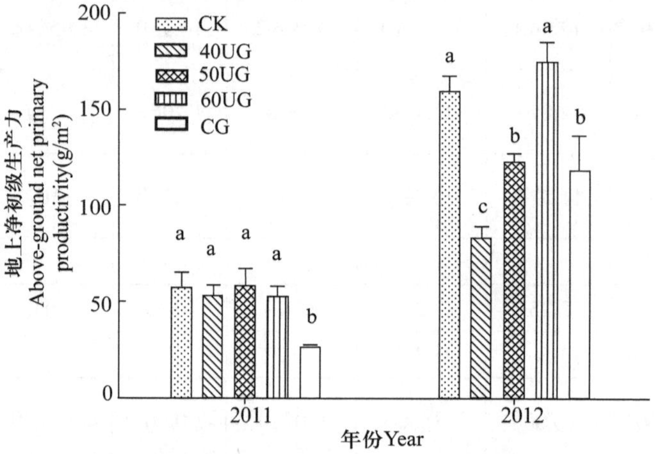

图2　2011和2012年不同放牧利用方式下苏尼特右旗植物生长旺盛期地上净初级生产力的变化

Fig.2　The change of above-ground net primary productivity under different grazing use types in growing season in Sunite Banner both in 2011 and2012

CK：围栏禁牧 Ungrazed；40UG：40 d休牧 40 days ungrazed；50UG：50 d休牧 50 day sungrazed；60UG：60 d休牧 60 days ungrazed；CG：自由放牧 Grazing. 同年不同小写字母表示差异显著（$P < 0.05$）Values with different small letters mean significant difference（$P < 0.05$）in the same year. 下同 The same below.

3　讨论

在我们的研究中，粗蛋白和粗脂肪的含量在每年6月份相对较高，其他月份的含量相对较低；粗纤维的含量在每年的10月份达到最高，而6，7月的含量相对较低（图3），产生这种结果的主要原因是不同季节牧草种类组成及其比例不同，即在不同季节，植物物种处于不同生长时期（物候期）。通过参考《内蒙古牧草营养成分录》[21]，在每年的6月份，3种优势植物种短花针茅、无芒隐子草和碱韭分别处在果实成熟期、拔节期和营养期，3种群落构成主要物种其组织处于幼嫩状态，粗蛋白含量高，粗纤维含量低，因而导致了植物群落在每年的6月份拥有高

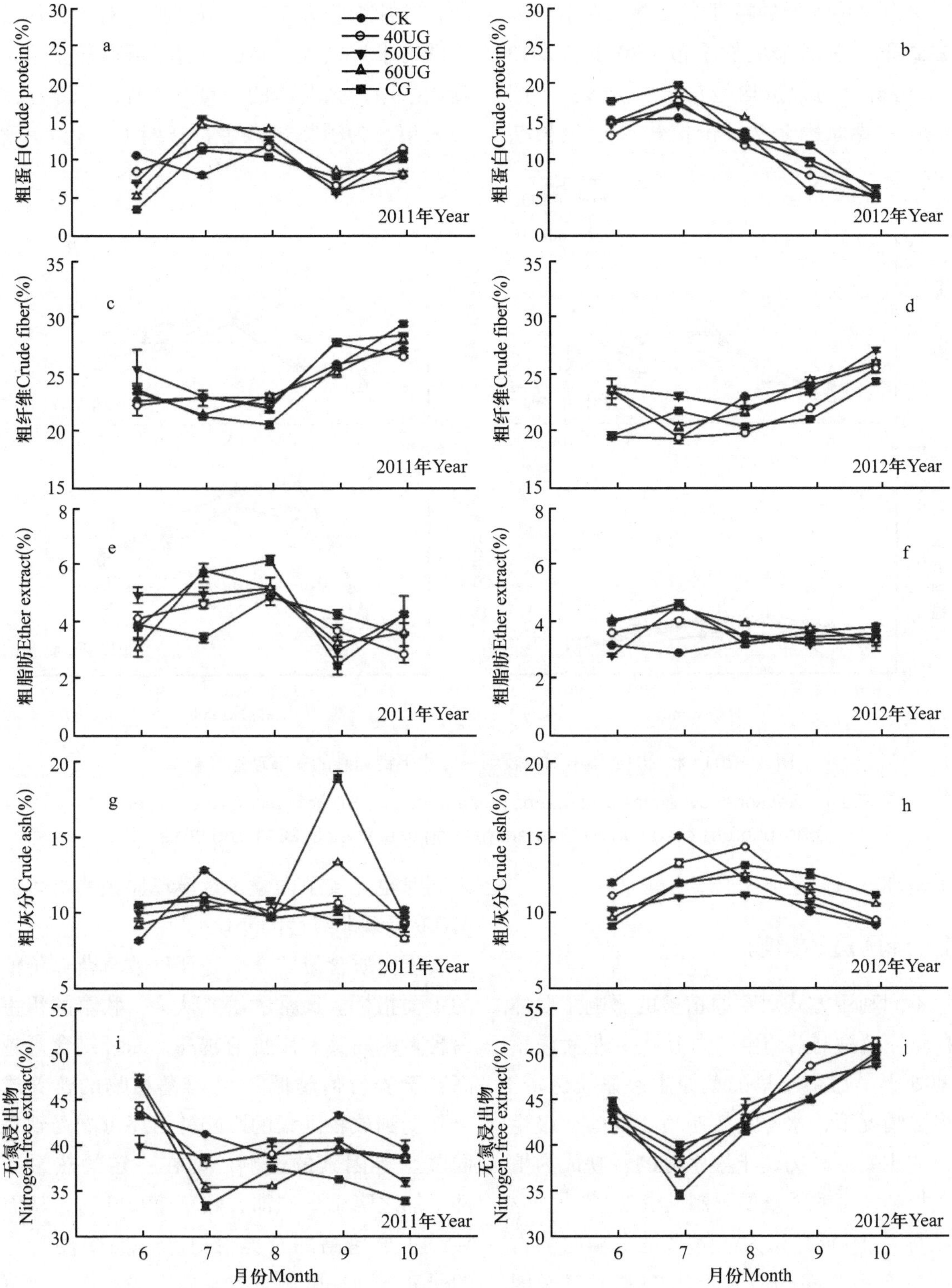

图3 2011和2012年不同放牧利用方式下粗蛋白，粗纤维，粗脂肪，粗灰分以及无氮浸出物的季节动态变化

Fig.3 Seasonal dynamics and means (insets mean ± SE) of crude protein (a, b), crude fiber (c, d), ether extract (e, f), crude ash (g, h), nitrogen-free extract (i, j) under different grazing use types in 2011 and 2012

的粗蛋白含量和低的粗纤维含量。在不同利用方式下，在两个生长季节（2011 和 2012 年），植物磷的含量均是在 7 月份最高（图 4），其主要原因是 7 月份植物处于生长初期，叶片细胞处于快速分裂期，对蛋白质及核酸需求量较大，磷的选择性吸收较多，细胞质浓厚，因此磷的含量在 7 月份积累达到最大值，为植物进入生长旺期（8 月份）奠定了基础。

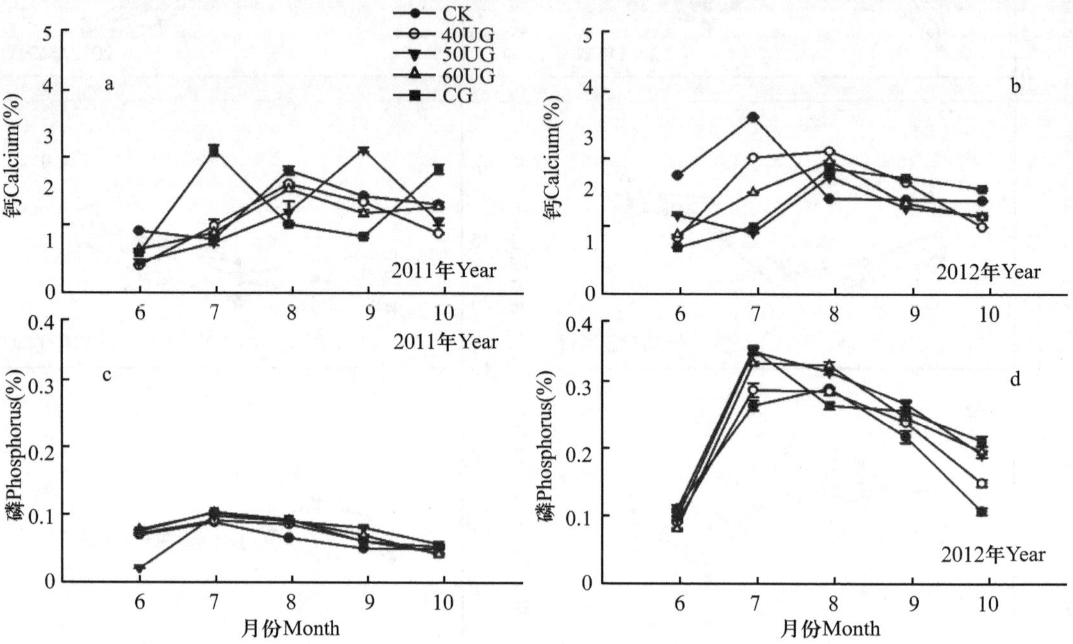

图 4　2011 和 2012 年不同放牧利用方式下钙和磷的季节动态变化

Fig.4　Seasonal dynamics and means (insets mean ± SE) of calcium (a，b) and phosphorus (c，d) under different grazing use types in 2011 and 2012

3.1　降雨量的影响

不同利用方式对草原植被的影响主要体现在草原植物群落的生产力上[22]，但荒漠草原地处干旱与半干旱的草原生态系统区域，大多数情况下，水分是控制植物群落初级生产力的主要驱动力，土壤水分的亏缺成为植物生长和发育的最重要限制性资源[23-24]。龙慧灵等[3]的研究认为，降水是影响内蒙古草原生态系统净初级生产力的主要气候因子，而且降雨量的积累效应对其的影响更为显著。在本研究中，降雨量显著提高群落的生物量，降雨量在 2012 年比 2011 年增加了 1.09 倍，而生物量增加了 2.67 倍，本研究结果同时也证实了内蒙古荒漠草原植物群落的 ANPP 呈现非线性的变化[25-26]。

蛋白质含量的高低是评价牧草营养价值的重要指标。通常的研究认为，牧草的粗蛋白含量越高其利用价值越高，而纤维含量越高其营养价值越低[27]。群落植物的营养成分除受到放牧因素的影响外，还可能受到气候降水等因素的影响，即在一定的热量条件，加之降雨量充沛，牧草生长旺盛，从而导致了群落高的营养价值[9]，而李柱等[8]的研究认为在降雨量差异较大的年份，牧草营养成分含量没有大的变化。本研究结果表明降雨量低的 2011 年，其粗蛋白含量值较低，粗纤维的含量相对较高；在降雨量充足的 2012 年，积累的降雨量显著增加了群落的粗蛋白、粗灰分、磷和钙的含量，证实了降雨量在提高群落营养成分方面起着积极的作用。

3.2 不同放牧方式的影响

本研究中，ANPP值在自由放牧和禁牧40d处理下最低，表明相对重的放牧方式导致了植物群落的退化。王炜等[28]和任海彦等[29]的研究表明，在过度放牧的条件下，植物群落资源分配策略发生改变，草原植物植株变矮，整个植物群落各物种地上部分均趋于小型化，导致了植物群落生态系统结构及功能发生衰退[22]。这一结论在本研究中亦得到证实，自由放牧和休牧40 d两种放牧较重的草地利用方式，说明植物为了适应长期放牧干扰（牲畜采食和践踏行为等）和提高耐牧性，整个植物群落对外界环境表现出表型可塑性的变化（像植株变矮，叶片变短和变窄等），从而使植物群落的ANPP值显著下降。相反，本研究中休牧60 d后荒漠草原群落ANPP值显著增加，我们归因于合理的放牧通过移去植物顶端组织和衰老组织，刺激植物补偿和超补偿生长[30-31]，从而提高草地生态系统的ANPP。

在2011和2012年，本研究发现牧草的营养成分随着季节变化有很大的不同，其中植物群落粗蛋白含量在夏季的时候较高，而在植物返青的初期和进入枯黄期，植物群落的营养价值相对较低，同样的研究结果在三江平原小叶章（*Deyeuxia langsdorffii*）草甸的研究中被证实[9]。董全民等[16]和Glindemann等[17]的研究发现，放牧通过牲畜的啃食、践踏以及粪便的排放干扰草地环境，随着放牧压力的加重，草地营养价值降低，适口性变差，导致了牧草品质的下降。同样，通过对植物群落生长旺季营养成分的方差分析发现，放牧利用强度低的休牧60 d的处理区粗蛋白和磷的含量显著高于利用强度高的休牧40 d和自由放牧区证实了这一结论，同时本研究结果也证实了磷的含量是判断牧草营养价值高低的重要指标，即磷的含量与粗蛋白含量呈正相关[9]。此外，我们也发现：一方面，在牧草生长旺季，放牧强度相对较轻的休牧60 d，放牧能够刺激优势牧草的生长，导致了其高的牧草品质；另外，在放牧较重的休牧40 d和自由放牧区，2012年充足的降雨量导致了一二年生草本植物猪毛菜和栉叶蒿在休牧40 d和自由放牧区迅速生长[32]，由于这些物种相对低的营养价值（低的粗蛋白含量，高的粗纤维含量），从而导致了这两个放牧区植物群落低的营养含量。因此认为不同年际间放牧和季节气候变化共同制约了群落的营养成分的变化。

本研究显示，过度放牧（如自由放牧）造成荒漠草原净初级生产力降低、牧草品质下降，而合理放牧（如休牧60 d）增加了牧草品质，同时净初级生产力也呈现增加的趋势。因此，为了防止荒漠草原的退化，实现荒漠草原的可持续利用，必须调整放牧制度、降低放牧强度以及控制放牧时间，确保荒漠草原草地资源的科学管理。

4 结论

1）不同年际间短花针茅荒漠草原植物群落生长旺季ANPP的变化顺序为休牧60 d＞围封禁牧＞休牧50 d＞自由放牧＞休牧40 d。生长旺季休牧60 d的粗蛋白和磷的含量显著高于其他处理。

2）短花针茅草原植物群落的营养价值表现出明显的季节动态。

3）不同年际间放牧利用方式和季节性气候的变化（降雨量）共同制约了群落ANPP的变化和营养成分的季节动态变化。

参考文献

[1] IPCC. Climate Change 2007: The Physical Science Basis. Contribution of Working Group I to the Fourth Assessment Report of the Intergovernmental Panel on Climate Change [M]. Cambridge: Cambridge University Press, 2007.

[2] 张存厚，王明玖，乌兰巴特尔，等. 内蒙古典型草原地上净初级生产力对气候变化响应的模拟. 西北植物学报，2012，32（6）：1229–1237.

[3] 龙慧灵，李晓兵，黄玲梅，等. 内蒙古草原生态系统初级生产力及其与气候关系. 植物生态学报，2010，34（7）：781–791.

[4] Groisman P Y, Karl T R, Easterling D R, *et al.* Changes in the probability of heavy precipitation: important indicators of climate change. Climate Change, 1999, 42 (1): 243–283.

[5] Anderson T M. Plant compositional change over time increases with rainfall in Serengeti grasslands. Oikos, 2008, 117: 675–682.

[6] Sternberg M, Brown V K, Masters G J, *et al.* Plant community dynamics in a calcareous grassland under climate change manipulations. Plant Ecology, 1999, 143: 29–37.

[7] Zavaleta E S, Shaw M R, Chiariello N R, *et al.* Additive effects of simulated climate changes, elevated CO_2, and nitrogen deposition on grassland diversity. Proceedings of the National Academy of Sciences of the United States of America, 2003, 100: 7650–7654.

[8] 李柱，赵德云，李瑞年，等. 天山北坡季节牧场牧草营养动态研究. 草业科学，2001，18（5）：1–4.

[9] 刘冬伟，史印涛，王明君，等. 放牧对三江平原小叶章草甸初级生产力及营养动态的影响. 草地学报，2013，21（3）：446–451.

[10] 徐沙，龚吉蕊，张梓榆，等. 不同利用方式下草地优势植物的生态化学计量特征. 草业学报，2014，23（6）：45–53.

[11] 蒋德明，李明，押田敏雄，等. 封育对科尔沁沙地小叶锦鸡儿群落植被特征及空间异质性的影响. 生态学杂志，2009，28（11）：2159–2164.

[12] 张凡，祁彪，温飞，等. 不同利用程度高寒干旱草地碳储量的变化特征分析. 草业学报，2011，20（4）：11–18.

[13] 左万庆，王玉辉，王玉凤，等. 围栏封育措施对退化羊草草原植物群落特征影响研究. 草业学报，2009，18（3）：12–19.

[14] Garibaldi L A, Semmartin M, Chaneton E J. Grazing-induced changes in plant composition affect litter quality and nutrient cycling in flooding Pampa grasslands. Oecologia, 2007, 151: 650–662.

[15] Semmartin M, Garibaldi L A, Chaneton E J. Grazing history effects on above-and below-ground litter decomposition and nutrient cycling in two co-occurring grasses. Plant and Soil, 2008, 303: 177–189.

[16] 董全民，赵新全，马玉寿. 放牧强度和放牧时间对高寒混播草地牧草营养含量的影响. 中国草地学报，2007，29

（4）：67-73.

［17］Glindemann T，Wang C，Tas B M，*et al.* Impact of grazing intensity on herbage intake composition and digestibility and on live weight gain of sheep on the Inner Mongolian steppe.Livestock Science，2009，124（1/3）：142-147.

［18］Schlegel M L，Wachenheim C J，Benson M E，*et al.* Grazing methods and stocking rates for direct-seeded alfalfa pastures：Ⅱ. Pasture quality and diet selection. Journal of Animal Science，2000，78（8）：2202-2208.

［19］王忠武．载畜率对短花针茅荒漠草原生态系统稳定性的影响［D］．呼和浩特：内蒙古农业大学，2009.

［20］杨胜．饲料分析及饲料质量检测技术［M］.北京：中国农业大学出版社，1999.

［21］黄友庭，邢旗．内蒙古牧草营养成分分录［M］．呼和浩特：内蒙古人民出版社，2000.

［22］Bilotta G S，Brazier R E，Haygarth P M. The impacts of grazing animals on the quality of soils，vegetation，and surface waters in intensively managed grasslands. Advances in Agronomy，2007，94：238-277.

［23］胡中民，樊江文，钟华平，等．中国温带草地地上生产力沿降水梯度的时空变异性．中国科学（D 辑）：地球科学，2006，36（12）：1154-1162.

［24］马文红，杨元合，贺金生，等．内蒙古温带草地生物量及其与环境因子的关系．中国科学（C 辑）：生命科学，2008，38（1）：84-92.

［25］陈军，王玉辉．1956—2009 年内蒙古苏尼特左旗荒漠草原的降水格局．生态学报，2012，32（22）：6925-6935.

［26］Sherry R A，Weng E，Arnone Ⅲ J A，*et al.* Lagged effects of experimental warming and doubled precipitation on annual and seasonal aboveground biomass production in a tallgrass prairie. Global Change Biology，2008，14：2923-2936.

［27］崔鲜一，彭玉梅，程渡．适宜放牧的根蘖型苜蓿生理特性及营养动态研究．草原与草坪，2011，（1）：22-24.

［28］王炜，梁存柱，刘钟龄，等．草原群落退化与恢复演替中的植物个体行为分析．植物生态学报，2000，24（3）：268-274.

［29］任海彦，郑淑霞，白永飞．放牧对内蒙古锡林河流域草地植物群落植物茎叶生物量资源分配的影响．植物生态学报，2009，33（6）：1065-1074.

［30］Huhta A P，Hellstron K，Rautio P，*et al.* Grazing tolerance of *Gentianella amarella* and other monocarpic herbs：why is tolerance highest at low damage levels. Plant Ecology，2003，166：49-61.

［31］马洪彬，谢应忠．不同放牧强度下荒漠草原植物的补偿性生长．中国农业科学，2008，41（11）：3645-3650.

［32］王小亮，韩国栋，赵萌莉，等．荒漠草原不同载畜率下猪毛菜贡献作用研究．现代农业科技，2008，23：23-25.

内蒙古典型区草地不同利用方式对土壤碳库的影响

徐进才[1]，张宇[2]，高和平[1]，靳晓雯[1]

（1. 内蒙古土地调查规划院，内蒙古呼和浩特 010021；
2. 南京农业大学公共管理学院，江苏南京 210095）

摘　要：研究目的：分析草地不同利用方式对土壤碳库的影响，为草地的合理利用提供参考。研究方法：文献资料法、实证分析法。研究结果：围封样地有机碳含量显著高于放牧及开垦样地，特别是在地表 20 cm 以上土层中。从各土层土壤有机碳的变化幅度来看，表层（0~10 cm）土壤有机碳变化幅度最大，围封样地为 33.24g · kg^{-1}，过度放牧样地为 21.19g · kg^{-1}，开垦样地为 22.95g · kg^{-1}，过度放牧与开垦样地的土壤有机碳含量比围封样地降低了近 1/3。研究结论：通过科学合理放牧制度的建立，退耕还草、加强人工草地的建设以及科学合理草地规划的编制等措施降低人为干扰，增强草地的碳汇能力。

关键词：土地利用；土壤碳库；草地；围封；过度放牧；开垦

The Impact of Different Ways of Grassland Use on Soil Carbon Sequestration in Typical Areas of Inner Mongolia

XU Jin-cai[1]，ZHANG Yu[2]，GAO He-ping[1]，JIN Xiao-wen[1]

（1. Inner Mongolia Land Surveying and Planning Institute，Hohhot 010021，China；
2. Public Administration Institute of Nanjing Agricultural University，Nanjing 210095，China）

Abstract： The purpose of this paper is to analyze the impact of different ways of grassland use on soil carbon sequestration. Methods of literature review and empirical analysis were employed. The results indicate that the organic carbon sequestration in the fenced plot is significantly higher than the grazing and reclamation areas，especially in the soil layer of 20 cm above the earth surface. The impact of grassland use was much obvious in the surface soil layer，i.e.，0~10 cm. In detail，the organic carbon sequestration of fenced plot was 33.24 g·kg^{-1}，that of the overgrazing plot was 21.19g·kg^{-1}，that of the reclaimed samples was 22.95g·kg^{-1}.The latter two were nearly 1/3 of the first type of land use. It is concluded that in order to reduce the impact of grassland uses on soil carbon sequestration，and to enhance the carbon sequestration ability of the soil it is necessary to establish a comprehensive institution on grazing，reclaim the overgrazed grassland，strengthen the construction of artificial grassland，and enhance the design of scientific and rational grassland planning.

Key words： land use；soil carbon sequestration；grassland；fenced plot；overgrazing；land reclamation

草地是碳汇的用地类型，其面积约占陆地总面积的25%，碳储量约为266.3 Pg，占陆地生态系统总碳储量的12.7%[1-3]，其中中国草地生态系统碳素总贮量为44.09 Pg[4]。在陆地生态系统碳循环研究中，草地生态系统是全球变暖反应最明显的生态系统之一，因此，草地成为重要的研究内容。草地生态系统碳循环有其独特的生物地球化学循环过程和作用，主要表现为：碳储量绝大部分集中于土壤中，地上生物量中仅为10%，且地上部分受到放牧、农垦等的影响，碳循环不仅速度快，而且向大气排放CO_2的作用明显；作为主要碳贮存库的地下部分，由于草地所处的特殊地理位置和气候条件，导致其地下部分分解普遍较慢，草地作为碳汇用地的作用更为明显。从利用方式上来看，草地开垦为农田后会损失掉原来土壤中碳总量的30%~50%[5]。有研究表明，草场开垦60年后可使土壤的碳含量降低18%~35%[6]；割草会使草地生态系统碳平均每年减少近1%[7]，而农田向草场的转化则明显增加对大气碳的固定[8]，使土壤中有机碳每年以0.54 mg/hm^{2}增加[9]。此外，过度放牧可以促使草地土壤的呼吸作用，从而加速碳从土壤向大气中的释放。

内蒙古自治区草地资源土壤碳含量及其变化的研究一直是学者关注的重点，主要源于内蒙古草地资源特殊的地理位置、气候条件以及典型的草地类型。研究主要集中在草原土壤的碳含量及其与温室气体通量的相关性[10-11]、不同草原区土壤质地对土壤碳密度（SOCD）的影响[12]等方面。上述研究主要是从自然科学的角度研究碳循环的总体情况，测定土壤有机碳的供给、积累、分解与输送的各个过程。从管理科学视角下的研究主要集中于草地碳汇管理的具体对策[14-16]，而从土地利用管理角度分析不同利用方式下草地资源碳循环的研究较少，如对内蒙古锡林河流域羊草草原的研究表明，过度放牧使草地表层土壤（0~20 cm）中碳的贮量降低了12.4%，但这种变化不如草地开垦的影响迅速与剧烈，其效应出现的时间阈值至少在20年以上[13]。因此，本文从内蒙古锡林郭勒盟地区中典型草原及荒漠草原选取样区，从土地利用管理的角度分析草地不同利用方式下土壤碳储量的变化，并提出科学的草地利用措施，为草地的合理利用提供参考。

1 研究区与研究方法

1.1 研究区概况

锡林郭勒盟位于内蒙古自治区中部，地处东经115°13′~117°06′，北纬43°02′~44°52′。属中温带半干旱、干旱大陆性季风气候，春季干旱多风，冬季寒冷漫长，夏季温热短促。年平均气温在1~2 ℃，无霜期110~130天，年平均降雨量295 mm，由东南向西北递减。降雨多集中在7、8、9三个月内。

本文选择内蒙古锡林郭勒草原毛登牧场作为研究区，该牧场始建于1958年，于1991年由原北京生产建设兵团五师三十二团转制归属锡林浩特市，牧场地处锡林浩特市东部，距锡林浩特市36 km，全场总面积585 km^2，其中可利用草场面积310 km^2。为研究不同利用方式下草地土壤碳截存的状况，在研究区内选择3类不同利用方式的样地。其一是围封样地，没有放牧干扰的试验地；其二是长期放牧样地，已经出现了草地退化、沙化的情况；其三是已经开垦为耕地的样地，且开垦过程中未采用施肥措施。

1.2 取样及实验方法

在每块样地上根据随机分布的原则布置

5个样点，取1×1 m^2草本样方之后，在植物样方内用土钻取土样，利用对角线法在样方内取土3~5钻大约1kg左右，利用土钻法分层（0~10 cm、10~20 cm、20~30 cm、30~40 cm和40~50 cm）取样，将同层的土样混合均匀并去除植物根系和石块，风干后过筛，室内测定土壤粒级、容重以及养分有机碳（SOC）。土壤有机质测定方法为外加热，重铬酸钾氧化—容量法。数据分析则通过SPSS 13.0软件采用单因素方差分析（ANOVA）检验3个样地在各项特征指标上的差异。用最小显著性差异方法（LSD）检验各样地间的差异显著性（$p < 0.05$）。

2 结果与分析

2.1 不同土地利用方式的土壤特征

从土壤理化特性来看，3类样地存在较大的差异。从土壤粒级分布来看，20 cm以上土层中，围封、放牧、开垦3种利用类型土壤粒级分布变化不显著，自由放牧未对土壤的粒级分布产生显著影响。而3类样地在20 cm以下土壤表层粒级分布上表现出显著差异，开垦样地相对于围封和放牧样地表现为土壤粘粉粒含量显著减少，而砂粒含量显著增加，这主要是由于开垦引起表层粘粒风蚀所致。

开垦与放牧还显著影响了土壤容重，经测定在0~10 cm土层中，放牧样地和开垦样地的土壤容重均显著高于围封样地，而且放牧样地土壤容重显著低于开垦样地；在10~20 cm土层中，开垦样地土壤容重依然显著高于围封样地，而放牧样地则表现为与其他2类样地间差异均不明显；而3类样地在20 cm以上土层中土壤容重差异均不显著。可见，开垦和放牧对土壤容重的影响主要集中于地表，且开垦对土壤容重的影响更为剧烈。

从土壤有机碳来看，围封样地有机碳含量显著高于放牧及开垦样地，特别是在地表20 cm以下土层中，差异非常明显。与其他学者[17]研究成果不同之处在于放牧样地的土壤碳含量显著低于围封样地，可能的原因主要有两个方面：一是由于实验样地选择的不同，存在地域上的差异；二是在选择放牧用地时，本文研究选择了放牧强度较高的地区，植被破坏严重，已经开始出现土地沙化现象。总体来看，放牧特别是过度放牧与开垦均会造成土壤有机碳含量的下降。

2.2 不同土地利用方式对土壤碳截存的影响

土壤粒级和土壤容重均会影响土壤有机碳的储量。有研究表明，土壤母质表现出了对土壤有机碳的决定作用，土壤有机碳随着土壤中粘粒、细粉砂和粉砂含量的增加而增加，随着砂粒含量的增加而降低[12]。而土壤容重的变化会进一步影响土壤水分的入渗和保持、孔隙分布等土壤性状，这一过程最终影响土壤有机碳含量，因此，土壤容重的增加是草地生态系统退化的早期预警指标。笔者认为，土壤粒级与土壤容重的变化很大程度上取决于人类活动的干扰程度，因此，不同草地利用方式会对草原区土壤碳储量产生深远影响。由表1可见，不同利用方式下，草地碳截存量存在显著差异，特别是围封样地与放牧、开垦样地间的差异表现的更为明显。

有关过度放牧对草地土壤有机碳贮量影响等方面问题的研究较少，主要成果[18]表现为3个方面：一是过度放牧使得天然牧场植物有机体回归土壤的量减少，影响了有机碳的输入；二是过度放牧使得草地植被覆盖

表 1　3 类样地土壤理化特征

Tab.1　Physical and chemical characteristics of the three categories of soil

土层（cm）	样地	土壤粒级分布（%）			容重（$g \cdot cm^{-3}$）	有机碳（$g \cdot kg^{-1}$）
		粘粒（< 0.002 mm）	粉粒（0.002~0.05 mm）	砂粒（> 0.05 mm）		
0~10	围封	16.52 ± 1.00a	51.71 ± 0.78a	37.76 ± 1.07b	1.21 ± 0.03c	33.24 ± 1.63a
	放牧	17.33 ± 0.27a	51.44 ± 1.11a	37.23 ± 1.37b	1.32 ± 0.02b	21.61 ± 2.05b
	开垦	12.27 ± 0.51b	25.55 ± 3.04b	68.18 ± 3.53a	1.43 ± 0.05a	22.95 ± 1.11b
10~20	围封	15.29 ± 0.46a	44.32 ± 1.18a	46.39 ± 1.21b	1.31 ± 0.04b	28.64 ± 0.62a
	放牧	16.18 ± 0.84a	43.79 ± 1.69a	46.03 ± 2.22b	1.39 ± 0.02ab	20.61 ± 1.34b
	开垦	13.87 ± 1.36a	29.21 ± 3.47b	63.92 ± 4.26a	1.45 ± 0.02a	21.61 ± 0.89b
20~30	围封	14.31 ± 0.84a	27.92 ± 1.81a	63.78 ± 1.25a	1.36 ± 0.04a	25.27 ± 1.08a
	放牧	13.65 ± 0.50a	31.76 ± 1.55a	61.59 ± 2.03a	1.42 ± 0.03a	19.67 ± 0.86b
	开垦	15.95 ± 0.73a	32.82 ± 2.11a	58.23 ± 2.59a	1.43 ± 0.04a	18.66 ± 0.74b
30~40	围封	12.18 ± 0.13c	24.64 ± 0.60b	70.18 ± 0.63a	1.35 ± 0.06a	22.18 ± 0.77a
	放牧	14.64 ± 0.30a	29.39 ± 3.84ab	61.97 ± 4.15ab	1.41 ± 0.03a	17.29 ± 1.49a
	开垦	13.53 ± 0.19b	32.92 ± 0.90a	59.55 ± 1.04b	1.39 ± 0.04a	17.62 ± 0.38a

注：各土层数字后的 a、b、c 表示样地之间差异显著（$p < 0.05$）。

度大幅降低，裸露的地表风蚀严重，土壤粒级增加；三是过度放牧情况下，家畜对草场的踩踏严重，增加了土壤容重。上述 3 个方面共同作用，使得土壤有机碳储量下降明显。

草地开垦是影响草地碳储量的又一主要因素[13]，因为开垦使土壤中的有机质充分暴露在空气中，土壤温度和湿度条件得到改善，从而极大地促进了土壤呼吸作用，加速了土壤有机质的分解；开垦还会加速土壤风蚀，土壤表层有机碳含量较高的细颗粒被吹蚀后导致土壤有机碳的大量损失。本研究中，草地的开垦也确实显著降低了土壤有机碳含量，在表层（0~10 cm）土壤围封样地为 33.24$g \cdot kg^{-1}$，开垦样地仅为 21.61$g \cdot kg^{-1}$，降低了近 1/3，这也与草地开垦为农田后会损失掉原来土壤中碳总量的 30%~50% 的研究结论相符[5]。

3　基于碳减排的内蒙古草地利用策略

内蒙古自治区草地面积广阔，是国内最大的畜牧业生产基地。多年来，为践行国家保护草原生态政策，实现草地资源可持续利用，自治区努力调整畜牧业生产结构，在全区草原全面推行以草定畜、季节休牧、划区轮牧的科学饲养方式，同时大力倡导退耕还林还草工程，取得了不错的效果，但距草地资源科学合理利用的目标仍有一定的距离。本文从碳循环视角来研究草地利用方式，旨在实现草地利用过程中的低碳排放，突出草地资源的碳汇效应。结合前文典型区域的实验结果，本文提出如下基于碳减排的草地利用策略。

3.1 建立科学合理的放牧制度

从碳循环的角度来看，合理的放牧制度能够减少放牧过程中牲畜对草场的破坏，从而有效缓解草地资源的退化，增加草地碳汇能力。禁牧、休牧、划区轮牧是目前在草原牧区主要推广的科学利用草原的经营管理制度。以上3项放牧制度中，划区轮牧制度是最为适应内蒙古地区实际的，因为其既符合内蒙古草地资源利用的特点，又能够有效减少因牲畜踩踏、草地退化等引起碳排放。此外，笔者认为，在划区轮牧的过程中应充分考虑内蒙古地区气候特点，根据不同草原类型的物质特点详细划分季节带，以不同大小、不同形式的轮牧分区或地段轮牧来实现划区轮牧计划；还需要注意牧场的轮换，避免连年在同一时期，以同样的方式利用同一牧场，这样可以有效减少牲畜对牧草的破坏，降低土壤容重。

3.2 退耕还草，加强人工草地建设

退耕还草，加强人工草地建设，是发展畜牧业的重要举措，为禁牧、休牧和舍饲养畜提供物质保障，实现“禁牧不禁养”的目标。从降低草地碳排放的角度来看，退耕还草、人工草地建设能够增加天然草地面积，有效缓解天然草地的放牧压力，降低天然草地的退化几率，从而增加草地的碳汇功能。因此，应加大退耕还草力度，加强人工草地建设。着力解决人工草地单产水平低的技术问题，研究制定和修订不同牧草种植、生产、加工、利用技术规程，加强人工草地标准化建设技术应用与推广。同时，应实行人工草地数字化管理，结合国家实施的牧草良种补贴项目，利用“3S”技术准确获取人工草地空间及属性数据，建立人工草地资源数据库，逐步摸清人工草地资源现状，初步形成草原牧区人工草地数字化管理技术模式，实现人工草地资源的信息化、数字化管理。

3.3 科学合理的编制草地规划

通过编制科学合理的草地开发利用规划，将低碳理念植入草地利用的行为中。通过对草地资源的调查，作出现状描述、潜力分析及各种利用可能性的预测，借助规划手段进行草地利用分区，特别是科学计算草地资源承载力，防止过度放牧等滥用草地资源的现象，严格限制草地开垦等引起碳排放的草地利用方式。

4 小结

（1）内蒙古典型地区草地不同利用方式对碳排放的影响较为显著，围封样地有机碳含量显著高于放牧及开垦样地，特别是在地表20 cm以下土层中，差异非常明显。（2）过度放牧显著减少了地下碳截存量。草地的开垦也确实显著降低了土壤有机碳含量，其对碳储量的影响与过度放牧相当。（3）从各土层土壤有机碳的变化幅度来看，表层（0~10 cm）土壤有机碳变化幅度最大，围封样地为33.24g·kg^{-1}，开垦样地仅为22.95g·kg^{-1}，降低了近1/3。（4）过度放牧与草地的开垦显著降低了土壤有机碳含量，因此应通过建立合理的放牧制度，退耕还草、加强人工草地建设，科学的编制草地规划等措施来降低草地利用对土壤碳库的影响，增强草地的碳汇能力。

参考文献

[1]Scholes R J，Noble I R. Storing carbon on land [J].Science，2001，294：1012-1013.
[2]赖力.中国土地利用的碳排放效应研究[D].南京：南京大学，2010：15-18.

[3] Raich J W, Schlesinger W H. The global dioxide flux in soil res-piration and its relationship to vegetation and climate [J]. Tellus, 1992: 81-99.

[4] Ni J. Carbon storage in grasslands of China [J]. Journal of Arid Environment, 2002, 50: 205-208.

[5] 耿元波，董云社，齐玉春. 草地生态系统碳循环研究评述 [J]. 地理科学进展，2004，5：74-82.

[6] Tiesson H J, Stewart W B, Bettany J R.Cultivation effects ontheamounts and concentration of carbon, nitrogen, and phos-phorus in grassland soils [J]. Agronomy Journal, 1982, 74: 831-835.

[7] Dickinson N M. Seasonal dynamics and compartmentation ofnutrients in a grassland meadow in lowland england [J]. Journal of Applied Ecology, 1984, 21: 695-701.

[8] 曲福田，卢娜，冯淑怡. 土地利用变化对碳排放的影响 [J]. 中国人口·资源与环境，2011，10：76-84.

[9] Conant R T, Paustain K, Elliott E T. Grassland managementand conversion into grassland: effects of carbon [J]. Ecological Applications, 2001, 1 (12): 343-355.

[10] 耿远波，章申，董云社，等. 草原土壤的碳氮含量及其与温室气体通量的相关性 [J]. 地理学报，2001，1：44-54.

[11] 李明峰，董云社，耿元波，等. 草原土壤的碳氮分布与 CO_2 排放通量的相关性分析 [J]. 环境科学，2004，3：7-12.

[12] 陈曦，刘鸿雁. 内蒙古草原区土壤碳密度（SOCD）和氮密度（TND）的影响因素分析 [J]. 北京大学学报（自然科学版），2011，6：1-9.

[13] 李凌浩. 土地利用变化对草原生态系统土壤碳贮量的影响 [J]. 植物生态学报，1998，22（4）：300-302.

[14] 张英俊，杨高文，刘楠，等. 草原碳汇管理对策 [J]. 草业学报，2013，4：290-300.

[15] 梁鸽. 草原碳汇：问题、成因与对策 [D]. 呼和浩特：内蒙古大学，2012：5.

[16] 刘佳. 草地碳汇、草地治理与中国减排目标的实现 [J]. 内蒙古农业大学学报（社会科学版），2010，5：105-109.

[17] 闫玉春，唐海萍，常瑞英，等. 长期开垦与放牧对内蒙古典型草原地下碳截存的影响 [J]. 环境科学，2008，5：1388-1396.

[18] 李凌浩，刘先华，陈佐忠. 内蒙古锡林河流域羊草草原生态系统碳素循环研究 [J]. 植物学报，1998，40（10）：955-961.

内蒙古鄂尔多斯市耕地质量影响因素分析

庞欣超，范晓冰，吴全

（内蒙古自治区土地调查规划院，内蒙古呼和浩特 010010）

摘　要：结合鄂尔多斯市耕地数量与利用现状，分析影响鄂尔多斯市耕地质量主要因素，确定影响因子，构建影响模型，划分影响因子重要性，得出提高耕地质量的途径。

关键词：鄂尔多斯市；耕地质量；影响因素

中国耕地质量总体偏低，中等、低等耕地占耕地总面积的2/3以上。受人口持续增长、消费结构升级、资源环境约束趋紧等多重因素影响，我国农产品需求刚性增长，供求总量趋紧，结构性矛盾日益凸显。提高粮食综合生产能力，一方面是提高耕地数量，另一方面是提高耕地质量。但目前，我国耕地数量的增加量远远不能抵消耕地数量的减少量。鄂尔多斯市作为资源型城市，其生态脆弱、耕地质量较低。因此通过分析鄂尔多斯市耕地质量影响因素，确定影响因子，构建影响模型，划分影响因子重要性，可为提高鄂尔多斯市耕地质量提供依据。

1　区域概况

1.1　自然条件

鄂尔多斯市属我国农牧交错带西部，位于内蒙古自治区西南部。鄂尔多斯属典型的温带大陆性气候，年日照时间为2 700~3 200 h，年平均气温为5.3~8.7 ℃，东部地区年平均降水量为300~400 mm，西部地区年平均降水量为190~350 mm，全市东西年平均降水量相差200 mm左右，全年降水集中在7~9月，年蒸发量达2 000~3 000 mm。鄂尔多斯市西高东低，地貌类型由北部黄河冲积平原区、东部丘陵沟壑区、西部坡状高原区及中部库布其、毛乌素沙区4个部分构成，土壤以风沙土为主，土壤中有机质的含量在1%左右，全氮含量0.05%，速效磷含量12 mg/kg，速效钾含量228 mg/kg，可开发利用水资源总量为21.49×10^8 m³/a，以地下水为主，约占69%，地表水（黄河水）次之，约占31%。

1.2　耕地农田基本建设条件

耕地质量的高低不仅取决于耕地的自然条件，同时也受到农田基本建设因素的影响[1]。自然条件完全相同的耕地由于生产经营者投入和经营管理水平不同其生产能力不同，因而造成农田的灌溉保证程度和土地利用程度不同[2]。鄂尔多斯市经济发展较快，农田改造投入增多，并结合国家土地整治及中低产田改造等项目的实施与推广，耕地基本工程建设灌排条件的改善对耕地质量影响显著。

1.3　耕地利用现状

鄂尔多斯市耕地面积总计408.08 km²，水浇地面积282.65 km²，占耕地面积的

69.26%，主要集中在达拉特旗；旱地面积125.43 km^2，占耕地面积的30.74%，主要集中在准格尔旗。鄂尔多斯市耕地总体地势平坦，平地面积326.49 km^2，占耕地面积的80.01%；其余为大于2°的坡地。但受自然因素及社会利用因素条件限制，鄂尔多斯市总体耕地质量较差，耕地等级为12~15等，其中15等级占将近一半耕地面积。

2 耕地质量影响因素分析

2.1 因素选取

影响耕地质量因素分为自然条件因素和社会经济条件因素。自然条件因素包括气候条件、地形条件和土壤条件；社会经济条件因素包括土地集约化程度、灌溉条件和排水条件，某些因素可分解为多个因子，构成因素体系。

根据鄂尔多斯市耕地及利用条件选取坡度、降水、有效土层厚度、表层质地、有机质含量、盐渍化程度和距障碍层深度7个自然因素，灌溉保证率、田面积水时间和土地利用系数3个社会经济条件因素作为评价影响鄂尔多斯市耕地质量因子。

2.2 影响方式分析

通过对调查样点因子及耕地质量的模拟分析发现，不同因子对耕地质量表现出不同的影响方式和作用程度。随不同地区降水量及土地集约化程度变化，耕地质量也随之变化，呈正相关关系；当有效土层厚度、有机质含量、距障碍层深度增加及灌溉、排水条件改善，耕地质量也随之提高，呈正相关关系；但随地形坡度、盐渍化程度、田面积水时间增加时，耕地质量随之下降，呈负相关关系（表1）。

表1　因子对耕地质量的影响方式

序号	因子	单位	影响方式
X_1	土地利用系数	%	+
X_2	地形坡度	°	–
X_3	有效土层厚度	cm	+
X_4	表层质地	–	+
X_5	有机质含量	%	+
X_6	降水	mm	+
X_7	灌溉保证率	%	+
X_8	田面积水时间	d	–
X_9	盐渍化程度	%	–
X_{10}	距障碍层深度	cm	+

注："+"表示该因子与耕地质量呈正相关关系，"–"表示该因子与耕地质量呈负相关关系。

2.3 单因子影响程度分析

根据鄂尔多斯市耕地自然条件和社会经济条件并参照农用地分等定级对各因素对耕地质量影响程度进行分析。采用SPSS单因素相关分析，可以得出土地利用系数、地形坡度、表层质地和灌溉保证率对鄂尔多斯市耕地质量影响显著；有效土层厚度、有机质含量、田面积水时间和盐渍化程度对鄂尔多斯市耕地质量影响比较显著；降水对鄂尔多斯市耕地质量影响较弱；距障碍层深度对鄂尔多斯市耕地质量无影响，因此剔除此因子（表2）。

表2　因子对耕地质量影响程度

序号	因子	相关系数	影响程度
X_1	土地利用系数	0.756	显著
X_2	地形坡度	0.683	显著
X_3	有效土层厚度	0.412	比较显著
X_4	表层质地	0.708	显著
X_5	有机质含量	0.343	比较显著
X_6	降水	0.043	较弱

续表 2

序号	因子	相关系数	影响程度
X_7	灌溉保证率	0.787	显著
X_8	田面积水时间	0.491	比较显著
X_9	盐渍化程度	0.475	比较显著
X_{10}	距障碍层深度	0.000	无

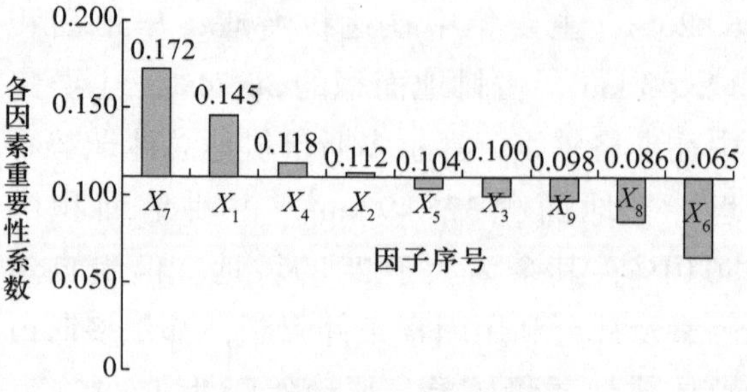

图 1 各因子重要性比较

2.4 多因素相关分析

由于耕地质量是各因素综合作用的结果，所以只对各因素进行单因素相关分析是远远不够的，将耕地质量作为自变量 Y，各因素作为因变量 X，进行 SPSS 多因子相关分析，并建立多元回归模型：$Y=-227.790+0.437X_1+0.882X_2+0.5l3X_3+0.419X_4+1.106X_5+0.01X_6+0.672X_7+0.450X_8+2.348X_9$。最终确定各个因子影响耕地质量的权重及对选取的各因素条件进行打分后的平均值（表 3）。

表 3 因子对耕地质量影响的权重及平均值

序号	因子	权重	平均值
X_1	土地利用系数	0.145	87.20
X_2	地形坡度	0.112	46.40
X_3	有效土层厚度	0.100	57.40
X_4	表层质地	0.118	72.20
X_5	有机质含量	0.104	72.90
X_6	降水	0.065	21.80
X_7	灌溉保证率	0.172	34.70
X_8	田面积水时间	0.086	76.60
X_9	盐渍化程度	0.098	86.90

2.5 重要性比较

通过比较各个指标重要性（权重大小）发现，X_7、X_1、X_4、X_2 重要性均高于平均重要性，而 X_3、X_9、X_8、X_6 均低于平均重要性（图 1）。

由原始数据可算得每个指标满意度平均值，以每个指标重要性程度为纵轴，以每个指标满意度平均值为横轴绘制象限图（图 2）。

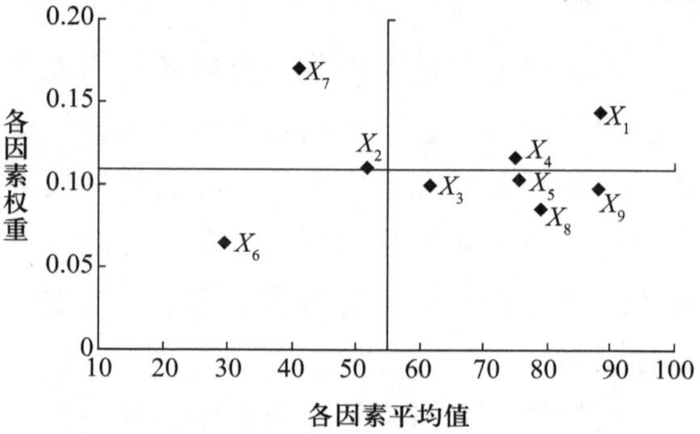

图 2 象限图

由图 2 可以看出，象限一属于重要性高指标分值也高的象限，X_1（土地利用系数）、X_4（表层质地）这 2 个指标落在该象限上，该象限标志着指标分值与因子的重要性成比例，即鄂尔多斯市因子指标分值与因子的重要程度相符合。对该象限上的 2 个指标应该继续保持。

象限二属于重要性高但指标分值较低的象限，X_8（灌溉保证率）、X_2（地形坡度）落在该象限上，表示指标分值低于所评价该因子的合理的重要程度。标志着需要改善这 2 个指标，所以这 2 个因子在影响耕地质量方面有待改进。

象限三属于重要性低指标分值也低的象

限，这个象限标志着指标分值与因子的重要性成比例，X_6（降水）该指标落在该象限上。该因素是在X_7(灌溉保证率）存在的情况下，重要性相对于其他指标因素的重要性及得分较低，但在旱作耕地的评价指标里所得到的结果恰恰相反。

象限四属于重要性低指标分值高的象限，X_3（有效土层厚度）、X_5（有机质含量）、X_8（田面积水时间）、X_9（盐渍化程度）4个指标落在该象限上，因素指标值大大超过了因素的重要程度。应该把这些结果的资源转到其他更重要的方面，如象限二上。

3 结论

通过上述分析可知，鄂尔多斯市耕地质量总体等级较低，提高鄂尔多斯市耕地质量重点是在稳步改善土地利用率和土壤表层质地的同时应着力提高耕地的灌溉保证率及田面平整度。高标准基本农田建设通过土壤改良、土地平整、修建灌溉与排水等工程，集约高效利用土地，提高土地利用效率的同时，改善土壤肥力及田面平整度，完善灌排水措施并配备路、林、电等相应配套设施，形成集中连片、设施配套、高产稳产、生态良好、与现代农业生产和经营方式相适应的基本农田[3]。通过整治将影响耕地质量的障碍因子降低到最低限度，耕地质量平均提高一个等级。因此，大力推进农村土地整治、建设高标准基本农田是提高鄂尔多斯市耕地质量、保证粮食生产的重要基础和战略要求。

参考文献

[1]牛海鹏，李明秋．河南省整治后耕地质量影响因素分析及其评价指标体系构建[J]．河南理工大学学报：自然科学版，2008（6）：672–677.

[2]陶崇鑫，刘新平，吴贵亮．阿勒泰市耕地质量影响因素分析[J]．新疆农业科学，2012（7）：1353–1359.

[3]吴海洋，巴特尔，郑伟元，等．高标准农田建设标准，2012[S]．北京：中国标准出版社，2012.

内蒙古伊金霍洛旗农田土壤环境质量评价研究

康文慧[1]，徐艳红[2]，姚喜军[2]

（1 内蒙古农业大学生态环境学院　内蒙古呼和浩特 010010；
2 内蒙古自治区土地调查规划院　内蒙古呼和浩特 010010）

摘　要：本文通过对内蒙古伊金霍洛旗纳林陶亥镇矿区周边的 6 块农田表层土壤样品的采集、分析与评价，结果表明，与无矿区污染的达拉特旗对照点比较，土壤中 Cd、Hg、As、Cu、Pb、Cr、Zn、Ni 8 种元素均产生不同程度的污染，其中 Pb、Cr 污染较为严重，综合评价结果显示，研究区表层土壤有 83% 的样点处于轻度污染，17% 的样点处于中度污染。但这 8 种重金属元素含量均未超过土壤环境质量二级标准的限值，因此，矿区土壤虽受到一定程度的累积污染，但符合我国土壤环境质量二级标准，仍具有较大的重金属环境容量。

关键词：农田　土壤　环境评价　伊金霍洛旗

土壤是人类赖以生存和发展的物质基础，随着工业发展和城市化进程的加剧，通过矿产开发、交通运输、工业排放和大气沉降等，造成土壤重金属污染的现象越来越严重[1]。土壤污染已经成为我国面临的重要环境问题之一，加强农田土壤环境质量的监测和评价对于保护土壤环境质量和粮食安全具有重要的意义[2]。

土壤重金属污染是指由于人类活动使重金属进入到土壤中，致使土壤重金属明显高于原生态含量，并造成生态环境恶化的现象[3]。由于土壤重金属污染具有普遍性、隐蔽性、不可逆性以及巨大危害性等特点[4]，所以土壤一旦受到重金属污染就很难恢复，若这些元素累积过量时便会产生大量毒性从而对人体产生危害。因此研究农田土壤重金属污染对保护农田土壤环境，保障农田土壤生态平衡，维护人体健康具有重要意义。本文以伊金霍洛旗纳林陶亥镇煤矿区周边的农用地作为研究区，通过测定煤矿周围农田土壤中重金属的含量，分析重金属在农田土壤中的分布情况及污染程度，为区域土壤环境质量评价工作及煤矿周边农田土壤重金属污染综合治理提供科学依据。

1　材料与方法

1.1　研究区概况

研究区纳林陶亥镇位于伊金霍洛旗东部，鄂尔多斯南部，东经 110°08′~110°25′，北纬 39°18'~39°34'，海拔在 1 132~1 302 米之间，全镇总面积为 768.56 平方千米。东南西三边分别与准格尔旗和陕西省神木县、府谷县接壤，西北与东胜区和阿勒腾席热镇毗邻。境内沟壑纵横，地势起伏不平，属典型的丘陵沟壑地区，是全国水土流失重点地区之一。全镇土壤分布为粗骨土、风沙土、栗钙土，其中以风沙土为主，土地贫瘠，除沿川沟有少量的水浇地外，大都是梁山坡洼地，人均水浇地不到 1 亩，旱耕地受“十年九旱”自然规律的影响，近三分之一的旱耕地被阶段性撂荒，耕地面积小，立地条件差成为农业的基本特点。纳林陶亥镇大陆性气候较为明显，主要特点是降水量少，气候干燥，寒暑变化剧烈。年平均气温6.2摄氏度，日照时数3 100小时。年降水量320毫米，无霜期130天。

全镇工矿企业用地多，后备土地资源少。境内煤炭资源开采历史悠久，土地利用率达90%，未利用地大部分是沙化严重地，土地后备资源严重不足。

1.2 土样调查与分析方法

本研究于2012年10月，采用GPS定位，按照随机、等量和多点混合的原则采用S形布点采集土壤样品。本文选取鄂尔多斯市伊金霍洛旗纳林陶亥镇内，占地面积与影响半径均较大的矿区周边的6块农用地进行集中采样，每块农地选择5个样点进行表层土（0~20 cm）采样，并选择鄂尔多斯内无矿区干扰的达拉特旗作为对照点，随机选取其1块水浇地采集土壤样品（0~20 cm）。将同一地块的 土样用四分法混合后取出一个土样，进行土壤重金属及pH值测定。共取农田土壤表层样品30个，对照点土壤表层样品5个。按照《土壤环境质量标准》（GB15618—1995）的要求测定土壤重金属Cd、Hg、As、Cu、Pb、Cr、Zn、Ni及土壤pH值。

1.3 土壤环境质量评价

1.3.1 评价因子

本文研究对象为矿区周边的农地土壤，主要研究矿区对周边农地的影响，因此根据《土壤环境质量标准》（GB15618—1995）、农产品中各种重金属限量值标准及研究区土壤样品测定数据，选取Cd、Hg、As、Cu、Pb、Cr、Zn、Ni等8种元素作为评价因子。

1.3.2 评价方法

根据《全国土壤污染状况评价技术规定（试行）》，土壤环境质量评价采用的方法主要是土壤单项污染指数法和内梅罗综合污染指数法[5]。

1.3.2.1 单项污染指数法

单项污染指数法通常用于评价农田土壤环境质量单因子的污染状况，根据各土壤样品PH值选择标准值，采用分指数法评价公式，计算研究区各污染要素的污染指数。

单项污染指数计算式为，Pi=Ci/Coi

式中，Pi为土壤中i污染物的污染指数；Ci为土壤中i污染物实测含量，Coi为i污染物的评价标准。

单项污染指数法的分级标准见内梅罗综合污染指数。

1.3.2.2 内梅罗综合污染指数法

内梅罗综合污染指数法通常用于评价土壤环境总体质量。该方法进行环境质量评价时，具有较强的实用性，使不同污染物间和不同地域间环境质量的比较成为可能[6]。

内梅罗综合污染指数计算式为：

$$P=\sqrt{1/2\left[\left(\frac{1}{n}\sum_{i=1}^{n}Pi\right)^2+(Ci/Coi)^2_{\max}\right]}$$

式中，P为土壤污染综合指数；Pi为土壤中i污染物的污染指数；n为土壤中参与评价的污染物种类数；$(Ci/Coi)^2_{\max}$为土壤中各污染物污染指数的最大值的平方。内梅罗综合污染指数评价标准见表1。

表1 内梅罗综合污染指数评价标准

Table 1 Evaluation standard of comprehensive pollution index

等级	1	2	3	4	5
综合污染指数	$Pa\leqslant 0.7$	$0.7<Pa\leqslant 1.0$	$1.0<Pa\leqslant 2.0$	$2.0<Pa\leqslant 3.0$	$Pa>3.0$
污染等级	无污染	警戒线	轻污染	中污染	重污染

2 结果与分析

2.1 土壤中重金属元素分布特征

鄂尔多斯市伊金霍洛旗农田表层土壤重金属含量统计结果见表2。从表中可以看出，土壤中重金属含量的平均值与最大值均未超出《土壤环境质量标准》（GB15618—1995）（II类土壤）。将其与达旗对照点进行比较，结果表明：伊旗矿区周边农田土壤重金属含量的平均值中Cd、Hg元素与达旗对照点处特征值相同；As、Ni元素的均值含量分别比对照点含量低18.2%、17.8%；Cu、Pb、Cr、Zn等4种元素的均值含量分别比对照点含量高出23.9%、35%、104%、27.8%。矿区8种重金属元素中，除Pb、Cr 2种元素的最小值比相应的对照点值含量高出7.8%、23.5%外，其他元素的最小值均小于对照点值，且矿区8种元素的最大值均高于对照点值含量，其中Cu、Pb、Cr、Zn 4种元素的最大值与对照点值含量相差较大，分别比对照点值含量高出115.7%、50%、208.8%、99.1%，说明研究区内部分土壤重金属已出现明显的局部污染现象。此外研究区内土壤pH值均大于7，较对照点处土壤碱性稍强。变异系数作为反映统计数波动特征的参数，一定程度上可以描述该元素污染状况的特征[7]，8种重金属元素的含量在表层土壤中的变异系数从高到低依次排序Hg > CU > Cd > As > Zn > Cr > Ni > Pb，其中Hg变异系数较大，说明煤炭资源开采对土壤污染的影响是不同的，Hg对土壤污染的影响较强。除此之外，其他重金属元素的变异系数均较小，说明这些元素的含量均一，不同样品之间其差异不大，元素含量分布较为平稳[8]。总而言之，研究区农田表层土壤样品中重金属含量较低，分布较为均匀，但其部分含量均高于对照点。

表2 伊金霍洛旗农田表层土壤重金属统计特征值

Table 2 Statistical eigenvalue of heavy metal in the surface soil of farmland in Yijinhuoluo County

重金属	含量范围（$mg \cdot kg^{-1}$）	平均值（$mg \cdot kg^{-1}$）	变异系数	对照点值（$mg \cdot kg^{-1}$）
Cd	0.028~0.069	0.05	0.40	0.05
Hg	0.004~0.062	0.03	0.67	0.03
As	2.56~6.78	4.58	0.34	5.60
Cu	5.98~21.4	12.29	0.44	9.92
Pb	13.8~19.2	17.28	0.11	12.80
Cr	16.8~42	27.75	0.30	13.60
Zn	38.7~85.6	54.97	0.32	43.00
Ni	16~29.4	22.70	0.27	27.60
PH	7.89~9.03	8.52	0.06	9.17

2.2 土壤环境质量评价

一般对于农田而言，各指标的污染物标准采用《土壤环境质量标准》（GB15618—1995）二级标准[9]、但是由于本研究以无矿区污染的达旗作为对照点，且各重金属指标均未超出《土壤环境质量标准》（GB15618—1995）二级标准。由于国家土壤质量二级标准值范围广，故本文分析研究区土壤重金属污染状况时，选取达拉特旗对照点污染物特征值作为各污染物的评价标准更为准确，因此，下文中所有评价方法中的对比标准均为达拉特旗对照点处的土壤特征值。研究区农田土壤重金属污染评价结果见表 3。

表 3　伊金霍洛旗农田土壤重金属污染评价结果

Table 3　Evaluation result of heavy metals pollution in the farmland soil of Yijinhuoluo County

农田编号	单因子污染指数 Pi								内梅罗污染指数 Pz
	Cd	Hg	As	Cu	Pb	Cr	Zn	Ni	
1	0.87	1.94	0.58	0.82	1.42	1.78	1.50	0.58	1.61
2	1.07	0.53	0.87	1.33	1.33	2.09	1.99	0.62	1.71
3	0.84	0.72	0.76	1.07	1.50	1.93	1.19	0.93	1.58
4	0.61	0.13	0.46	0.60	1.36	t.24	0.90	0.69	1.10
S	1.30	0.38	1.21	2.16	1.41	3.09	0.94	1.07	2.41
6	1.51	1.00	1.04	1.45	1.08	2.12	1.15	1.05	1.76

由表 3 可知，研究区 8 种重金属元素的单项污染指数有 60% 大于 1，其中 Cu、Cr 元素的污染指数均有大于 2，甚至大于 3 的情况，说明这些元素已产生不同程度的污染，个别样点已出现较为严重的 Cu、Cr 污染状况。通过计算研究区 8 种重金属元素的单项污染指数的平均值可知，Hg、As、Ni 3 种元素均小于 1，说明这 3 种元素在土壤中的平均含量均小于对照点；Cd、Cu、Pb、Zn 4 种元素的污染指数均值范围在 1~2 之间，Cr 元素的污染指数均值大于 2，说明这些元素在土壤中的平均含量均超标。从单因子污染指数评价结果可知，研究区内重金属元素 Cd 的污染等级分别为清洁，占样品总数的 17%；警戒线级，占总数的 33%；轻污染级，占总数的 50%。Hg 元素的污染等级分别为清洁，占总数的 50%；警戒线级，占总数的 33%；轻污染级，占总数的 17%。As 元素的污染等级分别为清洁、警戒线级、轻污染级，各占样品总数的 33.3%。Cu 元素的污染等级分别为清洁、警戒线级、中度污染级，各占总数的 16.7%；轻污染级，占总数的 50%。Pb 元素的污染等级均为轻污染级。Cr 元素的污染等级分别为轻污染级，占总数的 50%；中度污染级，占总数的 33%；重污染 级，占总数的 17%。Zn 元素的污染等级分别为警戒线级，占总数的 33%；轻污染级，占总数的 67%。Ni 元素的污染等级分别为清洁，占总数的 50%；警戒线级，占总数的 17%；轻污染级，占总数的 33%。综上所述，研究区内 Cd、Hg、As、Cu、Ni 等 5 种重金属元素，均为局部地区产生轻微污染，其中局部地区出现 Cu 中度污染；Zn 元素轻微污染，分布较为均匀，个别区域处于污染边缘，土壤被污染的可能性较大；Pb、Cr 元素对土壤已造成不同程度的污染且污染范围较 广，其中 Cr 元素污染程度比较严重。污染程度排序为（以单因子污染指数均值大小计 算）Cr > Pb > Zn > Cu > Cd > Ni=As > Hg。由以上分析可知，从一个侧面说明了煤炭资源开采对土壤环境造成了一定程度的累积污染。

为了反映研究区农田土壤重金属综合污染程度，采用内梅罗综合污染指数法计算各采样点的综合污染指数在 1.10~2.41 之间，平均值为 1.69。研究区 6 块农田中，有 5 块农田的表层土壤受到了轻 微污染，1 块农田表层土壤达到中等程度污染。综合评价结果表明，与对照点处农田土壤相比，研究区表层土壤有 83% 的样点处于轻度污染级别，17% 的样点处于中度污染级别。通过以上分析表明就对照点处土壤重金属含量相比而言，研究区内由于煤矿资源开采、运输等活动，已导致周围土壤受到不同程度的重金属污染，但污染并不严重，且研究区内土壤环境质量符合国家二级土壤环境质量标准，仍具有较大的重金属环境容量[10]。

3 结论与讨论

（1）由伊金霍洛旗矿区与达拉特旗对照点土壤重金属含量比较可知，矿区土壤重金属元素 Cd、Hg 的平均含量与达旗对照点处特 征值相同；As、Ni 的均值含量分别比对照点含量低 18.2%、17.8%；Cu、Pb、Cr、Zn 等 4 种元素的均值含量分别高于对照点 23.9%、35%、104%、27.8%。

（2）单因子指数评价法得出，伊金霍洛旗矿区土壤受 Pb、Cr 污染较为明显；Zn 污染程度为轻微污染，局部地区处于污染边缘，土壤被污染的可能性较大；Cd、Hg、As、Cu、Ni 等 5 种重金属元素，均为局部地区产生轻微污染，其中局部地区出现 Cu 中度污染。这种部分样点含量偏高的现象说明矿区土壤已出现一定程度的重金属富集现象。

（3）采用内梅罗综合污染指数法得出伊金霍洛旗矿区土壤重金属污染现状，矿区 6 块农田中，有 5 块农田的表层土壤受到了轻微污染，1 块农田表层土壤达到中等程度污染，即研究区表层土壤有 83% 的样点处于轻度污染级别，17% 的样点处于中度污染级别。

（4）对于整个矿区而言，尽管研究区农田耕作层土壤受到了一 定程度的重金属累积污染，但土壤样品中重金属含量明显低于国家环境质量二级标准限值，因此矿区土壤中重金属含量并没有达到危害人体健康的标准，且仍具有较大的环境容纳量。

（5）虽然矿区土壤重金属含量没有超标，但部分重金属含量已高于环境背景值，说明煤矿开采对周边的土壤已造成一定程度的影响，且在煤矿的大量开采过程中出现的煤矸石长期随意堆排、大风扬尘、降水淋溶等均会对土壤环境造成污染。因此对煤矿开采造成的长期累积性污染应引起关注。

参考文献

[1] 刘小艇．煤矿区土壤重金属污染的空间分异性研究［D］．西安：西安科技大学，2010.

[2] 胡小娜．白银市城郊农田土壤重金属污染治理技术研究［D］．兰州：兰州大学，2010.

[3] 景丽洁，马甲．火焰原子吸收分光光度法测定污染土壤中 5 种重金属［J］．中国土壤 与肥料，2009（1）：74–77.

[4] 张楠．土壤重金属污染的特点及防治措施 探 讨［J］．现代农业，2010（11）：22~23.

[5] 路婕，李玲，吴克宁．基于农用地分等和土壤环境质量评价的耕地综合质量评价［J］．农业工程，2011，27（2）：323–329.

[6] 段飞舟，何江，高喜吉，等．污灌区农田土壤环境质量评价［J］．环境科学研究，2006，19（3）：114–116.

[7] 宋珍霞，高明，王里奥等．三峡库区农业土壤重金属含量特征及污染评价：以 Cu，Pb 和 Zn 为例［J］．农业环境科学学报，2008，27（6）：2189–2194.

[8] 刘庆，杜志勇，史衍玺等．山东省寿光市

土壤重金属环境质量评价［J］. 江西农业大学学报，2009，31（1）：144-148.
［9］GB15618-1995，土壤环境质量评价分级标准［S］.
［10］徐友宁，陈设斌，陈华清等. 大柳塔煤矿开发土壤重金属污染响应研究［J］. 中国矿业，2007，16（7）：47-51.

基于探地雷达的土体构型无损探测方法研究

吴全[1]，姚喜军[1]，陈晓东[2]，赵敏[2]，赵欢[2]，云浩[1]

（1. 内蒙古自治区国土空间规划院，内蒙古呼和浩特 010000；
2. 内蒙古达智能源科技有限公司，内蒙古呼和浩特 010000）

摘　要：土体构型对土壤水分、溶质运移过程和作物成长等有显著影响，常规测量采用人工挖土壤剖面取样、实验室化验分析等方法，其周期长效率低。针对以上问题，以探地雷达波形及其图像为研究对象，从检测土体构型的属性（层次、层厚、土质）入手，提出了一种使用探地雷达快速测量土壤土体构型的无损探测方法。基于探地雷达波形图像的纵向梯度信息能够反映土壤分层，采用包络检波法从探地雷达回波中提取包络信号，利用 Hilbert 分析其瞬时相位来确定分层位置；鉴于土壤介电常数与雷达回波振幅的关系，采用探地雷达回波振幅反演各层介电常数，由介电常数推算雷达波在土壤中的传播速度，以此得到土壤剖面各层厚度；根据探地雷达波形图的图像噪声与土壤砂壤比之间存在定量关系，提出采用主成分分析方法对每一层土质的图像进行噪声估计求得各层土壤的含砂量，结合支持向量机进而辨识各层土壤土质。建立涵盖地域信息、土壤指标、探测信息、图像多特征融合信息的土体构型知识库，并编制快速识别土壤土体构型的信息系统，在内蒙古自治区呼和浩特市周边 2 个试验基地、6 个采样点、4 类土壤土体构型使用该方法进行野外探测验证。研究表明：（1）在上述地区地表以下 1 m 范围内的土体构型识别正确率达到 94% 以上；（2）探测的每层土壤厚度相对测量误差小于 10%。该研究方法为土体构型快速检测应用提供了一种新的中观探测思路。

关键词：土壤；土体构型；探地雷达；无损探测

Nondestructive inspection method for soil profile configuration based on Ground Penetrating Radar

WU Quan[1]，YAO Xijun[1]，CHEN Xiaodong[2]，ZHAO Min[2]，ZHAO Huan[2]，YUN Hao[1]

(1.Inner Mongolia Autonomous Region Territorial Space Planning Academy，Hohhot 010000，Inner Mongolia，China；2.Inner Mongolia Dazhi Energy Technology Co.，LTD.，Hohhot 010000，Inner Mongolia，China)

Abstract：Soil body configuration has a significant impact on soil moisture, solute transport process, and crop growth, etc. Generally, measurements are performed using manual digging of the soil profile and sample collection, and then taking the samples to the laboratory for testing and analysis, etc., which has a low cycle length and low efficiency. To solve the aforementioned problems, by taking the ground-penetrating radar (GPR) waveform and its image as the research object, and starting from the detection of the level, layer thickness, and soil quality of the soil structure, a nondestructive detection method is proposed to rapidly measure the soil body configuration using GPR. In this study, the longitudinal gradient information from the GPR waveform image can reflect soil stratification by using an envelope detection method to extract the envelope signal from the GPR echo and a Hilbert transform to analyze its instantaneous phase and determine the layer position. Given the relationship between the soil dielectric constant and the radar echo amplitude, use the echo amplitude of the GPR to invert the dielectric constant of each layer, and then to calculate the propagation speed of the radar wave in the soil from the dielectric constant, so as to obtain the thickness of each layer of the soil profile. Based on the relationship between the image noise of the GPR waveform map and the soil sand to soil ratio, the principal component analysis method is used to evaluate the image noise for each layer of soil and obtain the sand content of each layer of soil, and combined with the support vector machine to identify the soil quality of each layer. Establish a knowledge base of soil structure covering regional information, soil indexes, detection information, and image multi-feature fusion information, and compile an information system for the rapid identification of soil and soil configuration, and use this method for field detection and verification in two test bases, six sampling points, and four types of soil and soil configurations around Hohhot City, Inner Mongolia Autonomous Region. Studies have shown that: (1) the correct rate of soil configuration recognition within 1 m below the surface of the above areas has reached more than 94%; (2) the relative measurement error of each layer of soil thickness detected is less than 10%. This research method provides a new mesoscopic detection concept for the rapid detection of soil configuration.

Key words: soil; soil body configuration; Ground Penetrating Radar; nondestructive inspection

土壤是地球上所有生态系统的自然支撑和生物屏障。近年来随着工业化、城市化进程的加剧，人与土地之间的矛盾也日益突出，土壤质量和可持续发展已成为社会经济发展和土壤学、农学、环境科学等研究的热点[1]。土壤质量检测方法通常有宏观和微观两种，宏观即卫星遥感探测法，是利用卫星遥感技术探测土壤表层属性，对土壤表层含水率、全氮和全磷含量、盐渍化、重金属含量等参量进行检测[2-7]，能以不同时空尺度不断的观察地表情况，提供地表特征信息[8]，适用于空间覆盖范围较广的土壤表层信息监测，但监测数据的空间分辨率往往偏低；微观基点测法，是通过剖面挖掘、打土钻、取样方、测土样等方式获得有限的点测数据[9]，来推断整个面或三维空间的土壤质量，测量准确，但仅适用空间覆盖范围偏小的检测。从空间上来讲，遥感探测法与点测法不够全面，亟须在中观上建立一种客观、快速、准确的土壤质量检测方法。

探地雷达是一种利用高频电磁波的反射探测目的体即地质现象的物探方法，亦称地质雷达，具有高效、快速、连续、无损、低成本和高分辨率成像等特点，已成为公路路面、机场道面、隧道、水坝和堤防等层状结构基础工程设施无损检测技术的重要组成部分[10-12]。近年来，随着探地雷达技术的快速发展逐渐应用到土壤检测领域中，成为宏观探测与微观探测之间尺度转化的纽带。如吴志远等[13]利用探地雷达早期信号振幅包络法平均值方法和时域反射技术分别探测降水前后野外农田表层的土壤含水率，结果表明利用探地雷达波早期信号振幅包络值能够获得与时域反射技术实测精度相近的黏性土壤含水率；侯晓冬等[14]将探地雷达用于土壤污染物探测中，以土壤介电常数为纽带，通过神经网络技术，建立介电常数、雷达回波信号和污染土壤多个参数之间的联系，能够实现污染土壤中多种污染物含量的检测；也有部分学者将探地雷达用于土壤深度和分布的探测，如赵艳玲等[15]使用探地雷达在室外进行复垦土壤层次无损探测的模型实验，证明探地雷达能够有效探测土层厚度和结构。以上研究，第一从探地雷达回波信号着手，建立土壤与雷达波形数据的关系；第二研究土壤的单一属性，如含水率、层厚、分布、污染物含量等。本文提出了一种使用探地雷达快速测量土壤土体构型的无损探测方法。该方法分别以探地雷达波形及其图像为研究对象，结合探地雷达波形数据分析算法、土壤介电常数推演、基于主成分的图像白噪声估计、支持向量机等技术，研究土壤探地雷达波形与土壤物性之间的关系，以探测土壤剖面的三大主要属性（层次、层厚、土质），综合地对土壤土体构型进行研判，并编制了一套快速识别土壤土体构型的信息系统。野外探测试验表明该方法实现了对试验基地区域内土壤土体构型快速地、无损地探测。

1 研究区概况

试验选择 2 个典型区域，分别位于内蒙古自治区标准耕作制度分区中Ⅱ 5 河套平原区的土默特左旗和Ⅱ 2 黄土丘陵区的达拉特旗（图 1）。土默特左旗位于内蒙古自治区中南部、黄河北岸，属于典型大陆性半干旱季风气候。降水年际变化大，且年内分配不均，7~9 月降水量占全年降水量的 68.8 %，年平均降水量约 350 mm。试验采样区位于土默特左旗（109°54′44.3″E，40°19′46.0″N）附近，分别设置 3 个采样点，采集的典型土壤剖面构型为壤土 / 黏土（表示上层为壤土下层为黏土，后文描述的土体构型均以此方式表示）、砂壤土 / 壤土。达拉特旗地处内蒙古自治区鄂尔多斯高原北端，黄河中游内蒙古段“几字湾”南岸[16]，属于典型的半干旱大陆性气候，受季风环流影响，达拉特旗春季降水少，夏季降水集中，且容易出现大到暴雨天气，该地区降水季节分配不均，旱涝灾害频繁，年平均降水量约 300 mm。试验采样区位于达拉特旗的库布齐沙漠（109°53′11.4″E，40°16′41.7″N）附近，设 3 个采样点，采集的典型土壤剖面构型为砂土 / 砂壤土、通体砂。

2 数据与方法

2.1 数据采集

选取壤土 / 黏土、砂壤土 / 壤土、砂土 / 砂壤土、通体砂 4 种具有明显差异的土体构型作为试验对象，在无作物覆盖的耕地开展雷达测线布置和土壤剖面点测双盲测试。每种土体构型分别布置了 10 条长 10 m 的平行测线。

点测采样：在每条测线的中点进行土壤剖面挖掘，土壤剖面描述主要依据土壤颜色、土壤松紧度、粒径分布等特征判定，测量各质地层次的深度和厚度，利用质地层次排列顺序及层次厚度初步判定土体构型，取各层土壤样品，进行实验室化验测定土壤指标参数。

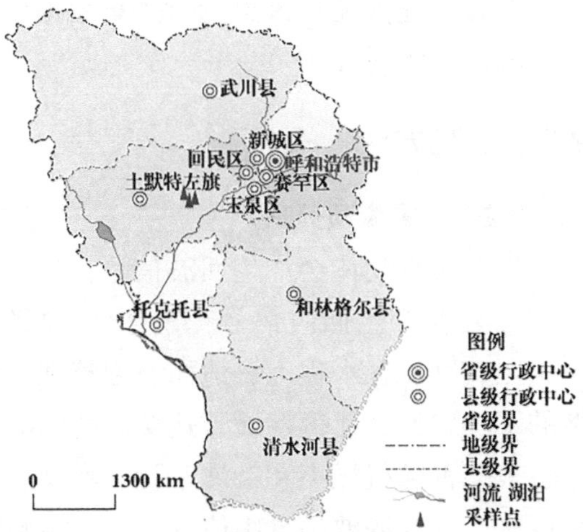

(a) 呼和浩特市地图

(b) 鄂尔多斯市地图

注：该图基于国家测绘地理信息局标准地图服务网站下载，其中图（a）的审图号为蒙 S（2020）022 号的标准地图制作，图（b）的审图号为蒙 S（2020）028 号的标准地图制作，底图边界均无修改。

图 1 采样区域图

探地雷达采样：设备采用青岛中电众益智能科技发展有限公司的 GER-10 型脉冲式探地雷达（图 2），因试验区的耕作土层厚度约为 1 m，结合土壤介电特性受土壤质地影响的最小范围，选取 900 MHz 的发射天线，雷达具体参数及指标见表 1。

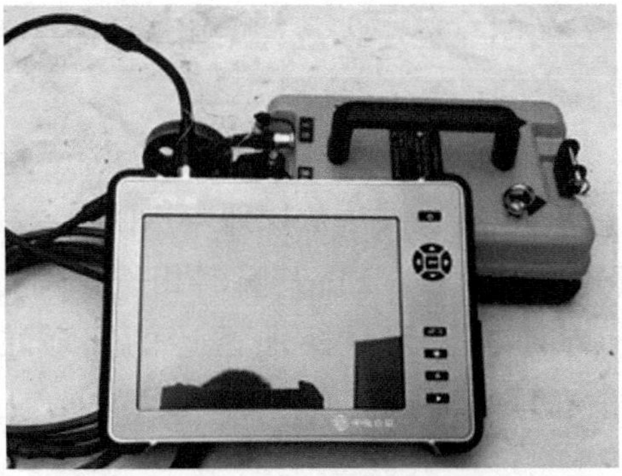

图 2 GER-10 型脉冲式探地雷达

表 1 GER-10 型脉冲式探地雷达技术参数及指标

技术参数	指标
最大扫描速度	215 Traces.s^{-1}
采样模式	时间模式、距离模式、点测模式
时间窗范围	1~8000 ns
增益范围	-10~160 dB
中心频率	900 MHz
深度范围	0.5~1.5 m
耦合方式	地面耦合

探地雷达沿平行测线往返探测数据，一条测线探测 4 次。现场测量开始前首先使用 Pereometer V.7 型介电常数仪、SU-LB 型土壤水分仪对样地进行探测，根据探测值对雷达的采集参数进行设定。当遇到坑洼地区时，截断采集数据避免空气波对图像的影响。一条测线探测 1 次约生成 4~6 组雷达波形图。参数设定的内容包括时间窗口大小、扫描样点数、每秒扫描数、A/D 转换位数、增益点数等内容[17]。参数设置的是否合理影响到记录数据的质量，至关重要。

（1）探测深度与时窗长度

探测深度的选择尤为重要，选得太小会

丢掉重要数据，选得太大会降低垂向分辨率。一般选取探测深度（H）为目标深度的1.5倍。文中探测的土壤深度为1 m，探测深度设置为1.5 m。根据H和介电常数（ε）确定采样时窗长度（Range，单位为ns），公式如下：

$$\text{Range}=2\times\frac{H\times(\varepsilon)^{1/2}}{3}=6.6\times H\times(\varepsilon)^{1/2} \quad (1)$$

以达拉特旗的砂土/砂壤土为例，该区域为农耕土，ε为11，Range应选40 ns，时窗选择略有富余。

（2）A/D采样分辨率

雷达的A/D转换有8 Bit、16 Bit、24 Bit，由于探测深度在1.5~5 m之间，采集速度平缓，选择16 Bit。

（3）采集模式及扫描样点数

采集模式分点测模式、距离模式、时间模式，试验时选择距离模式，该模式下雷达按照相等的距离间隔采集雷达数据。扫描样点　数Samples有128、256、512、1 024、2 048可选，对于雷达中心频率为Fa、时窗长度为Range，Samples应满足下列关系：

$$\text{Samples}\geqslant 10-8\times\text{Range}\times\text{Fa} \quad (2)$$

为保证高的垂向分辨，在容许的情况下Samples尽量选的大些。文中雷达主频率Fa为900 MHz，Range为40 ns，每一道扫描样点数大于360，选择接近值为512。

（4）扫描速率

即系统每秒采集的数据道数，GER-10有32，64，128，256，512共计5种，降低扫描速率可以提高系统的信噪比。当选择距离模式采集数据时，扫描速率自动设置在当前采样点数下的最高扫描速率。如本文主机连接900 MHz天线，扫描样点数设置为512，则扫描速率自动选择为512 Traces.s^{-1}（道每秒），测距轮的间隔设置为2 cm，那么雷达的最大工作速度为36.86 km·h^{-1}，如果天线的移动速度超过该速度时采集数据水平距离的误差将增大。

2.2 研究方法

2.2.1 图像预处理

地下所有物体会产生回波信号，介质的不均匀也会产生回波信号[18]。土壤粒径大小、压实度、含水程度、地面坡度等几何特性的不均匀性，使得探地雷达接收的回波信号包含多种随机噪声和杂波干扰。本文利用均值法、带通滤波法、中值滤波法、指数增益调节等信号处理算法对雷达波数据进行去除背景影响、高频杂波、来自地面发射的直达波、信号增强等预处理，提高信号的信噪比[19]。

2.2.2 基于包络检波的土壤分层信息识别

探地雷达发射的电磁波信号遇到不同质地的土壤时会产生不同幅度与相位的回波，波形的正负峰分别以白色和黑色标识，或以灰阶或彩色标识。这样，同相轴或等灰度、等色线即可形象的表征地下反射面。反射脉冲波形的明显程度，是对探地雷达图像进行地质解释的重要依据[20]。

为抑制干扰噪声的影响，采用基于Hilbert的包络检波法从探地雷达回波中提取包络信号[21-24]，分析其瞬时相位来确定土壤分界面的位置。探地雷达的回波信号$x(t)$进行Hilbert变换，公式如下：

$$\widehat{X}(t)=x(t)*\frac{1}{\pi t} \quad (3)$$

式中：$\widehat{X}(t)$为Hilbert变换后所得结果；$x(t)$为探地雷达回波信号；t为时间；*表示卷积运算。构建复数域的解析信号$\tilde{x}(t)$，公式如下：

$$\tilde{x}(t)=x(t)+j\widehat{X}(t) \quad (4)$$

式中：j 为虚部单位，利用解析信号的实部与虚部求得时域振幅包络信号 $A(t)$，公式如下：

$$A(t)=\sqrt{x^2(t)+\hat{X}^2(t)} \tag{5}$$

并求得瞬时相位信号 $\phi(t)$，公式如下：

$$\phi(t)=\arctan\frac{\hat{X}(t)}{x(t)} \tag{6}$$

然后对 $\phi(t)$ 进行高阶最小二乘拟合得到拟合曲线。经反复试验，当阶数取 20 时拟合曲线的凹凸拐点与土壤剖面分界线的实际位置几乎完全拟合。因此将该拟合曲线上的凸凹拐点处作为土壤分界面的时域位置。

2.2.3 土壤介电常数与土层厚度计算

采用探地雷达回波振幅反演介电常数方法[25-27]，确定结构层的介电常数与回波的波幅关系，公式如下：

$$\varepsilon_i=\varepsilon_{i-1}\left[(1+R)/(1-R)\right]^2 \quad i=1,2,\cdots,N \tag{7}$$

式中：ε_i 为下层介质的介电常数；ε_{i-1} 为上层介质的介电常数；R 为反射系数；N 为表层土壤的总层数。R 的计算公式如下：

$$R=\frac{A(t)}{A_m} \tag{8}$$

式中：$A(t)$ 为反射波幅；A_m 为全反射波幅数值，可以通过金属板试验获得。利用探地雷达测量时，顶层介质为空气，第 1 层介质为第 1 层土壤。因此可由顶层的空气介电常数，推演出第 1 层土壤介电常数，依次可推出其他土层的介电常数。而对于介电常数为 ε_i 的土壤介质来说，电磁波在土壤中传播的速度（v_i）可由公式（9）推导：

$$v_i=c\times\varepsilon_i^{-1/2} \tag{9}$$

式中：c 为电磁波在真空中的传播速度，取 $3\times10^8\text{m}\cdot\text{s}^{-1}$。各土层厚度计算公式为：

$$\Delta H_i=\frac{1}{2}(v_i\times\Delta t_i) \tag{10}$$

式中：ΔH_i 为第 i 层土壤厚度；Δt_i 为电磁波在底层土壤中的双程时延。土层厚度可根据探地雷达在土层中回波时延和电磁波传播速度计算获得。

2.2.4 土质识别方法研究

（1）基于主成分分析的土壤图像噪声估计

土壤的粒径、密度、孔隙度、渗透性、磁性等属性不同，生成的回波信号图像包含噪声不同，因此通过估计探地雷达回波图像噪声可间接反映所测土质的属性。陈晓东等[28]对土壤的探地雷达图像进行基于回归分析和主成分分析（Principal component analysis，PCA）的真实噪声均方差的估计，提出一种利用图像噪声估计分析土壤含砂量的方法，并指出回波图像噪声数值大小与土壤含砂量成正比关系。本文利用该方法，来计算土壤的含砂量。

探地雷达所采集到的含噪图像（f）可看作是由不含噪声的真实图像（r）和加性高斯白噪声信号（n）组成，其表达式为：

$$f=r+n \tag{11}$$

式中：n 为均值为零、方差为 $\hat{\sigma}_n^2$ 的加性高斯白噪声信号。依据文献［29］的分析，将图像数据 f、r 变换到 PCA 域中得到：

$$\lambda_{\min}(C_f)=\lambda_{\min}(C_r)+\hat{\sigma}_n^2 \tag{12}$$

式中：$\lambda_{\min}(\cdot)$ 为求取协方差矩阵的最小特征值；C_f 表示为 f 的协方差矩阵；C_r 分别为 r 的协方差矩阵；$\hat{\sigma}_n^2$ 为加性高斯白噪声信号的方差。由于真实图像的细节信息不丰富且具有信息冗余特性，r 的数据主要分布在有限主分量上，研究时可以忽略，即存在如下公式：

$$\lambda_{\min}(C_r)=0 \tag{13}$$

由此，可以用高斯噪声的方差来估算探地雷达回波图像的方差值，即公式（12）简化为如下公式：

$$\lambda_{\min}(C_f)=\hat{\sigma}_n^2 \tag{14}$$

对每一层土质图像都进行噪声估计，将计算的方差值作为该层土质识别的特征参数之一，其数值大小可间接反映土壤含砂量大小。

（2）土壤含水率

在降水或灌溉与土层深度相同的条件下，不同土质因渗透性能存在差异且土壤含水率不同，因此将土壤含水率作为土质识别的另一特征参数。本文使用经典的Topp多项式[30]来计算 ε_i 的第 i 层土壤含水率（θ），ε_i 的计算方法参见公式（7），θ 的计算公式如下：

$$\theta=-5.3\times10^{-2}+2.92\times10^{-3}\times\varepsilon_i-5.5\times10^{-4}\times\varepsilon^2_i+4.3\times10^{-6}\times\varepsilon^3_i \quad (15)$$

（3）支持向量机的土质识别

以每类土质图像所计算的$\hat{\sigma}_n^2$、θ、平均灰度、三阶中心矩、一维熵（H）(表示图像中灰度分布聚集特征所包含的信息量）等组成样本特征向量并建立对应的土质特征库，将土质特征库数据带入支持向量机进行训练并识别各土层的土质。

3 结果与分析

3.1 室内试验分析

在分析研究阶段，2019 年 8 月设计并建设了土壤分析试验仓。针对土体构型检测设计了 5 层土壤分层试验，第 1 至第 3 层和第 5 层分别铺设粒径为大于 2 cm、等于 2 cm、1~2 cm、1 cm 大小的砂壤土，第 4 层铺设粒径 0.5~1 cm 黏土层。采集的原始图像、预处理图像与分析结果图像如图 3 所示，图中纵轴为土壤深度，水平纵轴为雷达扫描道数，下文以此图像分析土壤的土体构型。

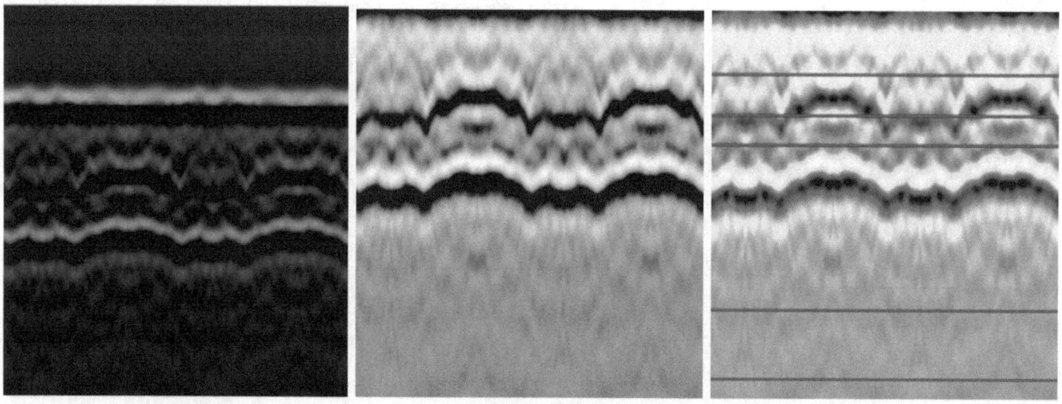

(a) 二维雷达图像　(b) 数据处理后图像　(c) 土壤分层图像

图 3　探地雷达图像

Fig.3　Ground Penetrating Radar image

将图 3b 中每道雷达数据沿行径方向取均值，并进行归一化和去直流分量处理，得到如图 4 所示黑色土层轮廓线，对其进行 Hilbert 变换后得到红色上包络线、绿色下包络线。

图 4 中包络线的瞬时相位信号最小二乘拟合后得到瞬时相位拟合曲线（图 5），利用微积分获取曲线凸凹拐点（图 5 中绿色圆圈），凸凹拐点所在位置即为各土层分界点，最终求得土壤分层图像（图 3c）。

表 2 为室内土壤土体构型试验数据结果。其中包括采用传统仪器测量的结果，简记为测量值，通过本方法计算出的结果简记为计算值。从表 2 可以看出，本文所述方法与实测数据相比，介电常数的相对误差最小为 6.16%，最大为 9.57%，层厚的相对误差最小为 7.58%，最大为 9.13%；土壤含水率

的相对误差最小为 8.46%，最大为 9.69%。另外，土层的雷达回波图像噪声方差越大，其对应的土壤含砂量越大，且各土层的图像噪声方差差异较大，土壤剖面构型总体识别也较为准确。

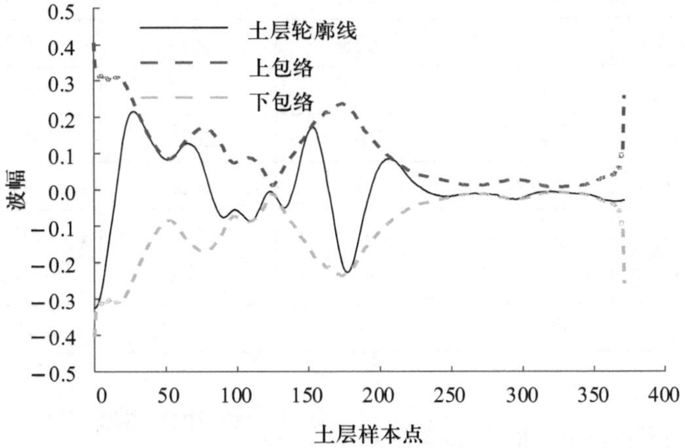

图 4　包络分析曲线图

Fig. 4　Abacuses of envelope analysis

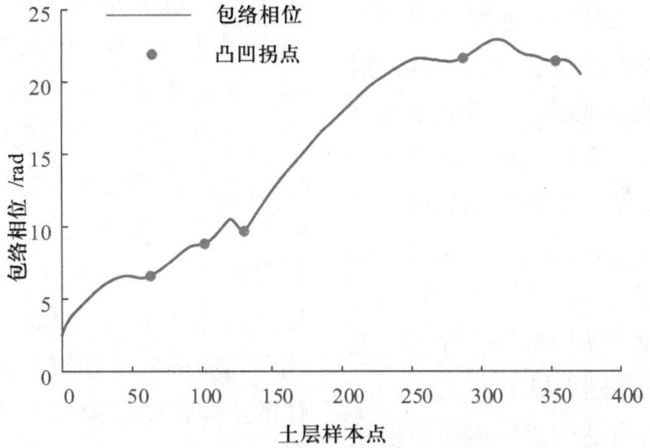

图 5　瞬时相位拟合曲线及凸凹拐点图

Fig.5　Instantaneous phase fitting curve and convex and concave inflection point plot

表 2　土壤属性检测结果

Tab.2　Results of soil property testing

所测参数		第 1 层土壤	第 2 层土壤	第 3 层土壤	第 4 层土壤	第 5 层土壤
介电常数	测量值 /m	3.41	2.86	3.15	3.45	3.44
	计算值 /m	3.62	3.11	3.43	3.78	3.75
	相对误差 /%	6.16	8.74	8.89	9.57	9.01

续表 2

所测参数		第 1 层土壤	第 2 层土壤	第 3 层土壤	第 4 层土壤	第 5 层土壤
层厚	测量值 /cm	20	12	8	45	20
	计算值 /cm	21.56	12.91	8.73	48.63	21.65
	相对误差 /%	7.80	7.58	9.13	8.07	8.25
土壤含水率	测量值 /%	4.02	2.58	3.42	4.23	4.15
	计算值 /%	4.36	2.81	3.73	4.64	4.55
	相对误差 /%	8.46	8.91	9.06	9.69	9.64
土壤含砂量	计算值 /%	28.27	26.35	25.14	9.25	23.21
	图像噪声方差值	822	792	760	306	680
土质	识别结果	砂壤土	砂壤土	砂壤土	黏土	砂壤土

3.2 土体构型知识库的创建与系统搭建

建立了涵盖土壤的地域信息（如所属旗县、坐标范围、气候信息）、属性指标（土质、含水率、容重、实际剖面构型属性）、雷达探测信息（探地雷达设置参数、探测时间、探线走向、探测波形图）、图像多特征融合信息（噪声方差、平均灰度、三阶中心距、一维熵等）的土体构型特征知识库。建立的基于土壤容重为 1.4~1.6 t/m^3，土壤含水率为 4%~7% 的典型沙地、砂壤 / 壤、壤 / 黏、砂、砂壤等 7 种土体构型知识库样，是智能分析土体构型的基础支撑。

搭建的基于探地雷达的土体构型快速检测系统，具有雷达波形预处理、数据分析、智能检测和实验报表自动生成等功能。波形预处理包括去直达波、中值滤波、高斯滤波、增益调整等；数据分析主要包括数据导入及筛选、分析检测、指标计算、结果呈现、辅助功能；智能检测从探地雷达数据中分析土壤的土体构型，并给出各项指标；实验报表包括当前实验分析数据报表和历史分析报表。

3.3 野外试验分析

2020 年 9 月在土默特左旗和达拉特旗采集土壤土体构型（壤土 / 黏土、砂土 / 砂壤土）进行野外双盲实验。图 6a 与 6b 为壤土 / 黏土的系统分析结果图和剖面图，图 6c 与 6d 为砂土 / 砂壤土的系统分析结果图和剖面图。图像中的红色直线表示土壤的分层位置，红白标尺一个颜色的长度为 10 cm。试验证明，本方法计算的分层层数、土质与实际测试的结果相同，壤土 / 黏土的层间厚度误差在 2~6 cm 之间，砂土 / 砂壤土的层间层厚误差在 1~6 cm 之间，被检测土壤的土体构型与实际完全相符，准确率约为 94%。具体的土体构型试验结果见表 3。

4 讨论

采用本方法野外探测的 4 种土体构型，土壤层次均为 4 层，除障碍层外每层土壤厚度大约 20~30 cm，相邻层的土壤质地具有相似性，土壤层次探测准确；由于探地雷达采用的介电常数为仪器探测均值，输出的探测深度略有偏差，相比人工检测土层厚度误差在 6 cm 以内；每层土壤图像的噪声估计差

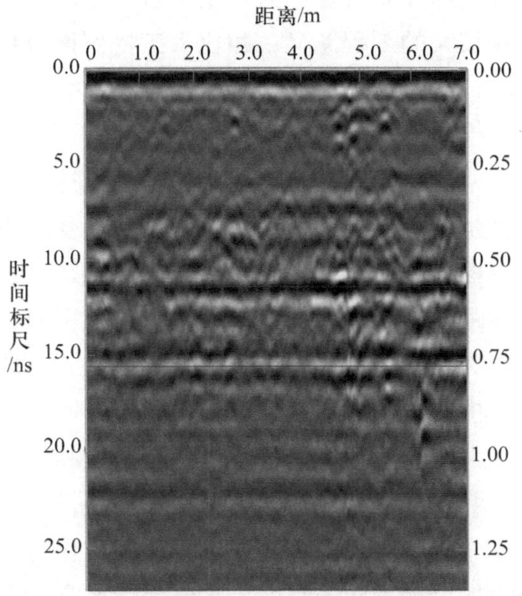

(a) 壤土/黏土雷达图像

(b) 壤土/黏土剖面图

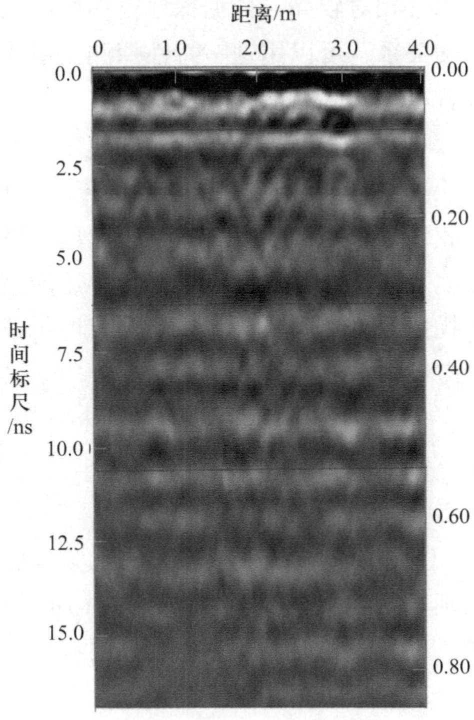

(c) 砂土/砂壤土雷达图像

(d) 砂土/砂壤土剖面图

图 6 探测结果对比图像

表 3　土体构型试验结果表

区域	取得数据方式	层数	层号	层厚 / cm	土质类型
土默特左旗	人工采样	4	1	30	砂土
			2	24	砂土
			3	25	砂壤土
			4	＞69	砂壤土
	系统分析	4	1	36	砂土
			2	22	砂土
			3	19	砂壤土
			4	＞75	砂壤土
达拉特旗	人工采样	4	1	9	壤土
			2	22	壤土
			3	30	黏土
			4	＞70	黏土
	系统分析	4	1	8	壤土
			2	27	壤土
			3	24	黏土
			4	＞65	黏土

异明显，土质检测结果与人工基本一致，总体土体构型识别较为准确。

本研究从室内控制实验出发，分析土壤物性与探地雷达波形及其图像间的定性与定量的关系，提出利用探地雷达波形的纵向梯度信息分析土层层次，以雷达回波振幅反演土壤介电常数进而推到每层土壤层厚，以图像噪声方差来估计土壤含砂量的理论，然后以野外双盲探测的方法验证了该方法在土壤土体构型检测中的适应性。第 1 次提出把探地雷达波形图像作为研究内容，从图像分析的角度来识别土壤质地，丰富并拓展了此类研究项目的数据源和解决问题的思路；创新性地提出将传统人工检测仪表与探地雷达相结合进行土壤物性探测，以土壤的层次、厚度、土质为切入点综合地分析土体构型的工程思想。与以往发表的论著不同，本文结合探地雷达波形图像分析方法，从综合的角度给出了一种检测土壤土体构型的方法，并通过室内控制实验和野外实验进行了验证，具有较大的工程意义；相比人工挖剖面分析方法，既不损坏原有土壤结构，又极大地提高了检测速度和范围。

研究发现，由于使用的探地雷达收发信号是脉冲电磁信号，雷达回波数据受地表植被覆盖物、地下植物根系等因素影响较大，其距离地面的真空距离大于一定范围时，将影响采集的信号精度，为此实际探测时应避开植被覆盖时间或地点；探地雷达回波信号受水的干扰很大，特别是处于水饱和状态时土壤的其他特性在图像中均被掩盖，野外实际测量应避开雨天并在地表比较干燥时进行测量，参考地表黏度、水分等情况合理设置雷达探测参数。同时，发现土壤的障碍层中含水率相对较高，依据探地雷达回波信号与水的关系，可以用这一特性探测土壤障碍层或者水管管道漏水点检测等。

本文已经证明在典型区域使用此方法可以快速、无损、准确地探测土壤土体构型，但我国区域辽阔，土壤土体构型差异较大，雷达发射信号在这些土壤中的穿透能力、受干扰情况也不同，具体扩展到其他区域的试验需下一步工作中进行深入研究。

5　结论

（1）通过基于包络检波的土壤分层信息识别方法，可得到不同土体结构的分层图像，清晰地展示了地下土壤分层特征，并利用探地雷达回波振幅反演介电常数、估算土壤厚度，虽存在一定测量误差，但土壤分层层数、层厚与现场剖面实测结果基本相符。

（2）实验结果表明：土壤中含砂量越

多，对应探地雷达波的反射强度越大，雷达波图像噪声越强；因黏土、壤土、砂壤土、砂土的含砂量依次增多，所对应的雷达波图像噪声逐渐变强。

（3）用经典的Topp多项式计算土壤含水率、基于PCA的土壤图像噪声估计法来间接估算土壤含砂量多少，最后使用土壤含水率、图像噪声方差和其他图像特征参数组成特征向量，利用支持向量机对土壤各层土质进行识别，识别结果正确。

参考文献

[1]李彬彬，许明祥，巩晨，等.国际土壤质量研究热点与趋势—基于大数据的Citespace可视化分析[J].自然资源学报，2017，32（11）:1983–1998.[Li Binbin，Xu Mingxiang，Gong Chen，et al. Hotspots and trends in international soil quality research[J]. Journal of Natural Resources，2017，32（11）: 1983–1998.]

[2]陈国茜，祝存兄，李素雲，等.三江源地区土壤水分的地理分区遥感模型构建及时空变化[J].草地学报，2021，29（增刊1）：199–207.[ChenGuoqian，Zhu Cunxiong，Li Suyun，et al. Remote sensing model construction andspatial–temporal changesof soil moisture in the Three–River Headwatersregion[J]. ActaAgrestiaSinica，2021，29（Suppl. 1）：199–207.]

[3]马驰.HJ–1A HSI与Sentinel–2A遥感数据土壤全氮含量反演精度的对比研究[J].无线电工程，2021，51（12）：1540–1548.[MaChi. Accuracy comparison of soil total nitrogen content inversion based on HJ–1A HSI and Sentinel–2A remote sensingdata[J]. Radio Engineering，2021，51（12）：1540–1548.]

[4]乔璐，陈立新，董诚明.基于高光谱遥感技术对土壤氮磷钾的估算[J].森林工程，2018，34（6）: 25–31，71.[QiaoLu，Chen Lixin，Dong Chengming. Estimates of soil N，P，K concentration by using hyperspectral remote sensing technology[J]. Forest Engineering，2018，34（6）：25–31，71.]

[5]王爽，丁建丽，王璐，等.基于地表光谱建模的区域土壤盐渍化遥感监测研究[J].干旱区地理，2016，39（1）：190–198.[WangShuang，Ding Jianli，Wang Lu，et al.Remote sensing monitoring of soil salinization based onsurface spectral modeling[J]. Arid LandGeography，2016，39(1)：190–198.]

[6]成永生，周瑶.土壤重金属高光谱遥感定量监测研究进展与趋势[J].中国有色金属学报，2021，31（11）：3450–3467.[ChengYongsheng，Zhou Yao. Research progress and trend of quantitative monitoring of hyperspectral remotesensing for heavy metals in soil[J]. The Chinese Journal of Nonferrous Metals，2021，31（11）：3450–3467.]

[7]叶明亮，杨梦丽，刘纯宇，等.高光谱遥感在土壤重金属污染监测中的应用[J].环境监测管理与技术，2018，30（6）：1–5，60.[YeMingliang，Yang Mengli，Liu Chunyu，et al. Application of hyperspectral remote sensing in monitoring heavy metals in soil[J]. The Administration and Technique of Environmental Monitoring，2018，30（6）：1–5，60.]

[8]王思楠，李瑞平，韩刚，等.基于遥感数据对毛乌素沙地腹部旱情等级的景观变化

特征分析［J］. 干旱区地理，2018，41（5）：1080–1087.［Wang Sinan，LiRuiping，Han Gang，et al. Characteristics of the landscape changes under the hinterlanddrought conditions in Mu Us Sandland［J］. Arid LandGeography，2018，41（5）：1080–1087.］

［9］李开丽，檀满枝，密术晓，等. 基于土壤剖面质地构型的土壤质量评价—以河南省封丘县为例［J］. 土壤，2016，48（6）：1253–1260.［Li Kaili，Tan Manzhi，MiShuxiao，et al. Evaluating soil quality with texture profile configuration: A case study ofFenqiu，Henan［J］. Soil，2016，48（6）：1253–1260.］

［10］周春晓，陈晔. 探地雷达研究进展［J］. 南京师大学报（自然科学版），1998，21（1）：111–115.［Zhou Chunlin，Chen Ye.The progress of Ground Penetrating Radar［J］. Journal of Nanjing Normal University（Natural Science Edition），1998，21（1）：111–115.］

［11］何瑞珍，胡振琪，王金，等. 利用探地雷达检测土壤质量的研究进展［J］. 地球物理学进展，2009，24（4）：1483–1492.［HeRuizhen，Hu Zhenqi，WangJin，et al.The progress of using ground penetrating radar to detect the soil quality［J］.Progress in Geophysics，2009，24（4）：1483–1492.］

［12］廖彬彬. 深度学习在探地雷达目标识别中的应用研究［D］. 成都：电子科技大学，2019.［Liao Binbin. Research on the application of deep learning in target recognition of Ground Penetrating Radar［D］. Chengdu: University of Electronic Science and Technology of China，2019.］

［13］吴志远，杜文凤，聂俊丽，等. 基于探地雷达早期信号振幅包络值的黏性土壤含水率探测［J］. 农业工程学报，2019，35（22）：115–121.［Wu Zhiyuan，Du Wenfeng，NieJunli，et al. Detection of cohesive soil water content based on early signal amplitude envelope of Ground Penetrating Radar［J］. Transactions of the Chinese Society of Agricultural Engineering，2019，35（22）：115–121.］

［14］侯晓冬，郭秀军，贾永刚，等. 基于探地雷达回波信号获取污染土壤中污染物含量的研究进展［J］. 地球物理学进展，2008，23（3）：962–968.［HouXiaodong，GuoXiujun，JiaYonggang，et al. Progress on detectionofcontaminationcontent inthe contaminated soilbasedon GroundPenetrating Radar［J］. Progress inGeophysics，2008，23（3）：962–968.］

［15］赵艳玲，王金，贡晓光，等. 基于探地雷达的复垦土壤层次无损探测研究［J］. 科技导报，2009，27（17）：35–37.［ZhaoYanling，WangJin，GongXiaoguang，et al. Nondestructive detection of soil layer based on GPR［J］. Science & Technology Review，2009，27（17）：35–37.］

［16］李玲蔚，白永平，杨雪荻，等. 黄河几字湾地区可持续发展的动态演变及区域差异［J］. 干旱区地理，2022，45（2）：639–649.［LiLingwei，BaiYongping，YangXuedi，et al. Dynamic evolution and regional differences of sustainabledevel-opment in Jiziwan of the Yellow River［J］. Arid LandGeography，2022，45（2）：639–649.］

［17］邓世坤. 探地雷达野外工作参数选择的

基本原则［J］. 工程地球物理学报，2005，2（5）：323-329.［DengShikun. Onthebasicprinciples for the choiceof GPR field survey parameters［J］. Chinese Journal of Engineering Geophysics，2005，2（5）：323-329.］

［18］谢国兰 . 基于探地雷达的土壤含水量分析［D］. 南昌：南昌大学，2009.［XieGuolan. Analysis of soil water content based on Ground Penetrating Radar［D］. Nanchang:Nanchang University，2009.］

［19］杨兆良 . 探地雷达信号处理及软件研制［D］. 成都：电子科技大学，2005.［Yang Zhaoliang. Ground penetrating radar signal processing and software development［D］. Chengdu: University of Electronic Science and Technology of China，2005.］

［20］闫永斌 . 探地雷达图像识别与处理［D］. 北京：北京化工大学，2008.［Yan Yongbin. Ground penetrating radar image recognition and processing［D］. Beijing: Beijing University of Chemical Technology，2008.］

［21］石荣，邓科，阎剑 . 两种脉冲信号包络提取方法的联系及性能分析［J］. 无线电工程，2021，51（1）：1-7.［Shi Rong，Deng Ke，Yan Jian. Relationship and capability analysis on two pulse signal envelope extraction methods［J］. Radio Engineering，2021，51（1）：1-7.］

［22］何岭松，杨叔子 . 包络检波的数字滤波算法［J］. 振动工程学报，1997（3）：116-121.［He Lingsong，Yang Shuzi. Envelop estimation by a pair of digital filters［J］. Journal of Vibration Engineering，1997（3）：116-121.］

［23］王益有，胡勇峰，王亚杰，等 . 基于 Hilbert 包络与阶次分析的轴承故障诊断［J］. 汽车零部件，2022（7）：74-78.［Wang Yiyou，Hu Yongfeng，Wang Yajie，et al. Bearing fault diagnosis based on Hilbert envelope and order analysis［J］. Automobile Parts，2022（7）：74-78.］

［24］丁颖，隋顺琦，王开云，等 . 基于 Hilbert 包络分析的铁路货车踏面擦伤诊断［J］. 铁道车辆，2022，60（2）：52-55.［Ding Ying，Sui Shunqi，Wang Kaiyun，et al. Wheel tread flat diagnosis of railway freight wagons based on Hilbert envelope analysis［J］. Rolling Stock，2022，60（2）：52-55.］

［25］秦艳芳 . 基于探地雷达的干旱区土壤水分反演精度分析［J］. 资源信息与工程，2018，33（6）：130-133，135.［Qin Yanfang. Precision analysis of soil moisture retrieval based on Ground Penetrating Radar in arid region［J］. Resource Information and Engineering，2018，33（6）：130-133，135.］

［26］Haukalid K，FolgeroK. Broad-band permittivitymeasurements of formation of gas hydrate layers using open-ended coaxialprobes［J］. Energy & Fuels，2016，30（9）：7196-7205.

［27］李蕙君，钟若飞 . 探地雷达波振幅与土壤含水量关系的数值模拟［J］. 应用科学学报，2015，33（1）：41-49.［Li Huijun，ZhongRuofei. Numerical study on the relationship between amplitudes of Ground Penetrating Radar wave andwater content in soil［J］. Journal of Applied Sciences，2015，33（1）：41-49.］

［28］陈晓东，姚喜军，云浩，等 . 基于噪声估计的表层土壤质地快速检测［J］. 中国资源综合利用，2022，40（2）：38-

40. [Chen Xiaodong, Yao Xijun, Yun Hao, et al. Rapid detectionof surface soil texture based on noise estimation [J] . China Resources Comprehensive Utilization, 2022, 40 (2): 38–40.]

[29] Liu XH, TanakaM, OkutomiM. Single–imagenoiselevelestimationforblinddenoising [J] . IEEETransactionson Image Processing, 2013, 22 (12): 5226–5237.

[30] ToppG. C,DavisJ.L. Time–domain reflectometry (TDR) and its application toirrigation scheduling [J] . Advances in Irrigation, 1985 (3): 107–127.

Dynamical System and Risk Control of Rural Land Transfer

Wu Quan[1], Wang Guihua[2], Fu Xinyue[3]

(1.The Land Survey and Survey Institute Inner Mongolia Autonomous Region Hohhot, Inner Mongolia, China; 2.Inner Mongolia Agricultural University, Inner Mongolia, China; 3.Inner Mongolia Institute of Geological and Environmental Monitoring, Inner Mongolia, China)

Abstract: Rural land transfer is an important part of China's rural land reform, which provides a direction for China's agricultural development. With the social and economic development, the process of rural land transfer is also accelerating, and has achieved some results. But in the specific process, the power and risk of land circulation are not clear. Based on this, this paper first outlines the dynamic mechanism of rural land circulation, then discusses the risks faced by rural land circulation, and finally puts forward the risk control measures of rural land circulation, in order to provide new ideas for follow-up research.

Key words: Rural areas; Land transfer, Power system, Risk management and control, Research

1 Research background

1.1 Literature review

Promoting land transfer can effectively promote social development in China. Therefore, various places are exploring new ways of land transfer, and have formed different characteristics of the transfer model. With the development of society, the speed of land flow is also increasing (Ding, 2018). From a systematic point of view, in the complex system of rural land transfer, the various risk factors are interactive, interrelated and always in dynamic change (Xiang an Xu, 2016). With the continuous development of social economy and the increasing social risks, Chinese society has entered the stage of frequent risks. At present, the widening gap between the rich and the poor, the serious differentiation of social structure and the imbalance of social interests are becoming increasingly prominent (Zhou, 2016). At the same time, there are more and more risk problems in the process of rural land transfer, which leads to more social problems (Zhu and Ye, 2017). Therefore, how to effectively protect farmers'own rights and interests and solve the problem of rural land transfer is an urgent problem to be solved in the current society. In this process, understanding the problems of the government's risk management and control in rural land transfer, and analyzing the hazards brought by the risks in the process of land transfer can effectively improve the social awareness of risk management, and fundamentally inhibit the occurrence of more risks (hang et al., 2019). In recent years, the issue of rural land transfer has been widely concerned by the academic community. China's policy proposes that we should actively encourage the circulation of agricultural land and manage it appropriately, which is conducive to expanding the scope of land circulation. The main reason for promoting land transfer is that China's social and economic development shows a rapid trend. The current land transfer mode can no longer meet the needs of modern social development, and the value of agricultural land has not been fully utilized. On the other hand, the improvement of agricultural efficiency is slow. It is unrealistic to rely solely on the output of crops to increase farmers'income. Therefore, it is necessary to encourage and accelerate the transfer of rural land.

1.2 Purpose of research

The issue of rural land transfer has always attracted much attention, which is an important factor affecting China's social and economic development. China's State Council and the Party Central Committee have also paid more attention to the issue of land transfer. In recent years, they have continuously issued the No.1 document of the Central Committee, which has promulga-ted a series of policies to strengthen, benefit and enrich farmers for land transfer, which is enough to prove that China attaches great importance to the issue of land transfer. In recent years, China has shown the trend of urbanization, indus-trialization and agricultural modernization. Farmers have flocked to cities and towns for development, and problems such as abandonment of land and abandonment of wasteland have arisen in rural areas. In order to maximize the use of rural limited land resources, it is urgent to change the current situation of small-scale decentralized management of rural land in China. By solving the problems existing in the "Three Rights Separation" and scale management of land, we can speed up the development of rural land circulation in China. But at present, China's rural land transfer efficiency is slow, and its development is facing many obstacles.

2 The dynamic mechanism of rural land transfer

2.1 Elements of pulling force of main body of agricultural management

With the development of social economy, the circulation of rural land is on the rise. Under this mode, the main body of new agricultural management has evolved into a powerful management organization. In the process of realizing agricultural transformation and rural modernization in China, this mode of agricultural development, with the main body of agricultural management as its main body, has become the dominant force affecting the moderate scale of agricultural operation (Ma, 2012). Its main performance is in the following three aspects: first, the development of new agricultural subject is an important factor to promote farmers' income. Secondly, the development of agricultural mechanization can be promoted by the main body of new agricultural management. Third, the main body of new agricultural management can achieve more rapid and efficient promotion of new varieties and new technologies.

2.2 New urbanization is the driving factor

New urbanization refers to the citizenization of farmers. Farmers transfer from the traditional primary industry to the secondary and tertiary industries, which is also the requirement of new urbanization. Only in this way can farmers be guaranteed not to move out in large quantities. Moreover, the surplus rural labor force should be transferred to non-agricultural industries to ensure the transformation of rural land into a new type of agricultural management subject (Zhou, 2018). New urbanization has many advantages for land management and development. Its main manifestations are as follows: First, new urbanization can effectively improve farmers' income. Secondly, the problem of "agriculture, countryside and farmers" can also be solved through new urbanization. Because the rural surplus labor force can play a role mainly depends on the level of new urbanization. Therefore, an effective new type of urbanization can not only reduce the loss of rural surplus population, but also effectively improve the comprehensive productivity of rural areas. Third, China's social and economic development, new urbanization will become its inevitable product.

3 The risk of rural land transfer

3.1 Economic risks

In the process of rural land transfer, the main economic risks include contract risk, land management risk, land transfer market risk and so on. Contract risk refers to the risk of non-compliance with contract rules and non-performance of contract obligations by both parties signing the contract (Meng, 2016). For example, people may not sign paper contracts with relatives or acquaintances because they are embarrassed, but only make oral agreements, and their rights and interests may be infringed in the end. Not only that, but there will also be cases where the contract has been signed but still fails to perform. Land inflowers usually obtain income through scale operation. However, the nature of land will not change after land transfer, and the crops planted are still the original crops. In addition, due to the influence of environment, climate, price and other factors, the crops planted can not guarantee their final income. In addition, the party who accepts rural land may also encounter the risk of market supervision or market education link in the transaction process.

3.2 Natural risk

There are also natural risks in rural land transfer, among which the most prominent ones are the risk of deterioration of agricultural production and management environment, soil pollution and the risk of soil structure change. In order to increase economic returns, the land inflowers usually use the transferred land as agricultural products processing, aquaculture, tourism agriculture and so on. For example, the land influx party will use the transferred land for pig farming, first of all, will build a large number of pig houses. In this process, a lot of cement and hardened ground need to be poured.

If the land inflow side uses the transfer land to dig fish ponds, plant trees and so on, then the transfer land will also have different degrees of environmental pollution, damage and so on. Whatever these land transfers are used for, it may eventually lead to a decline in soil fertility, thus affecting the development of agricultural production and management.

3.3 Social risk

There will also be social risks in rural land transfer, including risk of rural polarization, risk of social contradictions, risk of farmers' marginalization, etc. As far as China's rural development is concerned, it is not uncommon for peasants' interests to be damaged, which leads to more and more petitions from peasants and more fierce social contradictions. In this regard, the role of grass-roots government is always unsatisfactory. Either use compulsory means to transfer land, or some are forced to transfer without the farmers' knowledge, causing strong dissatisfaction of farmers. Or the grass-roots government does nothing, regardless of the problem of farmers' land transfer. Farmers do not understand the relevant laws and policies. If the grass-roots government does not help farmers solve the problem, farmers' rights and interests will not be guaranteed, which will humiliate the image of the government and reduce its credibility. At the same time, there are many problems in the poor families, such as the aging and the lack of labor force. The low economic conditions also lead to the phenomenon of polarization and marginalization.

4 Management and control measures of rural land transfer risk

4.1 Do a good job in land right registration

In the process of land transfer, farmers should do a good job of land registration, in order to guard against possible risks in the later period. It is the basic work of market transaction to make property rights clear. The essential meaning of rural land circulation is that its management right is changed from one person to another. Therefore, it is very necessary to do a good job in the registration of rural land rights, which can not only clarify farmers' land rights and interests, but also effectively reduce the risks that may arise later for farmers. First of all, we should publicize the importance of land warrants in rural areas, so that farmers have the awareness of land property rights. Secondly, when issuing land property certificates, we should strictly abide by the issuing procedures to ensure that the land information is accurate and clear, and the ownership registration is objective and fair.

4.2 Standardizing the procedure of land transfer

In the process of land transfer, strictly following the land transfer procedure can effectively prevent the occurrence of risks. First of all, we need to establish the scale of land transfer. With the improvement of productivity and management level, the phenomenon of rural land concentration will become more and more serious. If the scale of agricultural production is too large, the phenomenon of "scale economy" is likely to occur, which will affect the development of rural land circulation. Secondly, land transfer contracts should be standardized. Farmers can protect the rights and interests of both sides by signing a unified transfer contract. Finally, we build a land transfer service platform. Each county, city, township and village should build a land circulation service platform to help both sides complete the examination and approval, review and filing. The service platform of land transfer should make every step and procedure of land transfer run regularly, and reduce the transaction cost of rural land transfer to the greatest extent.

4.3 Strict land use control

We must strictly control the land use after the transfer, ensure that the land is not polluted, and ensure that the grain can still harvest in the later period. First, we should ensure that agricultural land is still used for agricultural purposes and not for other purposes. Secondly, we should strictly control the transfer of rural land to enterprises with large industrial and commercial capital, and prevent the land from being used for other purposes. It is also necessary to strictly check the qualification, production scope and risk prevention ability of industrial and commercial capital enterprises to ensure the smooth land transfer. Finally, strengthen responsibility. The government needs to give some financial subsidies to the areas with better land transfer to protect policy support, so as to ensure that land transfer is more smoothly carried out. At the same time, if the transferor violates the agreement and uses the land for other purposes, the government should be held responsible for ensuring that the land transfer uses remain unchanged.

References

[1] Ding W. E. (2018). Study on the Dynamic Mechanism and Risk of Rural Land Transfer, Reference for Economic Research, No. 2868 (20), 76-81.

[2] Xiang P. C., Xu W. (2016). Social Risk Identification of Rural Land Transfer in the Process of New Urbanization Based on System Dynamics, Land and Resources Science and Technology Management, 33 (1), 110-118.

[3] Zhou H. (2016). Empirical Study on Risk and Benefit Control Mechanism of Rural Land Transfer under Trusteeship Mode-A Rural Land Transfer Model for Effective Distribution of Benefits and Risks, Agricultural Information of China, 28 (15), 3-4.

[4] Zhu X. Z., Ye L. (2017). Strengthening Risk Control of Rural Land Transfer, Sichuan Agricultural Science and Technology, 47 (10) 76-77.

[5] Hang J. Q., Yang W.Z., Wang Z. (2019). Study on Farmer Risk and Prevention and Control Strategies in Rural Land Transfer, Journal of Jiaxing University, 31 (1), 114-119.

[6] Ma Y. H. (2012). On the Motivation of Rural Land Transfer, Journal of Tianshui Administrative College, 13 (4), 26-30.

[7] Zhou M. (2018). Study on Risk Prevention

of Concentration of Rural Land Transfer, Henan Agriculture, 2018, 475 (23), 52-53.

[8] Meng G. H. (2016). Risk Factors of Current Rural Land Transfer, China Party and Government Cadres Forum, 29 (8) 59-61.

Legal Risk and Prevention of Rural Land Development under the Background of Land Reform

Wu Quan[1], Wang Guihua[2], Fu Xinyue[3]

(1. The Land Survey and Survey Institute Inner Mongolia Autonomous Region Hohhot, Inner Mongolia, China; 2. Inner Mongolia Agricultural University, Inner Mongolia, China; 3. Inner Mongolia Institute of Geological and Environmental Monitoring, Inner Mongolia, China)

Abstract: The current land system in China is a dual land system between urban and rural areas. According to land property, construction land can be divided into state-owned construction land and rural collective construction land. Since the new period, in order to revitalize the rural economy, China has put forward the system of housing land use. As well as the rural land contract system, large-scale development of rural collective construction land. But there are also some risks, which need to be guarded against in the development process. Based on this, this paper expounds the legal risks of rural land development by analyzing the current trend of land system reform. And put forward the legal risk prevention measures of rural land development. In order to rationally develop and utilize rural collective construction land, and promote the further development of rural economy.

Key words: Land reform, Rural land development, Legal risk, Preventive measures.

1 Research background

1.1 Literature review

In 2019, Li Chunyan believed that land was very important for farmers. The government should put the peasant problem at the core and safeguard the fundamental interests of the peasants. At this stage, China attaches great importance to the transfer of rural land, and has made relevant provisions on the contractual and management rights of rural land. In the process of carrying out the work, there are some legal risks affecting the implementation of the policy. Therefore, it is necessary to discuss the current situation and existing problems, and provide suggestions for China's rural land issues (Li, 2019). In 2017, Li Jie and others believed that there were some risks in the transfer process of rural collective construction land, and there were few relevant preventive measures. This requires the deepening of the reform of government departments, which can be carried out from three aspects. We should strengthen the prevention of bottom-line risks, guard against outstanding problems in the process of reform, and strengthen the anti-risk ability of joint property rights. In order to ensure that the reform of rural collective construction land can proceed smoothly（Li and Xue，2017）. Jiang Xiuxian believed in 2017 that the current reform of rural collective construction land entering the market is in the initial stage. The circulation of the right to use，which exists，needs to implement the corresponding circulation procedures. Because the relevant laws and regulations of rural collective construction land entering the market are not mature enough，there are certain legal risks in investment and construction. Therefore，it is necessary to discuss the relevant laws of rural collective construction land，and it can also provide help for rural economic development（Jiang，2017）. Li Zhe and others believed in 2018 that rural land consolidation is a systematic project，which will involve environmental，economic，social and other issues. Under the background of the new era，the state has put forward new strategic requirements for rural land consolidation. This needs to be based on relevant policies and the internal relationship between rural land consolidation and supply-side structural reform. We should also put forward specific methods of rural economic transformation to ensure the further development of rural economy（Li and Li，2018）.

1.2 Purpose of research

At present，China's rural land problem is related to the fundamental social and economic problems in China's rural areas. Land system is the source of these problems. Therefore，in the context of the new era，China has taken important measures to implement the "rural revitalization". This new land system reform mainly guarantees the smooth flow of rural collective construction land into the market. In order to promote the adjustment of rural industrial structure. Based on the analysis of the current trend of land reform，this paper specifically analyzed the legal risks in the process of transferring rural land to the market，and put forward the corresponding measures to prevent these risks. In the process of developing rural collective construction land，the interests of farmers and collectives are guaranteed. In order to obtain a better land investment environment in rural areas. And in the process of promoting the "rural revitalization" in China，it can be more smoothly and ensure the vigorous development of rural social economy.

2 Current tendency of land system reform

In 2018，in order to improve the effective use of idle land in rural areas，the Chinese government put forward the policy of "separation of powers". To a certain extent，this policy has solved the institutional obstacles in the circulation of rural residential land. This also effectively promotes the circulation of rural homestead in a wider range. This policy has increased the farmers' income，and has also made full use of the power and vitality in the process of circulation. In the same year，the Ministry of Agriculture issued the Key Points of Rural Management in 2018，which further strengthened the service problems in the process of rural land transfer and strengthened the implementation of national policies by local governments.

The Rural Land Contract Law was revised

and implemented on January 1, 2019. The enactment of this law has enabled the circulation of rural land to be governed by law, and also marked the establishment of the "separation of powers". With the continuous strengthening of the government's policies on the transfer of rural collective construction land to the market, it can effectively promote the further development of rural collective construction land. The Draft Amendments to the Land Management Law of the People's Republic of China and the Urban Real Estate Management Law of the People's Republic of China were promulgated by the Standing Committee of the National People's Congress on January 4, 2019. It establishes the legal guarantee of the rural collective construction land in the process of transferring into the market. The system of permanent basic farmland protection and land supervision, which has been proved to be mature by practice, has been clarified by law, and legal space has been reserved for the construction of land and space planning system (Zhu, 2017).

3 Legal risk of rural land development

3.1 Legal risks in the "sell and transfer" of rural collective construction land

Villagers through collective national voting, public implementation of bidding procedures, collective land through legal means to transfer to investors, that is "sell". "Transfer" means that the owner of the land use right transfers the land to the investor, who develops and operates the land according to the purposes prescribed by law. However, land acquired in this way may not be exploited for commercial housing, but may be built for commercial or industrial purposes. In 2018, the Guangzhou government promulgated the Opinions on Further Strengthening the Management of Collective Land Retention in Rural Areas. Again, rural collective construction land is prohibited from being used for commercial housing development, and no developer, unit or individual can build small property houses in other names. Under this mode, the rural collective construction land acquired by developers is relatively "clean". But there are also certain risks, such as disputes over the nature of land rights, the existence of mortgages or legacy historical issues, etc. Attention should also be paid to procedural issues in land acquisition, as well as government approval procedures and villagers' disputes (Peng, 2018).

3.2 Legal risks in the model of "leasing" and "cooperative development" of rural collective construction land

Investors can also lease rural collective construction land. Specifically, developers rent rural collective construction land to carry out commercial property construction, and villagers collectively charge rent to developers. Another way is "cooperative development", in which investors and village collectives sign agreements to form joint ventures to develop land and distribute operating profits according to the proportion of the agreements. There are also some legal risks in the development of rural collective construction land by these two ways. In the process of cooperative development, the main issues are whether all villagers agree to bid, whether they compete through legal and public procedures, whether the nature of land rights is clear, whether there are mortgages and debts on land (Wen, 2017).

3.3 Image analysis of traditional wood carving language

In 2017, the Ministry of Natural Resources and the Ministry of Housing and Urban-Rural Construction jointly issued the Pilot Scheme of Building Rental Housing with Collective Construction Land. The rural collective land apartment construction pilot projects were carried out in Guangzhou, Foshan and Zhaoqing. Although this model is dominated by relevant government departments and supported by village collectives, there are also related legal risks. According to the policy requirements, the government, investment enterprises and village collective are the main participants in the event. The development of the pilot land for building apartments should conform to the basic criteria of land use. Moreover, we should give priority to the construction land in stock and not occupy cultivated land. Procedure requires all villagers to vote through.

4 Legal risk prevention of rural land development

4.1 Grasp the trend of land policy in advance and strive for cooperation with the government

Before the development of rural collective construction land, we should first understand the policies of the state and local governments, and the policy direction to be implemented in the future. Only by grasping the current investment opportunities according to relevant policies can we have a better understanding of the local rural land policy. It can also better cooperate with village collectives and get the support of the government. The policies that need to be understood include the latest policies such as "land contract right transfer reform" and "collective construction land apartment pilot project". For example, if we want to invest in rural land in Guangdong Province, we need to understand the "Opinions on the Implementation of Deeply Promoting the Reform of the Three Old" issued by the Guangdong Government in 2018, so as to make better use of the opportunities brought by the policy. Follow the law and the government, so as to get the strong support of the government.

4.2 Conduct a thorough investigation of the land to be developed

Before investing in rural land development, we should understand the relevant information. Only by thoroughly grasping these information, can we be more successful in the future development process. First of all, a thorough investigation of the nature of land should be carried out. To check whether the land to be invested is rural collective construction land, whether there are problems in ownership, whether there are illegal land occupation and so on. Secondly, we should make a thorough policy investigation on land investment. For example, whether the land has been approved by the government, whether there are legal problems in the transaction process, whether there are construction indicators, and so on. Finally, we should check whether there are legal problems in the land, such as ownership, land boundary disputes, seizure of buildings on the ground and so on. Only when we have a thorough understanding of the above situation can we ensure a smoother development in the future.

4.3 Cooperation with the village collective should be filed, and the rights and obligations of both parties should be clearly defined in the contract

According to investment, before investing in rural collective construction land, formal written contracts should be signed with village collectives. The rights and obligations of both parties should be clearly defined in the contract so as to avoid being justified when problems arise. At the same time, the signed contract will be filed in government departments. Some points should be paid attention to in the content of the contract. Firstly, it stipulates that village collectives should complete the examination and approval formalities. Mortgage the corresponding certificates of ownership in third-party institutions to prevent one-place two-sale. Second, clarify the issues of property compensation and payment in the process of land development. Thirdly, it is necessary for the village collective to publish the basic data of the village and to clarify the relevant local policies. The provisions of these clauses can avoid the problem of legal protection in the process of land development.

5 Conclusion

To sum up, in the context of land system reform in the new era, investors who want to engage in rural collective construction land development need to grasp the current national policies and local regulations. Investment should be based on these policies and regulations, through legal procedures and village collective memory cooperation, the development of rural collective construction land in accordance with the law. In this process, in order to ensure the legitimate rights of villagers, we should also do a good job of legal precautions according to the current policy, in order to achieve the ideal effect of investment and development.

References

[1]Li C. Y. (2019). Legal Risks and Prevention of Rural Land Transfer, Legal System and Society, 28 (5), 64-65.

[2]Li J., Xue S. T. (2017). A Review of the Reform Risk and Prevention of Rural Collective Construction Land Entering the Market, Theoretical Perspective, 25 (1), 85-88.

[3]Jiang X. X. (2017). Practicality and Legal Risk of Rural Construction Land Development in the New Era, Legal System and Society, 26 (29), 147-148.

[4]Li Z., Li M. G. (2018). Analysis of Rural Land Renovation Path under the Background of Supply-side Structural Reform, Rural Economy, 36 (8), 5-11.

[5]Zhu J. S. (2017). Legal Risks and Prevention of the Reform of "Separation of

Three Powers" in Rural Contracted Land, Theoretical Monthly, 39 (11), 5-12.

[6] Peng Y. H. (2018). Reform of "Separation of Three Powers" in Rural Land, Risk Prevention and Rule of Law Guarantee, China International Finance and Economics (Chinese and English), 11 (2), 38-40.

[7] Wen L. (2017). A Brief Analysis of Legal Issues in Rural Land Reform, Rural Economy and Technology, 28 (8), 210-211.

内蒙古农地资源战略集约利用研究

徐进才，刘斌

（内蒙古自治区土地调查规划院，呼和浩特市 010020）

摘　要：内蒙古特有的区域位置和自然条件，决定了其在全国生态建设中的重要地位，农地资源的科学布局和合理利用，更是优化区域生态功能的基础。以内蒙古农地资源生态效益最大化为目标，根据区域自然条件，着重分析农地类型交叉布局所带来的相互制约生态功能发挥的矛盾，探讨农地资源低效利用存在问题及其主因，从而提出内蒙古农地资源生态较优前提下的战略结构和布局，探索规模化高效发展的集约利用模式。

关键词：内蒙古；农地资源；集约利用

Strategical Study on Intensive Use of Agricultural Land Resources in Inner Mongolia

XU Jin-cai，LIU Bin

(Inner Mongolia Land Surveying and Planning Academy，Hohhot 010020，China)

Abstract：Inner Mongolia plays an important role in the national ecological construction due to its specific area location and natural conditions. Scientific layout and the rational utilization of the agricultural land resource are the bases for the optimization of regional ecological function. According to the regional natural conditions，the contradiction of the mutually restrained ecological function display was emphatically analyzed by cross layout of the types of agricultural land. The problems and the main reasons for the inefficient use of the agricultural land resources were investigated. Then，the strategic structure and layout were put foreword under the better prerequisite for the resource ecology of Inner Mongolia agricultural land.

Key words：Inner Mongolia；agricultural land resource；intensive use

随着内蒙古经济的快速增长，带来了许多关于地区资源有序开发、环境保护前景、发展成本增加等诸多方面的探讨，尤其是促进经济发展和地区资源保护，所引发的建设用地与非建设用地空间上的冲突问题，争论较多[1]。然而也应该看到目前内蒙古农地资源内部结构非理性利用的现状，所引发耕、林、草用地空间上的争夺，也是资源低效利用的重要原因，同时对农地资源保护构成了巨大的威胁。那么，深入研究内蒙古特殊自然环境条件下，科学合理的农地布局，使之平衡共生、相互促进、集约发展，实现生态效益和经济社会效益统筹兼顾、内部和谐，是在经济发展中有效保护资源的更为重要的基础[1-2]。

1 区域概况

内蒙古区域面积 118.3 万 km^2，横跨在东北、华北、西北三大自然经济区，东西跨 15 个经度带，直线距离约 2 400 km；南北直线距离约 1 700 km。全区辖 12 个盟市、101 个旗县（市、区），其中农业旗县 47 个，牧业旗县 33 个。2010 年末，全区总人口 2 470.63 万人，人口密度 21 人 /km^2 可以说是地广人稀。

内蒙古地势以高原为主体，大兴安岭、阴山和贺兰山等山脉为脊梁，土地利用类型空间带状分布规律明显，大兴安岭 – 阴山山地是自治区农林牧业的天然分界线。区域内北方森林草原交错带、农牧交错带、荒漠绿洲交错带等生态交错带密集、过渡带明显，这类不同生态系统具有极端敏感性，生态系统极易被破坏，甚至是外界干扰后果放大区域[3]。

2 研究方法与数据来源

2.1 研究方法

为合理布局集约节约的农地资源，对未来十年农地规模进行预测，本文农地规模预测中耕地面积采用回归分析法，林地、草地面积采用趋势预测法。回归分析法是根据所研究变量之间的关系，通过利用其他变量的已知值来推断预测变量的数值，确定两个或几个变量之间关系的数学方程式进行预测的一种方法。建立相关关系模型为：$Y = a + b_1x_1 + b_2x_2 + b_3x_3$ 趋势预测法是根据预测对象在时间序列内的发生发展趋势，结合合适的曲线模型来推测未来的趋势值。其主要模型：线性模型、指数模型、对数模型、多项式模型等[10]。

2.2 数据来源

经济数据采用 2001—2010 年内蒙古统计年鉴和中国统计年鉴。土地相关数据采用 2001—2010 年内蒙古自治区土地利用变更调查数据，耕地等别数据采用内蒙古自治区农用地分等项目成果。

3 研究结果

3.1 现时农地利用情况

根据内蒙古自治区土地利用变更调查数据，2011 年全区土地总面积 115.455 2 万 km^2，其中耕地面积 911.09 万 hm^2，占土地总面积的 7.89%，林地面积 2 185.45 万 hm^2，占 18.93%，牧草地面积 4 961.77 万 hm^2，占 42.97%；建设用地 151.71 万 hm^2，仅占 1.31 %；未利用地 2 978.34 万 hm^2，占 25.80 %，其他用地面积 85.01 万 hm^2，占 0.74%。（松林加格达地区土地面积 272.15 万 hm^2，占土地总面积 2.36% ）。

内蒙古大部分耕地集中分布在大兴安岭山脉的以东或以南、浑善达克沙地以南、阴山山脉以南区域的旗县（市、区），其余各旗县均分布着少量耕地，其中水浇地集中分布在嫩江西岸平原、西辽河平原、土默川平原、河套平原；林地主要集中分布在大兴安岭北部山区，阴山和贺兰山等山地也有量的分布。内蒙古大部分地区为草地，从东北到西南依次分布着草甸草原类、典型草原类、荒漠草原类、草原化荒漠类和荒漠类等 5 种地带性草原[4]。

3.1.1 耕地

从全国角度来看，内蒙古耕地平均等别最低，为国家等 14 等，为全国耕地质量最差。就耕地产能来讲，也是处于非常低的水平，2001—2010 年内蒙古粮食单产在 2 175 至 3 075 kg/km^2 之间[5]，远低于全国平均水平[6]，但自治区仍为国家粮食主要产区，其原因是耕地面积非常大（居全国第四位），而这种“高投入、低产出”的低效利用带来的高粮食产量，付出的环境代价和经济成本是非常大的。

以全区角度分析，内蒙古耕地分为 12 个等别（其中 1 等为最差，12 等为最优）。1、2 等耕地面积占耕地总面积超过 60%，这部分耕地多处在山地、丘陵区，土壤有效土层薄，自然条件差，产量低而不稳定，基本采用相对原始耕种方式，处于靠天吃饭的状态。3 等及其以上等别耕地面积占耕地总面积不足 40%，多分布在河流两岸（或地下水丰富）和平原区域，属于内蒙古高产耕地。根据 2011 年内蒙古统计数据和全区农用地产能核算及农用地分等成果，划定内蒙古高产耕地分布旗县，这部分旗县粮食产量占内蒙古粮食总产量的 80%[5]，见图 1。

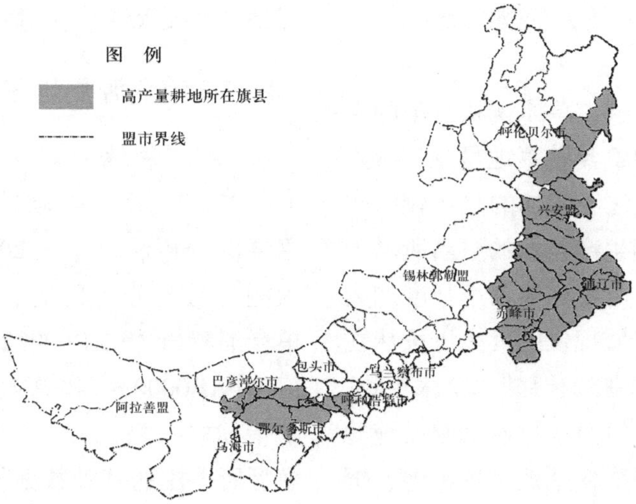

图 1　内蒙古高产耕地分布图

2001—2010 年内蒙古耕地面积仍属增长趋势，耕地面积净增加 159.87 万 hm^2，耕地增加较多的盟市包括呼伦贝尔市、兴安盟、赤峰市和通辽市，增加的耕地多位于牧草地和林地交错区域，而且地块更为零散，部分区域出现了耕地与林草争地，对生态环境的破坏较为严重。

3.1.2　林地

自 2001 年以来，内蒙古林地面积呈增加趋势，其中 2004 年和 2009 年增加数量较大，林地面积的增加，有效控制了生态环境的恶化。全区林地面积增加较大的区域集中在赤峰市、乌兰察布市和锡林郭勒盟，主要分布在科尔沁沙地和浑善达克沙地区域，该区域也是京津地区沙尘天气的源头。林地的增加有效地遏制了沙地的流动、半流动状况，大大减少了自身及下风向区域的土地沙化面积，生态环境得到有效改善，有效缓解了本地区及京津地区沙尘天气的发生频率和强度。

虽然进行了三北防护林和京津唐生态防线等生态工程建设，但不容乐观的现实是林业生态整体退化的格局还是没有改变，特别是一些生态区位重要的地区，生态状况还没有得到根本改善，大兴安岭尤其是阴山山地和贺兰山，由于战争、人口增多、大兴土木、滥砍滥伐、垦荒种地等多种历史原因，整体尤其是阳坡土层丧失严重，成为贫瘠的山坡，甚至岩石裸露；而沙地区灌木也进入了漫长的恢复期，灌木覆盖增长举步艰难，并且受到多种因素威胁，生态环境极不稳定。人工造林工程措施，受自然、技术、资金等多种因素的制约，工程建设发展还很不平衡，重点不够突出，投资存在"撒胡椒面"的现象，高质量的示范样板少，在一定的区域内尚未形成集中连片的规模效应。

3.1.3 草地

草原的退化是内蒙古草原现状不争的事实，自治区2001—2010年牧草地呈逐年减少趋势，但畜牧业产值逐年增加的趋势较为明显[7]，除经济发展和生产技术的更新所增加的效益外，也不能回避牧草地利用强度加大甚至过度利用增加产值现象的发生。虽然在牧业区积极推行了"围封转移""轮休轮牧"等一系列保护措施，但由于牧业基础设施薄弱，棚圈、围栏、饲草料基地、青窖池、饲草料加工机具等基础设备滞后，生产条件难以完全满足补饲、舍饲的要求，影响了禁牧、休牧制度的实施及牧民生产的稳定[4]。划区轮牧是合理利用草原的有效手段，但也因围栏、饮水设施等的缺乏，政策实施不到位，导致了部分区域过度放牧现象依然存在[7]。

草地生态退化，自然条件变化的影响是重要原因，同时人类活动的逆生态性对草原的破坏也是非常重要的原因。历史上三次对内蒙古草原的低水平农耕开发[7]，造成草原自身恢复能力减弱甚至逐步丧失修复功能，其负面的影响已经显现，如再不补充人为辅助修复或继续重开发轻保护，那必将是对生态是一种毁灭性的利用行为。

3.2 农地资源用地规模预测结果

3.2.1 耕地

本文应用SPSS软件建立回归方程。采用层次分析法对全区2020年耕地面积进行预测，通过分析耕地面积（VAR00001）与粮食消费量（VAR00002）、第一产业生产总值（VAR00003）和总人口（VAR00004）三个指标之间相关关系，建立耕地预测模型，模型所采用的基础数据与模型结果见表1和图2。建立耕地面积预测模型：Y=5 802.294–46.18x_1+109.34x_2+0.108x_3。

表1 分析预测2020年内蒙古自治区耕地、林地、草地面积所用原始数据

Table 1 Primary data for predicting areas of arable land, woodland and grassland of Inner Mongolia in 2020

年份	耕地面积（万 hm^2）	林地（万 hm^2）	草地（万 hm^2）	第一产业生产总值（亿元）	年度粮食消费量（万吨）	总人口（万人）
2001	759.16	2 048.79	6 660.71	358.89	547.46	2 381.4
2002	745.83	2 062.04	6 707.08	374.69	547.47	2 384.1
2003	723.10	2 084.21	6 648.95	420.1	505.79	2 385.8
2004	700.55	2 126.63	6 637.71	522.8	482.44	2 392.7
2005	697.79	2 147.50	6 625.45	589.56	514.60	2 403.1
2006	710.21	2 171.59	6 587.46	634.94	490.41	2 415.1
2007	713.33	2 184.19	6 580.35	762.1	497.47	2 428.8

续表 1

年份	耕地面积（万 hm^2）	林地（万 hm^2）	草地（万 hm^2）	第一产业生产总值（亿元）	年度粮食消费量（万吨）	总人口（万人）
2008	713.33	2 187.76	5 921.17	907.95	492.87	2 444.3
2009	919.03	2 186.45	5 911.48	929.6	475.96	2 458.2
2010	910.92	2 185.42	5 909.29	1 095.28	463.88	2 472.2

Coefficients[a]

Model		Unstandardized Coefficients		Standardized Coefficients		
		B	Std. Error	Beta	t	Sig.
1	(Constant)	5802.294	4500.736		1.289	0.326
	VAR00002	-46.180	67.055	-0.534	-1.275	0.330
	VAR00003	109.340	70.446	1.139	1.978	0.187
	VAR00004	0.108	0.082	0.385	1.313	0.320

a. Dependent Variable: VAR00001

图 2　内蒙古自治区耕地面积预测回归模型结果

Fig. 2　Results of predictive regression model for Inner Mongolia arable land

3.2.2　林地、草地

采用时间序列趋势法，对全区 2020 年林地、草地面积进行预测。建立林地面积预测模型：Y=34 222ln(x)–258074，R^2=0.884 1；草地面积预测模型：Y=6 984$e^{-0.016x}$，R_2=0.714 4。

3.2.3　预测结果

通过三个预测模型，得到全区 2020 年耕地、林地、草地面积分别为 719.66 万 hm^2，2 048.79 万 hm^2 和 6660.71 万 hm^2。

4　结论与讨论

4.1　内蒙古农地资源集约战略构想

内蒙古的农地资源集约利用受其所处的地理位置及农地资源布局决定，只有实现生态效益和经济社会效益的平衡发展，才能保障生态安全和粮食安全的实现。因此为有效促进自治区农地资源各利用类型互为依存、互为支撑的平衡关系，实现总体集约水平的提升，就应以生态环境建设为总体战略目标和原则，数量上实现“该退则退、因地制宜”；布局上应充分实现规模效益，形成“北草成面、中林成带、南耕为点、关注过渡”的整体布局，实现“保草宜养、保林重补、保耕宜精”的模式，即让耕地退出林草规模生态区，尤其是中西部生态较脆弱的地区，让林草保护充分发挥其自身的修复功能，同时尊重大自然，耕林草布局应减少相互间的负面干扰，实现综合共存协调发展。合理划分林草分种区域，宜草则草、宜林则林；而耕地应围绕生产条件好、分布集中、先进种植技术普及的地区集中规模化布局，加大土地整治力度，提高区域耕地质量，优化生产力，精耕细作，以提高单位生产能力为优选途径，有效摆脱“低水平开发、贫穷落后和环境恶化”造成的开荒不受益接而弃耕的恶性循环圈[5]。

4.2 农地资源集约利用战略布局

4.2.1 整体布局

为实现内蒙古自治区农地资源生态集约利用战略，首先是以生态效益最大化为布局战略目标，坚持生态与经济效益兼顾的原则，调整已被破坏的农地资源布局。耕地布局实现生态建设的一项重要内容，保障粮食产量是主要目标，应实行集中保留与后备资源预留的布局调整方式，打造内蒙古五大粮食生产基地（嫩江西岸平原耕地集中区、西辽河平原耕地集中区、阴山丘陵耕地集中区、土默川平原区和河套平原耕地集中区），保留部分耕地资源后备区，形成集约利用与防灾防害具有弹性功能的结构布局。按照“宜草则草、宜林则林”的原则，林地布局以“京津唐风沙治理工程”“三北防护林工程”及自治区生态林建设形成的格局为基础，推进各项植树造林工程，重点保护已有林地、补充郁闭度较低的林带，形成规模化林带，促进其生态功能的发挥。牧草地则主要集中在自治区北部地区，天然草场与人工草场相结合，依靠保护恢复自然生产能力见图 3。

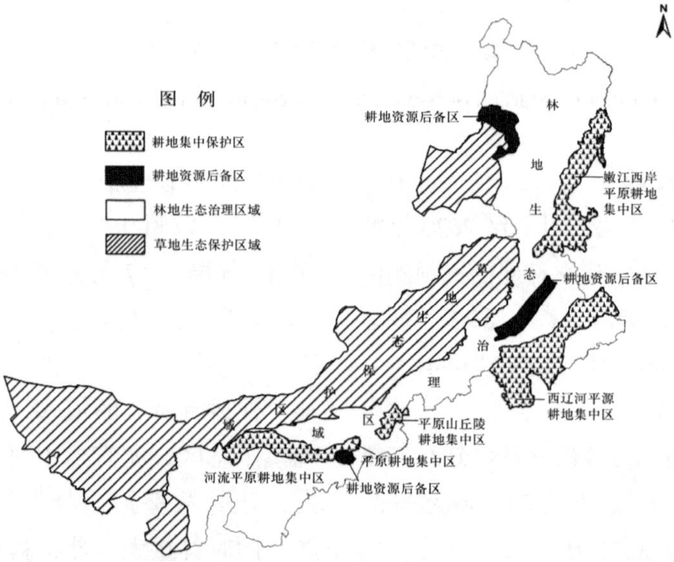

图 3 内蒙古农地资源集约利用战略布局图

Fig. 3 Strategic layout of agricultural land intensive use of resources in Inner Mongolia

4.2.2 具体措施

1）耕地　内蒙古自治区农地资源集约利用的首要问题是调结构，即将不适宜耕种的耕地退出耕地范围，为保障国家粮食安全，退耕区域内保留部分耕地后备资源。将生态交错带内部耕地恢复为原始农地资源类型；宜林宜草不适宜耕种的区域大力推进退耕还林还草政策。内蒙古耕地总面积 919 万 hm^2，根据预测，需要退耕的耕地面积约 200 万 hm^2，剩余耕地 719 万 hm^2，其中在退耕区域中保留 60 万 hm^2 预备耕地保障粮食安全。

因耕地兼具自然生态与经济社会属性，耕地集约利用模式为：将分散在土地使用者手中的耕地，集中进行整治，合理撤并居民点等干扰农业种植的建设用地，加大水利等耕地基础设施的配备，改造中低产田，提高土壤肥料，使其达到集约化利用的规模；加强耕地集中区先进种植技术的普及和应用，提高耕作的科技含量；适当加大劳力、资金、电力、化肥投入，用最少的投入，最大限度的发挥耕地的生产能力。

2）林地　林地全面实施“保林重补”集约利用战略方针，即保护现存林地，因地制宜选种补种、扩建林地，将防护林、生态林建设贯穿内蒙古东西，形成东西走向的带状发展格局，未来十年林地面积稳定在2 048.79 万 hm^2。

内蒙古林地建设主要包括水源涵养林、水土保持林、防风固沙林、农田防护林、牧场防护林等五种[8]。水源涵养林包括原始森林和“三北防护林”成林带，对这些既有林地以保护为主，而林地保护区内存在的部分空地、采伐迹地，需要进行补种。科尔沁沙地、乌珠穆沁沙地、浑善达克沙地林地应以防风固沙林为主，采取封山育林政策，加强补种力度，建设乔灌草复合防护林体系。阿拉善盟也是以防风固沙林为主，在合适时节适当补充种植，建设灌草防护林区。阴山山脉和贺兰山山脉的山地地区林地以水土保持林为主，采取保护和扩建灌木林区的措施加以利用，在乌兰察布市和锡林郭勒盟南部地区因地制宜，适当增加灌草防护林体系。农田防护林和牧场防护林应根据现代农业的要求进行科学合理选种、布局，确保耕地的稳定与生态价值的作用。

3）牧草地　内蒙古牧草地的集约利用坚持生态功能优先的原则，追求生态与经济价值的最大化。提高草场集约利用程度的首要问题是清理草场内耕地、建设用地等不利于草场建设和分割草场的地类，以减少对草场的破坏，便于草场的改造和配套设施的配备，实现草场集约化利用和规模化管理。对草场的利用仍采取禁牧、轮牧、休牧、圈养及生态移民等措施，科学合理制定草场利用的空间、时间布局。由于受自然条件限制，自治区东西草场质量差距较大，不同地区集约利用方式略有不同。

在内蒙古东部呼伦贝尔地区，是天然草原畜牧业经济发展区，在发展现代牧业产业时，应严格以草定蓄，划区轮牧的方式进行放牧，并制定合理的割草制度。自治区中部的锡林郭勒盟草原可采取用养结合的集约利用手段，继续推行“围封转移”的战略措施，采用轮牧、休牧和圈养相结合的方法，进行适度放牧，草场退化较严重的区域要进行生态移民。自治区东、中部地区应适当增加人工草场建设面积，保障牧民生活水平的提高。西部的阿拉善盟、巴彦淖尔市和鄂尔多斯市境内的草原保护区内以荒漠草原为主，这部分草场以养为主，采取完全禁牧和生态移民的措 施进行保护，以保障草场的生态恢复和可持续利用[8-11]。

参考文献

[1]许玉凤，董杰，段艺芳，等．农用地集约利用研究进展［J］．中国农学通报，2011（4）：387–391.

[2]卫新东，王筛妮，员学锋，等．农用地集约利用变化过程研究——以陕西省扶风县为例［J］．水土保持研究，2011（3）：243–246.

[3]刘永志，邢旗，常秉文．内蒙古草业可持续发展战略［M］．呼 和浩特市：内蒙古人民出版社，2006：125–132.

[4]王来喜．内蒙古经济发展研究［M］．北京：民族出版社，2008：51–52.

[5]内蒙古统计年鉴（2001—2011 年）。北京：中国统计出版社 / 北京数通电子出版社．

[6]中国统计年鉴（2001—2011 年）。北 京：

中国统计出版社 / 北京数通电子出版社 .
[7] 刘永杰，常秉文，邢旗，等 . 内蒙古草业可持续发展战略［M］. 呼和浩特：内蒙古人民出版社，2006：56–68，81–114，120–134.
[8] 肖瑞玲 . 明清内蒙古西部地区开发与土地沙化［M］. 北京：中华书局，2006：104–110.
[9] 高吉喜，吕世海，郑志荣，等 . 中国生态交错带［M］. 北京：中国环境科学出版社，2009：86–92.
[10] 牛毓君，师学义，王立芹 . 基于模糊综合评价模型的农用地集约利用研究［J］. 国土与自然资源研究，2013（3）：17–20.
[11] 崔玲，张奎璧 . 中国北方地区生态建设与保护［M］. 北京：金盾出版社，2003：23–35.

内蒙古矿区土地复垦问题及对策建议

庞欣超，王友凤，吴全，范晓冰

（内蒙古自治区土地调查规划院，内蒙古呼和浩特 010010）

摘　要：近年来内蒙古采矿用地逐年递增，因矿山开采造成的土地破坏得不到及时复垦，成为制约内蒙古矿区土地可持续发展的首要问题。该研究通过调研分析了内蒙古矿区土地复垦存在的问题，主要是采矿用地复垦难度较大、土地复垦资金匮乏、破坏土地水土流失严重、复垦表土得不到保障、缺少专门的土地复垦管理机构以及土地复垦意识薄弱等6个方面。对于这些问题，提出了编制科学的矿业用地复垦方案、完善土地复垦保证金制度、采取分期复垦措施、加大监督管理、引进公众参与机制等促进矿区土地复垦合理化的对策建议。

关键词：土地复垦；问题；建议；矿区；内蒙古

Inner Mongolia Mining Area Land Reclamation Problems and Suggestions

PANG Xin-chao，WANG You-feng，WU Quan，FAN Xiao-bing

（The Inner Mongolia Autonomous Region Land Survey of Sarft，
Hohhot，Inner Mongolia 010010）

Abstract：Mining lease progressive increased yearly in Inner Mongolia. The land destruction caused by mining couldi't be reclamated in time，which become as a primary problem restricting the sustainable development of mining area land of Inner Mongolia. The restriction factors of mining area land reclamation in Inner Mongolia were analyzed，such as great difficulties of reclamation，lack of funds，serious soil erosion of disruptive land，unguaranteed topsoil for reclamation，lack of specialized management agencies，and weak awareness of land reclamation. For these problems，the countermeasures and suggestions of making scientific mining land reclamation plan，improving the system of land reclamation margin，taking installment reclamation measures，strengthening the supervision and management，introducting public participation mechanism were put forward to promote rationalization mining area land reclamation.

Key words：Land reclamation；Problems；Suggestions；Mining area；Inner Mongolia

土地复垦是指因生产活动和自然灾害破坏的土地，采取措施使其达到可用状态的活动。内蒙古自治区面积辽阔，成矿地质条件优越，矿产资源丰富，具有矿产种类多，广域分布，能源和矿产资源优势明显的特点，是我国重要的能源和原材料生产基地。但开发矿产资源为国民经济发展供给动力和原料的同时，也对土地和生态环境造成了破坏，尤其是对矿区的土地资源造成了严重的负面影响。矿区土地科学有效复垦利用不仅仅是解决矿区生态环境问题的有效措施，还是采矿可持续发展的关键，更是促进国民经济、推动社会发展的必然要求。

1 内蒙古矿业用地土地复垦现状

内蒙古2012年采矿用地规模已达158 048.89 hm^2，而2009年第二次土地调查采矿用地为142 712.23 hm^2，采矿用地年均增长3 834 hm^2，占年均增长建设用地总量（2.97万 hm^2）的12%以上。根据内蒙古2012年国土资源地质环境统计网络直报资料，截至2012年年底，因矿业开发占用、破坏的土地面积为209 623 hm^2，比2012年新增5 640 hm^2，占矿山用地面积的27.78%。内蒙古土地复垦潜力很大，Ⅰ级待复垦土地资源面积为57 937.90 hm^2，Ⅱ级土待复垦土地资源面积为35 432.20 hm^2，Ⅲ级待复垦土地资源面积为20 273.70 hm^2[1]。其中待复垦土地多数是由于采矿破坏造成的，但目前内蒙古矿业用地复垦几乎处于停滞阶段。因矿山开采造成的土地破坏得不到及时复垦，矿业用地面积每年加速递增，成为制约内蒙古矿山土地可持续发展的首要问题。

2 矿区土地复垦存在的问题

2.1 生态环境脆弱，矿区土地复垦难度较大

内蒙古矿山主要聚集在内蒙古中西部偏远山区，气候干旱，风沙大，自然条件差，降水量少而不均，寒暑变化剧烈，是这一地区的显著特点。根据《土地复垦质量控制标准》，恢复草地的有效土层厚度最低为20 cm，但这在环境恶劣的内蒙古西部地区也是很难实现的。另外，这些地区地表植被及土壤经过长达十几年甚至是几十年才能形成，群落结构简单，本地乡土物种一旦遭到破坏，恢复矿山的土源和水源都难以得到保证。矿产资源开采方面，内蒙古矿产资源埋藏较深，并且主要以露天开采为主，开采完毕后会形成难以回填的露天采坑，矿山也很难恢复到原有状态或可利用状态。即使加大投资进行复垦，复垦后期管理难度大，复垦土地生产力及取得的效益低，不能维持矿业用地的可持续利用。

2.2 土地复垦资金匮乏，复垦工作开展艰难

根据《土地复垦条例》和《内蒙古自治区地质环境保护条例》，矿山企业是矿山环境治理的责任主体。这就要求矿山企业负责矿山环境保护与恢复治理和矿山土地复垦义务，治理费用列入生产成本。土地行政主管部门要求矿山开采前必须缴纳土地复垦保证金，任何单位和个人不得截留、挤占或挪用。虽然规定了土地复垦费用的来源，但由于很多矿山企业是自负盈亏，企业自身的运营转本身就需要大量的资金，很难再从基本建设中支付复垦资金[2]。内蒙古地区矿山露天开采较深，最后形成的一个采坑很难恢复，所收取的复垦保证金远远无法满足回填最后一个采坑的资金缺口，于是很多矿山企业选择放弃复垦保证金而不进行最后的土地复垦，最终导致土地恢复资金短缺。

2.3 破坏土地得不到及时复垦，水土流失严重

根据国家《土地管理法》《土地管理法实施条例》和《内蒙古自治区实施〈中华人民共和国土地管理法〉办法》规定，矿业用

地属于建设用地。目前除鄂尔多斯露天煤矿试行国家的临时用地政策以外，内蒙古其他盟市矿业用地必须先经征地，再以出让的方式获得农牧民集体所有土地的使用权。矿山企业以征地方式获得的土地使用权为50年，而根据开采计划及储量的不同，实际开采年限也不同，少则3~5年，多则几十年甚至上百年不等。矿区部分土地开采完毕后，就不再需要该土地，但矿山企业仍然继续拥有土地的使用权。由于复垦后的土地效率低甚至没有效益，绝大多数企业都采取末端治理方式，即所有矿区破坏的土地都是在开采最后2年才开始治理，导致大量矿区土地闲置，开采完的露天采坑得不到及时复垦，加剧了水土流失，造成了严重的资源浪费和矿区环境破坏。

2.4 表土剥离保护措施不当，土地复垦得不到保障

土地复垦中表土剥离再利用是指将建设过程中占用地块的表层耕作层，通过一定的机械措施，铲除搬运到固定场地存储，并进行保护处理，待土地利用结束后，再将储存的表土运回废弃土地上完成造地复垦的过程。矿山开采过程中，随着大量的土石方开挖、回填，不可避免地会破坏表土。表土资源作为多年形成的熟化土壤，其有机质含量、种子库密度等对于矿区土壤恢复和植被重建极为重要[3]。在内蒙古地区，表土尤为可贵。矿山开采生产过程中，通过采取科学、合理、可行的表土剥离与储存措施，达到保护珍贵表土资源的目的，从而保障土地复垦工程的顺利进行。但是由于大部分矿山企业土地复垦意识薄弱，在矿产资源开采过程中无表土剥离保护意识，致使地表熟土资源损失和浪费，甚至产生污染。这不仅增加了复垦造地时土方调配产生的额外资金投入，同时还增加了造地外调土方的熟化费用和时间，复垦后的土壤肥力也得不到保障。

2.5 缺少专门的土地复垦管理机构

土地复垦作为一项系统工程，复垦工作既涉及地方政府及农业、水利、环保、林业等多个部门，又涉及大量的矿山企业。与此同时，开展矿区土地复垦，还需要完成大量的技术性和事务性工作，如矿区复垦土地现状质量评估、复垦工程量核算、矿山土地区域复垦规划、土地复垦过程监管，以及复垦后的验收等。但截至目前，内蒙古涉及矿区土地复垦的相关工作仅由国土资源部门单部门负责，土地复垦机构不健全。并且不同旗县局监管该项业务的部门也不同，造成从事土地复垦的专业人员较少，与有关部门之间协调不足，制约了矿区土地复垦工作的开展。矿地复垦是一个相对较复杂的综合性学科，这就要求国土部门负责设立专门部门来管理协调。例如成立专门的矿地执法办公室，实行统一实施和协调全部的土地复垦工作，明确该机构的职责范围，避免形成多个执法主体、多个部门管理，职责交叉，导致相互推诿扯皮，法律责任不明确，对执法责任的问责制度和违法处罚监管责任追究不到位。

2.6 矿山企业土地复垦意识薄弱

内蒙古地区不论是在矿区还是在农村，人们对保护土地资源和生态环境认识普遍薄弱。在开采矿产资源过程中随意滥占和开垦矿区土地，破坏地表植被并遗弃废弃地的现象十分严重。有的忽视或根本不懂土地复垦，甚至很多矿山企业认为缴纳了土地使用费便可以随意使用土地，若环境保护措施达不到相关部门的要求，交点罚款就可以了。这种意识给保护矿区环境及土地复垦加大了难度。而且内蒙古大部分矿区分布广泛并且

距离城市较远，仅靠政府部门监管是远远不够的。

3 矿业用地复垦建议

3.1 结合相关规定，编制符合内蒙古地区实际的矿业用地复垦方案

根据现行的土地复垦相关的规范，结合内蒙古东西部自然条件差异，并根据不同矿种对土地的破坏方式、破坏程度，编制符合内蒙古地区的矿业用地复垦方案。对不具备复垦条件的矿区，只采用工程措施防止滑坡、泥石流等灾害发生以保障周边牧民安全。土地复垦剩余资金应交由政府管理，用于当地生态环境保护及提高农用地质量等方面，不得挪作他用。

3.2 进一步完善土地复垦保证金制度

针对目前土地复垦保证金不足、矿山企业不进行土地复垦的问题，应借鉴国外的矿山土地复垦立法和实践经验，例如在相关法律法规中明确规定在矿山企业不履行土地复垦义务时，除扣除土地复垦保证金外，还应该承担法律责任。在土地复垦保证金缴纳方面采取分期归还的措施，即当复垦阶段性工作完成时，在达到验收标准的前提下，归还部分土地复垦保证金，这样可以有效地推动矿山土地复垦进度。在此基础上，制定优惠鼓励政策，对土地复垦工作做得好的矿山企业给予减免土地使用税等奖励措施，调动矿山企业进行土地复垦的积极性。

3.3 扩大临时用地使用范围，采取分期复垦措施

根据内蒙古地区大部分矿山是露天分期开采的现状，针对矿区首采区土地闲置，水土流失严重等问题，并依据内蒙古矿山矿种、开采方式及自然条件等特点，对开采后可以复垦的矿区扩大临时用地供给政策，采取分期供地、分期开采、分期复垦和分期还地的措施。矿山企业在完成首期土地复垦任务、由土地行政主管部门验收合格后，才能继续申请下一期的用地计划，做到“申请一片，开采一片，复垦一片”。

3.4 加大土地复垦监督管理，做好表土储存保护工作

内蒙古旗级人民政府土地管理部门要加大土地复垦的监督管理，督促采矿单位做好土壤保护工作。根据矿区实际土层情况，参照土地复垦规划设计，编制符合本矿区开采方式及年限的表土储存及保护方法。并在各矿区加大表土储存重要性的宣传，提高矿山企业的表土储存意识。对破坏表土或浪费表土的企业应加大经济处罚力度，用于表彰土地复垦工作做得好的矿山企业。

3.5 完善土地复垦管理机制

土地复垦涉及范围广泛的土地，因此有必要成立一个统一的专门机构来协调各部门的工作。建议内蒙古地区成立旗县级土地复垦管理办公室，实行统一实施和协调土地复垦相关工作，并明确该办公室的职责范围，从而加强矿区土地复垦监管。政府应明确土地复垦范围，尽快建立技术规范和矿区土地复垦标准，引入公众和媒体监督机制。在行政上要明确土地复垦管理工作的具体内容，明确“管什么”；在技术上针对内蒙古不同地区气候、地形地貌、矿产资源开采方式等特点，建立矿区土地复垦的技术规范和验收标准，建立起地区特色的管理制度；在监管上引进公众和媒体监督机制，构建不同的监督模块，实现灵活组合的模块化监管。

3.6 引进公众参与机制，提高矿业公司责任意识

在矿区土地复垦过程中，引进公众参与机制，给矿主、其他相关人员留有足够的参与空间，将土地复垦工作置于公众监督之下。矿山企业在任何时间，因为不合理的开发利用造成土地损毁，或者采取了不当的土地复垦措施等问题，都会遭到公众起诉，受到政府的惩罚。在土地复垦过程中尊重当地农民的建议，并让当地农村富余劳动力参与到矿山复垦过程中，利用先进的土地复垦技术与农民的实际经验，因地制宜选择乡土草种或树种。让公众参与监督矿区复垦，可以提高复垦进度，又能保证土地复垦效率。对于后期管护成本高和管护难度大的问题，也可以把复垦后的土地交于当地农民管理，采取“谁管理，谁受益”的政策，调动当地农民参与土地复垦的积极性。土地复垦管部门应要求矿业公司在矿山开采前设立专门的土地复垦管理人员，负责矿山土地复垦规划设计，并按土地土复垦管理部门要求报送矿山土地复垦进度报告。随着全社会环保意识的增强，矿业公司的土地复垦和环境保护意识也逐渐提高，在法律规范、政府监管、公众参与下，土地复垦逐渐成为矿业公司的自觉行为[5]。根据“边开采、边复垦”的原则，不论是政府部门，还是矿山企业，或是当地农民，都要在追求经济效益的同时，兼顾社会效益和生态效益，达到经济、社会和生态一体化的最佳综合效益。

参考文献

[1]娜仁花．内蒙古自治区土地复垦潜力分析[J]．北方经济，2012（21）：110-111.

[2]程琳琳．我国矿区土地复垦保证金制度浅析[J]．中国矿业，2008（9）：21-22.

[3]刘小翠，白中科，尼妮沙．草原矿区土地复垦中表土资源管理研究[C]// 纪念中国农业工程学会成立30周年暨中国农业工程学会2009年学术年会（CSAE2009）论文集．山西农业大学学报编辑部，2009：1659-1662.

[4]干飞．我国矿业用地：研究框架与文献综述[M]．中国土地资源经济研究院，2012：47-50.

[5]孙英辉．矿业用地管理制度改革研究[M]．中国土地矿产法律事务中心，2012：118-123.

基于呼包鄂区域一体化的草原利用与保护模式研究

徐进才

（内蒙古自治区土地调查规划院，内蒙古　呼和浩特 010010）

摘　要：本文紧紧围绕区域一体化空间优化的核心命题，探寻呼包鄂经济区一体化下的土地利用草原保护模式，为呼包鄂经济区一体化升级发展中的草原保护问题提供借鉴。在试图分析草原利用动态变化规律的基础上，结合呼包鄂经济区相关发展规划，采用定量与定性相结合的研究方法对区域草原变化的动因及存在的主要问题进行分析，结合现有政策，提出切实可行的土地利用草原保护模式。研究发现，呼包鄂经济区的草原宜选择构建以生态建设为核心的一体化草原利用与保护模式或构建以保障牧民生存所必需物质基础的草原利用与保护模式或构建以建设重要畜产品基地的草原利用与保护模式进行保护。

关键词：草原保护；草原保护模式；区域一体化；呼包鄂经济区

Call for Regional Integration Based on Epackage of Economic Land Use Patterns of Grassland Protection

XU Jincai

(Land survey and planning institute of Inner Mongolia Autonomous Region, Hohhot, Inner Mongolia, China 010010)

Abstract: This paper tightly around the space optimization of regional integration, the core proposition, explore economic zone paging Package E integration of land use under the grassland protection mode for the call package to upgrade the development of an integrated economic zone E in the protection of grass-lands provide a reference. In an attempt to analyze the dynamic changes of grassland use, based on the combined call Package E region associated development plan, a combination of quantitative and qualitative research methods for regional changes in motivation and grasslands of the main problems for analysis, combined with the existing policy, put forward viable land use grassland protection mode. The study found that call Package E Economic Zone grassland should choose to build the core of the integration of ecological construction and protection of grassland used to protect the pastoral mode, or build the material basis necessary for the survival of grassland utilization and protection mode or build to build an important base of animal products grassland utilization and protection mode to protect.

Key words: Grassland protection; Grassland protection mode; Regional integration; Hohhot-baotou-Ordos Economic Zone

草原指主要生长草本植物，或兼有灌丛和稀疏树木，可为家畜和野生动物提供生存场所的大面积土地[1]。其作为地球的“皮肤”，在防风固沙、涵养水源、保持水土、净化空气以及维护生物多样性等方面，具有十分重要的作用。不仅是重要的战略资源，而且是畜牧业发展的重要物质基础和牧区农牧民赖以生存的基本生产资料。内蒙古自治区草原资源丰富，严格保护、科学利用、合理开发草原资源，是维护自治区特别是国家生态安全和食物安全，保护人类生存环境，建设环境友好型社会的重要战略举措，对促进自治区经济社会全面协调可持续发展具有十分重要的战略意义。呼包鄂经济区目前已显然成为内蒙古自治区乃至国家重点关注和发展的地区之一，是内蒙古自治区近年来经济社会等方面综合发展的晴雨表和重要支点。用地需求旺盛，矿产等用地量大的资源开发初级利用模式普遍存在；占用草原，致使草原退化现象时有发生，草原保护面临着严峻的挑战。因此，在搜集相关资料，综合运用遥感和GIS等技术支撑，掌握草原利用变化情况，探寻引起草原开发利用变化的各种驱动因子，揭示草原开发利用的本质；构建呼包鄂区域草原利用的保护模式，为呼包鄂经济区在一体化发展过程中科学合理有效保护草原，推动呼包鄂经济区一体化发展提供借鉴。

1　研究区概况

研究区域即呼包鄂经济区地处内蒙古自治区中西部。黄河横贯其中，资源丰富，是国家经济社会发展的战略要地。呼包鄂地区包括呼和浩特、包头和鄂尔多斯三市。呼和浩特是内蒙古自治区首府，政治、经济、文化、科技和金融中心，是国家森林城市、国家创新型试点城市、全国民族团结进步模范城、全国双拥模范城和中国经济实力百强城市，被誉为“中国乳都”；包头是国务院首批确定的13个较大城市之一，是中国华北地区重要的工业城市和内蒙古自治区最大的工业城市，是国家重要的基础工业基地和全球轻稀土产业的中心；鄂尔多斯则是新兴的草原都市，被中央确定为全国改革开放30年18个典型地区之一。2011年呼包鄂经济区地区生产总值8 401亿元，总人口700多万。“呼包鄂经济圈”正成为内蒙古经济快速增长的火车头和助推器，对带动当地经济发展起了巨大作用[2]。

呼包鄂地区拥有储量1 250多亿吨的煤炭、7 000多亿立方米的天然气、逾亿吨的稀土保有储量和58.6亿立方米的黄河配给水量，拥有全自治区60%以上的科研开发机构和75%的科技人员，以及距离北京500千米、距离天津出海口600千米、毗邻俄罗斯和蒙古国的区位优势[3]。

2　呼包鄂经济区草原保护与利用现状

根据中华人民共和国草原法和土地利用现状分类（GB/T 21010—2007），本文所述草原指土地利用现状分类中的天然牧草地和人工牧草地。根据内蒙古自治区土地利用现状调查成果，按照草原的概念与分类进行统计分析，自治区现有草原面积约为74 430.98万亩，占全区土地总面积的42.98%，主要分布在33个牧业旗县和21个半农半牧业旗县。其中，呼包鄂经济区现有草原面积约为10 833.27万亩，占全区土地总面积的6.26%，占全区草原总面积的14.55%，主要分布在武川县、达茂旗、固阳县、鄂托克旗、鄂托克前旗、杭锦旗、乌审旗等11个旗县。

2007年实施的《全国草原保护建设利用总体规划》将内蒙古草原划入北方干旱半干旱草原区，重点实施退牧还草、风沙源草原治理、草业良种和草原防灾减灾等工程，并将治理退化草原，恢复草原植被，改善草原生态，提高草原生产能力，促进农牧民脱贫致富作为草原发展的主攻方向[4]。另外，随着西部大开发战略的不断推进，经过近十几年的草原生态建设，禁牧、休牧实施力度进一步加大，草原生态趋于好转并得到明显改善。

3 草原利用变化特征分析

1996年以来，伴随着呼包鄂经济区的快速发展，草原开发利用的方式和用途不断发生变化，利用程度不断加深。根据呼和浩特市、包头市和鄂尔多斯市土地利用现状与变更调查相关资料，对1996—2010年的草原变化情况分析，草原面积和比率均发生了较大变化，草原利用呈现出动态变化（图1）。

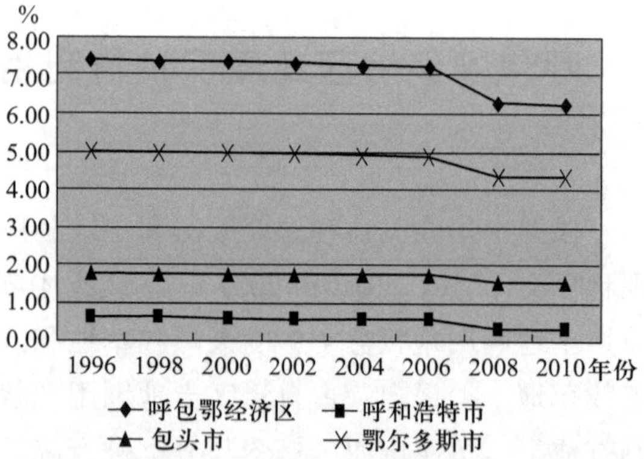

图1 呼包鄂经济区草原规模变化柱状图

呼包鄂经济区草原面积整体上呈不断减少的趋势，由1996年的12 828.81万亩减少到2010年的10 833.27万亩，占全区土地总面积的比例由7.40%降至6.26%。其中，1996—2006年草原面积减少趋势较平稳，且减少数量不大，在27~91万亩；年度草原面积占全区土地总面积的比例在7.25%~7.40%，比例变化不是很明显，草原数量基本上呈有规律性的减少态势。草原面积的减少一部分是由于农业结构调整等原因转向了农业用地的林业用地和耕地中，及气候旱化致使大部分草场蜕变为其他草地即荒草地等未利用地用地类型中；另一部分是由于新增建设用地占用等转向了城市、建制镇用地和工业用地及采矿用地等建设使用的土地。与其相反，包含废弃建设用地复垦和农用地整理在内的土地整治等增加的草原规模，数量有限，须加大力度。

争取更大程度上的占补平衡。2006—2010年草原面积减少趋势与前10年相比更加明显，而且数量较大，减少数量达1 702.46万亩，年度草原面积占全区土地总面积的比例由7.25%降至6.26%，降低了0.99个百分点，打破了前10年草原数量减少的规律性。究其原因，除了有造成前10年草原面积减少的原因之外，最主要的原因是国家开展了全国第2次土地调查，形成了新的土地调查成果，该成果一方面对以往土地利用现状变更调查中存在的变更不到位等情况进行了修正；另一方面是调查的方法、手段不一致等造成对现状认定的差异等原因，致使草原面积变化出现突变现象（表1）。

表1 呼包鄂经济区草原动态变化 单位:%

年份	1996	1998	2000	2002	2004	2006	2008	2010
呼包鄂经济区	7.40	7.36	7.35	7.33	7.27	7.25	6.27	6 26
呼和浩特	0.63	0.62	0.61	0.60	0.59	0.58	0.33	0 33
包头	1.79	1.79	1.80	1.80	1.80	1.80	1.60	1 60
鄂尔多斯	4.98	4.95	4.94	4.93	4.88	4.87	4.34	4 33

注：表中数据为本年度草原面积占全区土地总面积的比例

呼和浩特、包头和鄂尔多斯3市草原利用变化特征与呼包鄂经济区基本一致，草原面积整体上呈不断减少的趋势。其中，减少量最大的是鄂尔多斯市，数量达1 133.64万亩，占呼包鄂经济区总减少量的56.81%；总量减少最多的是呼和浩特市，由1996年的1 093.94万亩减少到2010年的573.32万亩，减少数量近一半，减少速度在呼包鄂经济区中居首位，其次为鄂尔多斯市和包头市（图2）。

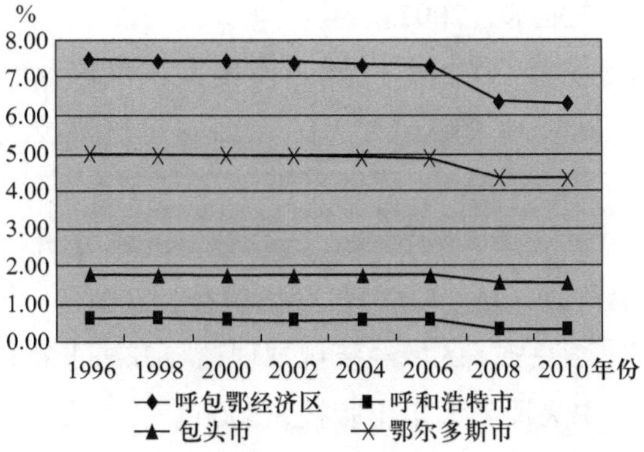

图2 呼包鄂经济区草原规模占全区土地总面积比例变化折线图

4 区域草原利用与保护模式选择

草原利用与保护历来是国家关注的重要问题，出台了诸多办法和政策。内蒙古是草原上的生态民族，自古以来他们尊重自然，崇尚人与自然的和谐共处。因此，呼包鄂经济区应以国家的政策支持和当地民族的优良传统为契机，选择合适的草原利用与保护模式，并积极寻求国家政策支持，落实地方政府责任，将呼包鄂经济区的草原利用与保护推向新的阶段。

一是构建以生态建设为核心的一体化草原利用与保护模式。呼包鄂经济区草原是内蒙古草原的重要组成部分，大部分土地利用类型为草原。草原与森林、海洋并成为地球的三大碳库，生态功能与价值和碳汇功能与价值是其他任何生态与环境系统无法替代的。因此，呼包鄂经济区在一体化发展过程中，应将草原的生态建设放在首位，不仅要实现经济发展一体化，而且要一体化开展草原利用与保护，树立生产生态有机结合、生态优先的方针。作为自治区经济发达的首选地区，按照一体化发展的要求，要先行试点，主动作为，积极探索草原利用与保护的一体化模式。首先，应将土地与草原部门的统计口径相统一，相互认可，方可不产生分歧，实现草原认定的一致性，是有效保护草原，防止破坏与占用的有效途径之一；其次，将对草原的利用与保护上升到保护耕地的认识上来，制定基本草原保护条例，依法推进基本草原划定，落实基本草原保护制度，并像重视“三农”一样高度重视“三牧”，真正把草原保护起来；三是，加大草原生态保护工程建设力度，启动草原自然保护区建设工程，并以国家草原整治为契机，积极争取项目，加大力度改善草原生态环境。

二是构建以保障牧民生存所必需生活来源的草原利用与保护模式。草原是呼包鄂地区牧民生存所必需生活来源，面对现实呼包鄂地区应继续稳定和完善草原承包经营制度，使牧民真正成为草原的主人。继续加大政策研究与支持力度，充分调动当地牧民的积极性，主动参与，确保所产产品供需稳定，利益均衡；继续加大资金投放与支持力度，草原保护需要人和资金来共同参与，留住保护草原的人转移破坏草原的人是保障牧民生存所必需生活来源的根本；制定草原多方向补助标准，如加强载畜补助、草场补助、人员补助等多方位、多层次的补助力度，并确保逐年有所增长。

三是构建以建设重要畜产品基地的草原

利用与保护模式。呼包鄂经济区是内蒙古自治区重要畜产品基地之一，打造了驰名中外的诸多基地品牌。牛羊肉等产品主要来自大草原，是纯天然绿色食品。保障必要的草地，是自治区建设畜产品基地的基础。围绕畜产品基地建设，强化呼和浩特市、包头市奶源基地建设；鄂尔多斯市西部和包头北部草原牧区，坚持以草定畜、草畜平衡的发展方针，严格实行禁牧、休牧、划区轮牧制度，促进草场流转，逐步建立草原生态牧场。

总之，呼包鄂经济区草原利用与保护模式的建立应统筹考虑未来区域经济社会发展需求，在充分维系草原自身演替过程的前提下，着重控制人为干扰。重点推进自治区主体功能区规划在呼包鄂经济区范围内的以“两区两带”为主体的农牧业适宜区域为重要组成部分的农畜产品供给战略格局；阴山沿麓生态防线，黄土高原丘陵沟壑水土流失防治区、毛乌素—库布齐沙漠化防治区等“两线七区”的生态功能区格局的形成。

参考文献

[1]张明华. 中国的草原[M]. 商务印书馆，1995.

[2]内蒙古自治区以呼包鄂为核心沿黄河沿交通干线经济带重点产业发展规划（2010—2020年）[M]. 内蒙古自治区人民政府，2010.

[3]呼包鄂经济区一体化发展规划（2010—2020年）[M]. 内蒙古自治区人民政府，2010.

[4]全国草原保护建设利用总体规划（2007—2020年）[M]. 中华人民共和国农业部，2007.

[5]徐境. 呼包鄂区域一体化发展模式及空间规划策略研究[D]. 西安建筑科技大学，2010.

[6]崔功豪，魏清泉，陈宗兴. 区域分析与规划[M]. 高等教育出版社，2001.

[7]李克强. 区域经济规划理论与方法[M]. 中央民族大学出版社，2006.

[8]杜宁睿. 区域研究与规划[M]. 武汉大学出版社，2004.

内蒙古自治区农村集体建设用地流转基础研究

张晶晶[1]，张裕凤[2]，李武[3]

（1. 内蒙古土地调查规划院，内蒙古 呼和浩特 010010；
2. 内蒙古师范大学 地理科学学院，内蒙古 呼和浩特 010022；
3. 呼和浩特土地收购储备拍卖中心 内蒙古 呼和浩特 010010）

摘　要： 土地供给和需求是土地市场建立的基础。本研究通过对内蒙古自治区农村集体建设用地利用现状及布局特点的分析，选取四因素（建设用地利用强度、农村居民点紧凑度、农村居民点建筑密度、建设用地利用效率）对土地集约利用程度进行评价，得出内蒙古自治区农村集体建设用地利用粗放，存在 22 万 hm^2 供给潜力；通过对 2013 年自治区土地供应情况和土地利用总体规划新增建设用地情况分析，得出“十二五”期间城镇化和工业化对集体建设用地需求在 12 万 hm^2 以上。通过总结自治区集体建设用地利用特点及存在的问题，提出自治区农村集体建设用地流转相关措施和建议。

关键词： 农村集体建设用地；流转基础；内蒙古自治区

A Study on the Circulation Basis of the Collective Constructing Land in the Countryside in Inner Mongolia Autonomous Region

ZHANG Jingjing[1]，Zhang Yufeng[2]，LI Wu[3]

（1. Land Surveying and Planning Institute of Inner Mongolia Autonomous Region，Hohhot，Inner Mongolia，China 010010；2. College of Geographical Science，Inner Mongolia Normal University，Hohhot，InnerMongolia，China 010022；3. Hohhot Land Acquisition，Reservation，and Auction Center，Hohhot，Innrr Mongolia，China 010010）

Abstract：Land supply and demand are the basis for the establishment of land market. Through investigating into the current situation and layout features of the collective constructing land in the countryside in Inner Mongolia Autonomous Region，this research evaluates the utilization degree by choosing the four factors（the utilizing intensity of constructing land；the density of countryside residential settings；the density of countryside construction setting；the utilizing efficiency of constructing land）. It is concluded that the utilization of countryside constructing knd in Inner Mongolia Autonomous Region is very extensive and there lies a supply of potential land of 220 000 hm^2. Through analyzing the land supply situation and the newly increased constructing lnd in the overall design of land use in 2013，it is concluded that in the twelfth “five year plan”，the urbanization and industrialization need for land ismore than 120 000 hm^2. After summarizing the features in the use of constructing land and the existing problems in the region，some solutions and suggestions are being raised in the circulation of constructing land in countryside.

Key words: collective constructing land use in countryside; circulation foundation; Inner Mongolia Autonomous Region

改革开放以来，土地制度改革主要以国有土地为主角，农村集体土地经历两次较大变化，即1980年的家庭联产承包责任制[1]和1990年的农村宅基地有偿使用制度改革[2]。十八届三中全会提出的“要加快构建新型农业经营体系，赋予农民更多财产权利，推进城乡要素平等交换和公共资源均衡配置，完善城镇化健康发展体制”，要求建立城乡统一的建设用地市场，农村集体土地将经历一次全新改革，农村集体建设用地流转成为可能。所谓集体建设用地使用权流转是指在集体建设用地所有权不变的前提下，集体建设用地使用权以有偿方式发生转移、再转移，包括出让、出租、转让、转租、抵押等形式[3]。

内蒙古自治区城镇化和工业化进程的加快，新增建设用地规模难以保障社会经济发展的需求，导致土地供需矛盾凸显，而经济基础相对薄弱，致使土地集约利用程度较低。城市对外扩张的紧张用地指标与农村建设用地低效利用差异明显，存在两方面因素：一是因其特殊的民族风俗和生活习惯，形成较大规模的农村集体建设用地；二是城市建设和产业发展对土地资源需求量大，这两方面因素决定了农村集体建设用地流转对内蒙古自治区城镇化和工业化发展的重要意义。其不仅有助于缓解自治区建设用地紧张问题，为解决建设用地供需矛盾提出了新的方法，而且有助于促进城乡统一建设用地市场的建立，推进“农牧民平等参与现代化进程、共同分享现代化成果”的落实。本文进行了农村集体建设用地供给和需求两方面的基础研究，目的是为自治区集体建设用地流转制度建立提供基础数据支撑。

1　内蒙古自治区集体建设用地利用现状分析

内蒙古自治区土地总面积118.3万km^2，总人口2 489.9万人，人口密度21人/km^2，相对来说地广人稀。建设用地方面，从土地利用结构上看，建设用地总规模占土地总面积比例较低，约为1.3%；从利用状况看，全区人均建设用地620m^2，是全国平均水平的2.5倍，建设用地利用相对粗放。

1.1　内蒙古自治区农村集体建设用地利用现状分析

内蒙古自治区建设用地总面积约为150万hm^2，其中城乡建设用地占建设用地总规模的80%。在城乡建设用地中，城镇用地（包括城市和建制镇用地）31.2万hm^2，农村居民点用地74万hm^2。城镇人均建设用地为217m^2/人，农村人均建设用地超过700m^2/人，是城镇居民人均用地的3.2倍，土地利用程度粗放，可流转农村居民点规模潜力较大。

从农村建设用地布局看，自治区农村建设用地分布较为密集的区域多集中在农区，如河套平原区、土默川平原区、西辽河平原区、嫩江右岸平原区等，区域内地势平坦、水资源丰富，土地肥沃，人口较多（见图1）；自治区东部区域的农村建设用地密集区多集中于中西部地区；盟市分布不均匀，农村建设用地规模最大盟市为赤峰市，占全区农村集体建设用地的20%；最少的为乌海市

（见图 2）。

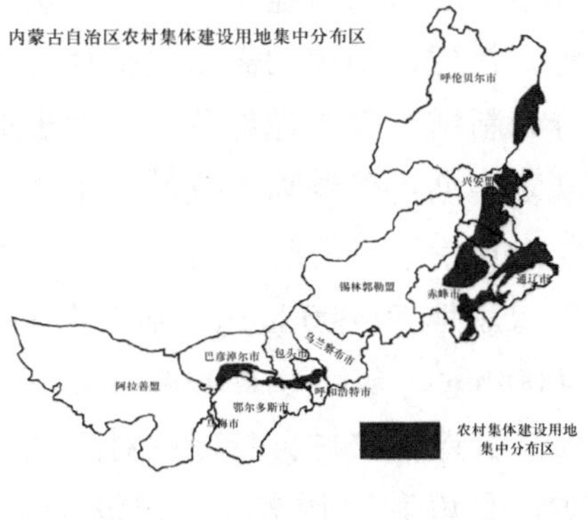

图 1　内蒙古自治区农村建设用地密集区分布图

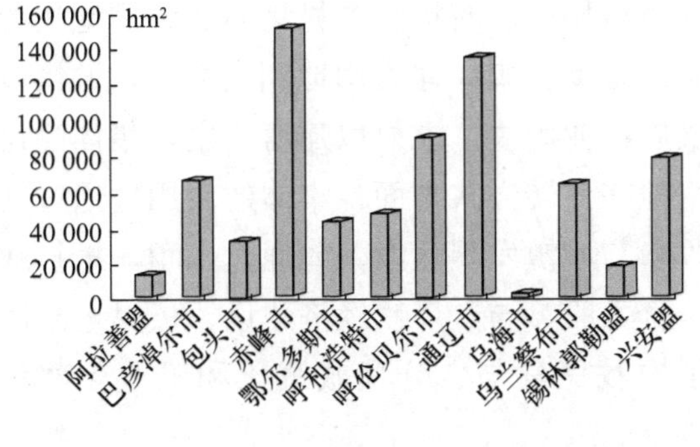

图 2　内蒙古各盟市农村集体建设用地规模对比

1.2　农村建设用地集约利用程度分析

在既要保护耕地资源又要满足建设用地需求的双重压力下，土地集约节约利用逐渐成为学术界研究的热点课题[4]。农村建设用地作为土地利用的重要组成部分，对区域农村发展起到积极的宏观控制作用[5]。基于农村建设用地对内蒙古自治区经济发展的重要作用，本文对自治区农村建设用地集约利用情况进行分析，目的是摸清农村建设用地潜力，农村集体建设用地供给能力。

借鉴其他省市的农村建设用地集约利用经验和自治区的实际情况，选取建设用地利用强度、农村居民点紧凑度、农村居民点建筑密度、农村建设用地利用效率四方面指标[6]，对自治区农村建设用地进行分析如下：（1）建设用地利用强度，其用容积率指标予以量化。根据抽样调查，自治区农村建设用地容积率分布在 0.3 至 0.5 之间，且处于 0.3 至 0.4 之间的居多，远远低于城市建设用地集约利用程度，土地利用强度较低。（2）农村居民点紧凑度，运用农村居民点总面积与斑块个数之比进行量化，按照土地利用变更调查数据上图面积要求计算自治区农村居民点紧凑度平均值不足 80 hm^2/ 个，即平均每个居民点居住 1142 人。（3）农村居民点建筑密度=农村居民点总面积 ÷ 土地总面积 ×100%。经计算，自治区农村居民点平均建筑密度在 0.63，自治区城镇建筑密度低于农村建筑密度，而城镇常住人口多于农村常住人口，因此该指标偏高。（4）建设用地利用效率表示单位农村居民点承载人口数量，用农村总人口与农村居民点总面积比值进行量化，确定自治区该指标平均值 14 人 /hm^2，自治区单位城镇用地承载人口数量 44 人 /hm^2，是农村建设用地的 3 倍还多。综合四项指标计算结果，自治区农村建设用地集约利用水平较低，存量建设用地挖潜潜力较大。

另外，从近 8 年人口和集体建设用地数据看，随着自治区城镇化、工业化率的提高，农牧区人口呈减少趋势，而农村集体建设用地面积呈上升趋势。虽然集体建设用地数据基础在 2009 年发生变化但农牧区人口与集体建设用地之间的变化趋势没有变化（2005—2008 年集体建设用地面积为第一次土地详查基础上的变更数据，2009—2012 年全国第二次土地调查基础上的变更数据）（见图 3）。分析其原因主要是部分村民转移到城市工作、生活，原有的农村宅基地空置，但是农村新增人口的生产生活，需要使用一定数量的建设用地，由于农村宅基地产权变更的困难性，决定了必须新增农村建设用地以满足村民生产生活需要。2013 年，内蒙古自治区新增集体建设用地 46.3 hm^2，其中乡镇企业用地和公用设施公益事业用地仅使用 1.3 hm^2，剩余 45 hm^2 建设用地全部为农村宅基地，而宅基地用地中 34 hm^2 属于新增建设用地，这不仅导致农村建设用地规模不断扩大，同时也造成存量建设用地的闲置，土地利用率较低。

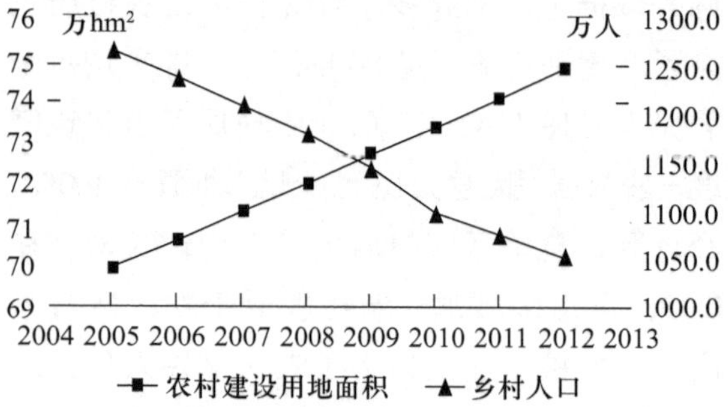

图 3　2009—2012 年内蒙古自治区乡村人口与农村建设用地数量变化对比图

1.3　内蒙古自治区农村建设用地需求量分析

本研究所称的农村建设用地需求量是指符合土地用途管制的建设用地利用数量，包括存量农村建设用地和新增农村建设用地两部分。

第一，以 2013 年自治区土地供应统计数据为例，2013 年自治区土地供应总量近 30 000 hm^2，其中涉及农转征用地的为 22 000 hm^2，占供地总规模 70% 以上，表明城市的发展对农村集体用地依赖性较强。从农转征土地供应类型进行分析，工业用地供应规模 6 538 hm^2，占农转征用地总规模近 30%，商业用地供应规模 1 286 hm^2、住宅用地供应规模 2 249 hm^2，分占农转征用地规模 6% 和 10%，剩余地供应给公共基础设施、服务用地及特殊用地，表明工业用地发展占用了大量农村集体土地。

第二，运用土地利用总体规划的数据，预测城市发展对农村建设用地需求量。城市发展对农村建设用地的需求包括存量建设用地部分和新增建设用地部分。依据土地利用总体规划中期评估结果，预计“十二五”期间内蒙古自治区经济建设需要利用存量农村集体建设用地 50 000 hm^2，新增集体建设用地 70 000 hm^2，合计为 120 000 hm^2。

综上所述，农村自身建设对建设用地需求较少，且以利用新增农村建设用地为主。而城市建设对农村建设用地需求量较大，城市发展对盘活农村集体建设用地起到积极的促进作用，同时提高农村集体建设用地集约利用程度。集体建设用地利用类型，城镇以发展工业为主，农村以建房为主。集体建设用地在流转方式方面，集体建设用地通过征收参与城镇发展建设，或通过出租、抵押或作价入股参与本乡镇经济建设，极大地限制了农牧民参与、分享城镇化和工业化建设成果。

根据上述分析，内蒙古自治区农村集体建设用地利用中存在的问题总结为四个方面，分别为：（1）农村集体建设用地的人均用地偏大，利用方式相对粗放。据《村镇规划标准》（GB 50188—2007）规定，建设用地指标在“> 120~ ≤ 140” m^2 范围，而自治区目前人均农村建设用地超过 700m^2，是规定最高标准的 5 倍。（2）农村居民点用地格局细碎、零散、数量多。例如，依据自治区第二次全国土地调查转换为 1 : 50 万土地利用缩编数据，农村居民点最小上图面积为 100 hm^2，缩编后农村居民点规模减少超过一半。（3）城市发展对集体建设用地需求量大，但集体建设用地流转形式单一，且限制条件较多。

2 对内蒙古农村集体建设用地流转的思考

2.1 做好集体建设用地入市流转规划管理工作

严格集体建设用地入市流转的规划管理，必须掌握农村集体建设用地可投放市场规模和布局，做到农村建设用地与城镇土地统筹安排、统一规划。

按照《内蒙古自治区土地利用总体规划2006—2020年》对农村建设用地规模控制情况评估，预计可投入建设用地市场的农村集体建设用地为70 000 hm^2。按照《村镇规划标准》对人均建设用地最高标准要求，自治区农村集体建设用地可挖潜力在500 000 hm^2以上，但根据自治区实际生产生活特点，该潜力实现难度较大，但将目前人均农村建设用地标准缩小1/4，潜力实现可能性较大，即有220 000 hm^2农村集体建设用地可投入建设用地市场[7]。

自治区集体建设用地可流转规模较大，因此各盟市应根据各自发展特点制定相应规划与计划，确定各区域重点保障什么发展用地，如鄂尔多斯市和锡林郭勒盟应保证能源基地建设用地，包头市应保证重工业发展用地等，严格土地用途管制制度，做到集体建设用地流转灵活不凌乱、将集体建设用地有秩序地投放到土地市场。

2.2 建立城乡统一的房地产管理制度

宅基地管理方面，应建立城乡统一的房地产管理制度，大力推进不动产统一登记制度，逐步缩小人均建设用地规模，提高农村集体建设用地集约利用程度。具体措施为：对新批准的宅基地要严格按照国家标准进行审批；对无宅基地需要在城镇购买房屋的，按照城镇居民一套住房政策标准予以执行；对于农村有宅基地，确需进城购房人员，购房采取“换购”制度，即按照一定比例系数，用宅基地换取一定标准的城镇住宅，宅基地被集体经济组织收回，并按照相关规划和土地用途管制要求进行盘活，不进行“换购”的，在城镇购房与城镇居民购买二套房享受同样的购房政策。

随着社会经济发展对土地资源的需求，集体建设用地利用已成为现阶段土地资源配置的主要依托。城镇化率的不断提高，使集体建设用地的资产价值快速显化，并且增值速度快速，造成土地的社会保障功能趋于弱化，集体建设用地不再是满足村民的生产生活的唯一利用途径，入市流转已经成为一种必然趋势。通过分析，自治区农村集体建设用地存在流转空间，且城市建设对集体建设用地存在用地需求，集体建设用地流转可行。

参考文献

[1]张静．建国以来农村土地产权制度变迁问题研究［D］．新乡：河南师范大学，2013.
[2]龙开胜．农村集体建设用地流转：演变、机理与调控［D］．南京农业大学，2009.
[3]黄庆杰，等．农村集体建设用地流转的现状、问题与对策—以北京市为例［J］．中国农村经济，2007（1）.
[4]卢真珍，等．农村居民点用地集约利用评价—以宜春市为例［J］．江西科学，2013（4）.
[5]王贝，等．农村集体建设用地流转的宏观调控研究［J］．农业经济村经济与科技，2013（5）.
[6]汤鹏程，等．重庆市忠县农村建设用地

集约利用评价［J］. 西南师范大学学报：自然科学版，2013（5）.
［7］塔娜，张裕凤，等. 内蒙古自治区农村居民点用地整理潜力研究［J］. 经济地理，2012（8）.

内蒙古伊金霍洛旗生态保护红线研究

吴全，梁洁，徐艳红，李宽

（内蒙古自治区土地调查规划院，呼和浩特 010010）

摘　要：以伊金霍洛旗为样本，初探生态红线划定落图落地技术，为保护生态环境，合理利用和优化配置土地资源提供参考。主要利用最小累积阻力模型、马尔萨斯预测模型、综合分析方法进行三生用地预测及生态红线保护区划定。结果表明：1）保障区域人口粮食安全的耕地需求量、经济社会发展的生活功能用地量、具有保护生态环境功能的土地面积分别占研究区总面积的 7.4%、3.05% 和 89.55%。2）划定的生态保护红线区占研究区总面积的 16.45%，主要分布在伊金霍洛旗东北部和西北部地区，主要的土地利用类型为草地和林地。3）伊金霍洛旗是生态敏感性等级较高的区域，对其划定生态红线保护区既有现实意义，也可以在未来的社会经济发展过程中提高人们保护生态环境的意识。

关键词：三生用地；生态红线划定；最小累积阻力模型；伊金霍洛旗

Delimitation of ecological protection red line in Ejin Horo Banner of Inner Mongolian

WU Quan，LIANG Jie，XU Yanhong，LI Kuan

（Inner Mongolian Land Surveying and Planning Institute，Hohhot 010010，China）

Abstract：The purposes of this research are to preliminarily probe the technology of delimiting the ecological red line so as to provide a reference for protecting ecological environment and rational utilization of land resources. Method of the minimum cumulative resistance（MCR）model, Malthusian prediction models and comprehensive analysis were employed to predict PLE land area and delimit nature reserve of ecological red line. The results indicate that：1）Cultivated land that is demanded for food security in region，living land area that is demanded by economic and social development，and the land area that has ecological function account for 7. 4%、3. 05% and 89. 55% of the research region，respectively. 2）nature reserves that have been delimited with ecological red line account for 16.45% of research region; they mainly distribute in northeastern and northwestern Ejin Horo Banner. The grassland and forestland are the main land use types. 3）It is concluded that Ejin Horo Banner is an area where the ecological sensitivity is higher. Therefore，delimiting ecological red line is practically needed and can enhance people's consciousness of protecting ecological environment in future with the development of society and economic.

Key words：PLE land；delimit the ecological red line；MCR model

近些年来，随着能源经济的高速发展，鄂尔多斯市伊金霍洛旗建设用地规模持续扩张，建设用地与耕地保护、经济发展与自然生态保护等人地矛盾问题日益突出，划定生态红线以更好地解决人地矛盾问题以尤为重要[1]。“生态红线”这一概念在2011年《国务院关于加强环境保护重点工作的意见》(国发〔2011〕35号)中第一次被提及，对保障国家和区域生态安全具有关键作用，在重要生态功能区、生态环境敏感区、脆弱区等区域划定的必须实行严格保护的国土空间[2-4]。2015年5月环保部出台《生态保护红线划定技术指南》，为更加合理配置土地资源以保护生态用地提供技术支撑[5]。但此技术指南过于宏观，旨在大尺度范围内划定红线，县一级别划定生态保护红线只能参考此技术指南的部分方法。文中以划定县级生态保护红线使红线落图落地，指导下一步生态保护工作为出发点，秉承创新、协调、绿色发展理念，提出“三生用地”的概念，即土地具有“生产-生活-生态”三种主要功能。在需要保护生态环境的同时，还要兼顾生产用地和生活用地的预留，即重点考虑粮食安全和城镇社会经济发展，并在生态敏感性分析的基础上，结合现状和规划用途进行生态保护红线的划定，以生产、生活、生态环境冲突较为突出的内蒙古鄂尔多斯市伊金霍洛旗为例。

1　材料与研究方法

1.1　数据来源与区域概括

文中以2015年伊金霍洛旗土地利用变更调查数据库为基础底图，其主要数据还包括：伊金霍洛旗的坡度、高程、土壤类型、植被覆盖度等图件资料，人口普查，统计年鉴(2002—2015年)和当地公布的国土资源公报、中国经济简报等文件资料。

伊金霍洛旗地处呼和浩特、包头、鄂尔多斯“金三角”腹地，位于鄂尔多斯高原东南部，毛乌素沙漠东北边缘，总面积548 680.86 hm^2，东经108°58'~110°25'，北纬38°56'~39°49'，属温带干旱、半干旱大陆性气候，年均气温6.4 ℃，年均降水量358 mm，年均蒸发量2 535 mm，区内风沙活动强烈，沙暴日数平均为17 d。干旱、多风、地表组织物质松散、植被覆盖度低等自然因素构成了伊金霍洛旗脆弱的生态环境[6-7]。

1.2　研究思路

土地在自然、历史和经济社会作用下形成了不同的用途区和土地利用现状[8]。土地利用现状在区域范围内包含过去和现在的人类活动结果的同时，还对未来的土地利用方式产生重要的影响[9-10]。土地利用规划和相关政策干预，通过对各类用地的结构和布局进行调整或配置影响土地资源的后续利用。生态红线的划定为土地利用规划中划出生态环境较为敏感、脆弱的区域，划定为生态保护红线，实施分类管理和控制[11]，从而更好地保护生态环境，使人与自然和谐相处。划定生态红线要基于土地的过去、现在、未来的利用结构和方式，结合土地利用现状和对未来经济社会发展的预期，进行科学、合理的红线划定[12]。

具体操作方法为，在土地利用现状的基础上，进行“生产-生活-生态”用地类型划分，并对三种用地的变化趋势进行分析。首先，通过最小累积阻力模型计算“生活用地”在空间上能够扩展的最大边界；其次，考虑到生产用地中耕地占地最多，以耕地为主，通过马尔萨斯人口增长模型测算未来人口数量和耕地保有量，从而划出能够满足粮食安全的“生产用地”。再次，对研究区内的土地进行生态敏感性分析，筛选出敏感性等级最高的生态用地。最后从敏感性等级最高的生态用地中擦除生活用地在空间上扩张的最大范围，从而得出生态保护红线区（图 1）。

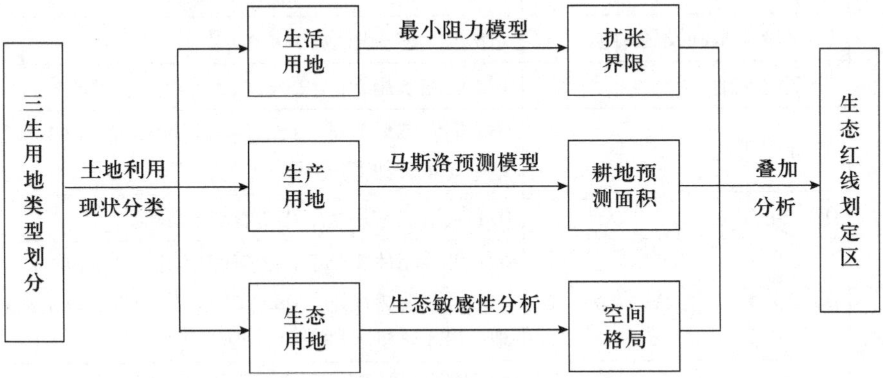

图 1　技术路线图

Figure 1　The research framework

1.3 "三生用地"类型划分

"三生用地"类型的划分主要依据斑块理论和用地功能。

"斑块"在生态学中是指在外观和属性上同质，内部均质的闭合空间，其性质与周围地块有所区别，生态用地类型的划分是以斑块为基础，体现空间生态功能的同质性，避免在生态红线划定时破坏原有生态构成[13]。

土地的基本功能有养育功能、承载功能、仓储功能、景观功能。每种类型的土地也具有多重功能，如耕地具有粮食生产功能、农民社会保障功能、景观文化功能、生态服务功能等，但最主要的仍是其生产功能[14]；草地具有生态调节功能、生物多样性保持功能、牲畜承载功能等多种功能，其中最主要的为生态功能[15]。根据用地功能的不同，文中将土地划分为生产用地、生活用地和生态用地，简称"三生用地"。

我国现行的土地利用分类系统已在实际工作中得到广泛应用[16]。"三生用地"类型划分是为了平衡社会经济发展和生态环境维持，也是为了更好地进行生态保护红线划定而提出的。在"三生用地"类型划分时，文中参考了 GB/T 21010—2007《土地利用现状分类标准》和 TD/T 1014—2007《第二次全国土地调查技术规程》等现有的土地类型划分标准，在土地利用现状分类基础上，遵循不破坏同一斑块的原则，按照"生产 - 生活 - 生态"三生用地功能进行用地类型划分。划分结果（表 1）。

表 1　三生用地类型划分表

Table 1　Division of PLE land

土地利用功能分区	土地利用现状分类和代码	
	一级类	二级类
生产功能区	01 耕地	011 水田、012 水浇地、013 旱地
	02 园地	021 果园、022 茶园、023 其他园地
	06 工矿仓储用地	061 工业用地、062 采矿用地、063 仓储用地

续表 1

土地利用功能分区	土地利用现状分类和代码	
	一级类	二级类
生产功能区	11 水域及水利设施用地	118 水工建筑用地、117 沟渠
	12 其他土地	122 设施农用地、123 田坎
生活功能区	05 商服用地	051 批发零售用地、052 住宿餐饮用地、053 商务金融用地、054 其他商服用地
	07 住宅用地	071 城镇住宅用地、072 农村宅基地
	08 公共管理与公共服务用地	081 机关团体用地、082 新闻出版用地、083 科教用地、084 医卫慈善用地、085 文体娱乐用地、086 公共设施用地、088 风景名胜设施用地
	09 特殊用地	091 军事设施用地、092 使领馆用地、093 监教场所用地、094 宗教用地、095 殡葬用地
	10 交通运输用地	101 铁路用地、102 公路用地、103 街巷用地、104 农村道路、105 机场用地、106 港口码头用地、109 管道运输用地
	12 其他土地	121 空闲地、124 盐碱地、127 裸地
生态功能区	03 林地	031 有林地、032 灌木林地、033 其他林地
	04 草地	041 天然牧草地、042 人工牧草地、43 其他草地
	08 公共管理与公共服务用地	087 公园与绿地
	11 水域及水利设施用地	111 河流水面、112 湖泊水面、113 水库水面、114 坑塘水面、115 沿海滩涂、116 内陆滩涂、119 冰川与永久积雪
	12 其他土地	125 沼泽地、126 沙地

在构建“三生用地”分类系统过程中，运用以下几种方法与现行土地利用现状分类进行科学衔接：

（1）划分类型过程以该类型土地的主要功能进行划分，只能属于生产功能区、生活功能区和生态功能区中的一种。

（2）土地利用现状中一级分类若对应多种功能区，可将一级分类中的二级分类分别对应到相应的“三生用地”功能区。

（3）保证同一斑块的完整性。

1.4 最小累积阻力模型

“生产－生活－生态”用地在空间上必须通过克服阻力来体现竞争性。为了反映阻力在空间上的大小，文中采用最小累积阻力（Minimum Cumulative Resistance，MCR）模型，通过确定源、阻力面从而计算“生活用地”能够扩展的最大边界。MCR 公式为[17]：

$$MCR=f\min\sum_{j=n}^{i=m}(D_{ij}\times R_i) \tag{1}$$

式中：f 反映 MCR 与变量（$D_{ij}\times R_i$）之间正相关关系；D_{ij} 是目标单元从源 j 到景观单元 i 的空间距离；R_i 表示景观单元 i 对某种运动的阻力系数。模型通过 ArcGis 的 Spatial Analyst Tools 中的 cost distance 功能实现。

最小累积阻力模型早期应用于衡量生物栖息地板块间的隔离程度[18]，后来经过学者的研究和对公式的修改发展成为服务于城市用地扩展、空间重构、居民点适宜性评价的研究方法[19]。

1.5 马尔萨斯人口增长模型

马尔萨斯的一阶线性微分方程[20]是：

$$dp(t)/d(t)=rp(t) \qquad (2)$$

解微分方程得：

$$p(t)=p(t_0)e^{r(t-t_0)} \qquad (3)$$

式中：$p(t)$ 为 t 年预测人口数；$p(t_0)$ 为基期年人口数；r 为人口年增长率。

表 2 阻力评价体系

Table 2 System of resistance evaluation

一级指标及权重	二级指标及权重	阻力系数等级划分				
		1	2	3	4	5
生态	高程	≤ 1 150 m	1 150~1 350 m	1 350~1 600 m	1 600~1 850 m	> 1 850 m
属性	坡度	0~3°	3°~8°	8°~15°	15°~25°	> 25°
	植被覆盖度	0~20%	20%~40%	40%~60%	60%~80%	80%~100%
	土壤类型	风沙土、粗骨土	潮土、沼泽土	淡栗褐土	栗钙土	水稻土
	距水体距离	< 3 000 m	3 000~5 000 m	5 000~10 000 m	10 000~15 000 m	> 15 000 m
区位	距公路距离	> 20 000 m	15 000~20 000 m	7 000~15 000 m	3 000~7 000 m	< 3 000 m
限制	距铁路距离	> 5 000 m	3 000~5 000 m	2 000~3 000 m	1 500~2 000 m	< 1 500 m
因素	距工矿点距离	> 10 000 m	5 000~10 000 m	3 000~5 000 m	1 000~3 000 m	< 1 000 m

1.6 生态敏感性分析方法

生态敏感性分析指生态系统中重要物种栖息地对人为活动干扰的敏感程度，或对外界干扰的适应能力[21]。根据伊金霍洛旗生态环境的实际情况，采用文献频次分析等数理统计方法和综合分析方法，通过咨询专家，运用叠加分析和空间分析等技术方法从年均降雨量、高程、生物量、植被覆盖度等土地生态状况基础性调查指标，构建土地生态环境敏感性指标体系，评价指标的权重采用专家打分法得出（表 4）。通过对水土流失敏感性分析、土地沙化敏感性分析和土地退化敏感性分析得到综合生态环境敏感性结果。敏感性分为 4 个等级，即轻度敏感、中度敏感、重度敏感、极敏感。对于指标体系中的各项指标，首先进行标准化处理，随后将数据无量纲化，再次对所得数据进行加权求和得到生态环境敏感性的数值，最后通过正态分布得出不同区间的不同敏感程度区域。

2 结果与分析

2.1 生活用地扩张分析

2.1.1 扩张源的确定

通过 MCR 模型使生活用地与“生产 – 生态”用地进行空间上的博弈，最终得到城市发展过程中能够满足人口和经济增长要求的生活用地。扩张源为表 1 中“生活功能区”内除交通运输用地以外的各类用地。

2.1.2 阻力面及阻力系数的确定

阻力面通过构建阻力评价体系确定。因

为研究区为县级行政单位，如降水、地形地貌、人口、GDP 等自然经济条件相类似，所以未予以加入阻力评价体系，而是从土地生态属性、区位限制因素两个方面建立阻力评价体系（表 2）。一般情况下，高程和坡度越大、植被覆盖度越高则生态敏感性越强、生态价值越大，不利于城市发展。而距离公路、铁路、工矿点距离越近，人口和土地压力越大、经济发展水平越高则越有利于城市发展，不适宜生态用地的保护。在评价单因素阻力时，通过专家打分方式赋予阻力 1、2、3、4、5 五个等级。对生活功能区建立阻力面，通过栅格计算（栅格大小为 30 × 30）得出生活用地区，即用于人口和经济发展的综合阻力面（图 2）。

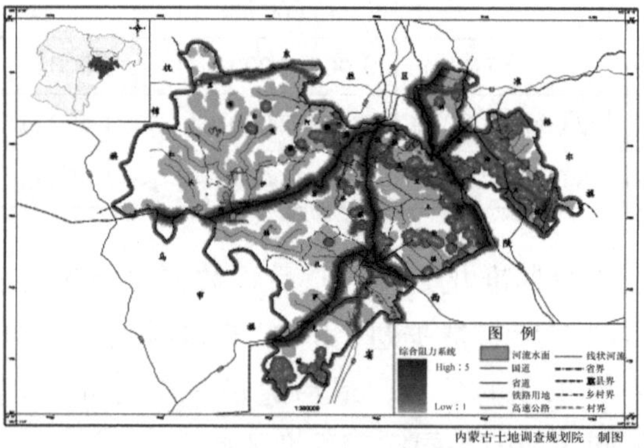

图 2　综合阻力面

Figure 2　Comprehensive resistance surface

2.1.3　最小累积阻力表面的计算

通过 Arcgis 中的 Multiple Ring Buffer 工具得出研究区域的综合阻力面，再运用 cost distance 模块计算生活用地扩张的最小累积阻力表面（图 3）、非生活用地扩张的最小累积阻力表面（图 4），将两种阻力进行差值分析，得到差值表面（图 5），将差值表面层属性为 0 的栅格提取出来作为生活用地扩张与非生活用地扩张两者最终的博弈面积，也就是城镇生活用地扩张格局（图 6），面积为 10 727.67 hm^2。

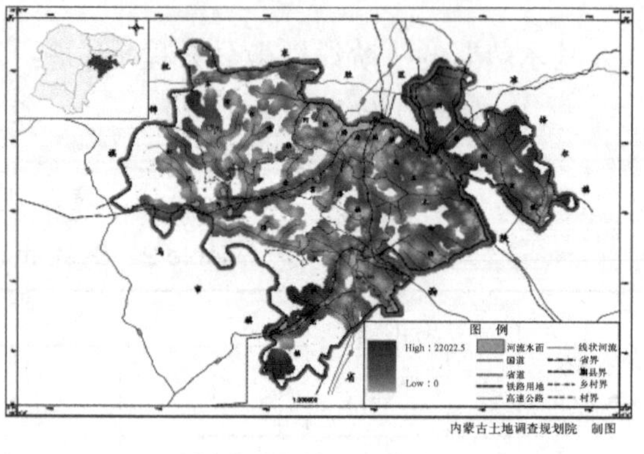

图 3　生活用地扩张最小累积阻力表面

Figure 3　Minimal accumulated resistance surface of residential land

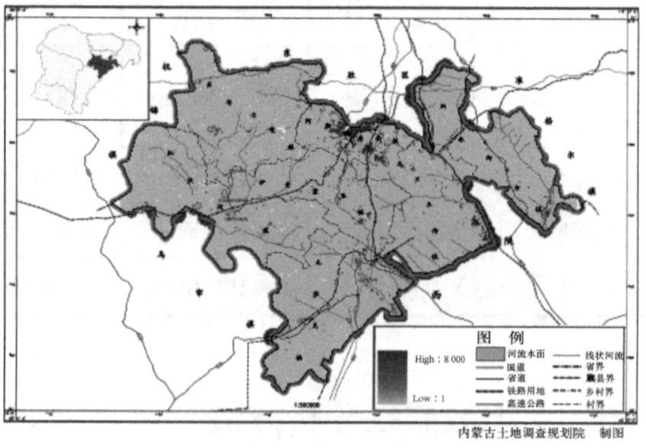

图 4　非生活用地扩张最小累积阻力表面

Figure 4　Minimal accumulated resistance surface of Non-residential land

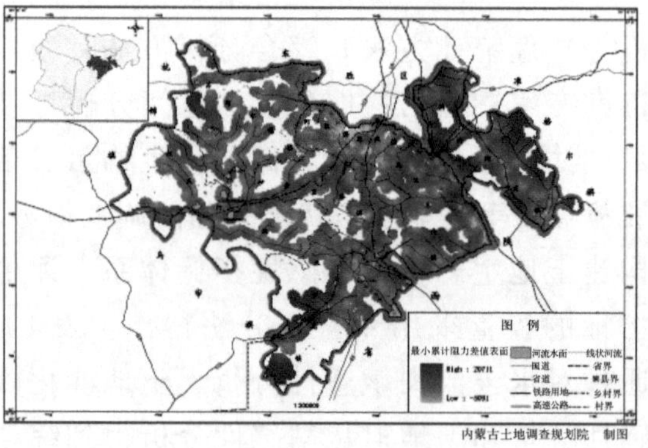

图 5　最小累计阻力差值表面

Figure 5　Margin of minimal accumulated resistances

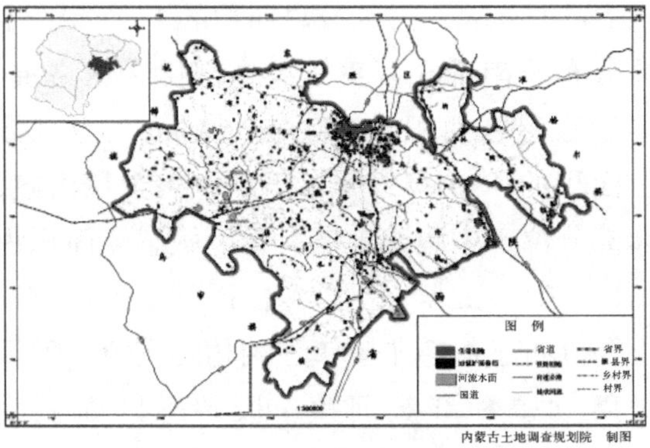

图 6 城市扩张格局

Figure 6 Ecological security pattern of urban sprawl

2.2 生产用地量预测

2.2.1 粮食需求量预测

三生用地类型划分表中，生产功能区主要包括耕地、园地、工矿仓储用地、水域及水利设施用地、其他用地等。研究区的耕地占生产功能区用地总量的 87%，因此，通过对未来耕地面积的预测，可以预测生产功能区的总规模。

文中通过对 2030 年的研究区人口进行预测，估算 2020 年粮食需求总量。根据研究区统计局人口社科处的统计数据显示，研究区 2013 年末总人口数为 17.02 万人，最近 12 年的年均增长率为 1.19%。运用马尔萨斯人口预测模型，得到 2020 年人口规模会达到 18.50 万人。计算过程如下：

$$P_{2020}=17.02\times e^{1.19\%\times(2020-2013)}=18.50$$

2014 年世界银行发布的《中国经济简报》中预测 2020 年中国人均粮食消费量会达到 479 kg，则粮食年均总需求量为 88 607.77 t。

2.2.2 耕地量预测

因为土壤环境、地理位置和气候条件在短期内变化不大，因此粮食单产量能够在一定值范围内上下浮动，文中选取统计年鉴中 2002—2013 年粮食单产量的平均值 2.67 t 对粮食需求耕地量进行计算。即通过 2020 年预测的粮食年均总需求量除以粮食单产量平均值，如下式：

$$粮食需求耕地量_{2020}=88\,607.77\,(t)\div 2.67\,(t/hm^2)=33\,186.43\,(hm^2)$$

每个地区都应保有相应的耕地资源以满足当地的粮食需求及享受耕地资源带来的生态服务（净化空气、保持水土、改善气候、维持生物多样性等）[22]。综上所述，到 2020 年，伊金霍洛旗必须至少保留 33 186.43 hm^2 的耕地才能保证该旗的粮食安全。

2.3 土地生态环境敏感性分析

文中针对研究区域生态敏感性的特征，开展生态敏感性评价与等级划分，将极敏感区筛选出来，作为生态红线划定的区域。具体分析如下所示：

表 3 各变量描述性统计

Table 3 Description statistics of each variable

	均值	最大值	最小值	标准差
年末总人口（人）	155 011	170 210	141 571	10 700.13
耕地面积（hm^2）	35 738.67	44 239.98	32 180.03	2 484.26
粮食产量（t）	95 207.17	120 280.05	81409.10	9 296.05
粮食单产量（t/hm^2）	2.67	3.24	2.28	0.28

数据来源《伊金霍洛旗统计资料 2002—2013》和《内蒙古自治区统计年鉴》。

2.3.1 评价指标的选取与权重（表 4）

表 4 生态环境敏感性评价指标体系

Table 4 Index system of eco-environmental sensitivity evaluation

一级指标	二级指标	权重
水土流失敏感性	年均降雨量	0.103 3
	高程	0.078 0

续表 4

一级指标	二级指标	权重
水土流失敏感性	有效土层厚度	0.063 3
	生物量	0.068 0
土地沙化敏感性	植被覆盖度	0.101 4
	土壤碳蓄积量	0.073 0
	土地沙化程度	0.083 0
土地退化敏感性	耕地年均退化率	0.104 4
	草地年均退化率	0.107 2
	湿地年均退化率	0.052 4
	水域年均退化率	0.062 7
	林地年均退化率	0.103 3

2.3.2 敏感性评价结果分析

在上述研究基础上，对伊金霍洛旗生态环境敏感性进行了定量研究，评价结果分为轻度敏感区、中度敏感区、重度敏感区和极敏感区共 4 个等级（图 7）。

表 5 生态环境敏感性评价分级表

Table 5 Classifying of eco-environmental sensitivity evaluation

敏感性等级	极敏感	重度敏感	中度敏感	轻度敏感
SSj	–3.65~19.10	19.10~25.10	25.10~30.63	30.6~41.00

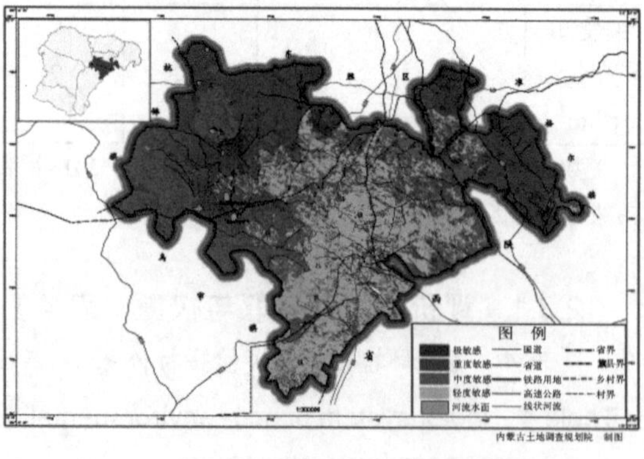

图 7 生态环境敏感性等级图

Figure7 Eco-environmental sensitivity level

伊金霍洛旗生态环境轻度敏感区面积为 92 544.16 hm^2，占区域总面积的 16.86%，主要分布于南部札萨克镇及中部伊金霍洛镇。中度敏感区面积为 200 955.50 hm^2，占区域总面积的 36.61%，分布于整个伊金霍洛旗，大部分位于中腹部地区。重度敏感区面积为 151 137.86 hm^2，占区域总面积的 27.54%，主要分布于苏布尔嘎镇、纳林陶亥镇、阿勒腾席勒镇和红庆河镇。极敏感区面积为 104 224.44 hm^2，占区域总面积的 18.99%，主要分布于伊金霍洛旗东北部和西北部边境地区。

2.4 生态保护红线划定

生态保护红线的划定是以研究区域三生用地中三种功能区用地面积为基数，其中，生活用地的面积为 16 512.78 hm^2，生活用地最大扩张面积为 16 512.78 hm^2。生产用地总面积为 40 050.04 hm^2，耕地面积为 35 136.38 hm^2，能够满足研究区 2030 年的耕地需求。敏感性等级最高的生态用地面积为 91 438.01 hm^2，擦除生活用地扩张最大面积，得出研究区域的生态保护红线区，面积为 89 305.05 hm^2，从而划定生态红线保护范围（图 8）。

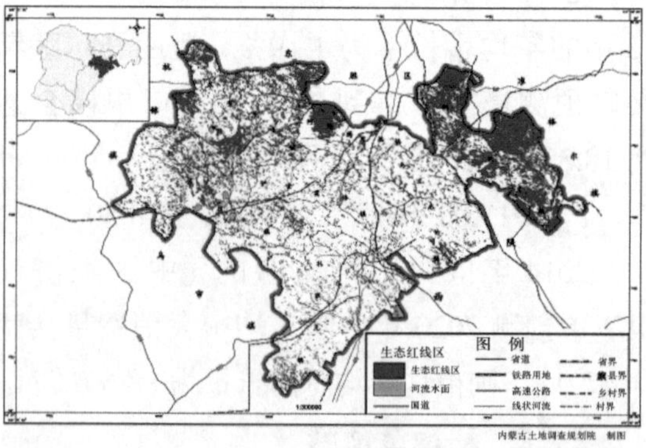

图 8 生态保护红线

Figure 8 Ecological protection red line

3 讨论

3.1 研究区域划定生态保护红线的紧迫性与可行性

随着研究区煤炭经济迅速发展以及不断加速的城市化使得生产、生活用地不断侵蚀着生态用地[23]，加之长期以来的不合理的开发利用土地，比如开荒之后的撂荒和开采煤矿之后未对植被进行恢复重建等，使得本就脆弱敏感的生态环境雪上加霜。在这种生态环境退化严峻的形势下，划定生态保护红线已经迫在眉睫。

随着经济发展，城市化的推进，综合实力不断增强，使得内蒙古伊金霍洛旗具备划定生态红线的经济基础和社会条件，而且本次研究使研究区生态红线区落图落地，与当地土地利用总体规划对比分析后，发现红线划定范围较为合理，具有较强的可行性。

3.2 生态保护红线划定方法上存在的问题

首先，基于土地利用现状的“三生用地”分类较为粗略，理论基础单薄；其次，指标选择及指标体系的建立是在以旗县为研究区域的基础上进行的，有些气象数据和土壤数据因其覆盖范围较大，并未纳入指标体系中，但在进行更大范围的区域研究时应考虑包含土壤、地形地貌、植被、水文气候等自然属性的指标；最后，确定指标权重时用的专家打分法，虽然专家打分法在很多指标体系的权重确定中存在很多诟病，但仍需要更客观的指标确定方法需要探索。

3.3 控制好生态保护红线

生态保护红线划定工作落实之后，需要政府机构切实保护生态红线，对于红线区内部的土地严禁进行开发和利用，应继续推进生态退耕还林还草工程。对于有开发需要的建设用地和项目用地应首先考虑用生态红线以外的土地。对生态敏感性等级较高地区可在保护的前提下运用膜下滴灌和喷管技术进行沙产业的开发[24]。

4 结论

文中在基于“三生用地”分类系统和生态环境敏感性分析的基础上，结合土地利用总体规划得出伊金霍洛旗三种功能分类用地的占比及分布情况如下：保障区域人口粮食安全的耕地需求量占研究区的7.4%，均匀分布在伊金霍洛旗各乡镇；用于经济社会发展的生活功能用地区占研究区的3.05%，主要分布在阿勒腾席热镇和乌兰木伦镇；具有保护生态环境功能的土地占研究区面积的89.55%，分布在全境范围。

在叠加分析和综合制图的基础上，划定生态保护红线面积为89 305.05 hm^2，占研究区的16.45%，主要分布在伊金霍洛旗东北部和西北部地区，其主要的土地利用类型为草地和林地，分别占土地总面积的10.28%和4.38%。本次实证研究的可行性和实用性程度较高，前期进行了大量的实地调研、在数据处理软件和Arcgis中进行了大量运算和数据分析，并在后期对生态红线分区进行了实地论证。论证结果表明，划定红线虽然与实际情况有细微差距，但在大范围内仍适用。

国土空间生态保护红线划定是我国国土规划的一项重要内容[25]，作为一种全新的生态保护理念，生态保护红线不仅仅是一条空间界线，也是实施严格生态保护的制度设计，更加强调在实际管理中的应用[26]，并为下一步生态管控工作提供坚实的基础，从而更好的保护当地高生态价值区域[27]。生态保护红线划定内容十分庞杂，如何使得红线范围既满足当地的经济发展，又能够保障当地的生态安全是一个值得深入分析的问题，这就要求划定方法既要科学也要实用。

参考文献

[1]高吉喜．论生态保护红线划定与保护［A］．中国环境科学学会.2014 中国环境科学学会学术年会（第三章）[C]. 成都：中国环境科学学会，2014：5.

[2]俞孔坚．景观生态战略点方法与理论地理学的表面模型［J］．地理学报，1998，53（5）：12-20.

[3]Wensing E，Torre C. The ecology of education：Knowledge systems for sustainable development and sustainability J］. Journal of Teacher Education for Sustainability，2009，11（1）：5-8.

[4]Lapka M，Vávra J，Sokollióková Z. Cultural ecology. Contemporary understanding of the relationship between humans and the environment [J]. Journal of Landscape Ecology，2012，5（2）：14 -20.

[5]陈燕飞．基于最小累积阻力模型的城市用地扩展分析［A］．中国城市规划学会．和谐城市规划 -2007 中国城市规划年会论文集［C］．哈尔滨：中国城市规划学会，2007：6.

[6]刘孝富，舒俭民，张林波．最小累积阻力模型在城市土地生态适宜性评价中的应用［J］．生态学报，2010，30（2）：421-428.

[7]钟式玉，吴箐，等．基于最小累积阻力模型的城镇土地空间重构 – 以广州市新塘镇为例［J］. 应用生态学报，2012，23（11）：3173-3179.

[8]汤江龙，赵小敏．土地利用规划中人口预测模型的比较研究［J］．中国土地科学，2005，19（2）：14-20.

[9]刘雪华．区域产业布局的生态红线区划定方法研究 – 以环渤海地区重点产业发展生态评价为例［A］．中国环境科学学会.2010 中国环境科学学会学术年会论文集（第一卷）[C]．上海：中国环境科学学会，2010：6.

[10]靳亚亚，赵凯，肖桂春．陕西省耕地保护经济补偿分区研究［J］．中国土地科学，2015，29（10）：12-19.

[11]张凤荣，王立新，牛振国，等．伊金霍洛旗土地利用变化与可持续利用［J］．中国沙漠，2002，22（2）：166-170.

[12]许妍，梁斌，鲍晨光，等．渤海生态红线划定的指标体系与技术方法研究［J］．海洋通报，2013，32（4）：361-367.

[13]龙花楼，刘永强，李婷婷，等．生态用地分类初步研究［J］．生态环境学报，2015，24（1）：1-7.

[14]刘康，欧阳志云，王效科，等．甘肃省生态环境敏感性评价及其空间分布［J］．生态学报，2003，23（12）：2711-2718.

[15]冯宇．呼伦贝尔草原生态红线区划定的方法研究［D］．北京：中国环境科学研究院，2013：24-32.

[16]邓小文，孙怡超．城市生态用地分类及其规划的一般原则［J］. 应用生态学报，2005，16（10）：2003-2006.

[17]全国生态保护红线划定技术指南出台［J］. 中国资源综合利用，2014（1）：54.

[18]王有邦．人文地理学基本理论［M］．济南．远方出版社，2006：35-37.

[19]杨志峰．城市生态规划学［M］．北京．

北京师范大学出版社，2008：46–49.

［20］张荣天．中国省际城镇化与生态环境的耦合协调与优化探讨［J］．干旱区资源与环境，2015，29（7）：16–17.

［21］郑晖．甘肃省生态足迹与生态承载力动态分析［J］．干旱区资源与环境，2013，27（10）：14–15.

［22］岳立，于翠，高新才．基于区域的城市生态承载力评价与分析 – 以张掖市及张掖市甘州区为例［J］．干旱区资源与环境，2011，25（4）：28–30.

［23］单金霞．快速城镇化地区城郊结合部生态保护红线划定研究［J］．湖北农业科学，2016（9）：2444–2448.

［24］范丽媛．山东省生态红线划分及生态空间管控研究［D］. 济南：山东师范大学，2015：58–62.

［25］马世发．省级尺度国土空间生态保护红线划定 – 以湖南省为例［J］．热带地理，2015，35（1）：43–50.

［26］邹长新．论生态保护红线的类型划分与管控［J］．生物多样性，2015，23（6）：716–724.

［27］唐厚明．安庆市城市规划区生态控制线划定及管控策略研究［J］．安徽建筑大学，2015，19（2）：40–45.

内蒙古土地资源利用现状评述与可持续利用对策研究

姚喜军[1,2]，吴全[1,2]，靳晓雯[1]，于艳华[1]，李冰姿[1]

（1. 内蒙古自治区土地调查规划院，呼和浩特 010018；
2. 内蒙古土地利用重点实验室，呼和浩特 010018）

摘　要：以 2015 年年底自治区土地利用变更调查数据为基础，系统分析内蒙古土地资源数量、质量、空间分布规律以及土地利用程度，归纳自治区土地资源的利用特点及过程中的不足和缺陷，并针对这些问题尝试提出相应的解决策略。

关键词：土地利用现状；利用程度；可持续利用；对策；内蒙古

The current situation of land resource utilization in Inner Mongolia and its sustainable utilization measures

YAO Xijun[1,2], WU Quan[1,2], JIN Xiaowen[1], YU Yanhua[1], LI Bingzi[1]

(1. Inner Mongolia Land Surveying and Planning Institute, Hohhot 010018, China;
2. Inner Mongolia Land Use Key Laboratory, Hohhot 010018, China)

Abstract: Based on the land use change survey data of the Inner Mongolia in 2015, we systematically analyzed the quantity, quality, spatial distribution and land use of Inner Mongolia, and summarized the characteristics and shortcomings of the utilization of land resources in Inner Mongolia, and proposed corresponding solutions for these problems.

Key words: land use status quo; using degree; sustainable use; countermeasure; Inner Mongolia

人们的日常生活和生产活动离不开土地资源，这是大自然所赠予的宝贵财富[1]。土地可持续利用研究是全球环境变化研究的核心领域和前沿课题[2,3]，也是编制土地利用总体规划的重要组成部分，合理的土地资源利用结构可以改善利用效率。伴随我国人口的日益膨胀，环境破坏和资源短缺等问题越发显著，面对有限的土地资源，怎样才能既实现收益的最大化，又能做到可持续使用，这是当下亟待解决的一个问题[4,5,6]。当前内蒙古自治区土地资源浪费严重，在开发利用上不甚合理。当地政府和居民面对着十分棘手的问题：怎样才能在特定的时间和空间下，恰当分配土地资源，进行合理地开发、整治、保护、利用，搭建和谐的人地关系，以追求资源的可持续使用和优化配置，兼顾经济、社会、生态的发展，更好地实现综合效益[7,8]。

1 内蒙古土地资源利用现状分析

1.1 土地资源数量结构分析

1.1.1 土地资源数量占比分析

2015年底，内蒙古调查统计了有关土地使用的变更情况，统计显示，自治区土地总面积115.45万km^2，占全国土地总面积的12.03%。其中农用地8 140.41万hm^2，建设用地161.50万hm^2，未利用地3 243.61万hm^2，分别占土地总面积的70.51%、1.40%和28.09%。

农用地中，耕地、园地、林地、草地、其他农用地，分别占农用地面积的11.25%、0.07%、26.81%、60.87%、1.00%；建设用地中，村庄用地占46.74%、水利设施用地占4.24%、城镇用地占28.89%、特殊用地和风景名胜占1.96%、交通运输用地占13.07%、采矿用地占10.10%；未利用地中，其他草地、盐碱地、沙地、裸地，分别占未利用地面积的29.32%、2.90%、29.10%、25.96%。

2009—2015年，建设用地占全区土地总面积的比例由1.26%提高到1.4%，增加了0.14个百分点。建设用地内部城镇工矿用地占比由30.97%增长到33.99%，农村居民点用地占比由51.01%降低到46.74%。2015年国土资源公报数据显示，全国建设用地占国土总面积的4.01%，内蒙古的土地建设利用率尚未达到这一平均水平。

从表1土地利用类型数量结构可以看出，由于历史、自然条件、民族习俗及国家政策定位（国家北方生态防线建设）等种种原因，内蒙古土地利用结构仍以草地为主，占全区土地总面积的51.15%，是发展草原畜牧业的重要物质基础，具有得天独厚的草地资源优势。对于自治区GDP而言，畜牧业经济发挥着至关重要的作用，是内蒙古的主体经济，又是一项支柱性的优势产业。保护草地资源，更是国家北方生态防线建设的必然选择。

表1 内蒙古自治区2015年土地利用类型结构表

Table1 Land use type structure in Inner Mongolia，2015

地类	面积（hm^2）	比例（%）
耕地（01）	9 160 781.8	7.93
园地（02）	56 530.36	0.05
林地（03）	21 822 903	18.90
草地（04）	59 058 065	51.15
城镇村及工矿用地（20）	1 335 421.4	1.16
交通运输用地（10）	581 079.36	0.50
水域及水利设施用地（11）	3 922 492.7	3.40
其他土地（12）	19 517 925	16.91

1.1.2 土地资源数量多样化分析

如表2所示，内蒙古自治区的土地利用多样化水平（GM）达0.601，这意味着当地土地利用多样化水平相对较高[1]。其中，GM高于自治区总体水平的有6个盟市，分别是东部的兴安盟和通辽市，中部的乌兰察布市和西部的乌海市，GM均在0.7以上，主要分布在“呼－包－鄂”核心经济圈外围经济水平相对较低的地区；呼和浩特市和赤峰市GM与自治区平均水平相当，保持在0.6左右，这与其地域特点和经济发展水平相一致，这两个城市既是自治区经济发展的动力引擎，又承接着农牧交错区的职能，因此，用地类型相对包头、鄂尔多斯较多样化。包头市、鄂尔多斯市、呼伦贝尔市、巴彦淖尔市、锡林郭勒盟和阿拉善盟这6个盟市GM低于自治区平均水平，在0.4~0.6范围内。分析其原因，可概括为两类，一类是由经济快速发展而导致的用地类型单一化，用地向着某一类或几类产出效益较高的用地类型发展，包头和鄂尔多斯是典型代表；另一类是由地理位置、资源禀赋所决定的土地利用单一化。呼伦贝尔市和锡林郭勒盟丰富的草地资源和地方的产业主导方向决定其GM相对较小，巴彦淖尔市地处河套平原，是自治区的粮食主产区，主导产业以农业为主，因此，土地利用类型也相对单一。阿拉善盟地处内蒙古自治区最西端，荒漠戈壁面积较大，自然条件恶劣，经济发展滞后，土地利用类型相对单一。

表 2　内蒙古自治区及各盟市土地利用多样化指数表

Table 2　The diversity index of land use in Inner Mongolia

地区	多样化指数 GM	地区	多样化指数 GM
内蒙古自治区	0.601	呼伦贝尔市	0.519
呼和浩特市	0.676	巴彦淖尔市	0.533
包头市	0.555	乌兰察布市	0.724
乌海市	0.736	兴安盟	0.707
赤峰市	0.637	锡林郭勒盟	0.467
通辽市	0.711	阿拉善盟	0.495
鄂尔多斯市	0.546		

注：数据来源于 2015 年土地变更调查数据库。

1.2　耕地资源质量等级分析

内蒙古自治区地域辽阔，自然条件复杂，东西差异明显，水资源条件、热量、地形地貌、土壤等自然要素对耕地质量和分布等别显示出很强的制约作用。目前，全区耕地自然质量等分为 8~15 等、利用等分为 6~15 等、经济等分为 7~15 等，等别总体偏低，等别面积差距较大，大部分耕地集中在 14~15 等，各等别的面积分布比例（图 1 和表 3）。

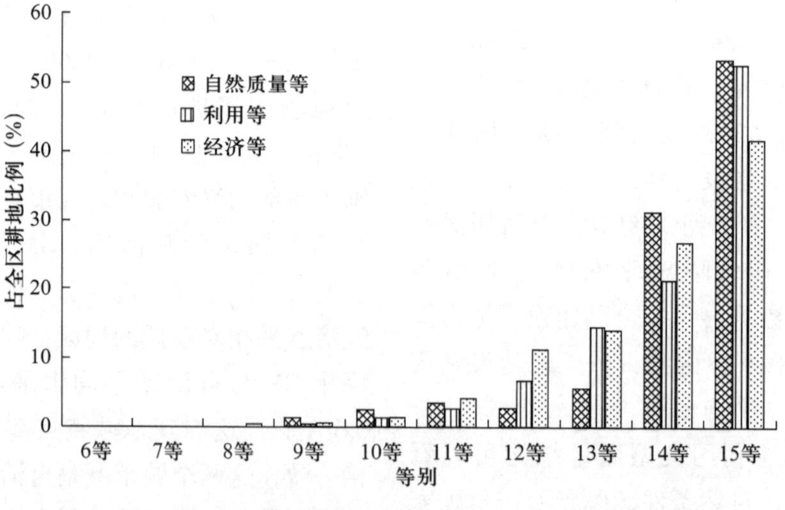

图 1　内蒙古自治区耕地自然质量等、利用等、经济等面积比例图

Figure 1　The area ratio of natural quality，utilizing degree and economic level of cultivated land in Inner Mongolia

表 3 内蒙古自治区耕地等别结果面积汇总表（hm^2）

Table 3 The classification of cultivated land in Inner Mongolia

等别	自然质量等		利用等		经济等	
	面积	占全区耕地比例（%）	面积	占全区耕地比例（%）	面积	占全区耕地比例（%）
6 等	—	—	64.40	—	—	—
7 等	—	—	1 133.86	0.01	2 827.39	0.03
8 等	29.69	0.00	4 060.70	0.04	25 266.00	0.28
9 等	123 115.27	1.35	35 234.38	0.39	44 557.27	0.49
10 等	227 008.39	2.49	121 709.11	1.34	119 281.54	1.31
11 等	312 434.50	3.43	247 196.89	2.71	374 856.38	4.12
12 等	247 011.12	2.71	620 443.97	6. 81	1 033 292.32	11.34
13 等	512 750.52	5.63	1340 056.73	14.72	1 281 973.41	14.07
14 等	2 851 530.09	31.30	1 934 921.01	21.24	2 439 895.58	26.78
15 等	4 835 323.89	53.09	4 804 382.41	52.74	3 787 253.59	41.58
总计	9 109 203.46	100.00	9 109 203.46	100.00	9 109 203.46	100.00

以经济等别为例，全区高等（7~10 等）耕地面积为 19.19 万 hm^2，占耕地总面积的 2.11%；中等（11~13 等）耕地面积为 269.01 万 hm^2，占耕地总面积的 29.53%；低等（14~15 等）耕地面积为 622.71 万 hm^2，占耕地总面积的 68.36%。表明自治区耕地总体质量不高，多为中、低产田。高级别的耕地多聚集于土默川平原、河套平原、嫩江西岸平原、西辽河平原及城郊结合部，以及黄河、西辽河、嫩江及其支流沿岸，占全区十等及十等以上耕地面积的 90% 以上，是全区地形平坦，土层深厚，土壤肥力高，水资源丰富，农田基本建设好的水田、水浇地集中分布区。低级别的耕地分布较为广泛，多聚集于老哈河 – 教来河中上游丘陵台地、大兴安岭南边的山地、准格尔 – 和林格尔黄土丘陵、阴山南北丘陵台地、鄂尔多斯高原区，这些地区大多是坡耕地或旱耕地，基本不具备灌溉条件。

就地域组合的结构而言，东部区耕地总体质量高于中西部地区，灌溉区高于旱作区；大兴安岭 – 阴山山脉为界，耕地质量东、南旱作区高于西、北旱作区。河套平原、西辽河平原、嫩江西岸平原、土默川平原高等别耕地面积占全区高等别耕地面积的 75% 以上；城郊结合部高等别耕地面积占全区高等别耕地面积的 6.51%；黄河、西辽河、嫩江及其支流沿岸地区高等别耕地面积占全区高等别耕地面积的 10.75%。

1.3 土地资源利用类型空间分布

1.3.1 土地利用类型空间分布占比分析

图 2 反映出 2015 年各地类在全区 12 个盟市的分布情况。耕地较集中的分布在巴彦淖尔市、呼和浩特市、包头市的河套平原、土默川平原及黄河沿河地区，赤峰市、通辽市的西辽河平原及老哈河、教来河沿河地区，呼伦贝尔市和兴安盟的嫩江右岸平原区及大兴安岭岭东、岭南丘陵区，合计占全区耕地总面积的 82.33%。林地呼伦贝尔市分

布集中，占全区林地总面积的54.98%，赤峰市、通辽市和兴安盟的大兴安岭及赤峰南部山地次生林区，占全区林地总面积的26.34%。草地多聚集于呼伦贝尔市、锡林郭勒盟、鄂尔多斯市、阿拉善盟，在全部草地面积中，占68.24%。其他土地阿拉善盟分布较为集中，占全区其他土地总面积的76.53%，主要为沙漠和裸土地。呼包鄂城市群和赤峰、通辽中心城市扩展速度较快，城市用地规模增长明显，集聚效应显著，成为自治区人口集聚和经济快速发展地区。

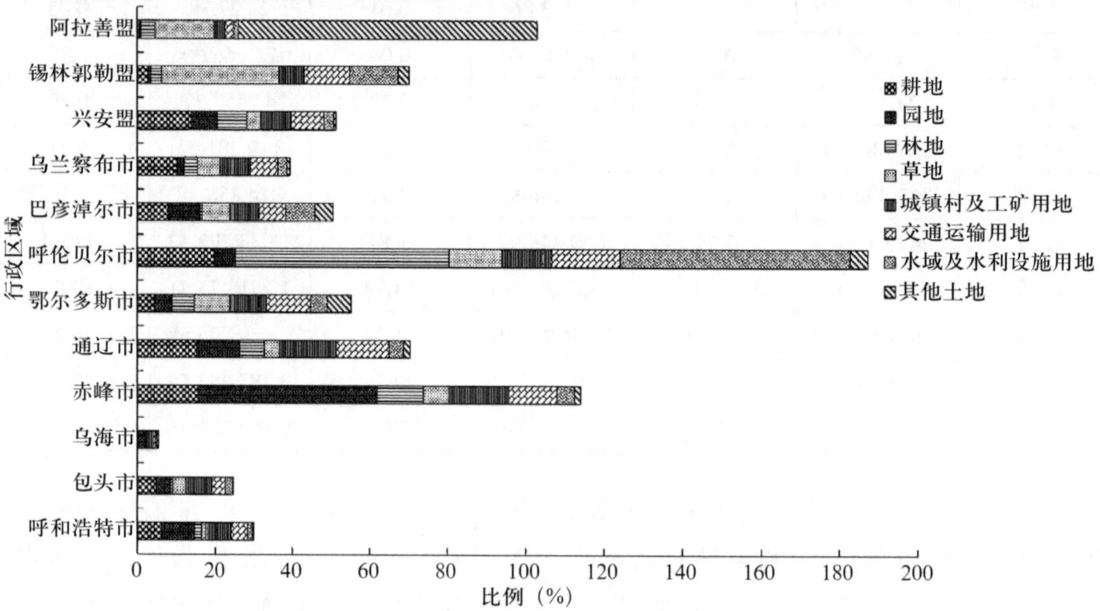

图2 内蒙古自治区12盟市土地利用情况

Figure 2 The land use situation of 12 cities in Inner Mongolia

1.3.2 土地利用空间结构分析

人们的日常活动会影响土地的利用，而这种影响水平会通过空间格局指数加以体现，若这种干扰影响越大，就会增强土地利用的均匀度与有序度，而优势度会相应降低。通过公式计算各指数（表4）。

表4 内蒙古及各盟市土地利用空间格局指数值表

Table 4 The spatial pattern index of land use in Inner Mongolia

地类	有序度指数H	优势度指数D	均匀度指数E
内蒙古自治区	1.957	1.043	0.528
呼和浩特市	2.124	0.876	0.624
包头市	1.368	1.632	0.283

续表4

地类	有序度指数H	优势度指数D	均匀度指数E
乌海市	2.059	0.941	0.502
赤峰市	1.958	1.042	0.550
通辽市	2.135	0.865	0.620
鄂尔多斯市	1.707	1.293	0.410
呼伦贝尔市	1.872	1.128	0.518
巴彦淖尔市	1.627	1.373	0.368
乌兰察布市	1.647	1.353	0.393
兴安盟	1.929	1.071	0.570
锡林郭勒盟	0.705	2.295	0. 102
阿拉善盟	1.183	1.817	0.339

注：数据来自2015年底内蒙古自治区土地变更调查数据库。

由表4可知，内蒙古各盟市土地利用优势度比较高，3/4的盟市在1以上，其中锡林郭勒盟优势度在2以上，这是因为该地是我国及内蒙古主要的畜产品基地，具有高质、丰富的天然草场，约有180 000 km^2可以供人使用，在整个内蒙古自治区的高质天然草场中，占据了1/5。有序度和优势度在数据表现上呈相关系数是–1的、明显的负相关，这意味着优势度指数会随着有序度指数的升高而降低；有序度和均匀度在数据表现上相关系数为0.959 4，呈显著的正相关关系，表明有序度指数越高，均匀度指数越高，内蒙古各盟市中呼和浩特市、乌海市、通辽市有序度指数均在2以上，表明人类活动对其土地利用的配置影响较大。

1.4 土地利用程度分析

如表5所示，内蒙古自治区2009—2015年，土地利用率7年间基本维持在72%左右的水平，仅上升了0.07个百分点；土地农业利用率整体偏高，逐年略有下降，下降0.06个百分点，基本符合全区的自然条件，亦表明地区土地利用的原始性，同时也意味着未来土地开发潜力巨大，另一方面，随着近几年社会经济的发展和土地资源合理开发利用，已成为全国重要产粮省区之一、农畜产品生产基地及我国北方重要的生态安全屏障；全区土地建设用地率水平整体偏低，呈逐年上升趋势，2015年为1.40%，低于全国同期水平（2015年4.01%）2.61个百分点，近年来内蒙古建设用地增长较快，基础设施建设投资逐年加大，土地建设用地率有所提升，但地域辽阔，建设工程量大、工期短，基础设施投入不足、历史欠账较多等现实问题，建设用地利用率仍处于低位状态；2015年全区土地垦殖率平均为7.93%，仅上升了0.04个百分点，且地区差异较大，基本反映了内蒙古水土资源匹配条件，特别是水资源条件，土地垦殖率较高的地区为地势平坦、水热条件较好的平原区；林地覆盖率略有下降，下降0.05个百分点；全区人均耕地由2009年的0.37 hm^2/人下降至2015年的0.36 hm^2/人。该区域平均每个人可使用的城乡建设用地和普通建设用地，在六年的时间内几乎没有变化，分别是0.05 hm^2/人和0.06 hm^2/人。

表5 内蒙古土地开发利用程度

Table 5 The degrees of land development and utilization in Inner Mongolia

年份	土地利用率（%）	土地农业利用率（%）	土地建设利用率（%）	土地垦殖率（%）	林地覆盖率（%）	人均耕地（hm^2/人）
2009	71.83	70.57	1.26	7. 89	18.95	0.37
2015	71.90	70.51	1.40	7.93	18.90	0.36

2 内蒙古土地资源利用特点及存在的问题

2.1 土地数量优势和人均占有量总体富裕

内蒙古地域辽阔，土地资源总量丰富，人均占有量大。2015年该区域平均每个人可使用的土地资源面积为4.59 hm^2，较之全国要高出6.3倍，平均每个人可使用的其他类型的土地资源面积较之全国也是遥遥领先，其中，人均草地资源占有量为1.97 hm^2/人，是全国平均水平的12.4倍之多；人均耕地面积是0.36 hm^2，是全国平均水平的4.5倍。

2.2 土地利用宏观成带性及农牧林交错与互补性

内蒙古土地利用类型在空间分布上突出表现为带状分布规律。大兴安岭–阴山山地是自治区农牧林业的自然分界线，该地多发展林业；而该线以南则多为农林牧业，它们彼此交错分布，该线以北多发展牧业；而在西辽河平原、嫩江右岸平原、河套－土默川平原等地区，由于水源充足、地形平坦，因而多开辟为耕地。另外，因为不同的地貌在某些局部表现上会呈现较大差异，所以土地利用在分布上往往具有次一级的带状特点，呈现显著的地域性特征，在分布上同当地的土地适宜度、自然环境、人们长久的经济活动紧密相连。而且，该区域内种植业、林业、牧业在用地区域分布上具有明显的过渡带，即农林牧交错地区。全区农牧林之间具有相互依赖、补充性，即农业可以保证畜牧业稳定发展，林业不仅可以用做各种林副产品的原材料，而且还以其极佳的生态环境为畜牧业和农耕业的发展奠定了基础。

2.3 土地利用地区差异性显著

内蒙古自治区位于北半球中纬度地带，地处内陆地区，地形类型为高原，东西跨越5个自然带，地貌分异明显，自然条件复杂多样，区域差异较大，致使土地利用方式、土地利用结构及土地利用程度均存在鲜明的地区性特点。锡林郭勒盟以草地占优势，呼伦贝尔市林地比例较高，阿拉善盟沙地、裸地面积广大。嫩江右岸平原、西辽河平原与河套－土默川平原地区为农耕集中分布区，亦是人口聚集区，土地利用程度较高；相对自然条件恶劣的沙漠、荒漠地区，人口稀少，土地利用程度较低。

2.4 土地利用的原始性和开发潜力大

内蒙古自治区农用地面积81.40万km^2，土地农业利用率达70.51%，未利用地占土地总面积的28.1%，显示地区土地利用的原始特性与具有开发潜力但尚未开发的土地资源在数量上呈现显著优势。伴随经济技术的迅猛发展，该区域具有使用潜力但尚未使用的资源面积32.44万km^2，盐碱地、荒草地、沙地十分普遍，分布广泛、数量丰富，无论地形、水源还是热量都十分理想，这些条件满足耕地与建设后备资源的开发和使用，有利于丰富我国及内蒙古当地的耕地及建设用地。

2.5 土地利用结构优化升级潜力巨大

目前，全区农用地、建设用地、未利用地之间比率约为50：1：20，农用地占主导地位。农用地内部结构中草地占较大比重，耕地分布相对较集中，辽阔的牧区以及耕地与牧业交错地带林地较少，这表现出该地在土地利用问题上还存在结构不完善与单一性的缺陷。就建设用地而言，城市和乡村的结构不够完善，没有实现集约化发展。首先，大部分城镇规模较小，在用地的布局与结构都存在问题，利用效率十分低下；其次，农村地区用地布局呈现零散、数量丰富的特点，居民的生活环境较差，平均每人的用地量严重超标。同时，受到地域、自然环境、历史等原因影响，全区交通、水利等基础设施占地比例低；在独立工矿用地中，亦存在部分企业规模偏小，分布过散，土地产出效益较差等现象。出于保护当地土地生态系统的稳定、改善土地利用效益与效率、切实保障土地可持续使用的考虑，在今后土地资源配置中应高度重视土地利用结构优化升级。

2.6 土地资源利用中存在的问题

2.6.1 耕地保护面临数量与质量的双重压力

内蒙古是全国13个粮食重点生产省（区）和5个商品粮调出省区之一。随着城镇化进程的加快，建设占用耕地在所难免；环境保护、生态建设促进“不稳定”耕地优化退出利用等，在保护数量的同时，随着国家对粮食主产区农田水利建设、土地整理开发投资力度的加大及政策的倾斜，提高耕地质量与产能的任务十分紧迫。

2.6.2 建设用地供给压力大

内蒙古处于连接东西贯穿南北的枢纽地带，东部产业会借助该地完成向中西部的转移，西部地区也会将资源借助该地的交通输送至东部。我国很多发展战略都要依托于土地资源才能完成，比如推进工业化与城镇化的建设，振兴东北老工业基地与西部大开发等战略的落实，建设社会主义新农村，大力发展基础设施建设，培育和发展大集团、大基地与大产业，进而构成大集群，推动产业优化升级。另外，为了尽快构建我国的化工冶金建材基地、农畜产品生产加工基地、装备制造业基地、能源基地，推动交通枢纽的建设；尽快在我国构建物流、客流、资源的汇集、传输与中转中心；加快建设国家电网、铁路货运客运专线、干线公路、输油管道等主要项目，实施西气东输工程等，各项建设用地的供给将面临巨大的压力。

2.6.3 节约集约用地水平相对较低

内蒙古土地集约节约利用水平相较于发达地区仍存在一定的差距。从农业用地来看，地均投入不足，土地产出能力较低，农业土地利用相对粗放，需要通过高标准投入、建设等手段，逐步提高农业用地水平，实现高产出。从非农土地利用来看，一是城镇规模总体偏小，城镇用地内部结构和布局不尽合理；工业用地比重偏高，待改造的老城区面积较大。二是农村居民点布局分散，人均用地超标。农村人均建设用地规模能达到 300 m^2/人，甚至更高的水平，远高于国家人均用地指标。三是建设用地投资强度不足，较发达地区存在较大的差距。四是建设用地容积率偏低，低效用地、闲置用地现象仍然普遍，促进集约节约用地任务十分艰巨。

2.6.4 城乡一体化进程面临挑战

城乡一体化及其协同效应带动了城乡地域土地供需状况、土地权属关系、土地利用空间结构、土地利用功能结构等系统全面的土地经济属性、自然属性、生态属性、社会属性的转变，内蒙古城乡一体化进程中面临耕地保护、土地资源配置、平衡行业和区域间用地矛盾等突出问题和挑战，需着力解决。

3 土地资源利用成效

3.1 落实耕地保护制度，大力推进土地整治，提升耕地质量与产能

内蒙古自治区严格执行国家有关耕地保护法律、法规和政策，按照到 2020 年全区耕地保有量不少于 697.73 万 hm^2，基本农田保护面积不少于 608.13 万 hm^2 的目标，通过制定耕地保护目标责任考核办法与考核实施细则、签订保护责任状、建立土地整理复垦开发制度、补充耕地验收制度等手段和措施，认真落实耕地保护任务。全区从 2001 年开始实施土地整理项目，至 2009 年，总投资 43.9 亿元，建设总规模 493 万亩，新增耕地 39 万亩；2000 年全区水浇地占耕地面积比率为 21.19%，至 2015 年，面积比率提高到 30.04%。通过土地整理等农田建设项目实施，改变了自治区耕地资源的生产条件，有效增加耕地面积，提高了耕地质量与产能，2001—2009 年，全区粮食产量增长 1 587.9 万 t，增长约 128.14%。

3.2 不断完善和创新组合政策，提升建设用地保障水平，支持经济社会持续健康发展

2007 年，自治区被国土资源部列入城乡

建设用地增加挂钩试点省份，并率先在巴彦淖尔市临河区、包头市九原区、鄂尔多斯市杭锦旗和东胜区4个旗县（市、区）开展城乡建设用地增减挂钩项目区试点，到2009年城乡增减挂钩试点政策为自治区提供周转指标规模达到5 250亩。同时积极争取国家支持，2009年争取到国家建设用地计划指标达1.42万hm^2。指标选择分配到盟市、旗县（市、区）相结合的手段，集中扶持有关水利、交通、能源等基础设施建设的用地计划；构建集约、节约的用地激励制度，针对前3年征收了土地且获得高效利用，供地率超过80%的旗县（市）提供一定的奖励，比如增加下一年新增建设用地指标等；落实工业用地价格调节制度，对于自治区重点建设项目，可以将底价设为高于当地该级别土地最低价格的60%；对旗县（市）急需开工的重点项目，优先安排建设用地指标；完成有关土地节约和集约利用的评价工作，并根据评价结果，将使用情况良好的开发园区由区级转变为国家级，不断吸收海内外及其他区域间的产业向园区汇集。通过建立节约集约用地考核评价机制、提高企业准入门槛和投资强度、变外延扩展为内涵挖潜；通过开展土地利用总体规划评估修改，进一步优化土地结构和布局，为城市建设和经济社会发展预留必要的发展空间，有效地缓解自治区计划指标不足的难题。

3.3 盘活存量，优化城乡建设用地结构，推进新型城镇化建设

“十一五”期间，内蒙古通过废弃建设用地复垦、设立城乡建设用地挂钩试点、整理城镇土地、清理和盘活闲置的建设用地、提高企业准入门槛和投资强度、变外延扩展为内涵挖潜等管理措施与手段，为自治区工业化、城镇化和新农村建设等提供建设用地46.6万亩，补充耕地1.5万亩。有效解决了以下问题：1）提高了土地集约节约利用水平；2）改善了农村的生产生活环境；3）解决了新农村建设资金来源问题；4）结合增减挂钩和城镇化建设，通过农村人口向城镇和中心村适度集中，为城镇化提供了人力支援；5）拓展了城镇建设用地空间；6）缓解了用地计划紧张的局面。通过盘活存量，全区城乡建设用地结构不断优化，进而助推自治区新型城镇化进程。

3.4 扎实推进数字国土工程建设，夯实土地资源管理事业发展基础

1999年10月全国“数字国土”工程正式启动，内蒙古按照统一的信息化标准和规范，结合土地资源管理工作的实际需要，在全区开展了包括基础数据库建设、网络建设和信息系统及信息社会化服务系统建设的“数字国土”工程。完成了全区101旗县（市、区）土地利用数据库建设，12个盟市所在地高分辨率航天数据影像图制作，39个城镇土地利用数据库建设等。自治区正在通过“数字国土”工程建设，逐步推动土地资源管理工作决策科学化、管理规范化和办事高效化，并全面促进国土资源调查评价信息化、政府管理信息化和信息服务社会化。

3.5 加强生态用地保护，推进生态建设工程，筑牢我国北方生态防线

1998年以来，特别是实施西部大开发战略以来，内蒙古提出了“把自治区建设成为祖国北方重要的生态防线”目标，明确应在保护的前提下开发和利用土地，确定以植树造林、种草为主体的生态建设用地布局和规模，在立足当地实际发展情况的基础上，提出生态建设的目标与举措，并相继实施了退耕还林、京津风沙源治理及退牧还草等重点

生态建设工程，范围涉及90%以上的旗县，累计投资173亿元，使自治区的生态保护与建设步入了一个新的发展阶段。据第三次荒漠化监测结果显示，全区荒漠化土地约占全区总土地面积的52.6%，降低了7.4个百分点，成效显著。当地实施围封转移、生态退耕、“三北”防护林建设、防沙治沙等生态建设，逐步提高了当地居民生活和生产的外部环境质量和条件，有利于持续稳定地利用土地资源。

4 土地资源可持续利用对策

4.1 加强耕地和基本农田保护

严格管控非农业建设占用耕地的数量，确需占用的，必须首先确保补充耕地质量不得低于被占用耕地质量；对于基本农田建设而言，要构建集中投入机制，重视基本农田保护区和粮食主产区的建设，不断加大老哈河沿岸地区、西辽河平原、河套平原、阿拉善绿洲农耕区、土默川平原、嫩江右岸平原区、黄河沿岸地区等的建设力度，尽快形成示范区。

4.2 促进节约集约利用土地，提高土地利用效益

秉持有保有压、差别相待、“新增指标保重点，普通工程凭挖潜”的原则，确定不同类型建设用地建设时序以及增量指标的科学配置，优先支持重点城镇发展用地及工业集聚区用地，重点保障符合产业发展政策和经济发展需求的重点项目用地，以及关系民生的项目用地，完善新增建设用地年度计划编制办法，确保城市和乡村在用地结构方面趋于合理；根据产业和居民集聚的实际需求，阻止工矿和城镇用地的非理性延伸，确保其规模恰当，追求居民和土地两个方面城镇化的和谐；整合规范农村牧区建设用地，不断改变“空心村”用地情况，切实落实“一户一宅”政策，禁止超标准占地建房，妥善处理当前超标准用地的问题。

4.3 统筹区域土地利用，实现差别化土地政策

通过对社会发展特点和地区资源特征的分析，在土地利用方面秉持因地制宜的原则，在此基础上选择合理的布局结构和改革方向，强调并带动当地优势产业的发展，构建颇具地方特色的城市群、经济带、特色农业区、专业生产基地；实施分类管理的区域政策，大力发展基础项目和基础设施的建设，更好地带动工业化和城镇化的发展。

4.4 大力推进土地整治，提高农用地质量

合理规划、统筹安排有关土地整理的工作，重点治理利用不合理、使用效率低以及尚未利用的土地，采取措施逐渐恢复因自然灾害或人为建设而遭受破坏的土地，不断提升其利用率。比如：针对土地利用对环境的影响情况进行评估，了解在重点流域、基本农业基地、西部干旱半干旱地区利用土地时给自然造成破坏的原因、种类、分布、规模、水平，构建起有关生态环境质量的预警和预报机制，以及有关土地利用自然环境的背景数据库，在土地利用模式方面不断探索创新，开发能够良性循环的新模式。通过具体举措，尽量避免土地沙化、水土流失和土地质量下降的情况；针对围垦与过度开垦区域，要根据规划稳步开展退耕还草、还林、还湖的活动，在规模较大的江河两岸或自然环境极其脆弱的区域，要及时退出陡坡耕地；颁布有关土地复垦、整理、利用的支持

政策，提供新增耕地指标折抵、异地开发、土地置换、产业化运作等经济帮助。

4.5 合理保护和利用未利用地，提高土地利用率

制定未利用地利用与保护的有效管理手段，探索利用新机制，建规立章，提高其利用与管理水平。针对不同区域、不同类型的未利用地，积极探索未利用地利用模式，采取有效的工程措施加强未利用地利用与保护，对可利用的要依法批准，集约高效利用，对目前难利用的采取必要工程措施加以保护。

4.6 强化土地政策研究，推进土地科技创新，增强土地管理支撑能力

针对自治区特殊的区情，加大适合自治区的土地政策研究力度，重点在综合开发沙地裸地等未利用土地资源、露天煤矿用地等作为临时用地进行管理、制定自治区禁止和限制供地政策、确定适合所属各旗县土地等别、土地价格等土地政策研究上有所突破，为自治区快速发展提供土地政策支持，保障必要的用地支撑；加强土地学科体系建设，开展土地科学基础理论与方法研究，构成层次丰富、维度全面的交叉式学科，具体内容涉及应用科学、基础科学、技术科学等。建立系统的土地科学理论体系和以地球系统科学为核心的新的知识体系，将微观研究与宏观研究接口，综合联系在自然和社会经济两个方面的过程，完成跨学科的探索和分析，是未来土地科技创新的发展方向。在集成创新土地规划、评价技术，开展“国土空间规划关键技术研究与示范”“土地资源综合监管关键技术与示范”“土地资源综合监测与持续利用野外科研基地建设”等方面研究，在全国典型区域建设若干个集土地资源数量－质量－生态综合监测、优质耕地持续利用、土地政策试验应用为一体的国家级土地资源野外监测与持续利用科研基地。

参考文献

[1]李国华．基于灰色多目标的土地利用结构优化研究－以南京市为例[D]．南京：南京农业大学，2011：1-6.

[2]濮励杰，朱明，翁翎燕，等．土地利用结构优化综述[J]．长江流域资源与环境，2010，19(12)：1410-1415.

[3]宝音，包玉海．内蒙古土地资源及其持续利用[J]．地理科学，2000，20(5)：478-482.

[4]金志丰，陈雯，孙伟．基于土地开发适宜性分区的土地空间配置－以宿迁市区为例[J]．中国土地科学，2008(9)：43-50.

[5]宝音，包玉海．内蒙古土地资源及其持续利用[J]．地理科学，2000，20(5)：478-482.

[6]孙金铸．内蒙古土地资源合理利用[J]．干旱区研究，1993，10(1)：15-21.

[7]刘彦随．区域土地利用系统优化调控的机理与模式[J]．资源科学，1999，21(7)：60-65.

[8]刘耀林，汤青慧．基于理想点法在土地利用结构优化中的应用[J]．国土资源科技管理，2003(6)：64-68.

The Evaluation of Eco-environmental Sensitivity in Ordos City

Yanhong XU, Xijun YAO, Libo LU, Haijiao FAN

(Inner Mongolia Land Survey and Planning Institute, Hohhot 010010, China)

Abstract: This paper aims to reveal the difference of eco-environmental sensitivity and its influencing factors in the study area through carrying out the eco-environmental sensitivity evaluation based on land ecological security for 8 counties of Ordos City. Using fragstats landscape pattern analysis, GIS space method and RS analysis, based on ground investigation, this paper uses information mining and data analysis to extract index data for every village in the study area, carry out comprehensive quantitative evaluation, and finally calculate the comprehensive scores of eco-environmental sensitivity of the areas. The paper concludes that the highly sensitive areas and extremely sensitive areas are mainly concentrated in the eastern region of the eastern hilly and gully region and southern region of the Mu Us Desert in Ordos. The main reasons include severe soil erosion in hilly and gully region and serious desertification in southern Mu Us Desert area. So it is necessary to strengthen ecological environment protection in local areas.

Key words: Ordos City, Eco-environment, Sensitivity evaluation

1 Introduction

The eco-environmental sensitivity refers to the sensitivity of ecosystem to various environmental variabilities and human activities, namely the probability of eco-environmental problems when the ecosystem is faced with interference [1]. The essence of evaluation of eco-environmental sensitivity is to evaluate the likelihood of potential eco-environmental problems under natural conditions without considering the influence of human activities. In the highly sensitive areas, it is prone to eco-environmental problems when it is subjected to unreasonable human activities, so it is the focus of eco-environmental protection and ecological restoration [2]. In this paper, with Ordos City as the object of study, we use the basic ecological survey data and various kinds of evaluation results on eco-environmental situation in Ordos City and combines the single factor analysis and multi-factor comprehensive evaluation, to perform the comprehensive evaluation of eco-environmental sensitivity and clearly identify the eco-environmental sensitive areas, with the purpose of providing "quantity control, quality management and ecological management and protection" services for local land resources, offering support for China's land ecological management and protection and land resource regulatory model shift, laying eclogical foundation for the formulation of eco-environmental building and protection plan in Ordos City, and building Inner Mongolia into an important ecological security barrier in the northern regions of China.

2 Overview of the study area

Ordos is one of the twelve major subdivisions of Inner Mongolia, the People's Republic of China. It is within the Ordos Loop of the Yellow River. Although mainly rural, Ordos is administered as a prefecture-level city. The administrative seat is at Dongsheng which had a population of 582544 inhabitants at the 2010 census. Another Banner is being urbanized quickly around the city of Ejin Horo with about 251894 inhabitants at the 2010 census which is the seat of Ordos Airport. Ordos's prefectural administrative region occupies 86752 km^2 and covers the bigger part of the Ordos Desert, although the urban area itself is relatively small. It borders the prefecture-level divisions of Hohhot to the east, Baotou to the northeast, Bayan Nur to the north, Alxa League to the northwest, Wuhai to the west, the Ningxia Hui Autonomous Region to its southwest, and the provinces of Shaanxi and Shanxi to the south. The maximal north-south extent is 340 km, while from east to west it stretches for 400 km. The area of Ordos can roughly be divided into a hilly area in the east, high plateaus in the west and center, sandy deserts in the north and south, and plains at the southern bank of the Yellow river. The highest elevation, at 2149 m, is located in the west, the lowest point, at 850 m, is in the east. There are two large deserts in the territory of Ordos Shi : Kubuqi Desert in the north and the Maowusu Desert in the south. The Kubuqi Desert occupies 19.2% of Ordos, or 16 600 km^2, while the Maowusu Desert takes up 28.8% of the area, or 25 000 km^2. From southeast to northwest, the land cover within the area can be divided into typical grassland subzone, desert grassland subzone, and grassland desertification subzone [3]. Ordos features a cold semi-arid climate, marked by long, cold and very dry winters; very warm, somewhat humid summers; and strong winds, especially in spring. The annual precipitation is 300 to 400 millimeters in the eastern part of the city and 190 to 350 mm in the western part. Sunshine duration averages 2 700 to 3 200 hours annually. The total land area of Ordos City is 86 881.61 km^2, and the agricultural land area is 70 885.11 m^2, accounting for 81.59% of total land area; the construction land area is 3 478.36 km^2, accounting for 4% of total land area; the area of other land types is 12 518.15 km^2, accounting for 14.41% of total land area.

3 Research methods

The probability of eco-environmental problems often depends on the intensity, distribution and combination of various factors influencing the occurrence of eco-environmental problems [4]. Therefore, the multi-factor integrated approach is often adopted when evaluating eco-environmental sensitivity. By combining the distribution maps of various influencing factors, we use GIS spatial analysis methods to get the sensitivity distribution maps of various eco-environmental problems, and then get the eco-environmental sensitivity distribution maps of Ordos City through further integration. There are many factors affecting the environmental sensitivity, and according to the actual situation in Ordos City, the ecological sensitivity evaluation mainly takes aim at landscape diversity, soil erosion, land damage and degradation, and other environmental problems. Based on the existing evaluation criteria, the sensitivity evaluation is divided into five levels: extremely sensitive, highly sensitive, moderately sensitive, mildly sensitive, and insensitive.

3.1 Evaluation indicators and spatial distribution

3.1.1 Landscape diversity sensitivity

Landscape diversity refers to the diversity and variability of different types of landscape in terms of spatial structure, functional mechanism and time dynamics, which reflects the complexity of the landscape. Diversity index depends on the number of land use types and the evenness of distribution of various land use types. On this basis, this paper comprehensively considers the following seven factors: landscape type diversity index; landscape pattern diversity index; landscape patch diversity index; proportion of non−polluting high−grade farmland; proportion of woodland and shelterbelts; proportion of natural grassland; proportion of non−polluting waters.

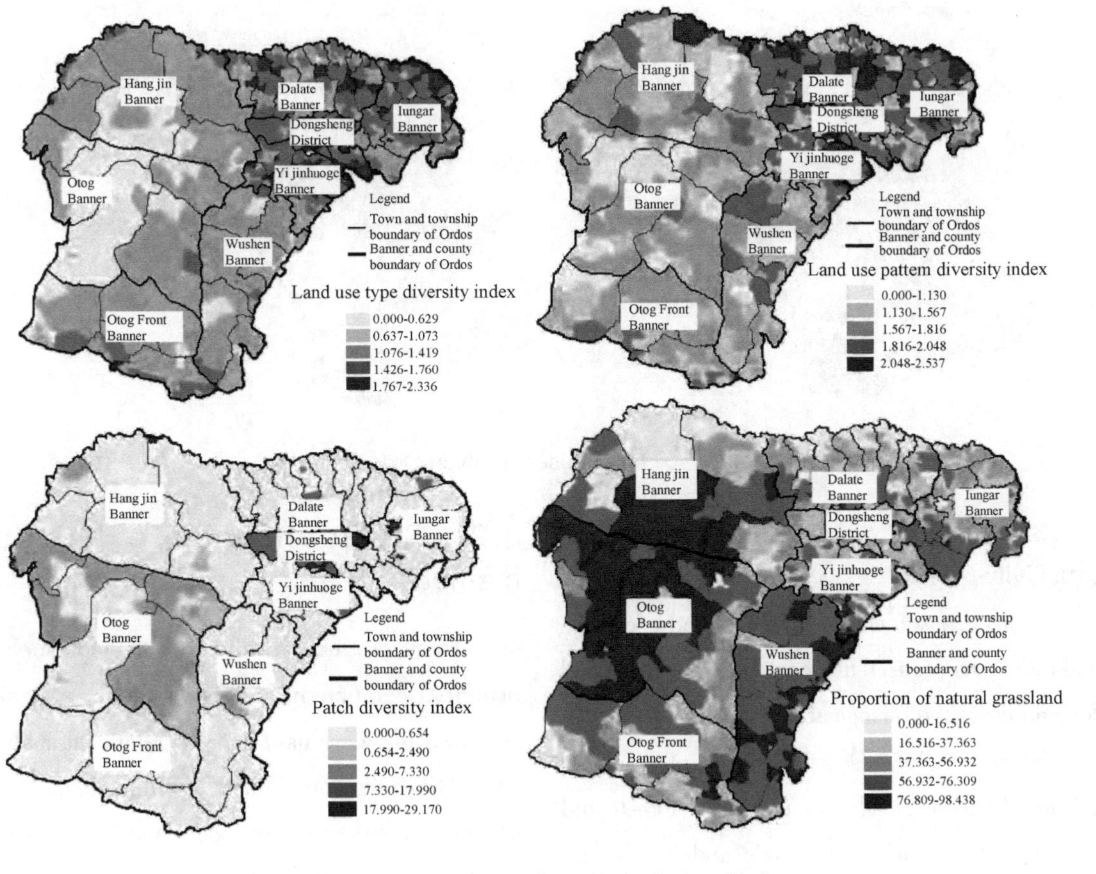

Fig. 1 Landscape diversity in Ordos City

3.1.2 Soil erosion sensitivity

Precipitation is the main factor responsible for soil erosion, and uneven distribution of precipitation causes the differences in soil erosion sensitivity.

Vegetation is another important factor affecting the soil erosion. The landforms and soil types have a significant impact on soil erosion, and regional differences in landforms also lead to the differences in soil erosion sensitivity. On this basis, this paper selects the following eight indicators: average annual precipitation; seasonal distribution of precipitation; soil organic matter content; thickness of effective soil; slope; elevation; vegetation cover; biomass.

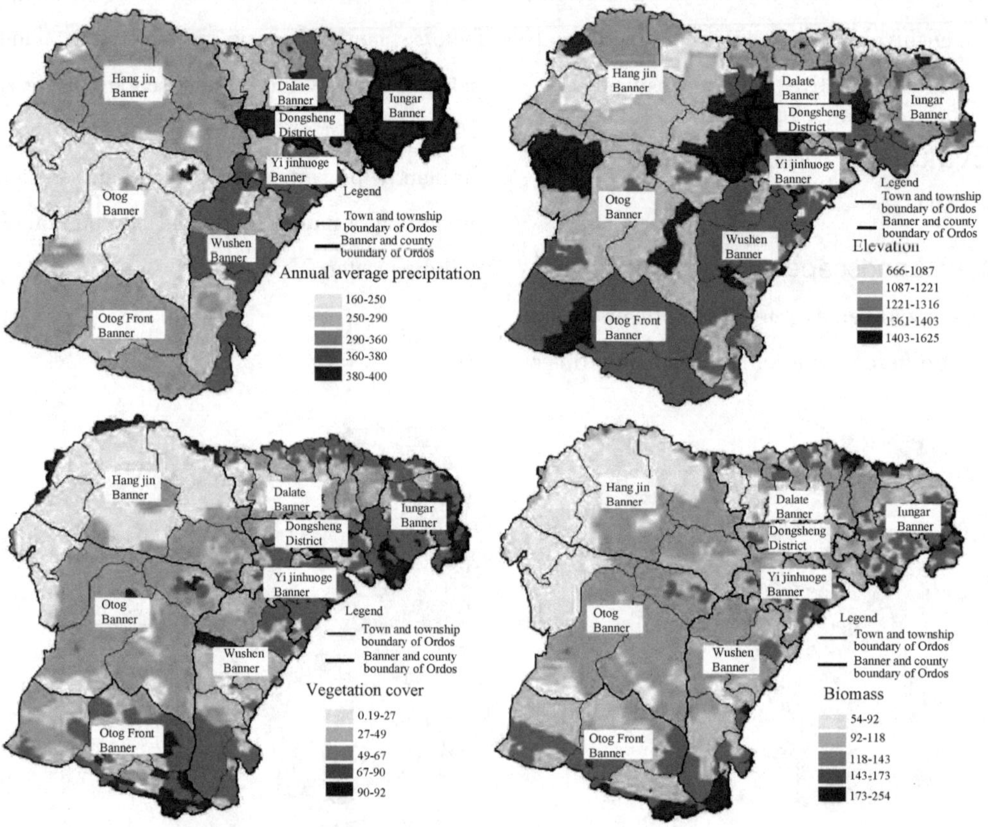

Fig.2 Soil erosion sensitivity in Ordos City

3.1.3 Land damage and degradation sensitivity

Ordos has rich coal resources, and excessive coal mining has caused the local land damage. Land degradation is the biological or economic productivity complexity decrease or loss of rainfed lands, irrigated fields or meadows, pastures, forests and woodlands in the arid, semi-arid and sub-humid areas due to the use of land or various.

3.2 Comprehensive evaluation methods

There are many evaluation methods such as principal component analysis, factor analysis, entropy, fuzzy evaluation, gray relational analysis and AHP evaluation method [5]. In this paper, we use the comprehensive evaluation method to analyze the three main eco-environmental sensitivity problems in Ordos City, and build the evaluation system for the eco-environmental sensitivity in

Ordos City. In the evaluation process, the weight of indicators shows the importance of indicators, and rational weighting plays a key role in determining the accuracy of final evaluation results. This requires researchers to first select the appropriate method to determine the weight to ensure the scientificity, objectivity and reasonableforces. On this basis, this paper selects eight indicators: proportion of excavated land, proportion of deposited land, proportion of land damaged by natural disaster, average annual degradation rate of farmland, average annual degradation rate of woodland, average annual degradation rate of grassland, average annual degradation rate of wetlands, and average annual degradation rate of waters. ness [6]. By comparative analysis, this paper uses the Delphi method to determine the weight of indicators (Table 1).

Finally, we use the following formula to calculate the comprehensive evaluation score of ecological sensitivity:

$$S = \sum_{i=1}^{m} W_i \times Y_i \quad (1)$$

where S is the comprehensive score of ecological sensitivity; W_i is the indicator weight; Y_i is the indicator score; m is the number of indicators.

After calculating the overall score of ecological sensitivity, we use Quantities in ArcMap for natural break, and divide the overall scores into five levels. This classification method is to use the boundary point derived using the Jenk optimization method in statistics, and it can minimize the sum of internal variances between levels [7].

Table 1 Evaluation indicator system for eco-environmental sensitivity in Ordos city

Landscape diversity sensitivity indicators	Soil erosion sensitivity indicators	Land degradation and damage sensitivity indicators
Landscape type diversity index (0.152)	Average annual precipitation (0.166)	Proportion of excavated land (0.125)
Landscape pattern diversity index (0. 144)	Seasonal distribution of precipitation (0. 124)	Proportion of deposited land (0.124)
Landscape patch diversity index (0. 133)	Soil organic matter content (0.102)	Proportion of land damaged by natural disaster (0.123)
Proportion of non-polluting high-grade farmland (0. 138)	Thickness of effective soil (0.102)	Average annual degradation rate of farmland (0. 126)
Proportion of woodland and shelterbelts (0.148)	Slope (0.112)	Average annual degradation rate of woodland (0.127)
Proportion of natural grassland (0. 146)	Elevation (0.112)	Average annual degradation rate of grassland (0.125)
Proportion of non-polluting waters (0.149)	Vegetation cover (0. 158)	Average annual degradation rate of wetland (0.124)
	Biomass (0.124)	Average annual degradation rate of waters (0.126)

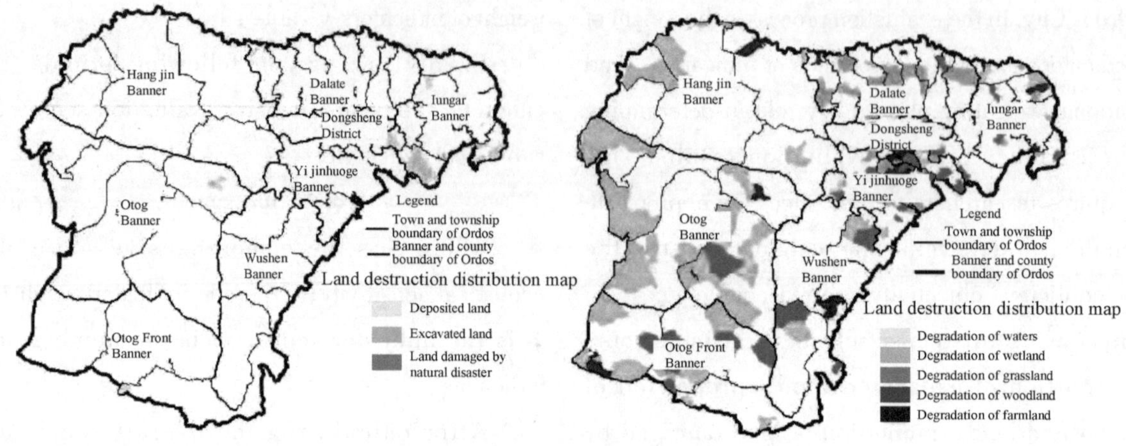

Fig.3 Land destruction and degradation in Ordos City

Fig. 4 The natural division map of Ordos City

Table 2 Comparison of natural division features in Ordos City

Division type	Distribution	Regional characteristics
The plain area along the south bank of the Yellow River	Bayintaohe Township in Otog Banner to the west, Dalu Township in Jungar Banner to the east, including 28 towns on the right bank of the Yellow River in Otog Banner, Hangjin Banner, Dalate Banner and Jungar Banner	Most of the land is in the alluvial plain of the Yellow River floodplain and the alluvial plain with varying width adjoins the northern part of the Kubuqi desert area to the south; about ten gullies run through the desert into the Yellow River in the east, and intermittently connected alluvial fan and aggraded flood plain are formed in the south

续表 2

Division type	Distribution	Regional characteristics
The northern Kubuqi desert area	Located in the northern margin of the Ordos plateau, south of the Yellow River plain, about 400 km from east to west, wide in west but narrow in east; from the south of Balagong Town in Hangjin Banner to the west, along the northeast of Moren River, the north of Bayinwusu Town and the north of Xini Town, to 24 townships in Dalate Banner and Jungar Banner	Many sand dunes and crescent sand ridges and sparse vegetation in the west; due to ten seasonal rivers, many valley terraces of varying sizes formed among the bank of rivers and abundant vegetation in the east
The western highland area	Including Xini of Hangjin Banner, Baiyannao and Baolehaoxiao of Otog Banner in the south of western Kubuqi desert, and the vast regions in the west of Mogoit of Otog Front Banner	It is mainly the undulating plateau terrain, and northern terrain is extremely undulating, with many "V" and "U" valleys dotted with relict mountains and wind-erosion depression
The eastern hilly and gully area	Located in the east of Ordos City, bordering the eastern Kubuqi desert to the north, Loess Plateau of Shanxi and Shaanxi to the south, Tarangaole Township of Hangjin Banner to the west, Yaogou Township of Jungar Banner to the east, with distance of 200 km, narrow in the west and wide in the east	The middle is the watershed with gentle slopes; the northern slope is the upper reaches of eight gullies that runs through Kubuqi desert into the Yellow River; the southern slope is the upper reaches of Huangpu River, Qingshui River, Shaliang River, Beiniu River and Wulanmulun River; due to intense soil erosion, the fragmented gully landscape is formed, the topsoil is thin and vegetation is sparse
The central undulating plateau area	Located in the east-central part of Ordos City, the northern edge of Mu Us desert, the east of wavy Ordos plateau, the south of Tarangaole of Hangjin Banner, Bayin Oboo and Manlai of Dongsheng District, Habagexi and Bulian of Ejin Horo Banner, the north of Haolebaoji, Wulanshabaertai and Hujiertu of Wushen Banner	The terrain is undulating, gently inclined from north to south; the topography is ridge and floodplain, as well as open low-lying floodplain and closed lake, whose margin is inhabited by dense natural willows
The southern Mu Us Desert area	Located in the southern part of Ordos City, Otog Front Banner to the west, Baolehaoxiao, Eerhetu and Sumitu of Otog Banner to the north, Wulanbaertai of Wushen Banner and Taigemiao of Ejin Horo Banner to the east, including 26 townships of Otog Banner, Otog Front Banner, Wushen Banner and Ejin Horo Banner	The vegetation coverage is low and dune activity increases from the northwest to the southeast; the fixed and semi-fixed sloping sand is mostly distributed in the northwest, west and marginal regions

4 Evaluation process

4.1 Natural division of the study area

The natural division map of Ordos City is shown in Fig. 4. Ordos City is divided into six regions: the plain area along the south bank of the Yellow River; the northern Kubuqi desert area; the western highland area; the eastern hilly and gully area; the central undulating plateau area; the southern Mu Us Desert area [8]. Distribution and characteristics are shown in Table 2.

4.2 Evaluation of eco-environmental sensitivity

According to the selected indicators in this paper, we use formula (1) to calculate the landscape diversity sensitivity, soil erosion sensitivity, land destruction and degradation sensitivity and comprehensive eco-environmental sensitivity in Ordos City, as shown in Fig. 5.

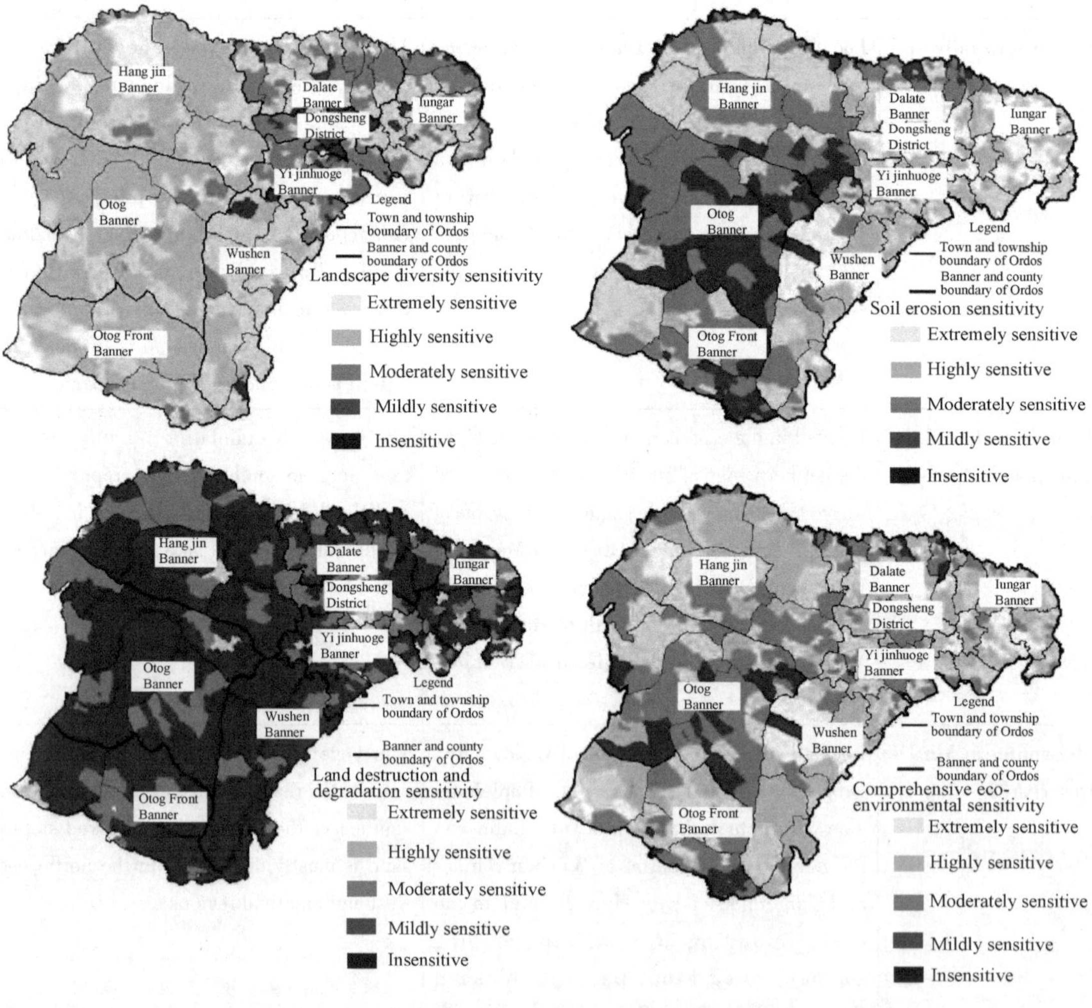

Fig. 5 Evaluation of eco-environmental sensitivity in Ordos City

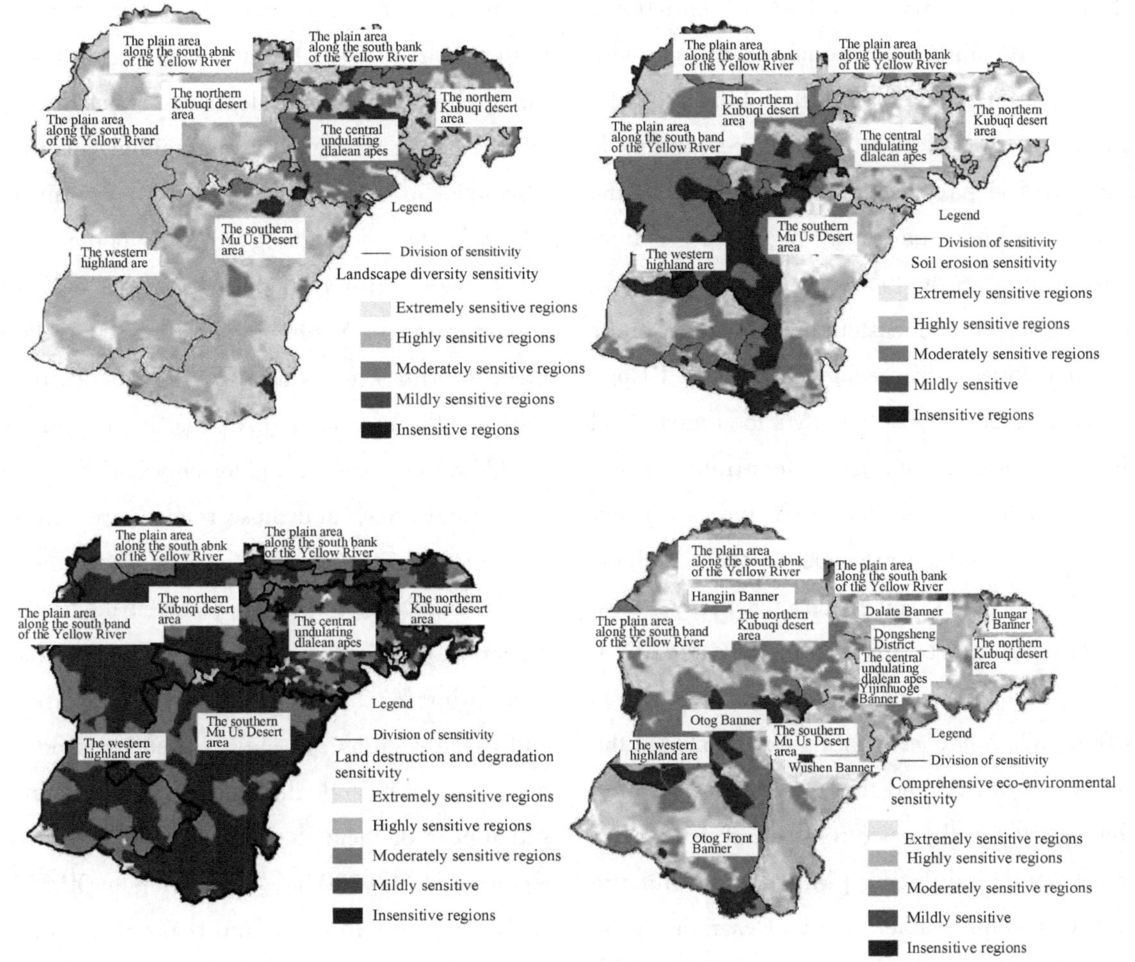

Fig.6 Distribution of sensitive regions in Ordos City

4.3 Analysis of evaluation results of eco-environmental sensitivity

We superimpose the map of calculated landscape diversity sensitivity, soil erosion sensitivity, land destruction and degradation sensitivity and comprehensive eco-environmental sensitivity in Ordos City on the natural division map, and the specific distribution of sensitive regions is shown in Fig. 6.

According to Fig. 5, 6, we perform the following comprehensive analysis, (i) In terms of the landscape diversity sensitivity in Ordos City, most regions are highly sensitive and moderately sensitive. The area of extremely sensitive regions is 520 739. 78 ha, accounting for 5.99% of the city's total area, and these regions are mainly concentrated in the northern Kubuqi desert area, indicating that there are few landscape types in these regions; the area of highly sensitive regions is 3 520 731. 72 ha, accounting for 40.47% of the city's total area, and these regions are mainly concentrated in the northern Kubuqi desert area and the western highland area; the area of moderately sensitive regions is 3 116 064.52 ha, accounting for

35.82% of the city's total area, and these regions are mainly concentrated in the southern Mu Us Desert area and the eastern hilly and gully area; the area of mildly sensitive regions is 1 211 025.41 ha, accounting for 13.92% of the city's total area, and these regions are mainly concentrated in the central undulating plateau area and the north of eastern hilly and gully area; the area of insensitive regions is 330 649. 01 ha, accounting for 3.8% of the city's total area, and these regions are mainly concentrated in the central undulating plateau area, indicating that there are many land use types in these regions. (ii) In terms of the soil erosion sensitivity, most regions are mildly and moderately sensitive. The area of extremely sensitive regions is 1 098 182.93 ha, accounting for 12.62% of the city's total area, and these regions are mainly concentrated in the eastern hilly and gully area, the central undulating plateau area and the northwest of the southern Mu Us Desert area; the area of highly sensitive regions is 1 260 909.34 ha, accounting for 14. 49% of the city's total area, and these regions are mainly concentrated in the eastern part of the city; the area of moderately sensitive regions is 2 231 008. 45 ha, accounting for 25.65% of the city's total area, and these regions are mainly concentrated in the northern Kubuqi desert area and the southwest of the western highland area; the area of mildly sensitive regions is 2 645 601.54 ha, accounting for 30.41% of the city's total area, and these regions are mainly concentrated in most of towns and villages in Otog Banner and the southeast of Otog Front Banner; the area of insensitive regions is 1 463 508.18 ha, accounting for 16.82% of the city's total area, and these regions are mainly concentrated in the eastern part of Otog Banner. (iii) In terms of the land destruction and degradation sensitivity, most regions are insensitive and mildly sensitive. The area of extremely sensitive regions is 105 002.7 ha, accounting for 1.21% of the city's total area, and these regions are mainly concentrated in Nanhuofang Village of Dalate Banner and Fanjiamao Village of Jungar Banner; the area of highly sensitive regions is 38 924.82 ha, accounting for only 0.45% of the city's total area, and these regions are mainly concentrated in individual towns and villages of Dongsheng District in Jungar Banner; the area of moderately sensitive regions is 195 998.3 ha, accounting for 2.25% of the city's total area, and these regions are mainly concentrated in individual towns and villages of Ejin Horo Banner and Jungar Banner; the area of mildly sensitive regions is 2 666 130 ha, accounting for 30.65% of the city's total area, and these regions are mainly concentrated in each banner and county; the area of insensitive regions is 5 693 154 ha, accounting for 65. 44% of the city's total area, and these regions are mainly concentrated in each banner and county. (iv) In terms of the comprehensive eco-environmental sensitivity, most regions are highly sensitive and moderately sensitive. The area of extremely sensitive regions is 651 840. 9 ha, accounting for 7.49% of the city's total area, and these regions are mainly concentrated in the eastern hills and gullies and the southern Mu Us Desert area, distributed in individual towns and villages of Jungar Banner and Wushen Banner; the area of highly sensitive regions is 2 612 944 ha, accounting for 30. 04% of the city's total area, and these regions are mainly concentrated in the plain area along the south bank of the Yellow River and the southern Kubuqi desert area, distributed in most towns and villages of Hangjin Banner and Dongsheng District; the area of moderately sensitive regions is 2 583 130 ha, accounting for 29.69% of the city's total area, and these regions are mainly concentrated in the western highland area and the central undulating plateau area, distributed in each banner and county; the area of mildly sensitive regions is 2 178 259 ha, accounting for 25.04% of the city's total area, and these regions are mainly concentrated in most towns and villages of Otog Banner and Otog Front Banner in the western highland area and Hangjin Banner in the northern Kubuqi desert areal the area of insensitive regions is 673 037.4 ha, accounting for 7.74% of the city's total area, and these regions are mainly concentrated in the central part of Otog Banner and the southern part of Otog Front Banner.

5 Conclusions and discussions

Although Ordos City features a temperate semi–arid continental monsoon climate, the different geological features, distribution of water resources, forms of land use and human activities in various townships lead to great differences in the eco–environmental sensitivity [8]. Overall, the highly and extremely sensitive regions in Ordos City are mainly concentrated in the eastern hilly and gully area and the east–central part of the southern Mu Us Desert area. The soil erosion is serious in some regions of the eastern hilly and gully area, leading to high sensitivity in these regions; the land desertification is serious in the southern Mu Us Desert area, leading to high sensitivity; for the towns and villages in the two areas, the natural conditions and human activities have made the eco–environment fragile, so the local government should actively fulfill the responsibility of ecological management and protection to promote local economic development [10]. The analysis of eco–environmental sensitivity is an important part of ecological function zoning, and analyzing the environmental sensitivity can make people conduct scientific planning, rational distribution and industrial structure adjustment in accordance with the eco–environmental sensitivity during the resource development and environmental restoration, in order to achieve sustained development of resources and economy and provide some guidance [11]. The analysis of eco–environmental sensitivity can also provide the basic data and scientific support for the future delineation of ecological red line, so it is necessary to achieve information–oriented management of land ecological construction from the macro and micro aspects, and perform the comprehensive and systematic analysis of eco–environmental status in the study area from the spatio–temporal aspects.

References

[1] JIN YH, ZHAO DS, YANG QS, *et at.* A study on distribution and division of sensitivity to ecological environment in Jilin Province [J]. Journal of Northeast Normal University (Natural Science Edition), 2004, 36 (2): 68–74. (in Chinese).

[2] LV R, WEI YF, GUO XP, *et at.* Present situation, utilization of water resource and water–saved countermeasures in Eerduosi

District [J] . Inner Mongolia Forestry Science and Technology, 2002 (zl): 63-68. (in Chinese) .

[3] LOU AR. Environmental sensitivity analysis of Huailai County, Hebei Province of the agriculturepasture ecotone of northern China [J] . Journal of Beijing Forestry University, 2006, 28 (3): 46–52. (in Chinese) .

[4] LIU K, OUYANG ZY, WANG XK, *et at.* Eco–environmental sensitivity and its spatial distribution in Gansu Province [J] . Acta Ecologica Sinica, 2003, 23 (12): 2711 –2718. (in Chinese) .

[5] OUYANG ZY, WANG XK. China's eco–environmental sensitivity and its spatial heterogeneity [J] . Acta Ecologica Sinica, 2000, 20 (1): 9–12. (in Chinese) .

[6] WU GQ, YANG LS. Research on regionization of ecological environment types and their construction in Zhejiang Province [J] . Journal of China Agricultural Resources and Regional Planning, 2000, 21 (5): 30-34. (in Chinese) .

[7] TIAN GJ, ZHANG ZX, *et at.* The soil erosion distribution characteristics and ecological background of Chinese cultivated land [J] . Acta Ecologica Sinica, 2002 (1): 10–16. (in Chinese) .

[8] FU DM. The financial division of power makes influence on local public product supplies [J]. Inner Mongolia Coal Economy, 2009 (6): 114 –116. (in Chinese) .

[9] MENG JJ, YAN Q, XIANG YY. The optimization of ecological security pattern based on land use and assessment of schemes in Ordos, Inner Mongolia, China [J] . Journal of Desert Research, 2014, 34 (2): 590–596. (in Chinese) .

[10] QIAN LX, QIN F, XU SM. Evaluation and regional analysis on landscape sensibility of land degradation in Fujian [J] . Acta Ecologica Sinica, 2002 (16): 16 –24. (in Chinese) .

[11] SUN GN, WANG MH. Study on relation and distribution between vegetative coverage and land degradation in Inner Mongolia [J] . Journal of Arid Land Resources and Environment, 2008, 22(2): 140–144. (in Chinese) .

The Remediation Mode for the Polluted Land in Inner Mongolia

Xijun YAO[1, 2], Yanyu ZHANG[3], Zhiyong WANG[4], Yingying SUI[5]

(1. Inner Mongolia Land Surveying and Planning Institute, Hohhot 010010, China;
2. College of Ecological and Environmental Sciences, Inner Mongolia Agricultural University, Hohhot 010010, China; 3. China Land Surveying and Planning Institute/Key Laboratory of Land Use of the Ministry of Land and Resources, Beijing 100035, China;
4. Baotou Soil and Fertilizer Station, Baotou 014000, China;
5. Inner Mongolia Academy of Forestry Sciences, Hohhot 010010, China)

Abstract: This paper discusses the method of contaminated soil remediation technologies at home and abroad, analyzes the soil restoration situation in Inner Mongolia, and puts forward some suggestions on the development direction of soil repair industry for Inner Mongolia. The research methods of this article include literature review, summarization of data, comparison and analysis, and generalization and summarization. The soil restoration has made certain achievements in Inner Mongolia in recent years. But the technical level and policy level are still very imperfect, having not reached the national average. Some recommendations are proposed. The first is to improve soil repair local laws, regulations and technical standards. The second is to increase investment in scientific research in the field of soil restoration, and the introduction of new technology, to encourage independent innovation. The third is to fix soil combined with related industrial projects and avoid redundant construction. The last one is to intensify propaganda to improve public consciousness of the soil pollution prevention and control.

Key words: Land pollution, Remediation mode, Recommendations, Inner Mongolia

1 Introduction

In recent years, Inner Mongolia Autonomous Region has made full use of its advantages of energy and mineral resources to rapidly develop economy. High intensity resource development has resulted in an increase in pollutants discharged into the soil every year, deteriorating soil quality. Meanwhile, with the urbanization and industrial space reconstruction, it has left a lot of contaminated land. Therefore, the remediation and reuse of polluted land have become an urgent problem to be solved in Inner Mongolia. Based on the regional ecological civilization construction and comprehensive management and protection of land resources, this paper analyzes the research progress of land resource quality and soil remediation in Inner Mongolia, aimed at including the emerging industry of soil remediation into the land resource quality protection in Inner Mongolia. The studies on the polluted land remediation at home and abroad have made important progress. The foreign studies are divided into three phases : (i) From the late 1970s, it formed the physical and chemical remediation mode characterized by landfill, solidification and soil vapor extraction; (ii) From the early 1980s, it developed the isolation, leaching, oxido-reduction and thermal desorption mode! (iii) From the end of the last century to the beginning of this century, it formed biological and plant remediation mode featured by natural shift1[1]. China's polluted land remediation includes the organic pollution remediation and heavy metal pollution remediation[2-6], and also goes through three phases (i) Before the 1980s, the remediation mode was mainly the physical remediation; (ii) From the 1990s, the physical, chemical and biological methods were comprehensively used for remediation; (iii) Since the New Century, the joint remediation has become the major remediation mode, and the remediation technologies include plant technology, microorganism technology, animal technology, solidification, soil vapor extraction, chemical oxidation-reduction, thermal desorption, leaching and chemical extraction. Long-term predatory exploitation of resources combined with blind worship of GDP has made people ignore the importance of soil remediation. On the one hand, the regulation is not enough; on the other hand, the soil remediation standards and evaluation methods have not yet been introduced. Worldwide, the soil remediation technology is an emerging field of study, and according to the statistics of the American Institute for Scientific Information, there were few studies on soil remediation technology in the world before 1995. During 1996—2005, the study on soil remediation technology was in a transition period, during which soil remediation research reports were on the rise. During 2006—2010, the number of relevant literature was twice the number before 2005, indicating that the soil remediation technology research entered a golden age[7-9]. Some developed countries have gradually established the remediation standards for contaminated soil at the national or regional level[10].

2 The land pollution types in Inner Mongolia

2.1 Organic pollution

In the late 1980s, the grain crop acreage shrank while the cash crop acreage incessantly increased. The chemical fertilizer consumption in the whole region increased from 480 000 t in 1981 to 2 900 000 t in 2000, with a nearly six-old increase. It increased the agricultural production while causing plant diseases and insect pests and organic pollution[11]. In recent years, due to the neglect of organic fertilizer and potash and micronutrient fertilizer in the region's agricultural production, the soil potassium content has been surplus, resulting in the declining soil quality[12]. Improper application of soil nitrogen fertilizer will lead to excessive levels of nitrate in vegetables, fruits and other crops. The farming-pastoral ecotone is a zone with prominent ecological vulnerability and variability. The irrational and excessive use of agricultural materials such as pesticides, chemical fertilizers and plastic film, as well as uncontrolled discharge of farming and animal husbandry waste, has aggravated the soil organic pollution in the farming-pastoral ecotone. To some extent, the soil organic pollutants in the farming-pastoral ecotone have become a major threat to the current regional water quality [13].

2.2 Heavy metal pollution

In recent years, the accelerated building pace of energy base, new chemical and industrial base and non-ferrous metal production and processing base has exacerbated the soil heavy metal pollution and solid waste pollution. Meanwhile, with the implementation of non-ferrous metal production and processing base strategy, the heavy metal pollutant emissions face greater pressure and risks, and the task is arduous. From 2007 to 2011, the heavy metal pollution was mainly concentrated in arsenic, mercury, lead, cadmium and chromium. In 2011, the discharge amount of arsenic, chromium, lead, cadmium and mercury was 5 152.90 kg, 205.12 kg, 12 802.08 kg, 2 188.05 kg and 83.18 kg, respectively, a decrease compared with 2007. The main pollution regions include Wulate Rear Banner in Bayannao'er City, Balin Left Banner and Keshiketeng Banner in Chifeng City, Xilin Gol League, Wulanchabu City, Hulunbeir City, and Hinggan League.

2.3 Other pollution types

Inner Mongolia Autonomous Region makes use of its regional energy advantages to exploit a large number of metals, industrial minerals, building materials and energy materials, having brought great damage to the terrestrial ecological environment. The early lax supervision made small-scale pick-and-shovel mining mushroom, but with the legalization of energy development, a lot of mining field has been abandoned, exacerbating the damage to the surrounding vegetation and hydrological conditions as well as the air, soil and water pollution. With the acceleration of economic growth and urbanization development, the migrant workers from farming and pastoral areas and other areas flood the city, and the domestic garbage is being increased due to increasing urban population. It is reported that the soil in the suburbs of Hohhot City is affected by industrial waste and domestic garbage, and the pollution of chromium, mercury and other metals has occurred in the soils and vegetables of some regions [14].

3 The polluted land remediation mode in Inner Mongolia

The contaminated site remediation success is mainly determined by the level of soil remediation technology, and the common soil remediation technologies include bioremediation, physical remediation, chemical remediation and comprehensive remediation. Table 1 shows some common soil remediation technologies [15-18]. (i) New soil remediation mode. It is the main mode of soil remediation in Inner Mongolia. This mode requires little on the device operation, and the remediation method is simple and fast. The remediation is mainly concentrated in some engineering measures such as stripping topsoil and tilling. (ii) Soil testing and formulated fertilization remediation mode. In recent years, the relevant colleges, universities and research institutes have started the pilot study on saline-alkali soil improvement. The main improvement mode is soil testing and formulated fertilization, and the soil improvement fertilizers are applied depending on the test results. Currently, the work in this area has been vigorously carried out in the Hetao Plain and the Ordos region. (iii) Tree and grass planting remediation mode. The plant remediation mode is to use plant for extracting, absorbing, decomposing, transforming or fixing the soil, sediment, sludge, and surface and groundwater toxic pollutants [19-20]. The plant remediation mode is common in the mining wasteland reclamation projects. Planting trees and grass is the most common remediation mode in the region. (iv) Comprehensive remediation. Any remediation measure is not independent, and a lot of people-benefit projects currently carried out in this region, combine several remediation measures. The saline land improvement project has well combined three remediation methods (New soil remediation, soil testing and formulated fertilization, and plant measures).

4 The policies and regulations related to polluted land remediation

4.1 Current situation of land remediation policies and regulations

Currently, there are no perfect soil remediation laws and regulations in this area or even the entire country. Only a small amount of relevant laws and regulations appear in some industrial provisions. Table 2 shows China's laws and regulations related to soil remediation, and it can be found that the legal system is not systematic and consistent, and the central and local governments have not introduced targeted laws and regulations [21-22]. The introduction of laws and regulations related to polluted soil remediation in China is generally divided into three phases. (i) Initial phase (1979-1995). During this phase, there were no laws and regulations on polluted site control, and the existing ones are the principle norms on soil conservation. In 1979, China's relevant departments enacted *Environmental Protection Law (Trial)*; in 1982, *Constitution* also made provisions on the reasonable use of land; in 1986, *Land Management Law* further stated that China's basic national policy was to rationally use land and protect farmland; in 1995, *Soil Environmental Quality Standards* (GB 15618—1995) was introduced, but it had many deficiencies. (ii) Developmental phase (1995-2011). During this phase, the contaminated site control system was gradually established in China's contaminated site legislation. Since there was no specific legislation, the legal norms related to pollution soil remediation were only embodied in a variety of legal documents. Article 38, 61, 75 of *Notice of SEPA on Strengthening Environmental Pollution Prevention and Control during Relocation of Enterprises and Solid Waste Pollution Prevention Law* introduced in 2004, was the legislation at the national level. The legislation of local governments was more active and the most typical legislation was Article 17, 52 of *Zhejiang Solid Waste Pollution Prevention Act* introduced in 2006, as well as Article 15 of *Jiangsu Solid Waste Pollution Prevention Act* introduced in September 2009. (iii) Golden age (March 2011 to date). An important symbol of China's contaminated site into a professional legislative stage was *Provisional Administration Method for Soil Environment of Contaminated*

Site promulgated by the Ministry of Environmental Protection in March 2011. At present, China is also actively exploring *Soil Pollution Control Act*, and contaminated site management has become an important research direction of *Soil Pollution Control Act*. The autonomous region also issued *The Twelfth Five-Year Plan on Comprehensive Prevention and Control of Heavy Metal Pollution in Inner Mongolia*. This is to some extent reflects the increasingly high emphasis on soil remediation from national to local levels.

Table 1 Common soil remediation technologies

No.	Category	Method	Scope of application	Advantages	Shortcomings	Remediation cycle (month)
1	Bioremediation	Plant remediation	Mining area, farmland soil	Low cost, easy operation, low risk of secondary pollution, easy application in a wide range, utilization of remediation plants as resources	Slow remediation rate, difficult to deal with deep pollution	> 12
		Microorganism remediation	Farmland soil	Simple operation, good remediation effect	Not easy to handle high concentration pollutants	6–24
2	Physical remediation	Thermal desorption technology	Organic contaminated soil in the highly contaminated sites	Wide range of processing, movable equipments, soil can be reused after restoration	Expensive equipment, long desorption time, high costs	6–12
		New soil remediation	Highly contaminated areas, most of the pollution	Low demand on equipment operation, remediation method is simple and fast	Unable to remove contaminants	< 3
		Steam extraction	Volatile contaminants	Low cost, easy to operate, does not destroy the soil structure, does not cause secondary pollution	Require high soil permeability, groundwater affects remediation	6–24
3	Chemical remediation	Solidification, stabilization	Soil contaminated by heavy metal	Low cost, simple operation, good effect	Can not remove contaminants, require long-term monitoring after remediation	< 6

续表 1

No.	Category	Method	Scope of application	Advantages	Shortcomings	Remediation cycle (month)
3	Chemical remediation	Leaching technology	Soluble contaminants	Suitable for serious soil pollution control	Soil requires high infiltration capacity, bring secondary pollution problems, reduce soil fertility	< 12
		Redox technology	Soil and groundwater are contaminated by organic matter at the same time	Suitable for heavy soil pollution control	Expensive treatment cost, having damaging effects on soil	< 6
		Photocatalytic degradation technology	Suitable for the soil ontaminated by pesticides	In-depth oxidation of soil	Soil texture, particle size, moisture and pH values have effects	< 6
4	Comprehensive remediation	Microorganism/ animalplant joint remediation method	Farmland soil contaminated by organic matter	Good remediation effect, without destroying the soil	Need to screen the mycorhiza with strong ability to degrade	6-24
		Chemical/ physical and chemical-biological joint remediation method	Suitable for soluble contaminants	Suitable for organic pollutants and heavy metal pollution, with high efficiency	Complex process	< 12
		Physical-chemical joint remediation	Suitable for off-site treatment of contaminated soil	In-dept soil treatment, effectively remove highly volatile substance from soil	High cost	< 6

4.2 Defects of laws and regulations

4.2.1 Lack of laws and regulations

On the issue of soil pollution control, China has developed a number of laws, rules and regulations covering agricultural environmental protection, land prevention and control and other aspects. These laws and policies play a role in improving China's soil pollution status. However, it should be noted that *Environmental Protection Law*, *Agriculture Law*, *Land Management Law* and other existing laws and regulations only provide the scattered provisions relating to soil pollution prevention and control. In addition to the lack of policy-level planning, the domestic soil remediation also lacks clear standards. For specific projects, the effect after the remediation is not quantified, leading to great differences in remediation costs and time.

4.2.2 Unclear regulatory body

The soil pollution control needs the division of labor among multiple departments, so as to achieve a certain effect in terms of soil remediation. But currently in this regard, the relevant government departments still face many problems. Therefore, the first step should be to establish professional soil pollution control departments which practice vertical management. Since the site pollution is associated with the industry chain and related to many departments, so the second step should be to gradually explore the model for achieving division of labor and cooperation among departments in order to gradually form the environment favorable for remediation pollution site.

4.2.3 Remediation funds problem

The sources of remediation funds are the core problem influencing the development of soil remediation industry. The remediation of contaminated soil needs to take into account the contaminated soil and groundwater control, and

Table 2 The laws and regulations related to soil remediation

Legal system	Provisions
Constitution	The principles are extensive and rational use of land and soil pollution prevention are just the nominal provision
Criminal Law	From the criminal responsibility, there are some provisions on the corresponding criminal liability for some soil contamination behavior.
Environmental Protection Law	Article 12 states: "All levels of government should continue to strengthen efforts to protect the agricultural environment (first, strictly preventing soil pollution, salinization desertification and ground subsidence; second, preventing damage to vegetation, soil erosion, water depletion and extinction of species; third, further controlling the occurrence and development of other ecological imbalance phenomena, promoting the comprehensive prevention and control of plant pests and diseases, rationally using chemical fertilizers, pesticides and plant growth hormone."
Solid Waste Pollution Prevention Law	This law just makes provisions on the category of solid waste, mainly including urban waste and industrial solid waste. Article 35 states : "All units producing industrial solid waste should make reasonable planning on storage of industrial solid waste before production, disposal facilities and take pollution control measures."
Land Management Law	The local government departments at all levels should take effective measures to maintain irrigation and drainage facilities, improve soil performance, improve soil fertility, and prevent desertification, salinization, soil erosion and pollution of land.
Land Reclamation Regulations	The reclamation persons should take remediation measures for the land damaged due to mining, subsidence and other activities during production and construction, the ruined land left over by history, and the land destroyed by natural disasters to restore it for use. After the reclamation of land contaminated by heavy metal or other toxic and hazardous substances, it cannot be used for grow food crops if it is not up to the national standards.

there is a huge demand for funds. Currently, the remediation of contaminated soil in China lacks sound security system, and the funds problem becomes the main obstacle to the redevelopment of many polluted lands. The soil having been recently restored at home is mostly the land of high development value, and the funds are mainly from real estate developers; for the agricultural land or purely ecological land restored, the source of funding is a major problem. At present, except the clear source of funding for the projects dominated by some governments, nearly all the source of funding is from the remediation needs driven by the real estate development.

5 Conclusions and policy recommendations

5.1 Conclusions

Inner Mongolia has a vast territory and rich land resources, but the soil quality is poor and soil pollution has exacerbated the shortage of resources. Carrying out the effective remediation of contaminated land resources is one of the practical ways to solve the problem of shortage of land resources. In this paper, we use literature review, data collection, comparative analysis and summarization to discuss the contaminated soil remediation technology and methods at home and abroad, and perform a simple analysis of the current situation of soil remediation in Inner Mongolia. The results show that in recent years, Inner Mongolia has made certain achievements in soil remediation, but it is far from perfect in terms of technical and policy levels.

5.2 Policy recommendations

(i) On the basis of not violating the national laws, it is necessary to develop the local laws, regulations and technical standards related to soil remediation. According to the laws and regulations related to environmental protection in the autonomous region and requirements of *The Twelfth Five-Year Plan on Integrated Control of Heavy Metal Pollution in Inner Mongolia Autonomous Region*, it is necessary to refine and develop the technical standards, policies and regulations related to soil remediation in order to guide the soil remediation work. (ii) It is necessary to increase investment in research in the field of soil remediation, introduce new technologies, and encourage independent innovation. The autonomous region should introduce policy to encourage the colleges, universities and research institutes within the region to carry out the theoretical study. On the basis of learning from the mature technologies and equipments at home and abroad, it is necessary to gradually form the soil remediation technology with characteristics of the region, in order to better combine theory and practice and promote industrialization and marketization of soil remediation technology. (iii) For the incremental contaminated land, it is necessary to clearly define the main body of responsibility when the principle of "those who created pollution to clearing it up" can not be carried out in the soil remediation field, and establish the land contamination archives for the future funding for soil pollution control. (iv) It is necessary to combine the soil remediation and relevant industry projects and avoid duplication of similar projects and waste of resources. In recent years, the region has carried out large-scale land remediation activities, but there is no targeted and substantial remediation for the damaged soil, for the reason that there is no standard to follow. In the future implementation of these projects, it is necessary to add the assessment indicator of soil remediation. The implementation of soil remediation measures and related acceptance work should be completed by professional companies and organizations to truly improve the quality of the soil. (v) It is necessary to step up publicity efforts to improve public awareness of soil pollution prevention and control. The contaminated soil remediation is a big project consuming considerable manpower, material and financial resources, and relying on the government and relevant departments is not enough. It requires people to enhance the knowledge of soil pollution, and raise awareness of prevention and control. The related environmental monitoring departments should promptly track, monitor and release the soil pollution information of various regions, in order to provide theoretical data support for soil remediation and enhance people's understanding of soil pollution.

References

[1]YANG Y, HE YM, LUAN JL, et al. Comprehensive analysis on soil remediation technologies of international contaminated sites [J]. Environmental Science and Technology, 2012, 35 (10): 92-98. (in Chinese).

[2]LING H, XIE SB, TANG ZP, et al. Remediation of heavy metal polluted soil and application for typical soils [J]. Sichuan Environment, 2012, 31 (1): 118-122. (in Chinese).

[3]LONG XC, YANG XE, NI WZ. Current situation and prospect on the remediation of soils contaminated by heavy metals [J]. Chinese Journal of Applied Ecology, 2002, 13 (6): 757-762. (in Chinese).

[4]HUANG MH, LUO YM. Land remediation and ecological restoration of mined land [J]. Acta Pedologica Sinica, 2003, 40 (2): 161-169. (in Chinese).

[5]LIU SS, DONG JH, CHEN ZL, et al. Research advance in remediation techniques for volatile organic compounds contaminated soil [J]. Journal of Anhui Agricultural Sciences, 2012, 40 (12): 7130-7132. (in Chinese).

[6]Chaney RL, Minnie M, LI YM, et al. Phytoremediation of soil metai [J]. Current Opinion in Biotechnoiogy, 1997 (8): 279-284.

[7]HAO HZ, CHEN TB, JIN MG, et al. Recent advance in solidification/stabilization technology for the remediation of heavy metals-contaminated soil [J]. Chinese Journal of Applied Ecology, 2011, 22 (3): 816-824. (in Chinese).

[8]LIU ZF, FU BJ, ZHU YG, et al. Soil quality: concept, indicators and its assessment [J].Acta Ecologica Sinica, 2006, 26 (3): 901-913. (in Chinese).

[9]CUI F, YUAN B. The remediation standards and evaluation methods for remediation

effectiveness of contaminated soil [J]. Chinese Agricultural Science Bulletin, 2010, 26 (21): 341-345. (in Chinese).

[10] ZHOU QX, AN J, HE KX. Research and prospect on soil-environmental criteria in China [J]. Journal of Agro-Environment Science, 2011, 30 (1): 1-6. (in Chinese).

[11] WANG FS. Chemical fertilizer pollution and solving method in Inner Mongolia [J]. Inner Mongolia Agricultural Science and Technology, 2002 (1): 20-21. (in Chinese).

[12] ZHANG YM, LIU Y. Changing tendence and prediction of land nutrietion in Inner Mongolia [J]. Inner Mongolia Agricultural Science and Technology, 2004 (6): 45-46. (in Chinese).

[13] PANG LR, ZHANG FJ, LI XP, et al. Heavy metal content in agro-pastoral transition area and its differentiation [J]. Inner Mongolia Agricultural Science and Technology, 2010 (4): 71-72. (in Chinese).

[14] WANG FS. Chemical fertilizer pollution and solving method in Inner Mongolia [J]. Inner Mongolia Agricultural Science and Technology, 2002 (1): 20-21. (in Chinese).

[15] LUO YM. Current research and development in soil remediation technologies [J]. Progress in Chemistry, 2009, 21 (2): 558-565. (in Chinese).

[16] LUO YM, TENG Y, GUO Y. Soil remediation-A new branch discipline of soil science [J]. Soils, 2005, 37 (3): 230-235. (in Chinese).

[17] WEI B, LIU KH, QIN YW, et al. Ptytoremediation of soils contaminated by heavy metals in mined land [J]. Inner Mongolia Environmental Protection, 2006, 18 (2): 21-24. (in Chinese).

[18] YANG Y, LIU ED, SUN Y. Progress of bioremediation technology for heavy metals pollution in soil [J]. Inner Mongolian Environmental Sciences, 2009, 21 (6): 187-190. (in Chinese).

[19] WEI ZY, CHEN TB. An preview on the status of research and application of heavy metal phytormediation [J]. Advances in Earth Sciences, 2002, 17 (6): 835-839. (in Chinese).

[20] USEPA. Introduction to phytoremediation [R]. EPA/600/R-99/107, Washington DC, 2000.

[21] HUANG GY, CHEN JG, ZHANG QC. The current situation and development of domestic soil remediation [C]. Environmental Scientific Society of Sichuan Province, 2011. (in Chinese).

[22] LI PJ, LIU W, SUN TY, et al. Remediation of contaminated soil: Its present research situation and prospect [J]. Chinese Journal of Ecology, 2006, 25 (12): 1544-1548. (in Chinese).

鄂尔多斯能源开发区野外科研基地样点土壤重金属污染现状及其防治

灵灵[1]，乌力吉巴乙拉[2]，诺敏[1]

（1. 内蒙古自治区土地调查规划院，2. 苏尼特左旗边防大队）

摘　要：鄂尔多斯能源开发区土地资源数量——质量——生态监测与持续利用野外科研基地建设针对个别土壤污染指标进行定期取样化验，完成了两个旗县土壤主要重金属污染元素及污染源，为搭建土地调查数据采集、构建能合理、真实反映能源开发区土地数量、质量、生态状况的指标体系，为耕地保护、土地资源可持续利用提供理论依据，同时也为科学合理地进行农业产业结构调整提供依据。

关键词：鄂尔多斯能源开发区；土壤重金属污染；现状；修复及其防治

1　引言

土壤污染是指人类活动产生的污染物进入土壤并积累到一定程度，引起土壤环境质量恶化，对生物、水体、空气、人体健康产生危害的现象。重金属污染，主要来自钢铁冶炼企业、尾矿，以及化工行业固体废弃物的堆存场，代表性的污染物包括砷、铅、铬等。土壤重金属污染大部分残留于土壤耕作层，在一般环境条件下，较少向土壤下层迁移，重金属引起的土壤污染，导致植物中毒，进而污染农作物，再通过食物链进入人体。随着生活水平的提高和土壤质量的恶化，人们对土壤环境污染所带来的健康效应、食品质量安全越来越关注。

2　数据来源与研究方法

鄂尔多斯能源开发区土地资源数量——质量——生态监测与持续利用野外科研基课题在鄂尔多斯市伊金霍洛旗和达拉特旗共计布设野外监测样点35个，我们选用的样品为其中的24个较为典型的样地所采集，样品所取得的数据可以真实反映监测区域的土壤重金属含量状况。

我们采用原子吸收分光光度计，酸度计，原子荧光光谱仪，对伊金霍洛旗，达拉特旗的24个土样（典型样地）进行重金属含量测定。

一级标准：为保护区域自然生态，维持自然背景的土壤环境质量的限制值。

二级标准：为保障农业生产，维护人体健康的土壤限制值。

三级标准：为保障农林业生产和植物正常生长的土壤临界值。

3　结果与分析

测定结果显示全部土壤样品呈碱性，经测定土壤样品中铅（Pb）、镉（Cd）、铜（Cu）、铬（Cr）、锌（Zn）、镍（Ni）、汞

表 1　土壤环境质量标准　　mg/kg

级别		一级	二级			三级
项目		自然背景	< 6.5	6.5~7.5	> 7.5	> 6.5
镉　≤		0.20	0.30	0.30	0.5	1.0
汞　≤		0.15	0.30	0.50	1.0	1.5
砷	水田　≤	15	30	25	20	30
	旱地　≤	15	40	30	25	40
铜	农田　≤	35	50	100	100	400
	果园　≤		150	200	300	400
铅　≤		35	250	300	350	500
铬	水田　≤	90	250	300	360	400
	旱地　≤	90	150	200	250	300
锌　≤		100	200	250	300	500
镍　≤		40	40	50	60	200
六六六　≤		0.05	0.50			1.0
滴滴滴　≤		0.05	0.50			1.0

（Hg）和砷（As）这 8 种重金属的含量，如表 2 所示。伊金霍洛旗一共选了 14 个典型土壤样品，除样点 Y15A 的铜含量低于土壤环境质量二级标准以外其余样品全部重金属含量都低于国家土壤环境质量一级标准。样点 Y15A 的铅、铬、铜、砷含量在这 14 个样品中含量都是最高的，样点 Y15A 选址位于伊金霍洛旗毕鲁图村，地类为荒草地，从图 1 看出，我们是以矿区为中心点往外辐射圈的方式选的样点，样点 Y15A 选址正好是中心点处，所以铅、铬、铜、砷含量最高，其次是 Y14C、Y16A、Y14A、Y16C，中心点外第一圈，其次是 Y18C、Y18A，第二圈，接着往外扩 Y11C、Y11A、Y8A、Y8C，伊金霍洛旗样点选址是以矿区为中心点的，矿石的加工、运输、储存、尾矿的堆积、这些都是重金属元素的形成来源。

表 2　土壤重金属含量检测结果　　mg/kg

样品名称	铅	镉	铬	铜	锌	镍	汞	砷	Ph
Y8A	18.2	0.0399	24.2	8.16	64.4	16	0.062	3.24	7.89
Y10A	17.0	0.0494	28.4	13.2	85.6	17.2	0.017	4.89	8.84
Y11A	19.2	0.0385	26.3	10.6	51.0	25.6	0.023	4.23	8.66
Y14A	17.4	0.0280	16.8	5.98	38.7	19.0	0.0040	2.56	9.03
Y15A	27.4	0.0428	70.8	38.4	50.4	26.2	0.028	10.44	8.91
Y16A	18.1	0.0600	42.0	21.4	40.5	29.4	0.012	6.78	7.95
Y18A	13.8	0.0694	28.8	14.4	49.6	29.0	0.032	5.80	8.73

续表 2

样品名称	铅	镉	铬	铜	锌	镍	汞	砷	Ph
Y8C	13.8	0.0576	14.9	5.64	40.4	18.6	0.030	2.52	9.24
Y10C	15.5	0.0308	32.2	10.8	38.9	15.2	0.010	4.36	7.85
Y11C	10.5	0.0368	36	8.39	41.4	19.0	0.0092	4.16	9.26
Y14C	27.4	0.0518	48.6	6.19	35.2	25.4	0.011	2.59	9.12
Y15C	22.2	0.0458	33.0	25.2	33.4	28.9	0.014	9.16	8.93
Y16C	24.0	0.0406	30.2	17.9	31.3	23.2	0.0080	7.30	8.57
Y18C	13.8	0.0376	47.4	8.16	44.0	8.90	0.0060	3.38	9.08
D1A	24.0	0.0840	26.4	20.7	41.5	22.8	0.017	10.16	9.12
D1C	17.2	0.0708	29.7	24.8	49.8	30.4	0.015	8.64	9.63
D2A	15.3	0.0360	15.0	8.26	40.8	21.6	0.0010	3.71	8.34
D2C	7.86	0.0329	19.0	7.60	43.6	8.20	0.030	3.60	9.60
D4A	12.8	0.0460	13.6	9.92	43.0	27.6	0.032	5.60	9.17
D4C	13.2	0.0750	35.1	17.6	29.4	19.4	0.0049	5.44	9.30
D12A	10.6	0.0546	40.0	8.60	61.1	26.2	0.0092	5.24	8.94
D12C	13.4	0.0569	24.4	7.30	72.4	22.2	0.016	3.82	9.49
D13A	9.36	0.0372	36.8	8.36	40.0	15.8	0.0096	7.22	9.04

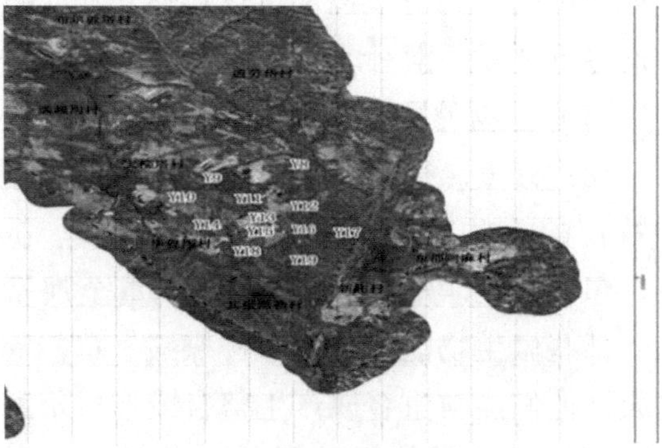

图 1　样点布置图（Y 代表伊旗）

达拉特旗一共选了 10 个典型土壤样品，样品全部重金属含量都低于国家土壤环境质量一级标准。样点 D13C 其砷含量在这 10 个样品中最高，砷含量为 13.96 mg/kg，样点 D12C 锌含量最高，锌含量为 72.4 mg/kg，选址南侧有 pvc 场。农业生产过程中含重金属的化肥、有机肥、废弃物和农药的不合理施用以及污水灌溉等，绿地化肥施用的废水，都可以导致土壤中重金属的污染、污水灌溉导致土壤重金属 Cd、As、Cu 等含量的增加。

Hg 相对于其他元素表现较独立，As、Cr 和 Ni 是受控于成土母质的元素组合，Cd 和 Pb 是受人为污染影响较强的元素，Cu 来源于地质成因的比例较大，Zn 受控于土壤中锰氧化物粘粒。在这 24 个典型样品中，样点 Y15A 铜、铬、铅、含量均高于其余 23 个样点各指标含量；样点 D13C 砷含量在 24 个样品中最高，砷含量 13.96 mg/kg，其次是样点 Y15A 砷含量 10.44 mg/kg；样点 D12C 锌含量最高，锌含量为 72.4 mg/kg；样点 Y15A、Y16A、Y15C、D1A、D1C 铜含量均高于其他样点土壤样品铜含量，这是由于这三个样点选址的地理环境有关；样点 Y8A、

Y10A、Y11A、Y14A、Y8C、D2A、D2C、D4A、这 8 个样地铬、铜、砷含量较低于其他 16 个样地铬、铜、砷含量。矿企业将未经严格处理的废水直接排放，使得它们周围的土壤容易富集高含量的有毒重金属。企业排放的烟尘、废气中也含有重金属，并最终通过自然沉降和雨淋沉降进入土壤。矿业和工业固体废弃物在堆放或处理过程中，由于日晒、雨淋、水洗等，重金属极易移动，以辐射状、漏斗状向周围土壤扩散，固体废弃物也可以通过风的传播而使污染范围扩大。道路两侧土壤中的污染物主要来自汽车尾气排放及汽车轮胎磨损产生的大量含重金属的有害气体和粉尘的沉降，而污染元素则主要为 Pb、Cu、Zn 等元素。具体环境质量指标与检测结果对照见表 1、2。

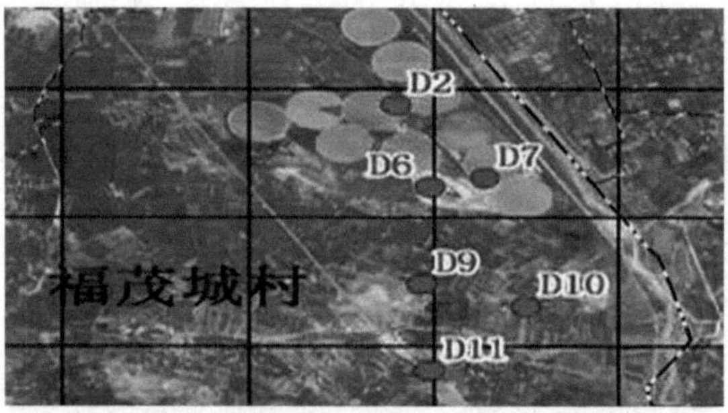

图 2　样点布置图（D 代表达旗）

4　重金属污染修复及其防治

目前对土壤重金属污染的防治及其恢复主要有三种方法，即物理方法、化学方法和生物修复。

（1）物理方法有换土法、玻璃化技术、电动修复。换土法原理就是用新鲜未受污染的土壤替换或部分替换原污染土壤，以稀释原污染物浓度，增加土壤环境质量；玻璃化技术是将重金属污染的土壤置于温高压条件下，形成玻璃态结构，使重金属固定于其中，稳定了土壤中的重金属；电动修复技术是一种原位修复，主要是针对受污染的底透水系数土壤等的修复，其基本原理是将电极插入受污染土壤区域，通过施加微弱电流形成电场。空隙中的地下水或额外补充的流体可作为传导的介质，污染物则在电场产生的各种电动力学效应下沿电场方向定向迁移，在电极区附近发生氧化、还原反应，经过电沉降、沉积等作用将污染物集中处理或分离。

（2）化学方法有化学淋洗修复和化学固定。淋洗技术是一种借助能促进土壤环境中污染物溶解或迁移作用的溶剂（常用的溶剂有水、甲醇、乙醇等），通过水力压头推动清洗液，将其注入被污染土层中，然后再将包含污染物的液体从土层中抽提出来，进行分离和污水处理的技术。化学固定是指通过土壤中加入有机质、沸石和磷酸盐等外源添加物，调节和改善重金属在土壤中的物理化性质，使其产生沉淀、吸附、离子交换、腐殖化和氧化还原等一系列反应，降低其在土壤环境中的生物有效性和可迁移性，从而减少这些重金属元素对动植物的毒性。

（3）生物修复有微生物修复、植物修复、动物修复。微生物修复技术是利用土壤中特定的一些微生物对重金属的吸收、沉淀、氧化还原等作用，降低土壤重金属毒性。某些微生物能代谢产生柠檬酸、草酸等物质，他们能与重金属产生螯合或形成草酸盐沉淀，以便减轻重金属对环境的污染危害；植物修复，植物提取：采用对重金属富集能力较高的植物，通过吸收和转移过程将重金属富集在可收割的部位，植物挥发：利用一些植物的生理活动来促使重金属转变为可挥发的形态，挥发出土壤和植物表；动物修复技术是利用土壤中某些低等动物如蚯蚓等吸收土壤中的重金属，从而在一定程度上降低污染土壤中重金属的含量。

总的来说物理化学技术修复重金属污染土壤不仅费用昂贵，难用于大规模污染土壤的改良，植物修复技术作为一种新兴的技术已为人们所接收。我们要引进和研发适合国内污染土壤修复的技术和设备。制定和完善土壤修复方面的法律法规及其技术标准。国内污染土壤防治方面的法律还不完善，需要制定一部土壤污染防治专门法来明确土壤污染和修复中的责任和义务。政府协调、公众参与，共同做好土壤污染防控工作。

参考文献

[1]李青青，罗启仕等．两种典型土壤修复技术的可持续性评价［D］．上海环境科学，2008，27（5）．

[2]夏家淇，骆永明．关于耕地土壤污染调查与评价的若干问题探讨［J］．土壤.2006，38（5）：667-670.

[3]郭伟，赵仁，鑫张君，包玉英等．内蒙古包头铁矿区土壤重金属污染特征及其评价［J］．环境科学，2011，32（10）．

[4]黄冠鼓、陈家桂、张卿川．国内土壤修复现状与发展．

[5]邵学新、吴明、蒋科毅．土壤重金属污染来源及其解析研究进展［J］．广东微量元素科学．2007，14（4）．

鄂尔多斯市露天煤矿采矿用地方式改革实践探索与制度建议

徐艳红，郝梦洁

（内蒙古自治区土地调查规划院　呼和浩特　010010）

摘　要：为解决建设用地指标紧张、用地成本高、采矿后土地闲置等问题，鄂尔多斯露天煤矿采矿用地方式改革试点于 2011 年经国土资源部、内蒙古自治区国土资源厅批准实行。试点的实施办法：煤炭企业向农民征地完成采矿后，按原地类恢复原土地用途，归还当地农民使用，企业完成开采和复垦的周期为 5 年。试点的实施取得了一定成效，但也暴露出一些问题。本文通过对鄂尔多斯露天煤矿采矿用地方式改革试点基本情况、取得的成效、存在的问题进行调查研究，综合考虑试点的成效和问题，为试点工作更好地开展，提出了一些制度建议。

关键词：鄂尔多斯；露天煤矿；矿业用地方式改革；政策建议

1　总体概况

1.1　试点范围

为解决建设用地指标紧张、用地成本高、采矿后土地闲置等问题，鄂尔多斯露天煤矿采矿用地方式改革试点于 2011 年经国土资源部、内蒙古自治区国土资源厅批准实行，批复文件为《国土资源部办公厅关于内蒙古鄂尔多斯市露天煤矿采矿用地方式改革试点的复函》(国土资源厅函［2011］949 号)。批复试点矿区总用地面积 23 294.33 公顷；分布于鄂尔多斯市伊金霍洛旗、达拉特旗、东胜区、鄂托克旗和准格尔旗五个旗区的 17 个乡镇，55 个村和 20 个国有单位，共 104 宗地，囊括了 80 家矿山企业。[1]

1.2　实施的基本条件

露天煤矿采矿用地方式改革的基本条件要求：一是试点矿区煤炭矿藏离地表浅近、储量丰富，具有储量大、赋存高、埋藏浅、露头多、易复垦等特点[7]，具有开展露天采矿用地方式改革试点的特点；二是鄂尔多斯露天煤矿的开采工艺较为简单，将覆盖在矿体上面的土石剥离后，用“台阶”结构形式从上至下直接采掘采矿采用无爆破、机械直接铲挖，用地周期相对较短[2]，从征地—开挖—排土—采矿—复垦，平均 3~5 年，其中采矿用地 2~3 年，复垦用地 1~2 年，具有建设周期短、推进速度快、占地速率高等特点，具有临时使用的基本属性；三是必须取得国土资源部露天采矿临时用地改革试点批复。

2 基本做法

2.1 核心内容

鄂尔多斯市露天采矿用地方式改革，旨在不改变农村土地所有权性质、不改变土地利用总体规划用途的前提下，以临时用地方式满足露天采矿用地需求，基本思路就是“临时用地，移土采矿，及时复垦，还地于民”。主要内容：一是露天采矿用地供应方式改革，对试点范围内的采矿用地，采取分期实施、分期供地、到期归还的做法，以临时用地方式使用农民集体土地；二是露天采矿用地审批制度改革，在试点范围内，采矿用地涉及占用农村集体土地的，不再实施征收，不转变土地用途，集体土地所有权性质不发生改变。依据露天采矿用地规划和分期实施规划报批露天采矿用地；三是采矿用地补偿方式和建立用地退出机制改革，参照本地区的征收土地标准，按照采矿和土地复垦期限确定补偿方案，由露天采矿用地单位给予被使用土地农村集体经济组织和土地承包经营户补偿。用地单位在采矿结束后完成土地复垦，经验收符合标准，将土地交还原所属集体经济组织，不改变农村集体经济组织土地所有权和使用权。试点拟分四个规划期，各期从获取用地批复开始到完成复垦还地结束，每个规划期 5 年，土地批复工作从 2012 年开始到 2015 年结束，复垦还地工作从 2016 年开始到 2019 年结束。采矿临时用地各期计划上报内蒙古自治区国土资源厅批准并报国土资源部备案后实施。[3]

2.2 实施难点

试点工作的开展需要当地农民的大力支持，政府部门需对征地、还地等关系农民权益的环节做出详细解释说明，如何使农民清楚试点开展对改善其生活、保障其土地权益的积极作用是试点开展的难点之一；试点范围内各矿区煤炭矿藏差异较大，开采难度、开采年限、企业技术力量并不统一，如何合理安排开采、复垦时间是各企业需解决的难点；试点规划煤炭企业 5 年内完成开采和复垦工作，而各企业开采区域矿藏开采难度、企业技术力量不一，如何确保按规划完成复垦还地是试点运行的另一难点。

3 突出成效

与 2007 年经内蒙古自治区国土资源厅批复的鄂尔多斯市采矿临时用地试点相比，此次试点方案进一步扩大采矿用地面积，延长了用地期限，缓解了鄂尔多斯市建设用地指标的压力，将国有大型露天煤矿采矿用地纳入了试点范围，提高了试点规范性文件的效力层级。在增加农民收入和改善农民生产生活条件方面也起到的极大的积极作用：对被征地农民予以经济补偿，极大地改善了当地农民的生活环境；节约了建设用地指标，有利于保障各级重点工程、城市基础建设、民生建设项目的用地需求；采矿临时用地复垦还地后将交还当地农民使用，既不改变土地的权属单位，又解决了土地复垦后无人管护的问题，切实地保护了农民的合法土地权益。对煤炭企业来说，试点方案的实施极大地改善了采矿企业取得采矿用地的成本，从而减少了产煤成本，有利于增强企业在煤炭市场中的竞争力。通过试点工作开展，鄂尔多斯市露天采矿用地方式改革的可行性得以证实。试点用地落实最严格的耕地保护制度，严格执行《土地复垦条例》等有关规定，按照平等协商的原则，签订采矿临时用地合同。既解决了采矿企业用地难、用地贵的问题，缓解了违法用地案件的发生，又切实地保护了农民合法土地权益，有效增加了农民收入，改善了农民生产生活条件。试点工作开展过程中总结的经验对解决类似的矿山采矿用地问题具有良好的示范作用。

4 存在问题

试点工作的开展，虽然极大地缓解了建设用地指标紧张的问题、扩大了开采面积、延长了用地期限、提高了试点的效力层级、改善了当地农民的生产生活水平，但是也存在着一些缺陷和薄弱环节，主要问题包括以下几方面的内容：

第一，经济环境运行不畅，试点推进缓慢。进入2012年以来，国内经济形势复杂，出现下滑态势，国内煤炭需求量明显下降，加之受到海外低价煤炭冲击[4]，国内煤炭价格不断下跌。鄂尔多斯市试点范围内，许多煤炭企业资金周转困难，生产停滞，采矿用地需求量下降，只有少数企业申请临时用地。另外，一些企业前期申请的采矿用地已进入复垦阶段，未完成复垦无法申请使用采矿临时用地，资金短缺和无力复垦，也是造成企业生产停滞的原因之一。

第二，企业征地补偿存异，用地成本不断飙高。按照采矿临时用地试点方案，根据相关征用土地补偿标准进行征地，煤炭企业可以有效地降低取得采矿用地的成本。但由于过去几年煤炭市场持续走高，被征地农民对可获得的经济补偿期望上涨，不同意按照征地标准进行补偿。但当时煤炭市场需求旺盛，受利益驱使，部分企业为实现尽快达产，与当地农民私下交易，擅自提高补偿金额，造成恶性循环，致使征地成本不断上涨。

第三，试点范围缺乏灵活性，临时用地指标协调困难。批复的试点范围小于各矿区井田范围，部分矿区开采用地未编入试点范围，而纳入试点范围的采矿用地，煤炭企业暂无能力开采、企业近期开采计划不包括试点范围内的采矿用地、征地补偿协商未达成一致、试点范围内无煤等多方面原因，而试点范围外缺少供地指标。最终形成，企业试点范围外用地难以申报，试点内可申请用地难以达产的两难局面。另外，各矿区试点范围一经划定无法调整，也造成各试点矿区间用地指标矛盾难以化解。例如，一些老煤矿试点临时用地指标富余，而一些新煤矿指标明显不足，试点临时用地指标难以按照各矿区实际需求平衡分配。此外，试点矿区范围内存在个别文物保护区，如长城遗址等[7]。

第四，试点审批涉及多个部门，各部门间衔接明显不足。试点批复后，鄂尔多斯市出台的试点实施方案及具体措施，大多局限于国土部门的土地审批监管，其他与试点审批相关的部门对试点情况缺乏了解，试点矿区的审批手续办理的系统性不足。[3]

第五，土地复垦后无人管护，复垦土地利用率较低。由于矿区征地后绝大部分农民已搬离矿区所在的村镇，且进城务工的收入远大于获取复垦土地务农的收入，因此土地复垦还地后无人管护，土地荒废，复垦土地用途得不到保证[7]。加之，鄂尔多斯地区降雨并不丰富，许多矿区靠近沙漠极其干旱，复垦后土地无人管护，单依靠降水地上植物需水量难以满足，地表植物缺水死亡，如经长年风蚀土地荒漠化可能性较高。土地复垦投入的人力、物力对于土地的高效集约利用未起到积极的促进作用。

5 制度建议

针对上述试点的缺陷和薄弱环节，为鄂尔多斯市露天采矿临时用地试点更好地开展，提出以下几项制度建议：

第一，进行煤炭产业整合，提高企业竞争力。鼓励鄂尔多斯市中小型煤炭企业整合或合作，发挥各自优势，加强各矿区技术力量[5]，降低煤炭生产成本，促进形成煤炭生产－销售－运输一条龙产业链，提高企业在煤炭市场中的竞争力，以抗衡经济下滑对鄂尔多斯市煤炭产业的冲击。针对试点矿区煤炭企业的情况，出台鼓励煤炭企业整合或合作的政策。对于整合的中小型煤炭企业，根据当地实际情况适当放宽试点范围的局限，允许整合后的煤炭企业将原各矿区已占有的试点范围指标也进行整合，在一定范围内重新划定试点范围，提高整合后煤炭企业的生产规模化。

第二，完善征地补偿标准，严格按照标准执行。严格按照试点征地补偿标准对被征地农民予以补偿，补偿操作透明化，补偿标准及补偿金额确定后向当地农民公示。将征地补偿合同纳入报批组件，征地补偿与试点征地补偿标准不符的，所申报使用临时用地不予审批。私自与农民交易，超出试点征地补偿标准的，对其申报使用临时用地不予受理。

第三，总体用地指标不变，允许试点规划调整。在试点范围总面积不变的前提下，允许试点范围根据实际用地情况进行调整。对于试点范围内无煤的矿区，准许其将计划开采区域调整为试点范围；对于征地困难的矿区，准许其在试点范围内更换计划开采范围[6]；对于试点范围内用地指标富余及紧张的矿区，经政府部门协调，企业双方同意，准许年度计划指标在各矿区间相互调整使用。另外，对于集中连片的矿区，可进行统筹规划、统筹管理。由煤炭、国土部门监管，片内矿山企业建立联合工作组，统一安排矿坑、排土场、复垦区位置。实现采坑—排土场—待开采区更大范围内循环作业，形成规模生产效应。

第四，完善管理体制，促进部门间协作。鄂尔多斯市政府可从监察、国土、煤炭、农牧、林业、环保、水利、水保、电力、地税等相关单位抽调专门人员，成立试点工作组，缩短试点项目审批周期，监管煤炭开采及之后的土地复垦工作。

第五，加大监管力度，加强法规建设。针对试点矿区内需监管的事项，各监管部门应首先明确自身的职责范围，对同一监管事项避免形成多个执法主体，多个部门管理，职责交叉，造成彼此推诿扯皮，法律责任不清，影响试点工作的正常推进。应加强群众对试点工作的监督，对征地补偿安置费分配和使用进行公示，安置补偿费用的收取、支出、用途透明化。群众对当地情况比较了解，应积极听取并接受群众对临时用地使用或复垦提出的建议，建立畅通的群众意见、建议听取反馈系统。另外，可利用卫星遥感、网络交流平台等现代化技术，对试点的用地、复垦情况进行动态巡查，加大对违反规划用地的查处力度。同时，临时用地相关法规建设有待加强，尤其是针对征地补偿标准、复垦验收标准等容易出现争议的环节。出台相应法规规范临时用地试点范围划定细则、征地补偿标准、用地审批程序、企业的权利及义务、采矿期限和复垦期限、复垦验收标准等内容，形成试点临时用地管理办法，为各环节工作提供法规依据，建立良好的临时用地市场秩序。

第六，创新采矿用地方式，深化差别化供地制度。试点范围内煤炭矿藏差异较大，各矿区煤炭储量、埋深、开采年限、矿区面积不等，因此各矿区对临时用地需求量、使用年限等也存在差异。煤炭企业的自身情况，如资金运转、技术力量等，也会影响其对临时用地数量和使用年限的需求。综合考虑煤炭矿藏的储量、埋深、分布等方面的情况以及煤炭企业的发展阶段，应建立、健全差别化的供地制度，使临时用地的供应量、使用年限与各煤炭企业的生产周期、企业规模相适应，形成更科学合理的供地制度。此外，国土部门可主动加强和煤炭部门的协调，建立合作制度，综合考虑各矿区煤炭年产量和矿区内矿藏总量，制订差别化的供地方案。与煤炭部门的合作可提高国土部门对煤炭市场变化的洞察力，国土部门可根据市场对煤炭的需求量制订相应的用地计划，实现供地计划与煤炭市场需求相衔接。

第七，针对复垦后无人管护的土地，制订复垦土地利用计划。采矿用地复垦后，原住地村民不愿迁回原址的，与其签订用地协议，允许其他企业、个人申请依照复垦后土地的地类使用土地。例如，复垦为农用地的土地，允许企业、个人申请用地，从事农作物种植等活动，土地集中连片利用有利于农业生产机械化、规模化，有利于先进农业技术的引进。同时，可遵循“谁复垦，谁受益”的原则，复垦义务人优先享有申请复垦后土地的使用权。另外，加速新农村建设，进行土地整治，发展规模化农业生产，创造更多就业岗位，改善农民居住环境，吸引迁出农民迁回原址生活，形成鄂尔多斯市农村可持续发展模式。[5]

6 结论

鄂尔多斯市露天煤矿采矿用地方式改革试点于2011年经国土资源部、内蒙古自治区国土资源厅批准，2012年开始实行。试点矿区煤炭矿藏储量大、赋存高、埋藏浅、露头多、易复垦，开采工艺较为简单，用地周期较短，临时使用土地能够满足煤炭企业生产，同时解决建设用地指标紧张、用地成本高、采矿后土地闲置等问题，保障了当地农民的土地权益，因此试点具有实施的意义。试点实施的基本方案：煤炭企业向农民征地完成采矿后，按原地类恢复原土地用途，归还当地农民使用，企业完成开采和复垦的周期为5年。试点的实施取得了一定成效：缓解了鄂尔多斯市建设用地指标的压力，增加了被征地农民的收入，切实地保护了农民的合法土地权益，解决了土地复垦后无人管护的问题，降低了采矿企业取得采矿用地的成本。但试点的实施也暴露出一些问题：受经济环境影响试点推进缓慢，企业与农民受利益驱使不断推高用地成本，试点范围缺乏灵活性，试点审批涉各部门间衔接不足，土地复垦后管护不力。针对试点的问题，为鄂尔多斯市露天采矿临时用地试点更好地开展，提出以下几项制度建议：进行煤炭产业整合，提高企业竞争力；完善征地补偿标准，严格按照标准执行；总体用地指标不变，允许试点规划调整；完善管理体制，促进部门间协作；加大监管力度，加强法规建设；创新采矿用地方式，深化差别化供地制度；针对复垦后无人管护的土地，制订复垦土地利用计划。

参考文献

[1]国土资源部．国土资源部办公厅关于内蒙古鄂尔多斯市露天煤矿采矿用地方式改革试点的复函．国土资源厅函［2011］．949号．

[2]陈俊岩．浅谈绿色开采鄂尔多斯煤炭资源［J］．西部能源，2012（3）：155-156.

[3]鄂尔多斯市国土资源局．鄂尔多斯市国土资源局关于加快推进露天采矿用地方式改革试点工作的通知.2012-5-2.

[4]冯立群．中国煤炭进口来源分析［D］．

呼和浩特：内蒙古大学，2012：8–9.
[5]王再岚，吴苏海，智颖飙等．鄂尔多斯煤炭资源开发可持续发展研究[J]．科学管理研究，2005（6）：38–40.
[6]赵荣，任艳，王引弟．浅谈鄂尔多斯应谨防资源诅咒[J]．中国外资，2013（14）：243–244.
[7]尚东汇，温强．浅谈鄂尔多斯煤炭资源利用及存在的问题[J]．西部资源，2014（1）：176–177.

鄂尔多斯市生态环境敏感性评价分析

徐艳红，姚喜军，鲁丽波，范海娇

（内蒙古土地调查规划院，内蒙古　呼和浩特 010010）

摘　要：笔者对鄂尔多斯市的 8 个旗县区开展基于土地生态安全的生态环境敏感性评价，揭示区域生态环境敏感性差异及其影响因素。运用 fragstats 景观分析法、GIS 空间分析法和遥感影像分析法，结合地面调查，采用信息挖掘和数据分析等方法提取研究区域内每一个行政村的指标数据，进行定量化综合评价，最终计算研究区域的生态环境敏感性综合分值。得出鄂尔多斯市的高度敏感区域和极敏感区域主要集中在东部丘陵沟壑区和南部毛乌素沙漠区的中东部地区。究其原因主要有：东部丘陵沟壑区有些地区的水土流失现象严重导致该地区的敏感性较高；南部毛乌素沙漠区的土地沙化现象严重导致其敏感性较高；对于处在这两个区域的村镇来说，加强当地的生态环境保护已经迫在眉睫。

关键词：鄂尔多斯市；生态环境；敏感性评价

An Evaluation and Analysis of the Sensitivity of Ecological Environment in Ordos

XU Yanhong，YAO Xijun，LU Libo，FAN Haijiao

(Land Surveying and Planning Institute of Inner Mongolia Autonomous Region，Hohhot，Inner Mongolia ，China ，010010)

Abstract：This paper is an evaluation of the ecological sensitivity in the eight banners，counties and districts in Ordos based on the land ecological safety. Its a revelation of the regional differences in ecological sensitivity and the influencing factors. Fragstats' view analysis，GIS spatial analysis and remote sensor film analysis are applied to the study with the ground survey. We get the index data of every administrative village through information investigation and data analysis to make quantitative comprehensive evaluation and calculate the comprehensive score of the ecological environment sensitivity in the specific area. It is found that the area of high sensitivity and extremely sensitive areas are mainly in the h illy and gully regions in the east and the mid-east part of Mu Us desert in the south. The reasons are the soil and water loss in the east and desertification of land in the south. Its urgent to enhance the protection of the ecological environment in the villages in these two regions.

Key words：Ordos；ecological environment；evaluation of sensitivity

生态环境敏感性是指生态系统对各种环境变异和人类活动干扰的敏感程度，即生态系统在遇到干扰时，生态环境问题出现的概率大小[1]68-73。可以说生态环境敏感性评价实质就是在不考虑人类活动影响的前提下，评价具体的生态过程在自然状况下潜在的生态环境问题的可能性大小，敏感性高的区域，当受到人类不合理活动影响时，就容易产生生态环境问题，是生态环境保护和恢复建设的重点[2]46–52。本文以鄂尔多斯市为研究对象，利用鄂尔多斯市生态状况基础性调查资料和各种对鄂尔多斯市生态环境现状的调查和评价结果，通过单因子分析和多因子综合评价相结合，对生态环境敏感性进行了综合评价，明确生态环境敏感区域，为当地土地资源的“数量管控、质量管理、生态管护”三位一体管理服务，为我国土地生态管护水平提升和土地资源监管模式转变提供支撑，为鄂尔多斯市生态环境建设和保护规划方案的制定提供生态学基础，为内蒙古建成北方重要生态安全屏障提供保障。

1 研究区概况

鄂尔多斯市坐落在内蒙古自治区西南部，地处北纬37°35′24″~40°51′40″，东经106°42′40″~111°27′20″之间。全市区域地势西高东低，海拔1000 ~1500 m，气候属典型的温带大陆性气候，年降雨量150 ~400 mm左右，年蒸发量2 000 ~ 3 000 mm以上。鄂尔多斯市外流地表水属黄河水系，分东、南、西、北四大片。有的河流在市境内直接注入黄河，有的河流出境后汇入黄河。内流区主要分布在鄂尔多斯市中部和西部。全市主要植被是以沙生、旱生的半灌木为主的干草原和荒漠草原，植被覆盖率在40%左右。从东南向西北，境内植被依次可划分为典型草原亚带、荒漠草原亚带和草原荒漠化亚带[3]63–68。

2012年，鄂尔多斯市土地总面积为86 881.61 km^2，其中耕地面积为4 080.84 km^2，占土地总面积的4.70%；园地面积为23.84 km^2，占土地总面积的0.03 %；林地面积为13 042.51 km^2，占土地面积的15.05%；牧草地面积为53 737.92 km^2，占土地总面积的61.86 %；城镇村及工矿用地面积为1 192.13 km^2，占土地总面积的1.34%；交通用地面积为627.83 km^2，占土地总面积的0.70 %；水域及水利设施用地面积为1 658.40 km^2，占土地总面积的1.91%；其他土地面积为12 518.15 km^2，占土地总面积的14.41%。

2 研究方法

生态环境问题的形成和发展往往是多个因子综合作用的结果。生态环境问题的出现或者发展概率常常取决于影响生态环境问题形成的各个因子的强度、分布状况和多因子的组合[4]12–18。因此，在生态环境敏感性评价时，常常采用多因子的综合方法。如景观多样性，就包括了土地利用类型多样性指数、土地利用格局多样性指数、斑块多样性指数等与景观多样性直接相关的因子通过综合各影响因子分布图，采用GIS空间分析方法，得出各生态环境问题的敏感性分布图，然后再进一步综合，得出鄂尔多斯市生态环境敏感性分布图。

影响环境敏感性的因子很多，根据鄂尔多斯市的实际情况，生态敏感性评价主要针对景观多样性、水土流失、土地损毁与退化等生态环境问题进行分析。结合相应的现状评价标准，本次敏感性评价分为5级，即极敏感、高度敏感、中度敏感、轻度敏感、不敏感。

2.1 评价指标及其空间分布

景观多样性敏感性。景观是由相互作用的景观要素或生态系统以一定的规律组成的具有高度空间异质性的区域。景观多样性是指不同类型的景观在空间结构，功能机制和时间动态方面的多样化和变异性，它反映了景观的复杂程度。多样性指数主要取决于：一是土地利用类型的多少；二是各土地利用类型在面积上分布的均匀程度。以此为基础本文综合考虑景观类型多样性指数、景观格局多样性指数、景观斑块多样性指数、无污染高等级耕地比例、有林地与防护林比例、天然草地比例、无污染水面比例七个指标因子。

水土流失敏感性。降水是产生水土流失的主要因子，由于降水分布的不均匀性引发了水土流失的敏感性差异。植被是影响水土流失的又一非常重要的因子。当降水侵蚀力较小时，植被为农业用地而不是地带性森林植被，发生水土流失的概率就会很高；当降水侵蚀力较大时，如果植被为地带性的森林植被，发生水土流失的几率较小。地貌和土壤类型对水土流失的影响也比较显著，地形的区域差异也导致了水土流失敏感性的差异。以此为基础本文选取了年均降水量、降水量季节分配、土壤有机质含量、有效土层厚度、坡度、高程、植被覆盖度、生物量八个指标因子。

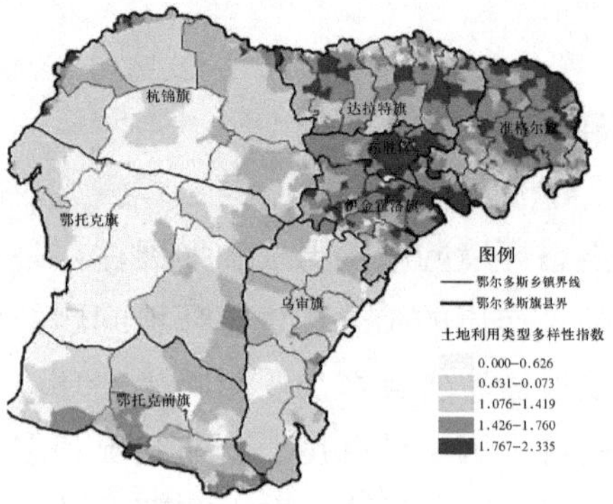

图 1　鄂尔多斯市土地利用类型多样性指数分布图

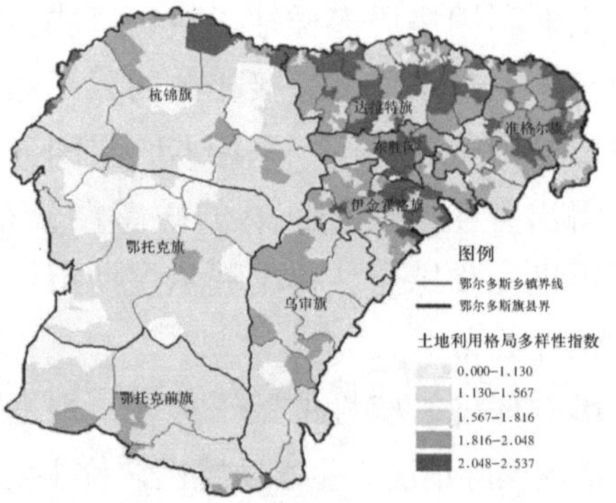

图 2　鄂尔多斯市土地利用格局多样性指数分布图

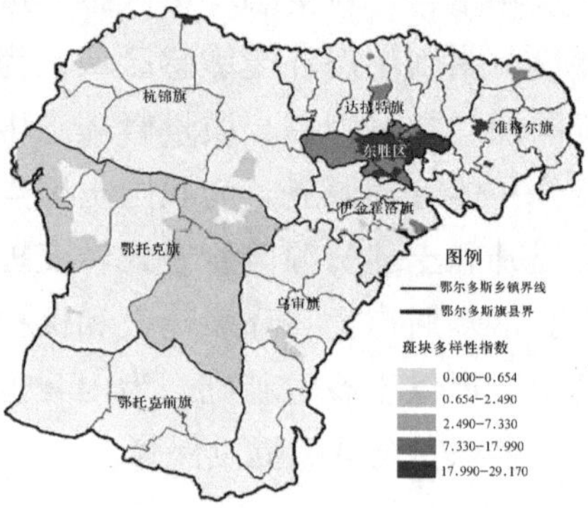

图 3　鄂尔多斯市土地斑块多样性指数分布图

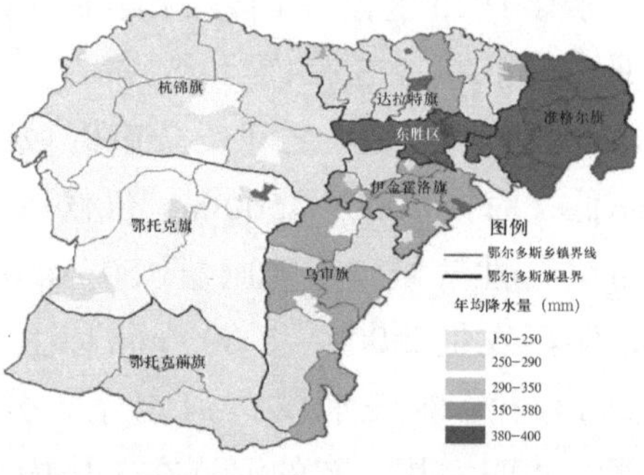

图 4　鄂尔多斯市年均降雨量分布图

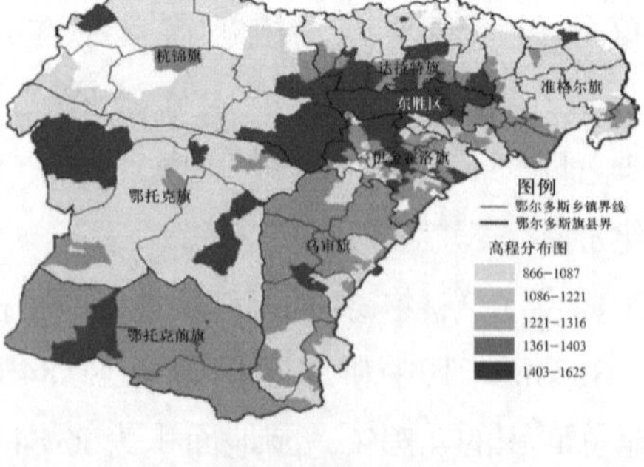

图 5　鄂尔多斯市高程分布图

土地损毁与退化敏感性。煤炭资源的开发会对矿区土地资源和生态环境造成严重破坏，尤其是露天煤矿的开采彻底改变了原有土地利用类型，鄂尔多斯市煤炭资源丰富，所以大量的煤炭开采造成了当地的土地损毁。土地退化是由于使用土地或由于一种营力或数种营力结合致使干旱、半干旱和亚湿润干旱地区雨浇地、水浇地或草地、牧场、森林和林地的生物或经济生产力复杂性下降或丧失。以此为基础本文选取了挖损土地比例、压占土地比例、自然灾毁土地比例、耕地年均退化率、林地年均退化率、草地年均退化率、湿地年均退化率、水域年均退化率八个指标因子。

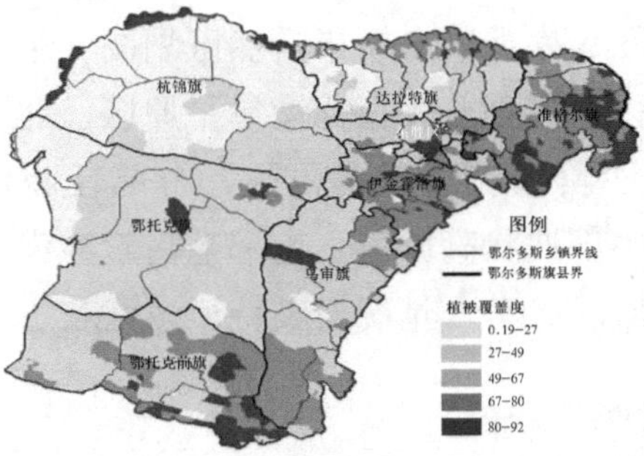

图 6　鄂尔多斯市植被覆盖度分布图

图 7　鄂尔多斯市土地损毁分布图

2.2　综合评价方法

对于多指标多对象的综合评价，人们已提出许多不同的综合评价方法。传统评价方法有综合评分法、标准化计分法和功效系数法；多目标决策评价方法有优序法、引进次序法、双基点法和投影法；现代评价方法有主成分分析法，因子分析法、熵值法、模糊评价法、灰色关联分析评价法和层次分析评价法等[5]9-12。

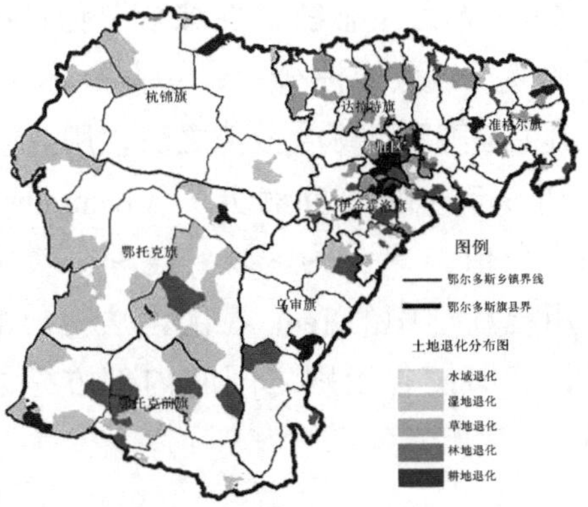

图 8　鄂尔多斯市土地退化分布图

本文通过对鄂尔多斯市出现的三种主要的生态环境敏感性问题运用了综合评分法进行分析，并建立鄂尔多斯市生态环境敏感性评价体系。在评价过程中，指标权重大小表明各个指标的重要程度，对权重的赋值是否合理对最终评价结果的科学准确性起到关键性的作用，这就要求研究者首先选择合适的方法确定权重，以保证结果的科学客观合理[6]30-34。通过比较分析本文应用特尔斐法确定各指标的权重。如表 1 所示：

最后采用以下公式计算生态敏感性评价综合分值：

$$S=\sum_{i=l}^{m} W_i \times Y_i \qquad \text{（公式 1）}$$

表 1　鄂尔多斯市生态环境敏感性评价指标体系

景观多样性敏感性指标	水土流失敏感性指标	土地损毁与退化敏感性指标
	年均降水量（0.166）	挖损土地比例（0.125）
景观类型多样性指数（0.152）	降水量季节分配（0.124）	压占土地比例（0.124）
景观格局多样性指数（0.144）	土壤有机质含量（0.102）	自然灾毁土地比例（0.123）
景观斑块多样性指数（0.133）	有效土层厚度（0.102）	耕地年均退化率（0.126）
无污染高等级耕地比例（0.138）	坡度（0.112）	林地年均退化率（0.127）
有林地与防护林比例（0.148）	高程（0.112）	草地年均退化率（0.125）
天然草地比例（0.146）	植被覆盖度（0.158）	湿地年均退化率（0.124）
无污染水面比例（0.149）	生物量（0.124）	水域年均退化率（0.126）

其中：S 为生态敏感性综合分值；W_i 为指标权重；Y_i 为指标分值；m 为指标个数。计算出生态敏感性综合分值之后，用 ArcMap 中的 Quantities 进行自然分界（naturalbreak）将综合分值结果分为 5 级，这种分类方法是利用统计学中的 Jenk 最优化法得出的分界点，能够使各级别之间的内部方差之和最小[7]10–16。

3　评价过程

3.1　研究区域自然区划分析

图 5 为鄂尔多斯市自然区划图，主要将鄂尔多斯市划分为黄河南岸平原区、北部库布齐沙漠区、西部高原区、东部丘陵沟壑区、中部波状高原区、南部毛乌素沙漠区六个区域[8]，分布情况及其特征详见表 2。

表 2　鄂尔多斯市自然区划特征比较

分区类型	分布情况	区域特征
黄河南岸平原区	西起鄂托克旗西部的巴音陶亥乡，东至准格尔旗北部的大路乡，包括鄂托克旗、杭锦旗、达拉特旗和准格尔旗黄河右岸 28 个乡镇（苏木）的全部或部分地区	绝大部分土地处于黄河河漫滩的一、二、三级阶地冲积平原，这条若续若断、宽窄不一的冲积洪积平原，南部与库布齐沙漠区的北缘相接，东段有纵穿沙漠而注入黄河的十多条沟川，在其南部形成了断续连接的洪积扇群和地貌较明显的洪积平原带
北部库布齐沙漠区	地处鄂尔多斯盆地北缘，黄河平原以南，东西长约 400 余公里，西宽东窄。西起杭锦旗巴拉贡镇之南，沿摩仁河东北、巴音乌素北部、锡尼镇以北，经过图古日格苏木，到达拉特旗和准格尔旗 24 个乡、苏木的全部或部分区域	西部多为流动性沙丘、新月形沙垄等，植被稀疏、单一，而东部由于有 10 多条季节性河流纵穿其间，其河流两岸往往形成面积大小不等的河谷阶地，植被较为丰富
西部高原区	包括库布齐沙漠西段以南杭锦旗锡尼镇、鄂托克旗白彦淖、包乐浩晓以及鄂托克前旗毛盖图、三段地一线以西的广大地区	地形主要为波状高原，北部地形起伏强烈，其间发育较多的“V”型和“U”型沟谷，其上散布着岛状残山和风蚀洼地

续表 2

分区类型	分布情况	区域特征
东部丘陵沟壑区	地处鄂尔多斯市东部，北靠库布齐沙漠东段，南与晋陕黄土高原接界，西起杭锦旗塔然高勒乡，东至准格尔旗窑沟乡，长约 200 公里，西窄东宽	中间是南北缓坡隆起的分水岭，北坡是穿越库布齐沙漠向北注入黄河的八大沟川上游；南坡是皇甫川、清水川、沙梁川、悖牛川、乌兰木伦河等沟川的上游。由于水蚀强烈，水土流失严重，形成了支离破碎的沟壑地貌。地面表土薄、土质差，植被稀疏
中部波状高原区	地处鄂尔多斯市中部偏东，毛乌素沙地北缘，鄂尔多斯波状高原东端，杭锦旗塔然高勒、东胜区巴音敖包、漫赖和伊金霍洛旗哈巴格希、布连一线以南，乌审旗浩勒报吉、乌兰沙巴尔合、呼吉尔图一线以北地区	地势波状起伏，自北向南缓倾斜，地貌呈梁滩相间并有覆沙地，还有一些较开阔的低洼滩地和闭流区湖泊分布，其边缘生长着茂密的天然柳林
南部毛乌素沙漠区	地处鄂尔多斯市南部，是全国 12 大沙漠之一。西起鄂托克前旗三段地，向北经鄂托克旗的包乐浩晓、额尔和图、苏米图，向东经乌审旗 乌兰巴尔合、伊金霍洛旗合格庙一线南，包括鄂托克旗、鄂托克前旗、乌审旗以及伊金霍洛旗的 26 个乡、镇、苏木	自西北向东南，植被覆盖度较小，沙丘活动性增加。西北及西部以及边缘地区多分布有固定、半固定型的坡状沙地，多小丘沙地及平沙地

3.2 生态环境敏感性评价

根据本文选取的指标体系，运用公式 1，最后计算出鄂尔多斯市景观多样性敏感性、水土流失敏感性、土地损毁与退化敏感性、综合生态环境敏感性，具体分布如图 9、图 10、图 11 所示。

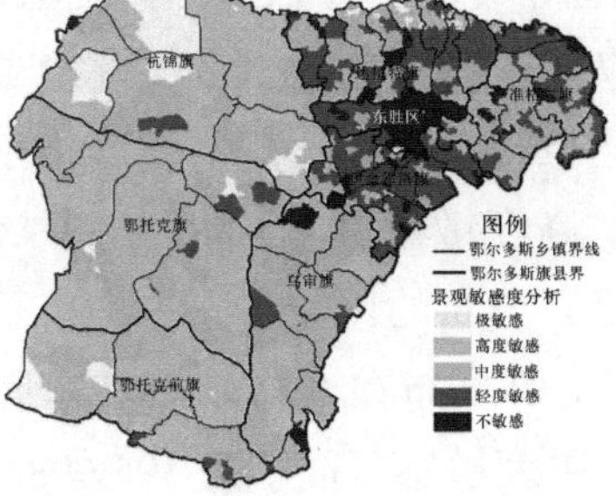

图 9　鄂尔多斯市景观多样性敏感性分布图

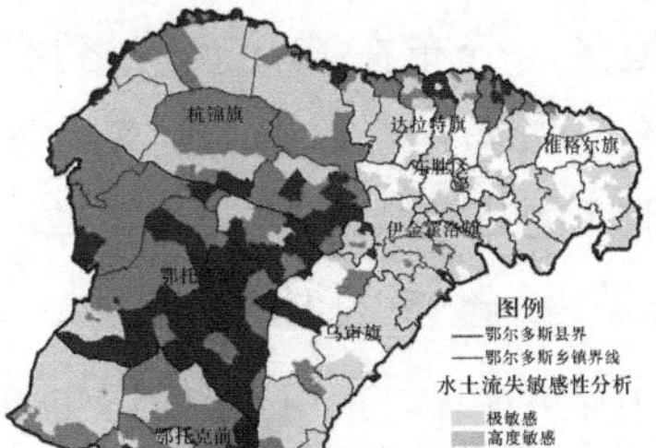

图 10　鄂尔多斯市水土流失敏感性分布图

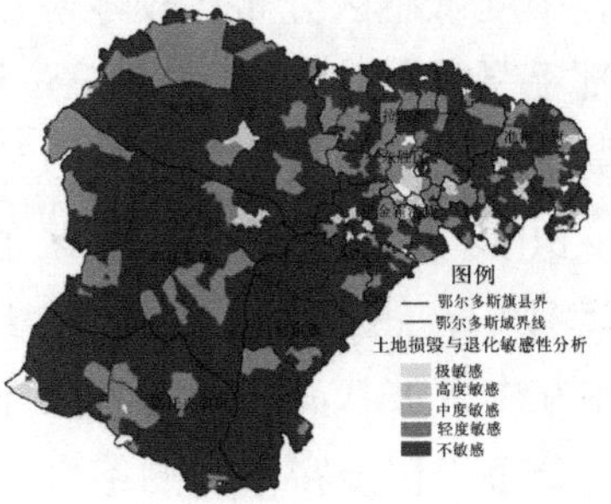

图 11　鄂尔多斯市土地损毁与退化敏感性分布图

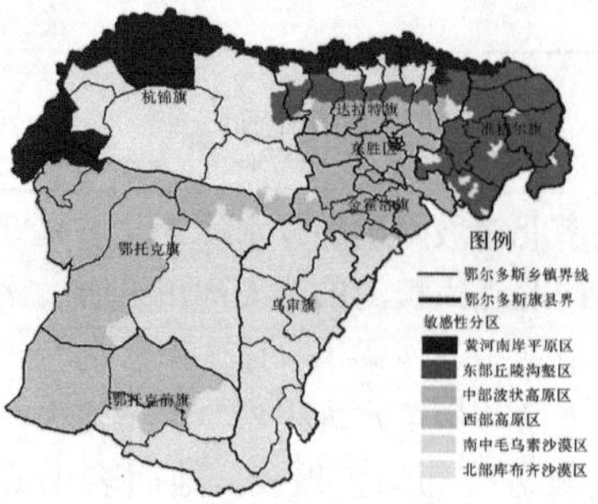

图 12　鄂尔多斯自然区划示意图

3.3　生态环境敏感性评价结果分析

将计算出得出的鄂尔多斯市景观多样性敏感性、水土流失敏感性、土地损毁与退化敏感性、综合生态环境敏感性与自然区划图相叠加的出敏感区域的具体分布如下图所示：根据图 9 得出，鄂尔多斯市景观多样性敏感性中，大部分地区都处于高度敏感和中度敏感区，其中极敏感区域面积为 520 739.78 ha，占全市总面积的 5.99%，主要集中在北部库布齐沙漠区，分布在杭锦旗的格更召嘎查、乌吉尔嘎查和鄂托克前旗的阿勒台嘎查，说明这些地区的景观类型较低、较单一；高度敏感区域占全市的比重最大，面积为 3 520 731.72 ha，是全市总面积的 40.47 %，主要集中在北部库布齐沙漠区和西部高原区，分布在鄂托克旗大部分村镇，杭锦旗北部区域和鄂托克前旗东北部地区。中度敏感区面积为 3 116 064.52 ha，占全市总面积的 35.82%，中度敏感区分布比较零散，主要集中于南部毛乌素沙漠区和东部丘陵沟壑区，分布在鄂尔多斯市的每一个旗县，其中乌审旗的面积最大；轻度敏感区面积为 1 211 025.41 ha，占全市总面积的 13.92 %，主要集中在中部波状高原区和东部丘陵沟壑区北部，分布于伊金霍洛旗的绝大多数村镇和达拉特旗的东部地区；不敏感区的分布最少，面积为 330 649.01 ha，占全市总面积的 3.8%，主要集中在中部波状高原区，分布于东胜区东部，说明该地区的土地利用类型较多较丰富。

根据图 11 得出，鄂尔多斯市水土流失敏感性中，大部分地区都处于轻度敏感和中度敏感区，其中极敏感区域面积为 1 098 182.93 公顷，占全市总面积的 12.62%，主要集中在东部丘陵沟壑区、中部波状高原区和南部毛乌素沙漠区的西北部，分布于东胜区和准格尔旗的大部分村镇、乌审旗的西北地区；高度敏感区主要集中在全市的东部地区，面积为 1 260 909.34 ha，占全市总面积的 14.49%，分布在伊金霍洛旗境内和达拉特旗的个别村镇。中度敏感区面积为 2 231 008.45 ha，占全市总面积的 25.65%，中度敏感区分布的比较零散，主要集中在北部库布齐沙漠区和西部高原区的西南部，分布于鄂尔多斯市的每一个旗县，其中杭锦旗的面积最大；轻度敏感区面积为 2 645 601.54 ha，占全市总面积的 30.41%，主要分布在鄂托克旗的绝大多数村镇和鄂托克前旗的东南部地区；不敏感区的分布最少，面积为 1 463 508.18 ha，占全市总面积的 16.82%，主要分布在鄂托克旗东部地区。

根据图 11 得出，鄂尔多斯市土地损毁与退化敏感性中，大部分地区都处于不敏感和轻度敏感区，其中极敏感区域面积为 105 002.7 ha，占全市总面积的 1.21%，主要分布在达拉特旗的南火房村、准格尔旗的范家峁村；高度敏感区域面积为 38 924.82 ha，高度敏感区分布的比较少，占全市总面积的 0.45%，主要分布在准格尔旗和东胜区的个别村镇。中度敏感区面积为 195 998.3 ha，占全市总面积的 2.25%，主要分布于伊金霍洛旗和准格尔旗个别村镇；轻度敏感区面积为 2 666 130 ha，占全市总面积的 30.65 %，全市的每一个旗县都有分布；不敏感区的分布最多，面积为5 693 154 ha，占全市总面积的65.44%，分布在每个旗县。

鄂尔多斯市综合生态环境敏感性中，大部分地区都处于高度敏感和中度敏感区，其中极敏感区域面积为651 840.9 ha，占全市总面积的7.49%，主要集中于东部丘陵沟渠和南部毛乌素沙漠区，分布在准格尔旗和乌审旗的个别村镇内；高度敏感区域在全市的比重较大，面积为2 612 944 ha，占全市总面积的30.04%，主要集中于黄河南岸平原区和南部库布齐沙漠区，分布在杭锦旗、东胜区的大部分村镇。中度敏感区面积为2 583 130 ha，占全市总面积的29.69%，中度敏感区比较零散，主要集中在西部高原区和中部波状高原区，分布于鄂尔多斯市的每一个旗县，其中伊金霍洛旗的面积最大；轻度敏感区面积为2 178 259 ha，占全市总面积的25.04%，主要分布在西部高原区的鄂托克旗、鄂托克前旗和北部库布齐沙漠区的杭锦旗大部分村镇；不敏感区的分布最少，面积为673 037.4 ha，占全市总面积的7.74%，主要分布在鄂托克旗中部和鄂托克前旗南部。

表3　鄂尔多斯市生态环境敏感性分区

敏感性分级	景观多样性敏感性分区	水土流失敏感性分区	土地损毁与退化敏感性分区	综合生态环境敏感性分区
极敏感区	黄河南岸平原区 北部库布齐沙漠区	中部波状高原区 东部丘陵沟壑区	北部库布齐沙漠区 中部波状高原区	南部毛乌素沙漠区 北部库布齐沙漠区 东部丘陵沟壑区
高度敏感区	西部高原区 北部库布齐沙漠区 南部毛乌素沙漠区	南部毛乌素沙漠区	东部丘陵沟壑区	黄河南岸平原区 北部库布齐沙漠区
中度敏感区	南部毛乌素沙漠区 东部丘陵沟壑区	黄河南岸平原区 黄河南岸平原区	西部高原区	中部波状高原区
轻度敏感区	中部波状高原区 东部丘陵沟壑区	北部库布齐沙漠区 西部高原区	西部高原区	西部高原区
不敏感区	中部波状高原区	南部毛乌素沙漠区	南部毛乌素沙漠区	西部高原区

4　结论与讨论

通过上述分析本文主要得出以下结论：虽然鄂尔多斯市属于中温带半干旱大陆季风气候区，但是由于各个乡镇的地质地貌、水资源的分布、土地的利用形式以及人类活动情况的不相同，从而导致了各个地区的生态环境敏感性具有很大的不同[9]590–596。

总体来说，鄂尔多斯市的高度敏感区域和极敏感区域主要集中在东部丘陵沟壑区和南部毛乌素沙漠区的中东部地区，究其原因主要有，东部丘陵沟壑区有些地区的水土流失现象严重导致该地区的敏感性较高；南部毛乌素沙漠区的土地沙化现象严重导致其敏感性较高；对于处在这两个区域的村镇来说，加强当地的生态环境保护已经迫在眉睫，这些地区由于自身的自然条件和人类活动的干预，生态环境已经十分脆弱，当地政府应该积极履行生态管护的职责，凸现其行政效力，如果再不加以恢复与改善，将会严重制约当地的经济发展[10]16–24。

生态环境敏感性分析是生态功能区划的重要内容之一，通过环境敏感性的分析可以使人们对某一区域的环境特点、资源状况有一个明确的认识，从而在进行产业结构调整、资源开发、环境恢复等工作时，可以根据生态环境敏感性的高低，进行科学规划、合理布局与调整产业结构、实现资源与经济的持续发展，提供一定的指导作用[11]。生态环境敏感性分析还可以为以后生态红线的划定提供基础数据和科学保障，不但从宏观和微观两个方面实现土地生态建设的信息化管理，更从时间与空间上对研究区域的生态环境状况进行全面系统的分析。

参考文献

[1]靳英华，赵东升，等．吉林省生态环境敏感性分区研究［J］．东北师范大学报：自然科学版，2004（6）．

[2]吕荣，魏裕丰，郭小平，杨志忠．鄂尔多斯地区水资源现状和利用分析及节水对策的探讨［J］．内蒙古林业科技，2002（1）．

[3]娄安如．中国北方农牧交错带河北省怀来县生态敏感性分析［J］．北京林业大学学报，2006（5）．

[4]刘康，欧阳志云，等．甘肃省生态环境敏感性评价及其空间分布［J］．生态学报，2003（12）．

[5]欧阳志云，王效科，等．中国生态环境敏感性及区域差异规律研究［J］．生态学报，2000（1）．

[6]吴国庆，杨良山．浙江省生态环境区域类型划分及不同区域生态环境［J］．中国农业资源与区划，2000（5）．

[7]田光进，张增祥，等．中国耕地土壤侵蚀空间分布特征及生态背景［J］．生态学报，2002（1）．

[8]付德明．鄂尔多斯市土地利用与生态环境状况分区评价［J］．内蒙古煤炭经济，2009（6）．

[9]蒙吉军，燕群，向芸芸．鄂尔多斯市土地利用生态安全格局优化及方案评价［J］．中国沙漠，2014（3）．

[10]钱乐祥，秦奋，等．福建土地退化的景观敏感性综合评估与分区特征［J］．生态学报，2002（16）．

[11]孙根年，王美红．内蒙古植被覆盖与土地退化关系及空间结构研究［J］．干旱区资源与环境，2008（2）．

鄂尔多斯市土地利用类型动态变化研究及其驱动力分析

靳春燕，喜军，鲁丽波，徐艳红

（内蒙古自治区土地调查规划院　呼和浩特 010018）

摘要：利用鄂尔多斯市 1997—2012 年的土地利用调查数据、土地利用变更数据，内蒙古统计年鉴等数据，利用数理统计、定性分析、土地利用动态度模型等相结合的方法对 1997—2012 年土地利用动态变化情况进行研究分析。土地利用类型数量变化研究表明：全市耕地面积、园地面积、草地面积、水域及水利设施用地、其他土地面积有所减少，林地面积、城镇村及工矿用地面积、交通用地面积有所增加；土地利用变化动态度进行分析表明：非农用地动态度之和为 –0.12，农用地的动态度之和为 –0.07；土地利用变化驱动力进行分析可以得到：其变化的根本原因在于发达的矿产资源推动的经济快速增长。

关键字：动态变化；土地利用类型；驱动力；鄂尔多斯市

1　引言

土地利用 / 土地覆被变化是全球环境变化的重要组成部分，是造成全球环境变化的重要原因[1]，随着全球环境变化研究的深入，人们越来越认识到人类活动对环境变化的影响，尤其人类的生存与发展对土地的开发利用以及引起的土地利用变化被认为是全球环境变化中的重要组成部分和主要原因[2]。土地利用是人类活动作用于自然环境的主要途径之一，是历史时期土地覆被变化的最直接和最重要的驱动因子[3]。

随着人类经济活动的加剧及城市化进程的深入，使得城市土地利用格局发生了很大的变化，其中某些变化违背了自然规律，对区域生态过程产生了深刻的影响[4]，因此，本文选择鄂尔多斯市为研究区，分析其土地利用类型变化的过程，演变的规律及其驱动因子。为研究区土地利用的协调发展及土地资源可持续利用提供进一步研究的基础。

2　研究区概况

鄂尔多斯市坐落在内蒙古自治区西南部。辖 8 个旗（区），市境最北端在杭锦旗吉日嘎朗图乡黄河岸边，最南端在鄂托克前旗城川苏木草山梁，最东端在准格尔旗魏家卯乡杜家卯，最西端在鄂托克旗碱柜乡。全市地形由南北向中部隆起，隆起部位在东胜区至杭锦旗四十里梁乡一带，海拔 1 400 m~1 700 m，被称为鄂尔多斯台地。地形以它为中心，向四周逐渐降低。同时，该脊线向东西延伸，成为分水岭。全市四季分明，四季划分根据伊盟的自然生态系统特征、农事互动、物候现象，选用候平均气温。鄂尔多斯市历年平均降水量为 192~400 mm，在地理分布上由东向西逐渐少。准格尔旗、东胜区等地区最多，约为 400 mm；乌审旗、伊金霍洛旗次之，约为 350 mm~400 mm；西部杭锦旗，鄂托克旗和鄂托克前旗最少，约为 195 mm~ 280 m。全市东西降水量相差 200 mm 左右。

3 数据来源与研究方法

3.1 数据来源及处理

鄂尔多斯市 1997—2012 年的土地利用调查数据、土地利用变更数据，内蒙古统计年鉴为数据源。根据内蒙古自治区第二次土地调查的土地类型，将土地利用类型做如下分类：耕地，园地，林地，草地，城镇村及工矿，交通运输用地，水域及水利设施，其他土地。

3.2 研究方法

本文运用数理统计、定性分析、土地利用动态度模型等相结合的方法进行研究，分别对 1997 年、2002 年、2007 年、2012 年土地利用类型数据进行研究分析。

表 1 1997—2012 年鄂尔多斯市土地利用变化

土地利用类型	1997 年		2002 年		2007 年		2012 年	
	面积（hm^2）	所占比例（%）	面积（hm^2）	所占比例（%）	面积（hm^2）	所占比例（%）	面积（hm^2）	所占比例（%）
耕地	471 234.95	5.40	451 823.79	5.20	402 151.93	4.63	408 084.30	4.70
园地	4 806.78	0.06	4 701.43	0.05	4 667.05	0.05	2 383.88	0.03
林地	934 29.29	10.71	990 72.00	11.39	1 155 598.38	13.29	1 304 251.01	15.01
草地	5 695 596.56	65.28	5 697 266.61	65.52	5 622 314.95	64.67	5 373 791.78	61.85
城镇村及工矿	74 60.23	0.85	76 891.25	0.88	98 586.85	1.13	119 213.12	1.37
交通用地	25 31.89	0.29	13 778.88	0.16	18 643.03	0.21	62 782.81	0.72
水域及水利设施用地	175 645.43	2.01	161 929.41	1.86	166 101.43	1.91	165 840.04	1.91
其他土地	1 342 658.32	15.39	1 297 892.29	14.93	1 225 936.96	14.10	1 251 814.89	14.41

4 结果与分析

4.1 不同土地利用类型的数量变化

分析区域内土地利用变化情况，其一个重要方面是要分析区域内土地利用类型面积变化，通过对土地利用类型面积总量变化、各个地类面积占各年度一级类土地类型总面积的比例的分析，可以反映出土地利用变化趋势及其结构变化。

由表 1 可知：

（1）鄂尔多斯市在 1997—2012 年间一级类土地利用变化情况如下：农用地及其他土地面积有所减少，建设用地面积增加。农用地面积由 1997 年的 728.17 hm^2 减少到 2012 年的 725.43 hm^2，共减少 2.74 hm^2；建设用地面积与 1997 年相比较，到 2012 年共增加了 8.2 hm^2；1997 年 ~2012 年其他土地面积减少了 90 843.43 hm^2。

（2）鄂尔多斯市在 1997—2012 年农用地变化情况如下：耕地、园地、草地、水域及水利设施用地的面积总量呈下降趋势，而林地的面积总量有所上升。耕地面积由 1997 年的 471 234.95 hm^2 下降到 2012 年的 408 084.30 hm^2，减少了 63 150.65 hm^2，下降了 7%，此间，园地的面积比例下降了 0.03%，减少面积为 2 422.9 hm^2；草地面积由 5 695 596.56 hm^2 下降到 5 373 791.78 hm^2，下降比例为 3.43%；水域及水利设施用地面积总量在 1997—2012 年先下降后上升，但是总体处于下降趋势，其所占比例由 2.01% 下降到 1.91%。随着鄂尔多斯市煤炭能源基地建设、城镇建设用地量增大，经济技术开发区和工业园区发展，耕地、园地、草地被大量占用。1997 年以来实施退耕还林政策，使得林地面积有所增加，面积增加了 369 821.72 hm^2，增长幅度为 4.3%。

（3）鄂尔多斯市在 1997—2012 年间非农用地变化情况如下：总体变化不大，但是其中交通用地、城镇村及工矿用地增长较为明显，其他土地面积有所减少。在经济快速增长，城市化进程加快，能源需求增多的情况下，导致交通用地及城镇村工矿用地增加，增加面积分别为 37 250.92 hm^2、44 652.89 hm^2；大量闲置土地被开发利用，导致其他土地的面积减少，减少面积为 90 843.43 hm^2。

4.2 土地利用变化动态度分析

土地利用变化动态度是指某一区域一定时间内某一土地利用的数量的变化速度，其变化的数学表达式为[5]：

$$R_s=\frac{U_b-U_a}{U_a}\times\frac{1}{T}\times100\%$$

其中：R_s 表示研究时段内某一土地利用类型面积的年变化率，即土地利用动态度；T 为所研究的时间段；U_a 为研究初期某一土地利用类型的面积；U_b 为研究末期某一土地利用类型的面积。由表 2 可知：

表 2　1997—2012 年鄂尔多斯市土地利用

土地利用类型	1997—2002 年动态度	2002—2007 年动态度	2007—2012 年动态度	1997—2012 年动态度
耕地	−0.827	−2.20	0.30	−2.68
园地	−0.44	−0.15	−9.78	−10.08
林地	1.20	3.33	2.57	7.92
草地	0.01	−0.26	−0.88	−1.13
城镇村及工矿	0.63	5.64	4.18	11.98
交通用地	−9.21	7.06	47.35	29.18
水域及水利设施用地	−1.56	0.52	−0.03	−1.12
其他土地	−0.67	−1.11	0.42	−1.35

（1）1997—2012 年鄂尔多斯市一级类土地利用变化动态度情况如下：非农用地动态度之和为 −0.12，农用地的动态度之和为 −0.07；

（2）鄂尔多斯市一级类土地利用类型中，1997—2002 年、2002—2007 年、2007—2012 年动态度变化最大的土地利用类型都是交通用地，分别为 −9.21、7.06、47.35，1997—2002 年、2002—2007 年、2007—2012 变化最小的土地类型分别为草地、园地、水域及水利设施用地；说明各个阶段城市发展的侧重点不同。

5 土地利用变化的驱动因素分析

鄂尔多斯市土地利用类型变化的驱动因素主要受到城市规划情况、国家及地方政策、人口数量、经济发展情况、资源状况等的综合影响，1997 年—2012 年间，影响土地利用类型变化的因素都不尽相同。

5.1 人口数量增长和经济发展

1997—2012 年间，在全国经济发展的大前提下，鄂尔多斯市也开始进入人口、经济发展的上升期，鄂尔多斯市 1997 年人口数为 126.57 万人，到 2012 年人口数为 200.42 万人[6]，人口增长率约为 58.35%；国内生产总值从 1997 年的 79.22 亿元增长到 2012 年的 3 656.80 亿元，增长率为 4 516.01%。人口的大量涌入、经济的飞速增长，直接推动了房地产、基础设施的发展建设，使得城市化进程加快。导致城镇建设用地面积需求增加的最原始的动力即人口数量的增长及经济的快速发展。

5.2 国家政策

自国家实施西部大开发战略以来，先后实施了各项政策措施，从西气东输，到西电东送工程的稳步实施；从西部地区大规模的机场建设，到铁路、公路建设的全面启动；从大规模的城市基础设施建设，到各项水利枢纽的建设施工，使得鄂尔多斯市的城镇用地、交通用地的需求大增，同时为保护生态环境，防止生态恶化，实行大规模的退耕还林、退耕还草措施，此措施导致鄂尔多斯市林地、草地面积逐年增加。

5.3 自然资源状况

鄂尔多斯市的自然资源丰富，已经探明的矿种有 30 多种，尤以优质煤闻名，鄂尔多斯市已探明煤炭储量为 1 496 亿多吨，约占全国煤炭总储量的 1/6。如果计算到地下 1 500 米处，总储量约近 1 万亿吨，其中东胜煤田已探明储量为 727 亿吨，陶土探明储量 4.33 亿、高岭土 65 亿吨、石英砂 4 226 万吨。在全市 8.7 万平方公里土地上，70% 的地表下埋藏着煤。鄂尔多斯市的煤炭资源不仅储量大、分布面积广、大多埋藏浅、垂直厚度深、易开采，而且煤质品种齐全。石油、天然气是近年来发现的新型资源。这一资源主要位于鄂尔多斯市中西部。在乌兰——格尔一带即杭锦旗北部，地质勘探部门已经发现 20 多处油气田，鄂托克旗境内现已探明油气储量 11 亿立方米。

6 结语

（1）鄂尔多斯市在 1997—2012 年不同土地利用类型的数量变化分析表明：全市耕地面积减少了 63 150.65 hm^2；园地面积减少了 2 422.9 hm^2；林地面积增加了 369 821.72 hm^2；草地面积减少了 321 804.78 hm^2；城镇村及工矿用地面积增加了 44 652.89 hm^2；交通用地面积增加了 37 250.92 hm^2；水域及水利设施用地面积减少了 9 805.39 hm^2；其他土地面积减少了 90 843.43 hm^2。

（2）通过对鄂尔多斯市 1997—2012 年土地利用变化动态度进行分析可以得到：非农用地动态度之和为 -0.12，农用地的动态度之和　为 -0.07；1997 年—2002 年、2002 年—2007 年、2007 年—2012 年间动态度变化最大的土地利用类型都是交通用地，分别为 -9.21、7.06、47.35，1997—2002 年、2002 年—2007 年、2007 年—2012 年变化最小的土地类型分别为草地、园地、水域及水利设施用地；说明各个阶段城市发展的侧重点不同。

（3）通过对鄂尔多斯市土地利用变化驱动力进行分析可以得到：其变化的根本原因在于发达的矿产资源推动的经济快速增长，另外国家政策也是其土地利用变化的另一重要原因。

（4）在今后鄂尔多斯市的发展过程中，政府需统筹协调各个方面，制订计划，逐步完成，合理开发利用资源，保护耕地，确保土地的规范使用。

参考文献

[1]李秀彬．全球环境变化研究的核心领域—土地利用/覆被变化的国际研究动向[J]．地理学报，1996，51（6）：553-557.

[2]武永峰．包头市九原区土地利用动态变化与驱动因素研究[D]．陕西．陕西师范大学．2002.

[3]陈百明．试论中国土地利用和土地覆被变化及其人类驱动力研究[J]．自然资源，1997，19（2）：1-36.

[4]范科红，李阳兵．1986—2007年重庆主城区土地利用变化及其驱动因素研究[J]．水土保持研究．2012，19（1）：168-173.

[5]彭文甫，何政伟，周介铭，周斌等．1996—2002年成都市土地利用变化分析[J]．四川师范大学学报（自然科学版）．2007，（1）：106-111.

[6]数据来源为1998年、2013年内蒙古统计年鉴．

鄂尔多斯伊金霍洛旗能源开发区土壤状况研究

李滢[1]，刘晓京[2]，姚喜军[1]，洪焱[3]，徐艳红[1]，鲁丽波[1]

（1. 内蒙古自治区土地调查规划院，内蒙古呼和浩特 010018；
2. 内蒙古农业大学生态环境学院，内蒙古呼和浩特 010019；
3. 内蒙古自治区国土资源储备交易登记中心，内蒙古呼和浩特 010010）

摘　要：通过选取不同土地利用类型下典型土壤样点进行土壤养分调查研究，实验室处理测定土壤酸碱度、有机质、全氮、全磷、全钾、土壤含盐量6个因子，综合分析土壤养分现状和发展情况。研究结果表明，伊金霍洛旗能源开发区土壤有机质、土壤全氮量、土壤全磷量均呈现随土壤剖面深度增加而含量逐步降低的趋势，土壤全钾量保持相对稳定；土壤有机质、土壤全氮量、土壤全磷量在不同土地利用类型中差异性显著，土壤全钾量在不同土地利用类型中差异性不显著；有机质含量属于土壤肥力状况的评价标准中“稍缺”“缺”的类型；全氮含量大部分处于6级水平，即“极缺”，急需大量补充；从全磷含量来看，均处于4~5级水平，即“稍缺”或“缺”，应补施磷肥；全钾含量比较均匀，差异不大，均处于2级水平，即“稍丰”的类型，比较理想。

关键词：伊金霍洛旗；土壤质量；土壤差异性

Study on Soil Condition in Yijihuoluo Energy Development Area of Erdos City

LI Ying[1]，LIU Xiao–jing[2]，YAO Xi–jun[1] et al

（1. Land Survey and Planning Institute of the Inner Mongolia Autonomous Region，Hohhot，Inner Mongolia 010018； 2. School of Eco–environment，Inner Mongolia Agricultural University，Hohhot，Inner Mongolia 010019）

Abstract：This article selects the typical soil samples under different land use types to conduct soil nutrient research，soil pH，organic matter，total nitrogen，total phosphorus，and soil salinity were determined. Soil nutrient status and development was analyzed. The research results show that the soil organic matter，total nitrogen and total phosphorus are presented gradually reduce with the increase of the depth of soil profile content，total potassium remained relatively stabled soil organic matter，total nitrogen and total phosphorus amount show differences in different land use types significantly，total potassium show no significant differences in different land use types；organic matter content in the condition of the soil fertility evaluation in the standard is “a bit short” or “short”；most of total nitrogen content is at level 6，the “very short”，be badly in need of a large number of supplement，from the point of total phosphorus content，are at level 4 to 5，namely “a bit short” or “short”， should fill phosphate; total potassium content is evener, all at level 2, namely “a bit rich” type, ideal.

Key words: Yijinhuoluo; Soil quality; Soil heterogeneity

土壤是植被生长最基本的条件，是农业生态系统的基础[1]。土壤质量是指土壤在生态系统边界范围内维持作物生产能力、保持环境质量及促进动植物健康的能力[2]。土壤对于社会经济发展的基础性地位不容忽视，因此合理开发和保护土壤资源意义重大。近年来，国内外已有不少学者对土壤质量进行深入研究。美国土壤学会把土壤质量定义为由土壤特点或间接观测（如紧实度、侵蚀性和肥力）推理的土壤的内在特性。Power 等[3]认为，土壤质量是土壤供养、维持作物生长的能力，包括耕性、团聚作用、有机质含量、土壤深度、持水能力、聚作用、有机质含量、土壤深度、持水能力、渗透速率、pH 变化、养分含量等。1992 年美国土壤学家 Parr 等[4]指出，土壤质量不仅指土壤生产力，而且包括环境质量、食品安全和质量、人类与动物健康诸因素。中国土壤学界给土壤质量的科学定义为：土壤质量是土壤在一定的生态系统内提供生命必须养分和生产生物物质的能力，容纳、降解、净化污染物质和维护生态平衡的能力，影响和促进植物、动物和人类生命安全和健康的能力之综合量度。Andrews 等[5]在小流域尺度上运用有机质、电导率、酸碱度、水稳性团聚体、有效锌、容重等理化性质，对美国加利福尼亚的农田土壤进行土壤质量评价。张庆利等[6]在中等尺度上对土壤肥力质量的空间分布进行定量评价。张世文等[7]在多时空尺度上，运用皮尔森相关分析、主成分分析、土壤母质类型、土壤类型、计算矢量常模值以及土地利用和土壤质量的关系等，探讨建立土壤质量评价最小数据集的方法。

内蒙古鄂尔多斯能源开发区地域广阔，土地利用类型多样。近年来，随着能源与矿产资源的开发与利用，原本脆弱的生态系统面临着严峻考验，土地资源的可持续利用受到严重威胁，耕地特别是基本农田的保护已刻不容缓。选取鄂尔多斯市伊金霍洛旗 2012 年不同土地利用类型下典型土壤样点进行土壤养分调查研究，笔者综合分析了土壤养分现状和发展情况，力图突破现有土地发展存在的不合理之处，以期适合该地的土地发展技术与方向。

1 材料与方法

1.1 研究区概况

伊金霍洛旗地处鄂尔多斯高原东南部、毛乌素沙地东北缘，位于我国北方农牧交错带，土地总面积 5 487 km^2。该旗属于温带半干旱大陆季风气候区，干旱，风大，少雨，寒冷，温热，温差大，是温带干旱草原向荒漠草原的过渡地带。伊金霍洛旗土壤呈地带性分布，东部分布的粗骨土、风沙土、栗钙土面积较广，潮土、沼泽土和盐土则零星分布于河床两岸和低洼地区；中部鄂尔多斯高原区主要分布着栗钙土、粗骨土、风沙土和一定数量的草甸土和盐土，潮土分布于滩地；西部毛乌素沙区主要分布着风沙土和相当数量的潮土和栗钙土。伊金霍洛旗境内蕴藏了丰富的矿产资源，尤其是煤炭资源非常丰富，多年的矿产开采及工业开发建设，也造成极大的生态破坏。

1.2 土壤样品数据采集

研究中，伊金霍洛旗选取19个土壤监测样点，共计取样57份，涉及灌木林地、其他草地、采矿用地、天然牧草地、水浇地、旱地、裸地等7个典型土地利用类型。

土壤监测样点布设尽量不打破行政界线，本着样点集中不分散原则进行布点。土壤监测样点以矿区土地资源质量为主，以矿区周边的耕地、草地等地类为对照进行样点布设，选取以矿区为中心向外辐射，阶梯状布点。按照上述原则在遥感影像图上布点，并且以一定的顺序编号，提取样点坐标。根据室内提取样点坐标，在野外使用GPS进行定位，然后根据实地情况综合考虑各方面因素，对样点进行适当调整，以调整后的点位为最终观测样点，并且设立标示牌。

土壤样品按年采集。按照随机、等量和多点混合的原则采用S形布点采集土壤样品，要避开路边、田埂、沟边、肥堆等。每个样点选择3个点进行采样，每个点采用分层取样，分别为0~10、10~20、20~30 cm。将3个点相同层次的土壤样品用四分法混合后取出一个土样，进行土壤重金属、全量氮磷钾及有机质的测定。采集土壤样品时，每个取土样点的取土深度、采样量应均匀一致。取样器应垂直于地面入土，深度相同。取样时，先铲出一个耕层断面，再平行于断面取土。将混合好土样装入统一样品袋，并且做好标记。

1.3 土壤质量指标测定

在土壤样点采集的基础上，对于野外采集的土壤样品进行室内的实验处理测定土壤酸碱度、有机质、全氮、全磷、全钾、土壤含盐量6个因子。根据土壤环境质量国标和土壤实验手册，有机质的测定采用重铬酸钾氧化－稀释热法；全氮的测定采用半微量凯氏定氮法；全磷的测定采用氢氧化钠熔融钼锑比色法；全钾的测定采用氢氧化钠熔融火焰光度计法；pH的测定土液比1.0∶2.5，采用酸度计法测定；盐分的测定采用烘干残渣法和电导法。

2 结果与分析

2.1 土壤质量指标分析

根据上述原则与方法，获取土壤质量各指标数值。在选取19个样点中，涉及7个典型土地利用类型（样点1为灌木林地，样点2为其他草地，样点3、5、6、7为采矿用地，样点4、9、12、17、19为天然牧草地，样点8、18为水浇地，样点10、11、14、16为旱地，样点13、15为裸地）。

由表1可知，伊金霍洛旗矿区周边土壤有机质在0~10、10~20、20~30 cm深度均值分别为13.24、6.49、4.96 g/kg，呈现随剖面深度增加，有机质含量逐步降低的趋势；土

表1 伊金霍洛旗2012年土壤质量指标分析

土壤编号	土壤有机质 // g/kg			全氮量 // g/kg			全磷量 // g/kg			全钾量 //g/kg			含盐量 g/kg	pH	
	0~10 cm	10~20 cm	20~30 cm	0~10 cm	10~20 cm	20~30 cm	0~10 cm	10~20 cm	20~30 cm	0~10 cm	10~20 cm	20~30 cm		0~10 cm	10~20 cm
1	6.54	4. 47	3. 08	0. 11	0. 07	0. 05	0. 57	0.56	0. 58	22. 86	21.07	22. 19	0. 11		
2	16.23	9. 79	8. 38	0. 56	0. 17	0. 09	0. 81	0. 73	0. 45	22. 09	22.58	24.60	0. 08		
3	11.46	5. 79	5. 48	0. 13	0. 06	0. 04	0. 68	0. 55	0. 5	25.88	21.13	19.85	0. 18		

续表 1

土壤编号	土壤有机质 // g/kg			全氮量 // g/kg			全磷量 // g/kg			全钾量 //g/kg			含盐量 g/kg	pH	
	0~10 cm	10~20 cm	20~30 cm	0~10 cm	10~20 cm	20~30 cm	0~10 cm	10~20 cm	20~30 cm	0~10 cm	10~20 cm	20~30 cm		0~10 cm	10~20 cm
4	18.28	9.94	7.56	0.35	0.16	0.12	0.73	0.69	0.54	22.11	20.98	19.86	0.28		
6	9.92	5.43	4.83	0.16	0.07	0.05	0.52	0.50	0.57	22.01	20.99	23.48	0.16		
7	4.96	4.44	4.11	0.12	0.07	0.04	0.56	0.54	0.44	23.56	22.33	27.35			
8	35.78	15.92	7.56	0.92	0.36	0.29	0.74	0.60	0.48	22.23	19.72	20.00	0.23	7.89	9.24
9	18.19	5.90	17.30	0.50	0.13	0.58	0.53	0.46	0.41	22.23	21.10	21.13	0.13		
10	2.29	6.18	2.60	0.59	0.51	0.20	0.55	0.54	0.45	22.22	20.95	20.92	0.24	8.84	7.85
11	15.43	9.66	3.95	0.82	0.63	0.20	0.48	0.43	0.39	21.04	19.62	21.13	0.17	8.66	9.26
12	15.13	2.19	1.28	0.78	0.11	0.06	0.62	0.49	0.36	19.88	22.54	21.09			
13	3.25	1.56	1.70	0.13	0.09	0.08	0.50	0.47	0.49	21.07	23.48	21.51	0.23		
14	3.53	3.72	3.62	0.15	0.13	0.16	0.35	0.31	0.50	20.96	21.11	23.42		9.03	9.12
15	5.58	3.50	2.48	0.15	0.18	0.14	0.40	0.44	0.52	22.10	22.31	24.42	0.08	8.91	8.93
16	21.64	10.40	2.45	0.68	0.25	0.10	0.36	0.26	0.23	24.55	21.00	22.06	0.21	7.95	8.57
17	7.99	1.71	1.11	0.07	0.03	0.03	0.45	0.51	0.53	19.80	22.26	22.38	0.11		
18	30.40	12.42	7.62	0.99	0.15	0.37	0.73	0.54	0.36	20.98	22.16	26.80	0.16	8.73	9.08
19	11.63	3.79	4.19	0.35	0.20	0.24	0.51	0.47	0.44	28.08	28.28	19.76	0.47		

注：样点 5 样品存在偶然损失。

壤全氮量在 0~10、10~20、20~30 cm 深度均值分别为 0.42、0.19、0.16 g/kg，呈现随剖面深度增加全氮量含量逐步降低的趋势；土壤全磷量在 0~10、10~20、20~30 cm 深度均值分别为 0.56、0.51、0.46 g/kg，呈现随剖面深度增加全磷量含量逐步降低的趋势；土壤全钾量在 0~10、10~20、20~30 cm 深度均值分别为 22.43、21.87、22.33 g/kg，呈现随深度增加全钾量含量保持相对稳定的趋势；所选取的典型土壤样点的含盐量均值为 0.19 g/kg，pH 均值在 0~10、20~30 cm 深度均值分别为 8.57、8.86，整体呈现弱碱性。

由表 2 可知，7 种土地利用类型土壤有机质含量大小顺序为水浇地＞其他草地＞天然牧草地＞旱地＞采矿用地＞灌木林地＞裸地。水浇地中农作物种植过程秸秆、废弃物残渣等形成腐殖质层，加上各种农药化肥的施种导致其有机质含量高；其次其他草地，天然牧草地也由于枯枝落叶的腐化作用造成有机质的含量较高；旱地由于耕垦效应，改变了土壤温度条件和通气状况，微生物活性增强，使土壤有机质分解速率加快，故含量

表 2　伊金霍洛旗土壤有机质含量分组分析

土地利用类型	有机质 // g/kg	标准差
灌木林地	4.70	
其他草地	11.47	
采矿用地	6.27	1.59
天然牧草地	8.41	4.27
水浇地	18.28	2.08
旱地	7.12	4.07
裸地	3.01	1.19

较低；采矿用地受到表土剥离，采矿塌陷等造成有机质含量减少，其他土地利用类型有机质均存在相应程度的低量（其中，灌木林地和其他草地土壤采集点较少，土壤有机质含量存在偶然性）。对于上述土地利用类型和土壤有机质含量进行 SPSS 单因素方差分析（ANOVA），结果表明 F=4.072，P=0.021（$P < 0.05$），不同土地利用方式之间土壤有机质含量差异显著。

由表 3 可知，土壤全氮量大小顺序为水浇地>旱地>其他草地>天然牧草地>裸地>灌木林地>采矿用地。土壤全氮含量的对比情况与土壤有机质含量对比情况基本一致。对上述土地利用类型和土壤全氮含量进行 SPSS 单因素方差分析，结果表明 F=3.85，P=0.026（$P < 0.05$），不同土地利用方式之间土壤全氮含量差异在 0.05 水平显著。

土壤全磷量大小顺序为其他草地>水浇地>灌木林地>采矿用地>天然牧草地>裸地>旱地。林地树木草地比耕作植物更能吸收大量的磷或者说更高比例的磷被微生物固定和保留在树木草地层中所造成的。对上述土地利用类型和土壤全磷含量进行 SPSS 单因素方差分析，结果表明 F=2.799，P=0.066（$P > 0.05$），不同土地利用方式之间土壤全磷含量差异不显著。

表 3　伊金霍洛旗土壤全氮、全磷、全钾含量分组分析

土地利用类型	全氮		全磷		全钾	
	含量 //g/kg	标准差	含量 // g/kg	标准差	含量 // g/kg	标准差
灌木林地	0.08		0.57		22.04	
其他草地	0.27		0.66		23.09	
采矿用地	0.08	0.01	0.54	0.03	22.95	1.27
天然牧草地	0.25	0.13	0.52	0.08	22.10	1.84
水浇地	0.51	0.01	0.58	0.04	21.98	1.88
旱地	0.37	0.17	0.40	0.10	21.58	0.81
裸地	0.13	0.04	0.47	0.02	22.48	0.65

土壤全钾量的大小顺序为其他草地>采矿用地>裸地>天然牧草地>灌木林地>水浇地>旱地。水浇地和旱地在农作物不断生长的过程中消耗大量钾元素使得其含量相对较少；其他土地利用类型下全钾含量对比趋势与全磷含量对比趋势基本保持一致。对上述土地利用类型和土壤全钾含量进行 SPSS 单因素方差分析，结果表明 F=0.351，P=0.895（$P > 0.05$），不同土地利用方式之间土壤全钾含量差异不显著。

土壤含盐量的大小顺序为旱地>水浇地>天然牧草地>采矿用地>裸地>灌木林地>其他草地。

2.2　土壤肥力状况分析

由表 4、5 可知，从有机质含量看，所有样品的有机质含量均小于 20 g/kg，属于土壤肥力状况的评价标准中“稍缺”的类型，其中有 12 个样品的有机质含量低于 10 g/kg，属于“缺”的类型，更有 7 个样品的有机质含量低至 6 g/kg 以下（最低值 2.17 g/kg），属于“极缺”类型，亟须补充。

再分析全氮、磷、钾的丰缺度，其中样品全氮含量较均匀，差异不大，除样点 8、

10、18外均处于6级水平，即“极缺”，土壤中全氮含量亟须大量补充，矿区一些大树叶片不够鲜绿、不够肥厚，甚至易发黄，缺水缺氮可能是主要原因；从全磷含量来看，样点2、4、8土壤全磷含量达到3级水平，即“中等类型”，可以满足植物生长所需，其余样点的全磷含量均处于4~5级水平，即“稍缺”或“缺”，应补施磷肥；从全钾含量看，样品全钾含量比较均匀，差异不大，均处于2级水平，即“稍丰”的类型，比较理想。

表4　土壤养分含量分级与丰缺度　g/kg

级别	丰缺度	有机质	全氮	全磷	全钾
1	丰	＞40	＞2.0	＞1.00	＞25.0
2	稍丰	30~40	1.5~2.0	0.81~1.00	20.1~25.0
3	中等	20~30	1.0~1.5	0.61~0.80	15.1~20.0
4	稍缺	10~20	0.75~1.0	0.41~0.60	10.1~15.0
5	缺	6~10	0.5~0.75	0.20~0.40	5.1~10.0
6	极缺	＜6	＜0.5	＜0.20	＜5.0

表5　伊金霍洛旗2012年土壤质量指标分析

土壤编号	土壤有机质 g/kg	全氮量 g/kg	全磷量 g/kg	全钾量 g/kg
1	4.70	0.08	0.57	22.04
2	11.47	0.27	0.66	23.09
3	7.58	0.08	0.58	22.29
4	11.93	0.21	0.65	20.98
6	6.73	0.09	0.53	22.16
7	4.50	0.08	0.51	24.41
8	19.75	0.52	0.61	20.65
9	13.80	0.40	0.47	21.49
10	3.69	0.43	0.51	21.36
11	9.68	0.55	0.43	20.60
12	6.20	0.32	0.49	21.17
13	2.17	0.10	0.49	22.02
14	3.62	0.15	0.39	21.83
15	3.85	0.16	0.45	22.94
16	11.50	0.34	0.28	22.54
17	3.60	0.04	0.50	21.48
18	16.81	0.50	0.54	23.31
19	6.54	0.26	0.47	25.37

3 结论

（1）伊金霍洛旗矿区周边土壤有机质、土壤全氮量、土壤全磷量均呈现出随土壤剖面深度增加含量逐步降低的趋势；土壤全钾量呈现出随土壤剖面深度增加保持相对稳定的趋势；所选取的典型土壤样点的含盐量均值为0.19~0.36 g/kg，整体呈现弱碱性。

（2）在对不同土地利用类型的土壤养分含量进行单因素差异性分析中，土壤有机质、土壤全氮量、土壤全磷量在不同土地利用类型中呈现差异性显著，表明土地利用类型对土壤有机质、土壤全氮量具有较明显的影响，应在土地利用过程中予以重视；土壤全钾量在不同土地利用类型中呈现差异性不显著，应对耕地进行一定量的钾元素补充，促进农作物的生长。

（3）伊金霍洛旗有机质含量属于土壤肥力状况的评价标准中“稍缺”“缺”的类型；全氮含量大部分处于6级水平，即“极缺”，亟须大量补充，矿区一些大树叶片不够鲜绿、不够肥厚，甚至容易发黄，缺水缺氮可能是主要原因；从全磷含量来看，均处于4~5级水平，即“稍缺”或“缺”，应该补施磷肥；全钾含量比较均匀，差异不大，均处于2级水平，即“稍丰”的类型，比较理想。

参考文献

[1]黄昌勇．土壤学[M]．北京：中国农业

出版社，2000：81-85.

[2]DORAN J W，PARKIN T B. Defining and Assessing Soil Quality [M] //DORAN J W，COLEMAN D C，BEZDICEK D，et al. Defining Soil Quality for a Sustainable Environment. Madison：Soil Science Society of America，1994.

[3]POWER J F，MYERS R L K. The maintenance or improvement of farming systems in North America and Australia[C] / /SCOWART J W B. Soil quality in semi-arid agriculture. Proc. of an Int. Conf Sponsored by the Canadian Int. Development Agency，Saskatoon，Canada，11-16June 1989. Canada：Saskatchewan Inst of Pedology. Uni. of Saskatchewan，Saskatoon，1989.

[4]PARR J F，PAPENDICK R I，HOMICK S B，et al. Soil quality，attributes and relationship to alternative and sustainable agriculture [J]. Am J Altern Agric，1992，(7)：5-11.

[5]ANDREWS S S，MITCHELL J P，ROBERTO M，et al. On farm as sessment of soil quality in California's Central Valley [J]. J Agronomy Journal，2002，94：12-23.

[6]张庆利，潘贤章，王洪杰，等. 中等尺度上土壤肥力质量的空间分布研究及定量评价 [J]. 土壤通报，2003（6）：493-497.

[7]张世文，叶回春，胡友彪，等. 多时空尺度的土壤质量评价最小数据集的建立 [J]. 安徽农业科学，2013（17）：7487-7492.

呼和浩特市土地综合承载力区域差异分析

周瑞平[1]，吴全[2]，于艳华[2]，张卿[1]，常伟超[1]

（1. 内蒙古师范大学　地理科学学院，内蒙古　呼和浩特 010022；
2. 内蒙古土地调查规划院，内蒙古　呼和浩特 010022）

摘　要：为判别呼和浩特市国土开发利用的适宜性和限制性，调查了呼和浩特市的土地资源、水资源、地质环境、生态环境等基础信息，采用专家咨询法和层次分析法确定权重，运用综合模糊评价法对呼和浩特市土地综合承载能力进行分级．结果表明：土地资源支持子系统中，高级为市区，中级为土默特左旗，较低级为和林格尔县、托克托县和清水河县，最低一级为武川县；水资源支持子系统中，和林格尔县属于高级，土默特左旗、托克托县和清水河县属于较高级，市区属于中级，武川县属于较低级；地质环境支持子系统中，市区、土默特左旗、和林格尔县和托克托县均属于高级，清水河县属于中级，武川县属于较低级；生态环境支持子系统，土默特左旗属于较高级，其他行政单元属于中级。经评价，综合承载力市区、土默特左旗和林格尔县最高，托克托县和清水河县次之，武川县最低。

关键词：土地承载力；区域差异；呼和浩特市；层次分析法；综合模糊评价法

Analysis of Regional Differences of Comprehensive Bearing Capacity of Land in Hohhot City

ZHOU Rui-ping[1]，WU Quan[2]，YU Yan-hua[2]，ZHANG Qing[1]，CHANG Wfi-chao[1]

（1. College of Geographical Science，Inner Mongolia Normal University，Hohhot 010022，China；2. Inner Mongolia Land Survey and. Planning Institute ，Hohhot 010022，China）

Abstract：To distinguish the suitability and restriction of the development and utilization of land in Hohhot，through the investigation to master the basic information of land resources，water resources，geological environment，ecological environment and so on. Expert consulting method and analytic hierarchy process（AHP）were applied to determine the weight，meanwhile，using comprehensive fuzzy evaluation method to grade land comprehensive carrying capacity of Hohhot. This study indicates that，in the land resources support system，the capacity of Hohhot urban district was the highest level，Tumote lett banner was the second level，then Helingeer，Tuoketuo county and Qingshuihe were the third level，at last Wuchuan county was the lowest leve l . In the water resources support system，the capacity of Helingeer county belongs to the highest grade，Tumote lett banner，Tuoketuo county and Qingshuihe belong to the second grade，the urban district of Hohhot belongs to the third grade，and Wuchuan county belongs to the lowest grade. In geological environmental support subsystem，Qingshuihe county ranked intermediate and Wuchuan county to lower，others ranked the highest grade. In the ecological environment support system, Tumote lett banner belongs to higher, other administrative unit to intermediate. On the whole, the compr hensive carrying capacity of urban district, Tumote lett banner and Helingeer counties were the highest, Tuoketuo county and Qingshuihe were next to the formmer then Wuchuan county was the lowest.

Key words: bearing capacity; regional differences; Hohhot city; AHP; the comprehensive fuzzy evaluation method

土地综合承载力是指在一定时期，一定空间区域，当前的自然资源、科学技术和资金投入在保证与其社会文化准则相符合的物质生活水平条件下，土地资源所能持续承载的人类活动规模和强度阈值[1]。土地作为人类活动、生存和生产的场所与空间，具有养育、承载、仓储和景观价值等功能，对于人类的生存、经济发展和社会进步都具有特别重要的意义。随着人口的增长、生态环境的恶化，建设用地增加，农用地减少，粮食安全问题随之出现，土地实际负载近乎濒临或已超越承载容量水平。因此，土地究竟能够承受多大人类经济活动强度、多少人口数量、多大的资源利用和环境破坏强度，成为当今亟待研究的课题。

纵观国内外学者就土地综合承载力的相关研究[2-5]，虽然在观点、方法、立场上有所差异，但大多集中在生物生理、现实条件、极限理想、相对资源的土地人口承载力，研究方法也多半是基于现实条件的相关分析的评估方法，将土地作为一个独立的子系统建立于自然、社会、经济三大子系统间的相互作用机制。研究方法从静态分析走向动态预测，研究指标由单一指标走向综合指标、以粮食、资源、环境为主的土地综合承载力研究成为趋势。本文将土地作为一个综合系统，从土地资源、水资源、地质环境和生态环境 4 个方面入手来综合分析呼和浩特市土地资源的综合承载能力，识别限制性资源环境要素，从而为判别区域国土开发利用的适宜性和限制性提供参考。

1 研究区概况

研究区地理坐标为东经 110°31′~112°20′，北纬 39°35′~41°25′，东西向宽约 150 km，南北向长约 165 km。土地总面积 17 224 km^2。全市由市区（新城区、赛罕区、玉泉区、回民区）、土默特左旗、托克托县、和林格尔县、清水河县和武川县 9 个旗县区组成。呼和浩特市作为内蒙古自治区的省会城市，与其他盟市相比，人地矛盾显得更加突出。2011 年呼和浩特市人口达 286.66 万人，耕地面积达 560 116.85 hm^2，人均耕地 0.504 hm^2。近年来随着城市化进程的加快，城市发展对土地的需求越来越大，导致靠近城市的优质耕地面积逐年减少，这给粮食安全带来极大的隐患。与此同时，城市的发展带来了许多城市问题，如交通拥挤、污染加剧、环境恶化、成本攀升等，城市土地的承载功能面临着巨大的压力。因此，对于呼和浩特市来说，研究土地综合承载力尤为迫切和重要。

2 研究方法

2.1 评价信息获取

本文广泛收集并整理了研究区的各级各类与土地相关的信息，包括水资源质和量、耕地、地质、生态环境、大气、土地利用、土壤、人口、粮食产量、产值、农田灌溉、工业耗水等相关社会经济资料，即以行政区为基本单位的统计数据、基础图件和相关专题研究，包括 1 ：50000 的土地利用现状图、农用地分等图、粮食产量、水资源分布图以及土地利用、生态功能分区、地貌、地质和土壤分布图。

2.2 研究方法与技术路线

在总结国际国内土地综合承载力评价研究与经验的基础上，搜集、分析、整理资料，选择呼和浩特市土地综合承载力的影响因素，采用定性和定量相结合的特尔菲法和层次分析法确定权重，通过建立指标体系，构造判断矩阵，层次单排序和一致性检验，层次总排序及一致性检验（$CI < 0.1$，$CR < 0.1$）确定各参评因素的权重（表 2），运用极差标准化法对数据进行标准化，采用 GIS 软件空间叠加模型对呼和浩特市各旗县区 3 个层次土地综合承载力的空间差异进行分析（图 1）。

3 评价指标体系的构建

3.1 指标体系的构建

土地综合承载力是一个动态的、受多种因素影响的一个综合庞大系统．本研究遵循区域综合性与特殊性相结合、系统协调性、层次性和可操作性原则进行评价．基于呼和浩特市的资源本底要素状况，根据呼和浩特市城市发展定位目标，参考已有研究成果[6-9]，依据上述指标构建原则，将土

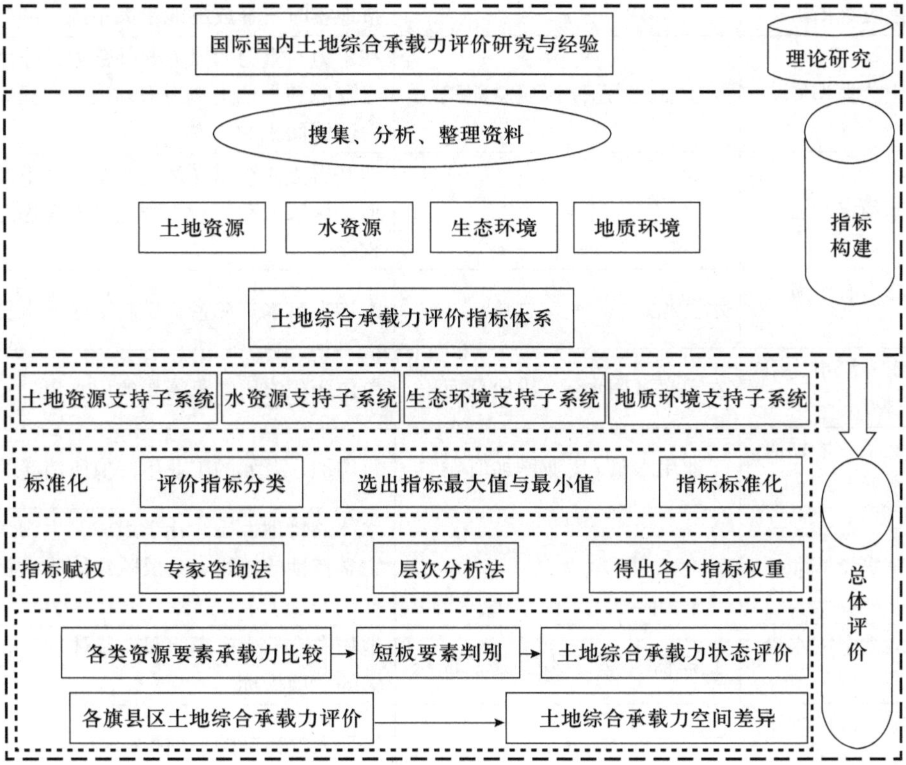

图 1　技术路线

Fig. 1　Technology roadmap

地综合承载力评价指标体系确定为3个层次，即目标层、指标层和准则层，包括土地资源支持子系统、地质环境支持子系统、水资源支持子系统、生态环境支持子系统4个子系统共16个指标（表1）。

表1　呼和浩特市土地综合承载力评价指标体系

Tab. 1　The land comprehensive capacity evaluation index system in Hohhot

指标类型	具体指标	指标计算方法	指标含义
土地资源承载力 B_1	水土协调度 C_1	$\frac{\text{本区水资源量、全区水资源量}}{\text{本区耕地规模 / 全区耕地规模}}$	为水土组合匹配程度，表征区域水、土两大基本生产要素组合状况
	人均耕地 C_2	耕地总面积 / 人口总数	人均占有的耕地面积
	粮食单产 C_3	全年粮食产量 / 粮食作物占用耕地面积	粮食作物实际占用的耕地面积上平均每公顷耕地全年生产粮食量
	地均 *GDP* C_4	区域 GDP 总量 / 区域土地面积	单位面积上创造的 GDP，也是反映产值密度及经济发达水平的指标，主要体现土地使用效率
	人口密度 C_5	区域总人口 / 区域土地面积	单位面积内的人口数，是表示区域内人口密集程度的指标，为人口相对土地的承载压力的直接表征
	人均建设用地 C_6	建设用地总面积 / 人口总量	人均占有建设用地面积
地质环境承载力 B_2	地震震级 C_7	/	按地震时所释放的能量大小确定的等级标准
	水土流失率 C_8	水土流失面积 / 区域总面积	在水力、重力、风力等外营力的作用下，水土资源和土地生产力遭到破坏和损失的面积占区域面积的比率
	地基稳定性 C_9	/	地基岩土体在承受建筑荷载条件下的沉降变形、深层滑动等对工程建设安全稳定的影响程度
水资源承载力 B_3	人均占有水量 C_{10}	水资源总量 / 人口总数	人均占有水资源量，反映了区域水资源条件
	农田灌溉亩均用水量 C_{11}	农田灌溉用水量 / 耕地总面积	单位面积农田灌溉需要的用水量
	万元工业增加值用水量 C_{12}	工业用水量 / 工业增加值	每增加一万元的工业生产值所消耗的水量
	水体水质 C_{13}	/	水体的物理性质、化学组成、生物学和微生物学特性的总称，是反映水体质量状况的指标
生态环境承载力 B_4	地均生态需水量 C_{14}	生 态需水量 / 区域生态总面积	地均占有的生态需水量，是体现生态环境优劣的一项指标
	可吸入颗粒物年日平均值 C_{15}	/	体现大气污染的一项指标
	SO_2 年日平均值 C_{16}	/	体现大气污染的一项指标

3.2 指标标准化

土地综合承载力评价是多指标的综合性评价，其评价指标不仅含义各异，而且具有不同的量纲和量纲单位。根据指标对承载力影响的方向不同又分为正向指标和逆向指标．为避免量纲不同对综合评价的影响，要把指标统一转化为无量纲指标。本文采用极差变换法进行无量纲化处理，该方法的优点为，无论决策矩阵中的指标值是正数还是负数，在经过极差变换之后，标准化指标满足 $0 \leqslant g_{ij} \leqslant 1$，且正向、逆向指标均化为正向指标，最优值为1，最劣值为0。

$$g_{ij}=\frac{B_{ij}-B_{\max}}{B_{\max}-B_{\min}}\text{（正向指标）}, \tag{1}$$

$$g_{ij}=\frac{B_{\max}-B_{ij}}{B_{\max}-B_{\min}}\text{（正向指标）}, \tag{2}$$

式中：g_{ij} 是系统 i 第 j 项指标的无量纲值，B_{ij} 是第 j 项指标的统计值，$B_{\max}$ 是第 j 项指标的最大统计值，$B_{\min}$ 是第 j 项指标的最小统计值。

3.3 指标权重的确定

权重是指各个指标在整体评价中的相对重要程度。确定的权重值是否科学合理直接影响到整个评价体系的准确性，因此权重的确定在整个评价过程中起着至关重要的作用。本文采用专家咨询法和层次分析法（AHP）相结合来确定指标权重。两种方法相结合，得到4个支持子系统的权重排序：土地资源支持子系统＞水资源支持子系统＞生态环境支持子系统＞地质环境支持子系统（表2）。

表2　土地综合承载力指标权重

Tab. 2　The land comprehensive capacity index weight

目标层	准则层	权重	指标层	单排序权重	总排序权重
土地综合承载力A	土地资源支持子系统 B_1	0.315	C_1	0.29	0.0914
			C_2	0.08	0.0252
			C_3	0.23	0.0725
			C_4	0.28	0.0882
			C_5	0.06	0.0189
			C_6	0.06	0.0189
	地质环境支持子系统 B_2	0.115	C_7	0.10	0.0115
			C_8	0.70	0.0805
			C_9	0.20	0.023
	水资源支持子系统 B_3	0.352	C_{10}	0.20	0.0704
			C_{11}	0.25	0.088
			C_{12}	0.35	0.1232
			C_{13}	0.20	0.0704
	生态环境支持子系统 B_4	0.218	C_{14}	0.45	0.0981
			C_{15}	0.30	0.0654
			C_{16}	0.25	0.0545

各项指标无量细化之后，结合对应的指标权重，就可以计算得出各评价区域各项指标的评价分值。本文采用线性加权求和函数法来计算各评价区域土地综合承载力的分值，总指标值等于各级指标值乘以各自的权重，再进行加总求和。公式为

$$Y=\sum_{i=1}^{n} W_i \times Z_i$$

其中：Y 为评价总得分；W_i 为第 i 个指标对应的权重；Z_i 为第 i 个指标的标准化值；n 为指标序号值。

3.4 分级标准

参照相关资料，建立分级评价标准，分值在 0~1 分之间，分值越高，表明土地资源承载力越强 . 具体如下：0.8 分以上表示有很高的承载力，0.6~0.8 分表示有较高承载力，0.4~0.6 分表示中级承载力，0.2~0.4 分表示较低承载力，0.2 分以下表示低承载力。

4 评价结果分析

根据上述计算方法，以呼和浩特市各旗县区 2010 年各项数据为基础，对呼和浩特市区域土地综合承载力各项指标进行测算，加权求和，最后得到呼和浩特市不同区域各支持子系统评价值和总评价值，详见表 3。

4.1 各子系统评价结果分析

4.1.1 土地资源子系统承载力空间差异分析

从土地资源的角度来分析呼和浩特市土地的承载力，可分为 4 级（图 2），即高级别为市区，中级为土默特左旗，较低级为和林格尔县、托克托县和清水河县，最低一级为武川县 . 主要原因是市区水土协调度最高，达 4 445.79 m3/hm^2，且人均建设用地少（307.82 m^2/ 人），地处黄河 - 大青山冲击洪积平原，粮食单产高，工农业发达，地均 GDP 比周边旗县高；土默特左旗农业发展和呼和浩特市区基本相似，而工业发展相对缓慢；和林格尔县、托克托县和清水河县工农业发展均比市区差，水土协调度不及土默特左旗，仅为 2 415.30 m^3/hm^2，3 个县地均 GDP 仅为市区的 1/9；武川县相比其他旗县区各项指标均差，水土协调度仅为市区的 1/20，虽然人均耕地最多，但粮食产量仅为市区的 1/6，属于广种薄收型，土地利用粗放，人均建设用地是市区的 1.6 倍 . 因此综合起来看市区域的土地资源承载指数较高，土默特左旗次之，和林格尔县、托克托县、清水河县和武川县较低。

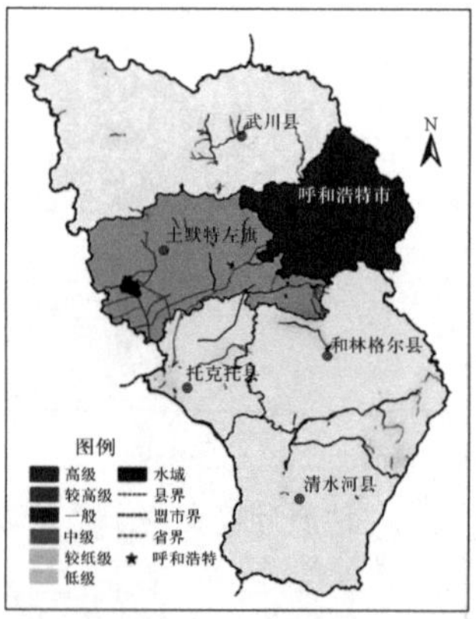

图 2 土地资源子系统分级图

Fig. 2 Classification of land resources subsystem

表 3 土地综合承载力评价值

Tab. 3 The land comprehensive capacity index

	市区	土默特左旗	和林格尔县	托克托县	武川县	清水河县
土地资源支持子系统	0.834 5	0.515 9	0.303 1	0.371 4	0.110 8	0.300 4

续表 3

	市区	土默特左旗	和林格尔县	托克托县	武川县	清水河县
地质环境支持子系统	0.923 4	0.882 0	0.995 4	1.000 0	0.300 0	0.541 2
水资源支持子系统	0.569 8	0.702 7	0.839 0	0.605 8	0.262 2	0.676 3
生态环境支持子系统	0.450 0	0.623 1	0.508 5	0.489 2	0.537 1	0.453 6
综合评价值	0.667 7	0.647 1	0.616 2	0.551 9	0.278 8	0.493 8

4.1.2 水资源子系统承载力空间差异分析

从水资源的角度来分析呼和浩特市土地的承载力，可分为 4 级（图 3），即和林格尔县属于高级，土默特左旗、托克托县和清水河县属于较高级，市区属于中级，武川县属于较低级。水资源对土地综合承载的差异主要是由于和林格尔县人少水多，人均水资源量达到 1 242.33 m³/ 人，是市区的 6 倍，和林格尔县的轻工乳业较为发达，水资源循环利用率高，万元工业产值耗水量较低，且水质污染低；土默特左旗、托克托县和清水河县工农业发展在全市处于中等，人口布局分散，人均水资源量为 927.29 m³/ 人，水质几乎没有受到污染；市区人多水多，人均水资源量不足，仅为 236.67 m³/ 人。尤其近年来，工业化、城市化的快速发展，人口快速向市区积聚，产业飞速向市区周边的产业园区集中，环保产业发展缓慢，导致水资源利用率低，且水污染加剧，致使水资源成为市区土地资源综合承载力低的重要因素之一，按照 2010 年呼和浩特市行政分区水资源人口承载力指数分析，目前市区已经超载（表 4）。武川县地处大青山北麓，是典型的雨影区，降雨量仅为 350 mm 左右，水资源量天然不足，再加上地势高、蒸发旺盛，农田灌溉亩均需水量较大，近些年市区的一些高污染、高耗水企业陆续进驻武川县，造成水资源污染越来越严重，水资源的土地承载力下降。

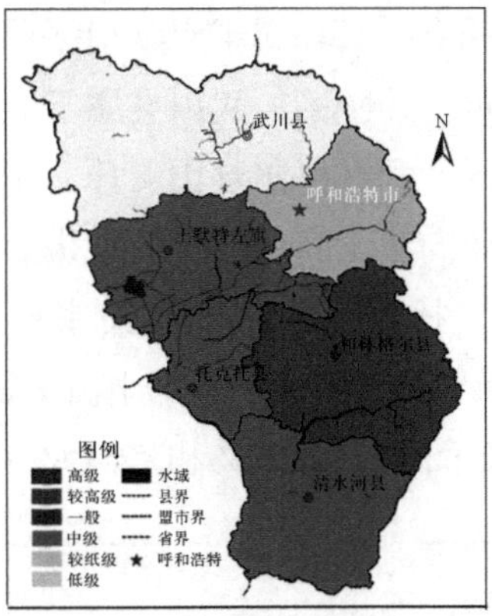

图 3　水资源子系统分级

Fig. 3　Classification of water resources subsystem

表 4　2010 年呼和浩特市行政分区水资源人口承载力

Tab. 4　The water resources carrying capacity for population in Hohhot City administrative districts in 2010

分区	可供水量 /10^8m^3	可承载的人口 / 万人	2010 年人口 / 万人	人口承载力指数
市辖区	5.05	101.05	200.00	1.98
土左旗	4.04	80.72	26.00	0.32
托克托县	3.67	73.35	18.00	0.25
和林格尔县	1.25	25.07	15.00	0.60
清水河县	0.55	10.99	10.00	0.91
武川县	0.90	18.03	11.00	0.61
合计	15.46	309.21	280.00	

4.1.3 地质环境子系统承载力空间差异分析

从地质环境的角度来分析呼和浩特市土地综合承载力，可分为4级（图4），即市区、土默特左旗、和林格尔县和托克托县均属于高级，清水河县属于中级，武川县属于较低级.因为这6个行政单元属于3个地貌区，市区、土默特左旗和托克托县均属于土默川平原区，清水河县属于黄土丘陵区，武川县属于大青山山麓山地丘陵区，和林格尔县山、丘、川兼备，属内蒙古高原向黄土高原的过渡地带。从水土流失情况看，托克托县水土流失率最小，仅为9.34%，清水河县和武川县水土流失面积最大，分别占辖区面积的82.22%和72.00%（表5）。

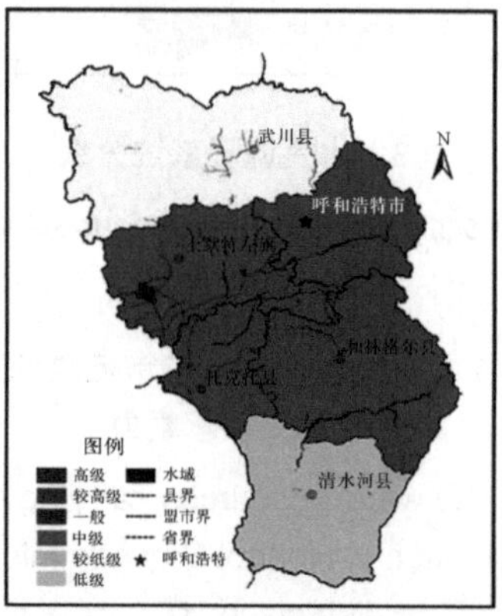

图4 地质环境子系统分级

Fig. 4 Classification of geological environment subsystem

表5 呼和浩特市水土流失面积汇总表

Tab. 5 The area of soil and water loss in Hohhot City

县（区）	辖区面积 /km^2	水土流失面积 /10^{3}hm^2	水土流失率 /%
市区	2017	50.29	24.79
土默特左旗	2712	70.29	25.92
和林格尔县	3 401	15.47	55.38
托克托县	1313	13.23	9.34
清水河县	2 859	235.07	82.22
武川县	4885	351.73	72.00

从呼和浩特市土壤侵蚀敏感度（图5）分析，全市各旗县区水力侵蚀和风力侵蚀各有差异，水力侵蚀最严重的是清水河县，风力侵蚀最严重的是武川县。全市中敏感度以上区域占53%，高敏感度类型区占全区面积的8.7%，从图5可以看出，高敏感类型区主要分布在清水河县和武川县南部。

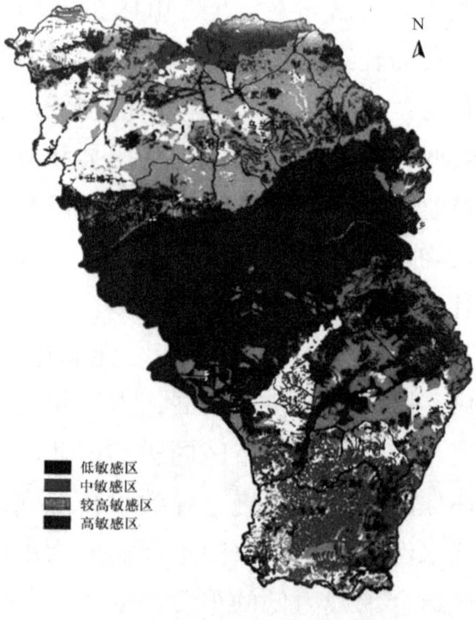

图5 呼和浩特市土壤侵蚀敏感度分析

Fig. 5 Soil erosion sensitivity analysis of Hohhot City

从地基稳定性分析，呼和浩特市地区地形地貌形态比较复杂，有山区、黄土丘陵区、也有平原区。武川县位于山区丘陵地区，地基虽主要由岩石组成，但受构造影响，岩石比较破碎，风化剥蚀强烈，再加上采矿的震动，其岩体稳定性只能属中等。清水河县大部分位于黄土丘陵区，全是第四纪沉积物，多由黏土、砂石、砾以及软泥组成，厚度大，最厚可达 60 m，这些第四纪沉积物堆积松散，没有固结成岩，土体的物理力学性能较差，其岩体稳定性只能属中等偏差。其他地区大多位于土默川平原区，地下矿产资源较少，几乎没有采动的影响，可以说地基较为稳定。因此可将呼和浩特市的地基稳定性做这样的划分，清水河县和武川县地基稳定性为基本稳定，和林格尔县、土默特左旗、托克托县和呼和浩特市区地基稳定性为稳定。

4.1.4 生态环境子系统承载力空间差异分析

从生态环境的角度来分析呼和浩特市土地的综合承载力，结合表 3 将表 4 中土地承载力分为两级（图 6），即土默特左旗属于较高级，其他行政单元属于中级。主要由于土默特左旗人口少，大型高污染企业较少，水土资源搭配好，植被覆盖度较高，空气质量优良，可吸入颗粒物较少，年平均浓度仅为 0.041 mg/m^3。

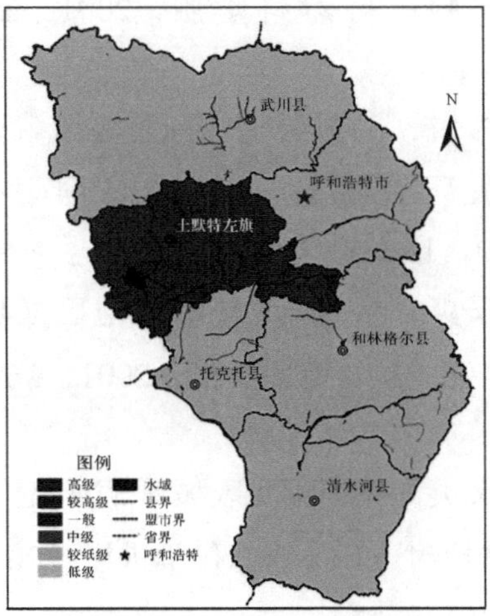

图 6　生态环境子系统分级

Fig. 6　Classification of ecological environment subsystem

4.2　综合承载力评价结果分析

将 4 个支持子系统的评价指数加权求和，得到各旗县区的综合评价指数，将评价指数进行分级，得到综合承载力评价图，见图 7。从图 7 可以看出，综合评价值是市区、土默特左旗和林格尔县最高，托克托县和清水河县次之，武川县最低。根据土地综合承载力的评价值，将呼和浩特市各县区划分为 3 种类型。

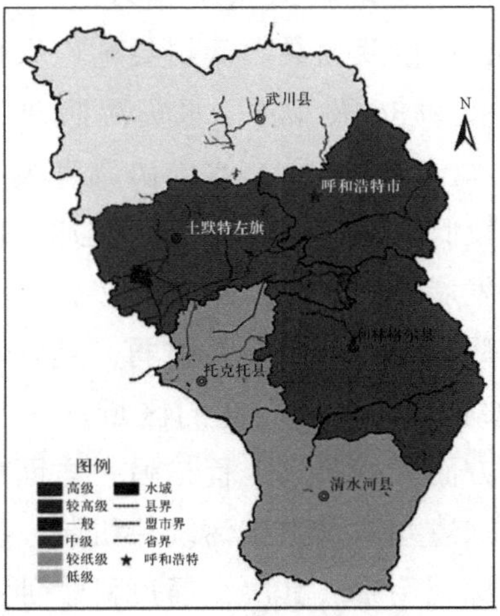

图 7　土地综合承载力分级

Fig. 7　Classification of the land comprehensive capacity

Ⅰ级为土地较高承载力区（$0.6 < A < 0.8$），包括呼和浩特市区、土默特左旗和和林格尔县。这些地区大多处在土默特平原区，水土协调度较大，水资源较为丰富，粮食单产较高，地质条件稳定，地均 GDP 相对较高，生态环境良好，是工农业及其第三产业发展的理想场所，是未来人口重点聚集区和产业高密度集中区。

Ⅱ级为土地中级承载力区（$0.4 < A < 0.6$），包括了托克托县和清水河县，托克托县粮食单产较高，临近黄河，水资源较为丰富，土地盐渍化较为严重，水土协调度相

对较差；清水河县是典型的黄土丘陵区，腹地内塬、梁、卯遍布，耕地支离破碎，坡度大，水土流失严重，粮食单产低、生态环境较为恶劣，经济发展较为落后，采煤造成的空气污染较为严重。今后以推广先进种植技术为抓手，采取工程措施和生物措施相结合的方法抑制水土流失，加强基本农田建设，大力改造中低产田，提高粮食单产；兴修中小型农田水利设施，提高水土协调度，以期逐步提高土地的综合承载力。

Ⅲ级为土地较低级承载力区（0.2 ＜ A ＜ 0.4），包括武川县。武川县地广人稀，人口密度仅为 36 人 /km²，水资源匮乏，蒸发旺盛，水土流失严重，水土协调度极差，粮食单产较低（847.50 kg/hm²），交通不便，工农业欠发展，第三产业刚刚起步，经济发展较为滞后，生态环境极其脆弱，是呼和浩特市土地综合承载力最低的区域。今后，首先，一方面采取节水工程，另一方面加大排污监管，建立节水与排污统一机制，努力提高水资源利用率。其次，通过科学种植来提高单产。最后，通过发展新型非资源性产业来逐步改善生态环境。

5 讨论

（1）由于土地综合承载力是一个综合的极限，所以在指标选取时在资源方面只选择了土地资源和水资源，而对于各种非生物和矿产等资源未列入指标体系，尤其研究区内的太阳能、风能资源等新兴支撑土地承载力的指标未予考虑，这些在区域综合承载力研究将具有更大的价值，这也是本文亟待深化的地方。

（2）为了保持市内各旗县区统计指标的可得性，有待于进一步完善个别指标，如地质环境支持子系统，文中指标只包括了地震震级、水土流失面积和地基稳定性，而对于地震带频率，就未包括在内．另外，对于生态环境支持子系统，本文选取的生态指标中，只选取了空气质量和生态需水量，未对水污染、土壤污染、水土流失严重等问题选取相应指标，这是本指标体系设计的一大缺陷。

（3）本文是以呼和浩特市各旗县区为承载力的研究单元，在市辖行政单元中基本可以获得指标体系中的各项指标数据，在指标选取时一定要注意指标的区域差异性。

参考文献

[1]王书华，毛汉英．土地综合承载力指标体系设计及评价——中国东部沿海地区案例研究［J］．自然资源学报，2001，16（3）：248-254.

[2]王书华，毛汉英，赵明华．略论土地综合承载力评价指标体系的设计思路——我国沿海地区案例分析［J］．人文地理，2001，16（04）：57-61.

[3]王书华，曹静．土地综合承载力评判指标体系的构建及应用［J］．河北师范大学学报：自然科学版，2001，25（1）：129-133.

[4]郭秀锐，毛显强．中国土地承载力计算方法研究综述［J］．地球科学进展，2000，15（6）：705-710.

[5]毛汉英，余丹林．环渤海地区区域承载力研究［J］．地理学报，2001，56（03）：363-371.

[6]毛汉英，余丹林．区域承载力定量研究方法探讨［J］．地球科学进展，2001，16（4）：549-554.

[7]高志强，孙希华．基于中国资源环境数据库的土地资源承载力研究［J］．中国人口・资源与环境，2000，10(S2)：1-3.

[8]徐强．区域矿产资源承载能力分析几个问题的探讨［J］．自然资源学报，1996，11（2）：135–140.

[9]王学军．地理环境人口承载潜力及其区际差异［J］．地理科学，1992，12（4）：322–327.

呼和浩特市辖区经济发展与耕地面积变化趋势分析

徐艳红，范海娇

（内蒙古自治区土地调查规划院，内蒙古呼和浩特 010010）

摘　要：呼和浩特位于内蒙古自治区中部，是内蒙古自治区的首府，经济正处于蓬勃发展时期，人口膨胀和城市化进程的加快加速了耕地的减少，耕地大幅度的减少逐步威胁到呼和浩特市辖区的社会安全和生态安全。该研究以呼和浩特市辖区为研究对象，运用定性和定量相结合的方法，根据1989—2009年统计数据对呼和浩特市1989—1998年和1999—2009年2个阶段的经济发展和耕地面积变化趋势进行了分析。结果显示，呼和浩特市辖区经济发展很大程度上影响到耕地面积总量的保持，经济发展与耕地面积之间呈负相关关系。

关键词：呼和浩特市辖区；耕地；经济发展

土地资源总量多、人均占有量少、优质耕地少、耕地后备资源少，是我国土地资源的基本国情，同样也是中西部区域土地资源的区情。耕地是土地资源的精华，是极为重要的农业生产资料，也是保障粮食安全、社会安全、生态系统安全的重要物质基础。然而随着研究区域社会经济的发展、人口膨胀、工业化和城市化的进程不断加快，人们对建设用地的需求量日益增加，相应地耕地面积不断减少[1-3]。笔者采用数据统计分析手段以及定性和定量相结合的方法，根据呼和浩特市辖区行政区划的变更及城市化进程分为2个阶段——1989—1998年和1999—2009年。前一阶段耕地主要分布在呼和浩特市郊区，后一阶段因重新调整行政区划，把郊区农业乡镇划分给呼和浩特市所辖的4个区。对这2个阶段呼和浩特市辖区的经济发展和耕地变化的面积进行分析和探讨，对今后深入研究呼市辖区经济发展和耕地变化的相关问题具有重要的指导意义。

1　1989~2009年呼和浩特市辖区经济发展特征

1.1　自然经济概况

1.1.1　自然概况

呼和浩特位于内蒙古自治区中部，是内蒙古自治区的首府，地理坐标为110°46′~112°1′E、40°51′~41°8′N，北枕大青山，与武川交界，南濒黄河，与鄂尔多斯高原隔河相望，东依蛮汉山，与乌兰察布市的卓资县、凉城县及和林格尔县毗连，西与包头市的土默特右旗接壤，全市总面积17 224 km^2，现辖4区、4县、1旗，即新城区、赛罕区、回民区、玉泉区、土默特左旗、托克托县、清水河县、和林格尔县和武川县[4]。

地形地貌为北部的大青山和东南部的蛮汉山为山地地形，南部及西南部为土默川平原地形，地势由东北向西南逐渐倾斜，市区海拔高度为1 040 m，气候属典型的蒙古高原大陆性气候，其特点是春季干燥多风，冷暖变化剧烈，夏季短暂、炎热少雨，秋季降温迅速，常有霜冻，冬季漫长、严寒、少雪。年平均降水量为335.2~534.6 mm，且主要集中在7~8月，水系有大黑河、小黑河、什万立米水磨沟，流域面积1 380.9 km^2，沟长68.2 km，年平均径流量4 972万m^3。呼市土壤类型多样，分别有山地草甸土、灰色森林土、灰褐土、栗钙土、栗褐土、新积土、山地黑土、粗骨土、潮土、盐土、沼泽土和风沙土等12个土类。主要植被类型为温带落叶阔叶林、针叶林和荒漠草原。

1.1.2 经济概况

呼和浩特地处环渤海经济圈、西部大开发、振兴东北老工业基地3大战略交汇处，是“呼包银”经济带核心及“呼包鄂”金三角中心。交通便捷，邮电通信顺畅，土地资源丰富，电力充裕，劳动力素质较高，服务配套完善，是我国西部投资环境最好的城市之一。商业机会多，发展潜力大，是国家级能源基地、国际物流中心集散地。丰富的自然资源，良好的投资环境，完善的服务体系，优惠的投资政策，稳定的社会环境，十分有利于生产要素迅速转化成生产力优势。呼和浩特市现已构筑起以乳业为核心的现代农牧业体系，以高科技、高附加值为特征的新型工业体系，以生产性服务业、旅游业为主的现代服务业体系等3大优势产业体系。其国民经济始终保持又好又快发展的势头。2009年呼和浩特市辖区实现地区国内生产总值935.20亿元，按可比价格计算，比上年增长13.12%，按常住人口计算，2009年呼和浩特市辖区人均地区生产总值突破7万元，达78 429元，比上年增长11.24%。完成全社会固定资产投资349.32亿元，比2008年的359.14亿元减少了9.82亿元，全社会从业人员671 866人，其中新城区从业人员292 160人，几乎占了4个辖区的1/2[5]。

1.2 1989~1998呼和浩特市郊区年经济发展特征

1.2.1 经济发展特征

呼和浩特市郊区区委、区政府把农业摆在各项工作的首位，重视农业、支援农业，使农业的外部环境和内部条件得到改善，农业生产得到长足的发展。不断增加农业的投入，加快农田水利等基础设施建设的步伐，进一步推广运用农业科技，农业的基础地位明显加强。在自然灾害严重的情况下，呼和浩特市农业仍然获得了丰收。1998年粮食产量达136 145 t，比1989年翻了一番。另外，郊区工业生产在紧缩、调整之后，随着投资、消费需求的回升，工业经济运行的质量逐步提高，工业生产稳定增长，经济效益有所提高。在1991年之后，工业生产总值持续平稳较快增长，年均增长5.9亿元，呼和浩特市郊区已经制定了全区各乡镇奔小康的规划，全区出现了人人“想小康、议小康、奔小康、干小康”的喜人局面，经济建设展示了超常规、跳跃式发展的态势，各项社会事业呈现出前所未有的生机与活力，投资规模扩大，投资效益也有所提高。由图1可知，1992—1993年呼和浩特市郊区固定资产投资总额发生了重大变化，由1992年的607亿元迅速增加到1993年的33 215万元，国内生产总值稳定增长，1998年的国内生产总值为216 053万元，比1989年增加了近10倍，人均国内生产总值7 074.43元。1989—1998年呼和浩特市郊区国内生产总值的年平均增长速度为28.62%，1998年财政收入高达10 456万元，比1989年增加了8 526.8万元，年均增长率为45.99%，只有在1994年有一次小的回落；同时全社会固定资产投资总额也有所下降，但总的来说，呼和浩特市郊区综合经济实力明显增强。

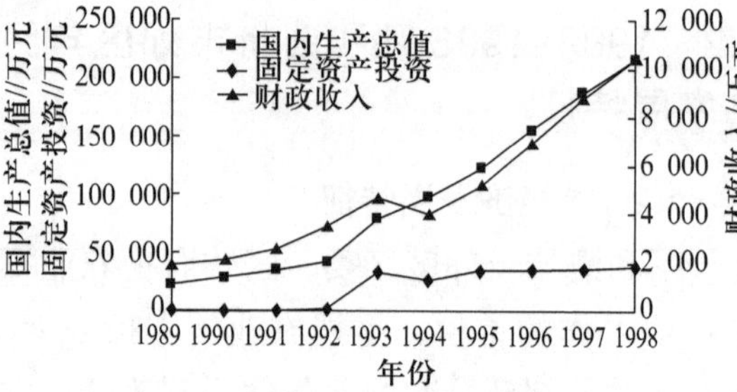

图 1　呼和浩特郊区经济发展趋势

1.2.2　呼和浩特市郊区经济平稳发展的原因

郊区的经济之所以能保持平稳较快发展，得益于以下几个原因：

（1）区位比较好。郊区环绕自治区首府呼和浩特市，处于自治区“两带一区”和“金角”经济区开发的前沿，地理位置得天独厚。交通便利，信息灵通，既便于接受城市工业和科技文化的辐射，又便于农副产品投放市场。

（2）资源丰富。郊区地势平坦，地上地下资源丰富。耕地面积 4.63 万 hm^2，宜林宜牧面积 7.78 万 hm^2，北郊大青山沿线蕴藏着丰富的大理石、珍珠岩、云母、沸石、黄金矿等矿产，不仅有丰富的浇灌和生活用水，还有丰富的优质矿泉水。光、热、水、土条件好，发展种植业十分有利。此外，地处郊区的昭君墓、辽代白塔、大窑文化遗址、乌素图召、清代公主府等名胜古迹都是闻名的旅游景点。

（3）产业优势。郊区是城郊经济交融形成的一种城郊农工产业，经济形态复杂交错，门类齐全。兼有区街工业和乡村工业两方面的优势，是城市经济科技、信息的亚辐射源。一、二、三产业结构趋向合理，相辅相成，协调发展。目前已初步形成了以粮食、蔬菜、副食品生产为基础，乡镇企业为主体，种养业相结合，贸工农一体化，多种经营的产业结构。

（4）发展机遇空间大。郊区地处自治区“两带一区”的腹地，“金三角”经济区开发的前沿阵地。随着国家投资重点的西移，国家“八五”重点工程（呼市炼油厂、内蒙古化肥厂、准格尔煤田和托县电厂）的建成投产，未来经济发展的优势将愈来愈突出。

（5）交通通信发达。京包铁路、110 国道横贯东西，呼市机场坐落在东郊，6 条主要公路直通周边盟市旗县，区乡公路四通八达，邮电通信设施齐全，随着呼包、呼集、呼凉高速公路的建成，交通、通讯等优势为经济建设将发挥更大的作用。

1.3　1999—2009 年呼和浩特市辖区经济发展特征

1.3.1　经济发展状况

1999 年 8 月呼和浩特对市辖区作了区划调整，历经 9 年多的实践，这一极具前瞻性的决策带动了全市经济、社会和城市规模的高速发展。

改革开放以来，呼和浩特市坚持把发展作为第一要务，抓住西部大开发的历史机遇，在加强生态建设和基础设施建设的同时，积极推进工业化、城市化和农牧业产业化进程，不断提高人民生活水平，促进了经济社会全面协调可持续发展，特别是进入 20 世纪 90 年代中期，回民区、赛罕区、新城区和玉泉区 4 区取得了显著成绩，4 辖区经济继续保持平稳增长，社会各项事业全面健康发展，城乡居民收入水平进一步提高。2006 年 2 月，呼和浩特市十二届人大三次会议审议批准了《呼和浩特市国民经济和社会发展第十一个五年规划纲要》，4 辖区经济发展跃上新台阶。

由图2可知，1999—2009年呼和浩特市地区国内生产总值增长了将近10倍，由1999年的95.92亿元增长到2009年的935.20亿元。由图3可知，呼和浩特市辖区财政收入在1999—2001年平稳增长，增长幅度不大，到2001年以后，财政收入年均增长率为22.14%，2001—2009年该市辖区财政收入将近增长了5倍。由图4可知，呼和浩特市辖区固定资产投资额也呈不断上升的趋势，1999—2002年变化幅度较小，之后以较快的速度增加，年均增长率为42.30%，与2008年相比，2009年的固定资产投资有所减少，减少投资9.8亿元，这样有效地防止了经济过热的现象，但是为了推动和落实“一核双圈一体化”发展战略，总的投资是呈不断增加趋势的，以达到“十一五”规划的目标和任务，促进呼和浩特市整体的经济发展水平。与此同时，产业结构调整成效明显，三次产业比重由1999年的1∶8.3∶10.1演进为1∶9.9∶24.8，二产特别是三产比重进一步上升。由于区位条件发展战略的影响，新城区位于4个区经济发展之首，赛罕区次之，玉泉区经济发展落后于其他区。以大型骨干企业为龙头的新城区，充分发挥区位优势，集中力量抓经济建设，国民经济、财政收入都保持了快速增长的势头。以科研、高新技术产业为核心的赛罕区，不仅成为高科技研发基地，更是呼和浩特市城区发展的主要方向；以商贸为主要传统的回民区，已成为小商品基地，现代物流基地；以奶牛养殖、蔬菜生产为主的玉泉区，围绕“奶业兴市”战略，大力发展奶牛养殖业和开发生态农业，已逐步建成生态、文教型商贸旅游大区。

1.3.2 1999—2009年呼和浩特市辖区经济发展特点

（1）发展速度逐步加快。1999—2009年，呼和浩特市辖区经济增长突飞猛进，市辖区

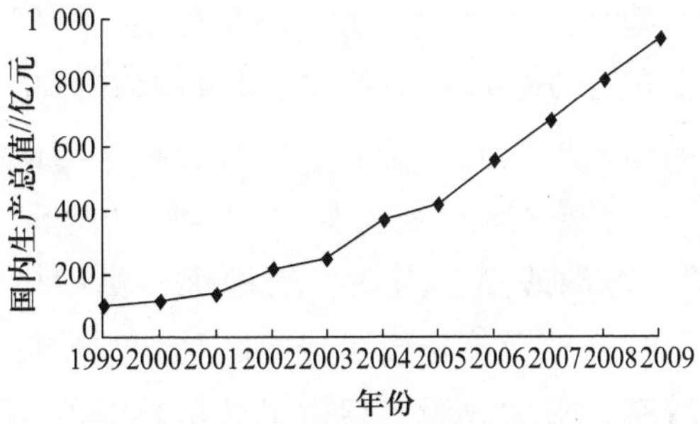

图2 1999—2009年呼和浩特市辖区国内生产总值变化趋势

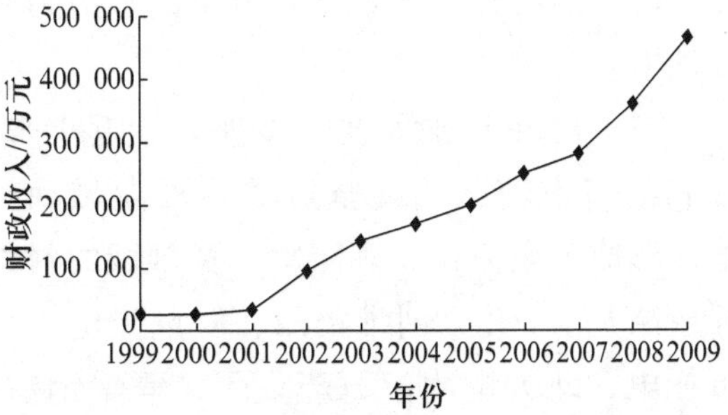

图3 1999—2009年呼市辖区财政收入变化趋势

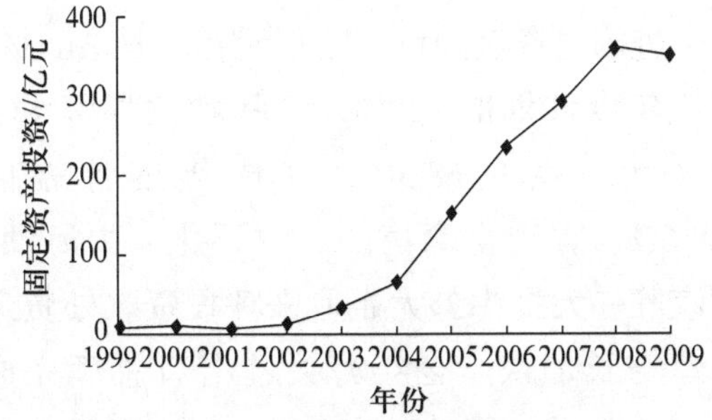

图4 1999—2009年呼和浩特市辖区固定资产投资变化趋势

国内生产总值从1999年的95.92亿元增长到2009年的935.20亿元，增加了将近10倍，年均增长率为23.00%。社会固定资产投资和地区财政收入呈快速增长态势。

（2）城市化进程明显加快。从2001年开始，呼和浩特进行了大规模的城市改造建

设，建成区面积由2000年的83 km^2扩展为目前的149 km^2，拉开了城市的框架，拓展了城市发展空间，扩大了城市容量；与此同时，“引黄入呼”、天然气入呼、“两河一库”、电网改造、道路、给排水、集中供热等一批基础设施建设步伐不断加快，使城市面貌有了极大改观，促进了城市功能的不断完善，提高了城市承载能力和持续发展能力；加大旧城改造力度，积极推进新市区建设，加强城市管理，不断提升城市品位，增强了呼和浩特作为区域中心城市的辐射力和带动力。

（3）对外开放程度明显提高。近年来，呼和浩特市辖区始终坚持实施外向带动战略，形成了全方位、多层次、宽领域的对外开放格局。TCL、创维集团、汉鼎光电、大唐托电、北方电力、石药集团、蒙丰钢铁、内蒙古昆烟等一大批骨干企业的迅速崛起，为呼和浩特全市今后的持续高速发展奠定了坚实的基础，对呼和浩特市辖区经济的持续健康发展做出了积极贡献。2005年呼和浩特市引进国内资金到位276亿元，增长81.1%，完成年度计划的120%；实际到位外资4.03亿美元，增长68.5%，完成年度计划的128.6%；香港金鹰集团、中石化、中海油、一汽等一大批中外大企业来呼投资。外贸进出口增长加快。全年海关进出口总额完成10.6亿美元，同比增长133.4%，其中出口5.9亿美元，增长122.2%。

（4）政府的公共服务职能得到了进一步加强。呼和浩特市辖4区按城市统一规划，合理布局的需要，2001—2006年已累计投资近400亿元，改造和兴建了基础设施项目200余个，建设了“引黄入呼”、集中供热、天然气引入、污水处理、城乡电网改造、主次干道改造、市区广场、二环路建设等重点工程，加快了城市道路及供水、排水、供电、供气、供热、通信、住宅等城市设施建设的步伐，突出了“生态青城、魅力青城、特色青城”的主题。

（5）区域经济发展活力大大增强。区划调整后，市辖4区为全市的经济发展注入新的活力，为了激活经济增长点，大力挖掘内在潜力，多渠道全方位吸引项目和资金，围绕“奶业兴市”的战略，全力打造“中国乳都”品牌，使奶牛业得到了空前的发展，乳业、电子信息、电力3大支柱产业产值稳步提高。1999—2005年，全市财政总收入由18.98亿元提高到81.84亿元，年均递增27.6%；城市居民人均可支配收入由5167元提高到12150元，年均递增15.3%。农民人均纯收入由2387元提高到4631元，年均递增11.7%。在全市经济增长速度加快的同时，经济运行质量和效益都有了较大的提高，经济结构得到进一步优化，产业布局更加合理，市辖4区的发展逐步趋于协调。

（6）城市规模化发展进程加快。2000年5月14日，呼和浩特顺利完成了市区行政区划调整工作。区划调整使得呼和浩特市的行政资源得到更有效的利用，投资环境极大地改善，城市建设步入了一个大规模的高速发展期，有效地带动了农村城市化建设，城市规模化进程明显加速。为了加快实施以提高城市整体服务功能和文明程度为核心的现代化首府城市建设工程，呼和浩特确定了“拉开城市框架、拓展城市空间，打通城市干道、完善配套设施，加快改造旧城、迅速发展新城，实现城市美化、亮化、绿化、硬化、净化，建设文明市”的城市建设基本思路。

2 呼和浩特市辖区耕地面积变化趋势

2.1 1989—1998 年市郊区耕地面积变化趋势分析

由图 5 可知，呼和浩特郊区的耕地面积 1989 年为 45 873 hm^2，到 1990 年有稍减的趋势，由于郊区政府对农业的高度重视、郊区农业结构的调整；1990—1991 年耕地面积有所增加，从 45 827 hm^2 增加到 46 240 hm^2，增加了 413 hm^2，比 1989 年增加了 0.9%；1989—1998 年呼和浩特市郊区耕地减少了 10.96%。同时，郊区人口从 1989 年的 27.8 万增长到 1998 年的 30.54 万，增长速度为 12.2%，1989 年人均耕地面积 0.165 hm^2，随着呼市经济的发展、人口的膨胀和工业化水平的不断加快，铁路和高速公路等大型基础设施和乳业、化工以及电子行业大型产业项目、国家重点建设项目及基础设施、城镇及农村居民点建设用地需求迅速增加，城市发展不断向外扩张，大量的耕地被非农建设占用，到 1998 年人均耕地只有 0.148 hm^2。人均耕地呈逐年减少速度趋势，1993 年以后减少速度最快，以 23.64% 的速度在减少。

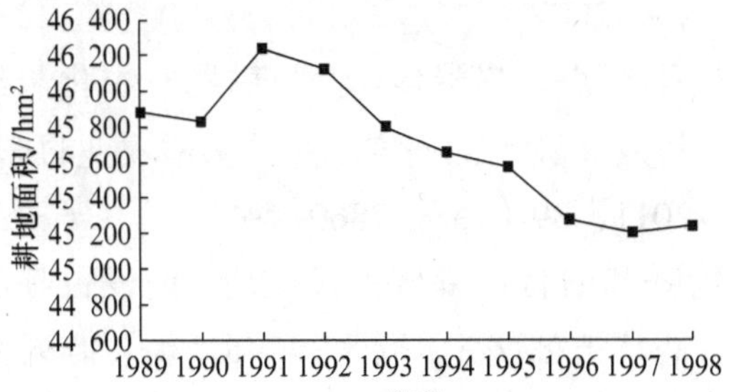

图 5 1989~1998 年呼和浩特市郊区耕地面积变化趋势

2.2 1999—2009 年市辖区耕地面积变化趋势分析

为了保障 18 亿亩耕地红线和粮食安全以及响应国家“十分珍惜和合理利用每一寸土地，切实保护耕地”的基本国策，呼市实行最严格的保护耕地制度。尽管如此，如图 6 所示，1999—2009 年呼市辖区的耕地面积不断在减少，11 年间共减少耕地 9 964 hm^2，平均每年减少 905.82 hm^2，到 2009 年人均耕地只有 0.053 hm^2。由于开发区和房地产过热的缘故再加上实施生态退耕政策，2001 年初耕地面积变动出现锐减趋势，这一年也正是“西部大开发”战略实施的转折点，同时呼和浩特市经济进入高速发展，建设用地需求明显加快的时期，2001—2005 年随着城市不断向外扩张，耕地数量迅速减少。2001~2005 年呼和浩特市辖区耕地由 68 029 hm^2 减少到 61 606 hm^2，年均净减少 1 284.6 hm^2。1999—2009 年通过宜农地开发、农用地整理、土地复垦及农业结构调整等新增 3 414.48 hm^2 的耕地，平均每年补充 379.35 hm^2 耕地，2005 年开始补充耕地数量逐年下降。从上文分析得知，补充的耕地远远不及减少的耕地数量。

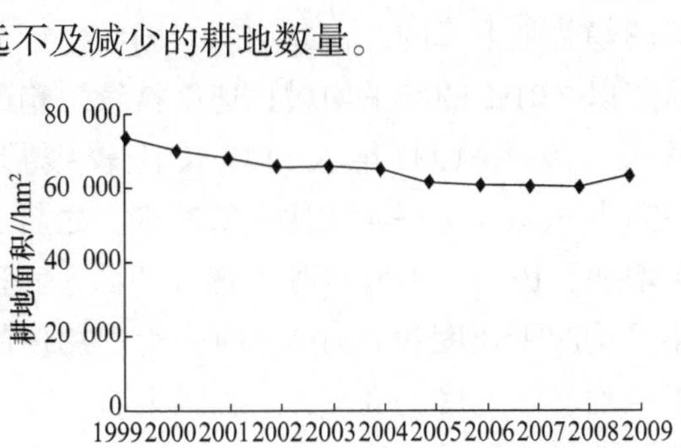

图 6 1999~2009 年呼和浩特市辖区耕地面积变化

3 呼市各阶段经济发展与耕地变化趋势对应关系

地区国内生产总值和固定资产投资是反映地区经济发展水平的重要指标，耕地面积与地区国内生产总值和固定资产投资增长的关系变化是表征耕地面积和经济发展水平之间关系的重要内容，由于社会固定资产投资的拉动，在土地利用方面表现为建设用地的增加，如图 2 和图 5 所示，1989—1998 年呼和浩特市郊区国内生产总值和耕地面积的变化趋势相反，它们之间呈负相关关系，相关系数是 -0.914。由图 3 和图 5 可知，1989—1998 年呼和浩特市郊区耕地面积和固定资产投资总额也呈负相关关系，相关系数是 -0.914。由图 4 和图 5 可知，1989—1998 年呼和浩特市郊区耕地面积和固定资产投资总额也呈负相关关系，相关系数为 -0.842。另外，呼和浩特市郊区耕地的减少过程呈波动性，1989—1991 年增加了 367 hm^2，1991—1996 年呈持续减少的过程共减少了 965 hm^2，1996—1998 年耕地面积几乎保持在一个水平范围内，没有明显的变化，但总体的趋势是下降的，在此期间，国内生产总值年以 7.01% 的年平均增长速度持续平稳的增长，1989—1992 年人口增长比较缓慢，1993 年人口与上一年相比有所减少，之后逐年增加。1999—2009 年呼市辖区的耕地面积年平均减少速度为 8.64%，国内生产总值的年平均增加速度为 8.33%。总体上看，呼市范围内耕地的减少与该区经济的发展、人口的膨胀有着密切的关系。

4 结语

耕地面积变化与区域经济发展状况密切相关，国内生产总值、人口增加、城市扩展等都是造成耕地减少的主要因素，尤其是经济发展是导致耕地减少的最主要因素，随着经济发展、人口增加、城市建成区面积的扩大，基础设施的建设，市辖区耕地面积相应减少，特别是城乡结合部的优质耕地，但经济要发展，非农建设占用耕地是不可避免的，但是要适度，不能无限制的扩展。为了保证耕地总量动态平衡，保障粮食安全、社会安全和生态安全，实现耕地资源的可持续利用和社会的可持续发展，采取合理的经济、行政和法律手段控制人口增长，以及内涵挖潜、盘活存量、集约使用建设用地是当务之急。要建立有效的耕地保护机制，强化耕地保护意识，充分调动农民保护耕地的积极性，控制城市扩张规模，立足存量挖潜，集约利用土地，积极推进土地整理，稳定耕地数量、质量，提高耕地生产力，促使“建设”与“吃饭”协调发展，改善各地区经济发展与耕地保护之间恶性循环的关系。

参考文献

[1] 朱洪波．中国耕地资源安全研究［M］．成都：四川大学出版社，2008.

[2] 曲福田，陈江龙，陈会广．中国经济发展和耕地非农化［M］．北京：商业出版社，2007.

[3] 李红杰，赵翠薇．贵州耕地非农化与经济发展关系的研究［J］．安徽农业科学，2011，39（13）：7860-7863.

[4] 呼和浩特市郊区人民政府．内蒙古呼和浩特市郊区志［M］．呼和浩特：呼和浩特市郊区人民政府，1984.

[5] 内蒙古自治区统计局．内蒙古统计年鉴 2010［M］．北京：中国统计出版社，2010.

基于“贡献—风险”的农地征收转用土地增值收益分配研究
——以内蒙古和林格尔县为例

徐进才，徐艳红，庞欣超，姚喜军，郝梦洁，靳春燕
（内蒙古自治区土地调查规划院，内蒙古 呼和浩特 010010）

摘　要：研究目的：基于农地征收转用过程中土地增值收益的形成机理以及土地增值收益分配过程中参与主体的贡献及风险，探寻土地增值收益的合理分配比例。研究方法：德尔菲法、“贡献—风险”分析法。研究结果：投资增值、用途转变增值、供求增值和政策性增值对土地总增值的贡献比例分别为17%、51%、16%和16%；农民、集体、地方政府和中央政府对土地总增值的贡献比例为12%、22%、50%和16%；按照“贡献—风险”土地增值收益分配方法确定各参与主体的收益分配比例为农民、集体、地方政府、中央政府31%∶16%∶32%∶21%。研究结论：土地增值收益的形成主要是因投资、用途转换、供求关系变化以及政策因素共同作用的结果，而参与主体通过对增值因素产生作用对增值收益的形成做出相应的贡献，同时承担相应风险。“贡献—风险”分析法充分考虑了各方利益主体对土地增值收益的贡献及其承担的风险，体现了按贡献分配、按风险调节的分配思路，同时兼顾了国家、集体和农民个人利益，方法基本可行。

关键词：土地管理；农地征收转用；土地增值收益分配；贡献—风险

Study on Land Incremental Value Distribution based on Contribution-Risk Analysis of Farmland Acquisition

XU Jin-cai，XU Yan-hong，PANG Xin-chao，YAO Xi-jun，HAO Meng-jie，JIN Chun-yan（Inner Mongolia Land Survey and Planning Institute，Hohhot 010010，China）

Abstract：The research purposes of this paper is to explore the reasonable distribution proportions of land incremental value and to build revenue distribution mechanism from the perspective of “Contribution-Risk” based on the formation mechanism of land incremental value and the contributions and risks of stakeholders participating in revenue distribution in farmland conversion. The methods of delphi and “Contribution-Risk” analysis are employed. The results show that the investment incremental value，land use conversion incremental value，supply-demand incremental value，and policy incremental value contributed to total land incremental value，with the proportions of 17%，51%，16% and 16%，respectively. Based on the above proportions，the ratios of farmers，collectives，the local governments and the central government contributing to land incremental value were 12%, 22%, 50% and 16%, respectively. According to "Contribution-Risk" revenue distribution method, the ratios of farmer, collective, the local government and the central government contributing to land incremental value were 31%, 16%, 32% and 21%, respectively. In conclusion, land incremental value formation was a mixture of investment, land use conversion, change of supply-demand relationship, and policy factors. The stakeholders contribute to land incremental value formation via exerting the impacts on the factors inducing land value increase whilst bearing corresponding risks. "Contribution-Risk" analysis method fully considers contributions and risks of different stakeholders on revenue distribution. The method is feasible, reflecting the distributional ideal that revenue distribution based on stakeholders' contributions and readjustment based on stakeholders' risks, and taking the interests of state, collectives, and farmers into account.

Key words: land management; farmland acquisition; land incremental value distribution; contribution-risk

1 引言

农用地征收转用过程中的土地增值收益分配问题直接关系农村土地所有者和使用者的利益，也影响到“三农”乃至整个社会经济发展的全局。然而，中国现行农村土地增值收益在不同利益主体之间的分配机制在一定程度上忽视或损害了农民集体作为农村土地所有者应享有的各种权益，诱发了一系列社会问题，亟须通过调控手段来平衡农地征转过程中各权利主体之间的利益分配关系。中央一再强调要建立兼顾国家、集体、个人的土地增值收益分配机制，合理提高个人收益。构建科学的土地增值收益分配制度，明确土地增值收益权的归属和分享，不单是改革征地制度的起点，更是当前理论和实践层面迫切需要解决和研究的问题[1]。学界对土地增值及其收益分配关注已久，特别是在土地增值收益分配的理论依据、增值收益额的确定与分类、分配方式以及增值收益分配现状研究等方面取得了一些成果。沈飞等测算了中国35个大城市土地征收—出让过程中政府和农村集体的土地收益比例约为17 ∶ 1[2]；诸培新以江苏N市为实证区，测算了农地非农化配置中土地收益分配比例，研究结果为农民26.41%，集体14.35%，各级政府59.23%，其中市级政府56.33%[3]，之后又通过对江苏省苏南、苏中、苏北地区样本县市2006—2011年间农地征收与出让中的土地收益分配格局抽样调查与分析发现，农地非农化征收与出让过程中农民的土地收益占土地出让收益比例偏低，约在3%—16%之间，而地方政府的收益份额在75%以上[4]；林瑞瑞等测算了中国省级层面及城市层面的土地收益分配比例，集体（农民）、政府和开发商所得增值平均比例分别为3.70 ∶ 22.32 ∶ 73.98和4.21 ∶ 26.01 ∶ 69.78，认为三者差异悬殊[5]，并从征地制度改革、出让制度改革、租税费制度改革、产权制度创新、财税制度改革等角度，提出了耕地非农化增值收益分配的政策建议。以上研究虽然针对不同区域的案例测算出了土地增值收益在各主体之间的分配比例，但并没有构建一个可行的理论分析框架，并提出合理的土地增值收益分配建议，难以支撑国家层面改革的需求。

本文认为，土地增值收益的形成是多种因素共同作用的结果，不同的参与主体对土地增值收益的形成因素产生作用和贡献，土地增值收益在参与主体间的分配比例可以根据其对增值收益的贡献程度大小确定。本文在厘清农用地征收转用增值路径的基础上，确定不同增值因素对土地增值收益的贡献，根据各参与主体对增值收益因素的贡献，确定参与主体应分摊的土地增值分配比例，并根据参与主体承担风险对分配比例进行修正得出最终结果。

本文以内蒙古自治区和林格尔县为研究区，该县土地总面积 3 401 km^2，2009—2014 年全县农地转建设用地面积为 2 301.76 hm^2（其中耕地转建设用地面积为 1 179.61 hm^2），年均转化面积为 460.35 hm^2。以和林格尔县为例研究土地增值收益机制，对于推进国家征地制度改革，探索构建兼顾国家、集体、个人的土地增值收益分配机制具有重要意义。

2 理论框架与研究方法

2.1 理论框架

土地增值的本质是地租量的增加，不管是何种引起土地增值的因素，均会引起地租量的变化，并通过土地价格的变化表现出来。即增值收益产生过程是由于不同方面因素共同导致的。根据已有研究，土地增值一般是由投资、用途转换、供求关系变化以及政策等多因素共同作用的结果。以土地规划和分区管理为核心的用途管制制度是土地用途由农地向市地转换时土地增值（用途转变增值）的突变因素；以土地开发和基础设施建设为中心的大规模软硬件建设（投资性增值）是土地增值的直接驱动；以土地稀缺性、投机性和政府调节政策为中心的供求关系变化（供求增值）是土地增值的短期因素；以工业化和城市化为特征的经济社会发展（政策性增值）是土地增值的基础支撑；不同增值因素对土地增值收益的贡献有所差别。

在增值收益的产生与分配过程中，主要参与的利益主体有农民、集体、地方政府和中央政府，利益主体通过作用于不同的增值因素对土地增值收益的形成产生贡献。例如地方政府是农地征收转用后基础设施的投资主体，可以说投资因素产生的增值主要由地方政府贡献，因而可根据不同利益主体对土地增值因素的贡献程度确定增值收益分配比例。同时，伴随农地征转，集体失去土地所有权，农民失去土地承包权和经营权，在耕地具有一定社会保障功能的背景下，农民失去土地的同时，将伴随产生社会保障风险和就业保障风险；而政府作为公共资源管理者，农地转为建设用地过程中也随之产生粮食安全风险和生态环境效应风险。在土地增值收益分配中，考虑不同主体对增值收益贡献的同时，应正视不同主体因失去土地或因土地利用形态改变带来的功能丧失进而可能产生的风险，继而获取相应的增值收益作为对可能产生风险的防范（图 1）。

综上，本文的基本思路是：首先明确土地增值收益是因不同增值因素共同作用的结果，而不同的利益主体通过对增值因素做出贡献间接引起土地增值，即土地增值收益是因为不同主体通过作用于增值因素而产生的，因此，可以根据不同利益主体对增值收益的贡献程度确定其应得的增值收益分配比例，但不同利益主体在对土地增值收益形成做出贡献的同时也承担了相应风险，应对根据贡献确定的分配比例进行修正得出最终的分配比例，将其称为“贡献—风险”法，各

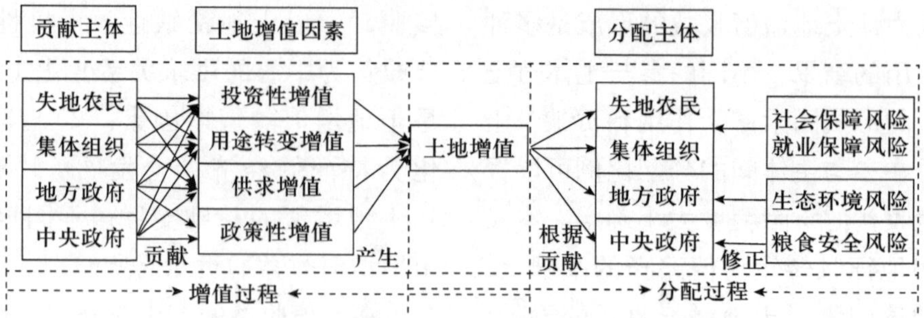

图 1 “贡献—风险”视角土地增值收益分配示意图

Fig.1 The sketch of land incremental value distribution based on contribution-risk

利益主体之间总体按照“利益共享，风险共担”的原则进行分配。

2.2 研究方法

假定在利益分配过程中，涉及的各利益主体为 v_1，v_2，…，v_n，分别代表农民、集体、地方政府和中央政府。假设 V 是利益分配过程中的最终总收益，各利益主体的贡献为 I_i，各利益主体 i 所承担的风险为 R_i，则各利益主体 i 应得的收益 v_i 为[1]

$$v_i=V[(R_i\times I_i)/\sum_{i=1}^{4}(R_i\times I_i)],\ i=1,\ 2,\ \cdots,\ n \quad (1)$$

式（1）中，R_i 为风险系数，表示与各利益主体 i 相关的风险事件发生的概率，且 $R_i\in(0,\ 1)$，它是对各利益主体 i 所承担风险的评价。

各利益主体的收益分配比例 α_i 为：

$$a_i=(R_i\times I_i)/\sum_{i=1}^{4}(R_i\times I_i),\ i=1,\ 2,\ 3,\ 4 \quad (2)$$

3 不同利益主体对土地增值的贡献

3.1 增值因素对土地增值收益的贡献

除投资因素外，用途转变增值、供求增值和政策性增值均不能定量测算，且不能简单地认为所有的投资均转化成了增值，因此不能定量测算不同增值因素对土地增值总收益的贡献，为明确不同增值因素对土地总增值的贡献程度大小，本文采用德尔菲法，分别邀请中国人民大学、中国农业大学、北京师范大学、首都经济贸易大学以及中国土地勘测规划院等单位的相关研究人员就不同增值因素对土地总增值的贡献权重进行打分。步骤如下：（1）发放第 1 轮增值因素权重调查表。测算出各评价指标的平均值和方差，确定此轮权重集中的范围；（2）发放第 2 轮增值因素权重调查表。将第 1 轮权重集中的范围反馈给专家，请专家根据各指标权重的均值和方差所反映的专家总体意见趋向和离散程度进行第 2 轮赋值，测算出各评价指标的平均值和方差；（3）数据显著性检验。将第 1 轮和第 2 轮调查的结果进行方差离散程度检验，检验方法采用数理统计学中常用的方法—卡方检验（X^2 检验）。直到检验两轮方差没有显著性差异为止；（4）权重结果确定。经过多轮的权重调查打分，方差检验结果无显著差异性后，取最后一轮的权重调查专家赋值的均值为不同增值因素对土地增值收益贡献的权重值（表 1）。

从表 1 可以看出，用途转变是农地征转过程中土地增值的主要因素，其次是投资性增值，而供求增值与政策性增值对总增值贡献比例相当。这与前文理论分析结果一致，用途转变是土地增值的突变因素，而投资增值是土地增值的直接驱动。

表 1 不同增值因素对土地增值收益贡献权重

Tab.1 The contribution weights on different factors to the land value increment

	专家一	专家二	专家三	专家四	专家五	综合权重
投资性增值	15%	10%	25%	15%	20%	17%
用途转变增值	30%	50%	50%	75%	50%	51%
供求增值	20%	20%	15%	15%	20%	16%
政策性增值	35%	20%	10%	5%	10%	16%

3.2 利益主体对土地增值收益的贡献

不同增值因素并不是直接作用土地利用变化而引起土地增值收益，而是因不同参与主体作用于增值因素进而产生了增值收益。土地被征收时农民投入了土地使用权，集体失去土地所有权，即投入了土地农用价值，同时伴随投入了农用地资源社会保障价值和就业保障价值，而地方政府投资引起土地增值最明显的莫过于政府通过土地一级开发对其储备的尚未出让的土地进行道路及各类管线等基础设施建设，提升土地潜在价值，使得土地增值成为可能；土地用途转换又以土地利用规划和土地用途管制为前提，因此这一土地增值的来源主要是政府运用土地用途管制权以及城市规划主导权和控制权控制土地用途方向和土地供应数量引起的，同时农民放弃了发展权，政府通过干预土地市场，对土地征用和城镇用地的供给市场实施高度垄断政策，控制土地市场，为供求增值做出了重大贡献；而用地需求的增加则与人口增加和社会经济的发展密切相关，其本质还是全体社会公民的贡献；农民集体作为土地的最终端供给者，一定程度上直接或间接影响了土地的供给，且其作为社会公民的一员，也对用地需求增长贡献了力量。政策性增值主要指国家出台某项土地政策对土地增值起到决定性影响。因此，不同增值因素对土地增值的贡献其本质是通过参与主体发生的，不同因素对土地总增值的贡献其本质是不同参与主体对土地增值的贡献。

首先将农民、集体与政府视为两个独立体，作为整体共同作用土地增值，对土地总增值产生贡献。农民集体和政府对不同增值要素的贡献同样采用德尔菲法进行判断。结果如表 2 所示。

表 2 农民集体和政府对土地增值的贡献要素权重

Tab.2 The contribution weights on farmers collective and government to the land value increment

增值要素	参与主体	
	农民集体	政府
投资性增值	42%	58%
用途转变增值	38%	62%
供求性增值	44%	56%
政策性增值	0%	100%

结合 4 大增值要素，对土地增值总收益的贡献权重加权，求和得出农民集体和政府对总土地增值收益的贡献分别为 34% 和 66%。

（1）集体、农民主体土地增值贡献。在土地增值过程中，农民和集体对土地增值要素的贡献程度不同。采用德尔菲法对农民集体内部进行贡献权重判断。得到农民对 4 大增值要素的贡献分别为 46%、33%、52% 和 0，对应集体对 4 大增值要素的贡献分别为 54%、67%、48% 和 0。

（2）地方政府、中央政府土地增值贡献。政府成员内部包括地方政府和中央政府，在土地增值过程中，地方政府和中央政府对土地增值要素的贡献程度不同。采用德尔菲法对政府内部进行贡献权重判断。得到地方政府对4大增值要素（投资性增值、用途转变增值、供求性增值和政策性增值）贡献比例分别为82%、84%、82%和35%，中央政府对4大增值要素的贡献比例为18%、16%、18%和65%。

结合4大增值要素，对土地增值的贡献权重加权求和，得出农民、集体对农民集体土地增值收益的贡献分别为33%和67%；地方政府和中央政府对政府土地增值收益的贡献分别为76%和24%。因此，根据不同利益主体对土地增值因素的贡献得出农民、集体、地方政府和中央政府对土地总增值的贡献分别为12%、22%、50%和16%。

4 风险构成及风险系数

4.1 风险构成与确定依据

农用地征收转用过程中的风险主要包括粮食安全风险、生态环境效应风险、社会保障风险和就业保障风险。其中前两个风险的承担主体分别为中央政府、地方政府，社会保障风险和就业保障风险由农民、集体共同承担。

风险确定的依据为：（1）粮食安全风险：随着农用地征收转用，会造成耕地面积的减少或质量的降低，一定程度影响到地方和国家粮食安全，产生粮食安全风险；（2）生态环境效应风险：农地具有多种生态服务功能，农地征转对周边的生态环境产生一定影响，威胁城市及周边地区生态环境健康，产生生态环境效应风险；（3）社会保障风险：农地征转后，部分农民会失去赖以生计的耕地，在农村的社会保障机制不太健全的情况下，会产生失地农民长远生计保障风险；（4）就业保障风险：农地征转后，虽然农民得到了货币化的政策性补偿，但在短期内尚难以满足农民生活质量的提高，多数失地农民仍然选择外出打工维持生活，由于就业的状况不是特别稳定，会产生失地农民就业困难风险[1]。

4.2 风险额度测算

（1）粮食安全风险。本研究运用影子价格法，依据替代原则，采用耕地培肥投入折现值和收益损失值之和来表示耕地的粮食安全价值量，并以此代表耕地非农化的粮食安全风险程度，该风险由中央政府承担。

$$V_1=T+\frac{T}{(1+r)^1}+\frac{T}{(1+r)^2}+\frac{T}{(1+r)^3}+\frac{T}{(1+r)^4} \quad (3)$$

$$V_2=P+\frac{P}{(1+r)^1}+\frac{P}{(1+r)^2}+\frac{P}{(1+r)^3}+\frac{P}{(1+r)^4} \quad (4)$$

$$r=r_1+b \quad (5)$$

式（3）为耕地培肥投入折现值计量方法，按开垦后耕地肥力从第5年见效的标准进行计算，V_1为开垦耕地投入的折现值，T为研究区耕地开垦年平均投入水平（10^4元/hm^2），r为还原利率，采用安全利率调整法。式（4）为耕地开垦后前4年的收益损失价值计算方法，V_2为收益损失折现值，P为研究区耕地平均年产出水平（10^4元/hm^2）。式（5）中，r_1为安全利率，b风险调整值。

根据任浩[7]计算的内蒙古自治区种植业中间消耗作为耕地开垦年平均投入水平，约为0.13万元/hm^2。以中国银行三年期定期存款利率作为土地安全利率，取2012年、2013年、2014年三年平均为3.17%；以中国银行三年期贷款利率取平均值的中值作为风险调整值，为3.08%，土地还原利率r为

6.25%。由式（3）得出耕地培肥投入折现值 V=0.58 万元 /hm^2。依据 2014 年内蒙古自治区农业总产值与农作物播种面积来计算得出平均产出水平为 3.19 万元 /hm^2，还原利率 r 为 6.25%，由式（4）得出收益损失折现值 V_2=14.16 万元 /hm^2。因此，粮食安全风险为 0.58+14.16=14.74（万元 /hm^2）。

（2）生态环境效应风险。由于农地征转导致的生态环境风险一般短期内仅影响局部地区，该风险由地方政府承担。生态环境效应风险以农地生态安全价值模拟。农用地资源生态价值计算公式如下：

$$P_2=(V_a \times K_e)/r,\ K_e=b_i/B \qquad (6)$$

式（6）中，P_2 为农用地资源生态价值，V_a 为内蒙古农用地生态服务年价值的平均值，K_e 为生态服务价值修正系数，b_i 为研究区域农用地潜在经济产量，B 为内蒙古农用地单位面积平均潜在经济产量。

据已有研究，内蒙古自治区耕地资源生态服务的年平均价值为 0.52 万元 /hm^2[8]，土地潜在经济产量平均值为 6.7 t/hm^2，北部区土地潜在经济产量为 3.4 t/hm^2[9]。修正和林格尔县耕地资源生态服务价值为 0.26 万元 /hm^2，和林格尔县耕地资源生态价值为 4.19 万元 / hm^2。同理测算得和林格尔县的林地、草地资源的生态服务价值分别为 9.91 万元 /hm^2 和 6.86 万元 /hm^2。本文采用和林格尔县耕地、草地、林地面积加权法计算该县生态环境效应风险为 6.98 万元 /hm^2。

（3）社会保障风险。采取农民生存保障纯收益代表失地农民需要承担的社会保障风险。

$$P_3=Y \times M_i/M_o/A_a \qquad (7)$$

式（7）中，P_3 为单位面积农用地的社会保障价值，Y 为保险费趸缴金额基数，M_i 为农民月基本生活费，M_o 为月保险费基数，A_a 为评价地区人均农用地面积。

依据《和林格尔县被征地农民参加城镇职工基本养老保险暂行办法》有关规定，和林格尔县 2014 年度在岗职工月平均工资为 0.42 万元，男性满 60 周岁退休个人账户养老金计发月数为 139 个月，女性满 55 周岁退休个人账户养老金计发月数为 170 个月。和林格尔县人均耕地面积为 0.65 hm^2/ 人，按最低缴费年限为 15 年计算，该县耕地资源社会保障价值为 20.67 万元 /hm^2。同理得，林地资源社会保障价值为 26.30 万元 /hm^2，草地资源社会保障价值为 23.57 万元 /hm^2。根据和林格尔县耕地、林地和草地面积所占比例进行加权最终得到该县农用地资源社会保障的年平均价值为 23.29 万元 /hm^2。

（4）就业保障风险。本文以农民再就业所需的教育和培训费（不包括生活费）来代替就业保障价值，反映失地农民承担因失去土地经营权不再从事农业生产需重新选择就业的风险。

$$V_{sy}=F \times m$$

$$F=L \times [1-(1+r)^{-n}]/r \qquad (8)$$

式（8）中，V_{sy} 为就业保障价值，F 为单位劳动力的培训费用，m 为单位面积土地承载人口数，L 为人均培训费用；n 为人均培训年数，包含小学、初中、高中和 1 年执业培训合计 13 年，r 为还原利率。若每人的教育培训费用按 0.16 万元 / 年计算，由式（8）得出，和林格尔县单位劳动力培训费用为 1.35 万元，农地资源就业保障价值为 15.17 万元 /hm^2。

综上，农地征转过程中，社会保障价值和就业保障价值在一定程度上反映失地农民所需要承担的风险，这两项合计得出农民所承担的风险大小为 38.46 万元 /hm^2。粮食安全风险和生态环境效应风险由政府承担，其中，中央政府承担粮食安全风险，由培肥投入折现值和收益损失折现值组成；地方政府承担生态环境效应风险，由农用地资源生态价值模拟，两项合计得出政府承担的风险大小为 21.72 万元 /hm^2，由此计算出农民集体与政府之间的风险系数比为 64%：36%。依据风险归属原则，本文将农民集体承担风险进行修正，按照农民、集体 80% 和 20% 进行分配，地方政府与中央政府之间的风险系数比 32%：68%。

5 研究结果

依据前文构建的农地征转过程中的土地增值收益分配理论框架，结合式（1）计算得出：在土地增值收益中，农民集体和政府所获分配比例为 0.47 和 0.53，在农民集体内部农民和集体所获分配比例为 0.66 和 0.34，政府内部地方政府和中央政府所获分配比例 0.59 和 0.41。在此基础上，得到农民、集体、地方政府和中央政府获得的分配比例为 31%：16%：32%：21%。

表 3 土地增值收益合理分配比例

Tab.3 Reasonable distribution ratios of land incremental value

分配主体	农民集体		政府	
按贡献分配比例	34%		66%	
风险调节比例	64%		36%	
分配比例	47%		53%	
分配主体	农民	集体	地方政府	中央政府
按贡献分配比例	33%	67%	76%	24%
风险调节比例	80%	20%	32%	68%
内部分配比例	66%	34%	59%	41%
分配比例	31%	16%	32%	21%

6 结论与讨论

（1）农地征转过程土地增值收益的形成是由投资性增资、用途转换增值、供求增值和政策性增值共同作用的结果。农民、集体、地方政府和中央政府通过不同的方式和途径作用于各增值因素，形成最终的土地增值收益。

（2）通过德尔菲法得出投资性增值、用途转换增值、供求增值和政策性增值对土地增值收益形成的贡献分别为 17%、51%、16% 和 16%。，而农民集体、政府对总增值收益的贡献分别为 34% 和 66%；进而得出农民、集体、地方政府和中央政府对资性增值、用途转换增值、供求增值和政策性增值的贡献分别为 12%、22%、50% 和 16%。

（3）农地征转过程中的风险主要是由各权利主体承担的粮食安全风险、生态环境效应风险、社会保障风险和就业保障风险组成。经对内蒙古自治区和林格尔县测算，农民集体和政府所承担的风险分别为 38.46 万元 /hm^2 和 21.72 万元 /hm^2，风险系数比为 64%：36%。因此，在农地征转土地增值收益分配中，农民理应获得较高的比重。

（4）通过“贡献”分析，农民集体和政府对土地增值收益的贡献比例为 34%：66%，通过“风险”调节后，农民集体与政府增值收益分配比例为 47% ：53%。农民、集体对土地增值收益的贡献比例分别为 33% 和 67%，而地方政府和中央政府对增值收益的贡献比例为 76% 和 24%，通过风险调节后，最终确定农民、集体、地方政府、中央政府土地增值收益分配比例为 31%：16%：32%：21%。比较当前研究区增值收益分配关系，建立的基于“贡献—风险”这种分配格局平衡了中央政府与地方政府的分配关系，保障了农民应获得的土地增值收益，是一种兼顾农民、集体和国家的土地增值收益分配模式，为实现“增值收益科学、合理、公平分配”改革目标提供借鉴。

值得讨论的是，土地增值收益产生的本质是市场交易的结果，通过市场机制使得土地价格发生变化，进而产生增值收益。土地的增值过程是多方面因素共同作用的结果，且无法清晰地判别不同因素的作用程度，如除投资、供求、用途管制等本文确定的增值因素外，农地征收转用过程中土地权利的转变同样产生权利转变的增值。不可否认，政府和农民投资、政府用途管制、市场供求管理以及社会经济政策是影响土地增值收益的主要因素。因此，将土地增值收益归因于以上4个因素，有助于明确土地增值收益的主体来源，也有助于明确不同参与主体对增值因素的贡献；虽然文中主要采用了主观判断的方法对土地增值收益的贡献程度进行分析，但也基本反映了不同参与主体在整个增值收益产生过程中所发挥的作用，同时采用风险修正法使得所得出的分配比例更趋科学和合理。如何定量评价分析不同主体对土地增值收益形成的贡献程度大小应作为今后研究的重点，也是中国土地增值收益分配改革需要关注和实践的重点。同时，本文提出“贡献—风险”土地增值收益分配模式是基于理论层面的测算，是一种理想状况，现实层面改革过程中，应按照这种思维去理解和考量土地增值收益的分配问题，并用以指导具体征地过程实施中的收益分配，至于分配的具体操作还有待进一步的深入研究。

参考文献

[1]宋戈，霍圣夫，邹朝晖．耕地非农化风险及增值收益分配机制研究——以哈尔滨市为例［J］．中国土地科学，2015，2（93）：53–61.

[2]沈飞，朱道林．政府和农村集体土地收益分配关系实证研究——以我国土地征用—出让过程为例［J］．中国国土资源经济，2004，17（8）：17–19.

[3]诸培新，曲福田．农地非农化配置中的土地收益分配研究——以江苏省N市为例［J］．南京农业大学学报（社会科学版），2006，（63）：1–6.

[4]诸培新，唐鹏．农地征收与供应中的土地增值收益分配机制创新——基于江苏省的实证分析［J］．南京农业大学学报（社会科学版），2013，13（1）：66–72.

[5]林瑞瑞，朱道林，刘晶，等．土地增值产生环节及收益分配关系研究［J］．中国土地科学，2013，27（2）：3–8.

[6]林瑞瑞．土地增值收益分配研究［D］．北京：中国农业大学，2015.

[7]任浩．征地制度中地价补偿标准的研究［D］．北京：中国农业大学，2003：58.

[8]孙新章，周海林，谢高地．中国农田生态系统的服务功能及其经济价值［J］．中国人口·资源与环境，2007，17（4）：55–60.

[9]王万茂，黄贤金．中国大陆农地价格区划和农地估价［J］．自然资源，1997，（4）：1–8.

基于 RS 与 GIS 的土地利用动态变化分析
——以准格尔旗为例

张晓玲，徐艳红，姚喜军，鲁丽波

（内蒙古自治区土地调查规划院，内蒙古呼和浩特 010010）

摘　要：利用 2008、2010、2013 年的 3 期遥感数据，基于 RS 与 GSI 技术，研究准格尔旗土地利用变化规律，使用分层分类的方法对各土地利用类型进行土地专题信息提取，获得准格尔旗 2008—2010 年、2010—2013 年 2 个时段的土地利用变化转移矩阵。据此全面分析了准格尔旗的土地利用时空变化特征。在利用传统土地利用变化模型的基础上，构建了土地利用动态分析模型，从总动态度、地类活跃度的层面结合 3 期遥感数据分析了 5 年来准格尔旗土地利用总动态变化度、土地利用类型转换活跃度。

关键词：动态变化；总动态度；地类活跃度；准格尔旗

区域环境变化的直接原因与响应是土地系统动态变化，土地系统动态变化不仅是研究全球变化的重要领域一种[1-2]，也是全球土地利用变化研究的核心主题之一[3]。通 过利用遥感技术对地观测，揭示土地利用空间变化规律，建立区域土地利用变化动态分析模型，分析引起变化的驱动力，有助于解决那些广泛存在于全球生态系统的可持续性中的众多不确定性问题，同时，也是一个国家或地区得以动态、有效地管理其资源与环境问题的重要保障[4]。目前关于土地利用变化研究的方法主要集中在：通过获取遥感数据，利用区域土地利用变化动态分析模型对过去一定时期土地利用时空变化进行监测[5-6]；引入“土地利用动态度”等指标对过去和当前土地利用状况进行分析，进而对未来土地利用情况进行数量上的预测[7-8]；建立时空动态模型，对未来的土地利用格局及其效应进行研究评价[9-10]。为了研究准格尔 旗土地利用变化规律，笔者以 TM 和 SPOT 卫星影像为数据源，以 GSI 为技术手段，对准格尔旗 2008—2010 年、2010—2013 年 2 个时段的土地利用变化状况进行了研究和分析。

1　研究区概况、数据来源与研究方法

1.1　研究区概况

1.1.1　自然条件

准格尔（蒙语，汉意为“左翼”）旗地处内蒙古西南部、鄂尔多斯市东部，黄河沿北、东、南流经 197km，隔河与山西、陕西毗邻，有“鸡鸣三省”之称。地理坐标为 110°05'~117°27'E、39°16'~40°20'N。准格尔旗地貌以丘陵沟壑为主。全旗辖 9 个苏木乡镇、159 个行政村。项目区属于大陆性温带干旱气候，春季多风，以西北风为主，风速一般为 16~20 m/s，年最大风速 40 m/s，

夏季温热而短暂，寒暑变化剧烈，昼夜温差较大，年平均气温5.3~7.6 ℃最高气温39.5 ℃，最低气温 -36.3 ℃，一般结冰期为每年10月至翌年4月，最大冻土深度1.50m，降雨最多集中于7~9月，占总降水量的60%~70%，年总降水量为231~459 mm，年总蒸发量为1 875~2 657.4 mm，是降雨量的5~8倍，常发生春旱，全年无霜期为150 d，初霜日在每年9月30日左右，积雪厚度20~150 mm。

2013年末全旗户籍总人口31.47万，常住人口36.9万，城乡居民收入水平稳步提升，城镇居民人均可支配收入37 586元，较往年增长8.6%，农民人均纯收入12 828元，较往年增长12%，城乡居民生活水平显著提高，社会保障覆盖面进一步扩大。近年来，准格尔旗依托丰富的资源优势，形成以煤炭为主导，化工、林沙、交通运输、商饮服务等为辅助的几大产业，综合经济实力不断壮大，人民生活水平显著提高，成为全国县域经济提升速度最快的百强县之一，是鄂尔多斯经济快速发展的重要增长极。

1.2 数据来源

选取了2008、2010、2013年3个时相的三景卫星影像数据作为基础数据。第一步要获得本次研究范围，将获得影像数据进行镶嵌，用准格尔旗二道行政区边界对镶嵌后的数据进行裁剪；第二步建立解译标志，根据遥感数据源的形状、纹理等特征来建立解译标志；第三步进行监督分类，利用最大似然估计等方法并结合野外实测资料，对遥感影像进行监督分类；第四步对分类的结果做进一步处理，使用聚合和过滤等分类后处理操作，使分类后的结果更加准确；最后，修改混分和错分结果并划分土地利用类型，在此过程中要结合野外考察、并辅以相关参考资料，根据研究区的特点以及土地利用动态监测的目的，把研究区土地利用类型分为6大类，即耕地、林地、草地、水域、建设用地、其他地类。

1.3 研究方法

该研究利用3期遥感数据（2008、2010、2013年），在遥感图像处理系统ENVI4.7的支持下先进行影像数据的几何校正以及图像增强等处理以便提高解译精度。并采用AcrGIS工具，在对遥感栅格数据进行空间叠加处理的基础上，从总动态度、地类活跃度2个层面描述土地利用变化的方向和数量关系，从而揭示土地利用动态变化规律。

1.3.1 总动态度

土地利用总动态度从整体角度分析不同时间间隔内土地利用转移的数量和速率问题，其中，U为研究区整个研究时段内的综合土地利用平均变化率，S_f为某个时间间隔内的整体土地利用变化度。若$S_f < U$，则在这一时间间隔内整体土地利用变化速率较慢；若$S_f > U$，则在这一时间间隔内整体土地利用变化速率较快[11]。计算公式如下：

U= 所有时间间隔内土地利用变化总量 / 研究区面积 / 整个时间间隔 ×100%　　（1）

S_f=［Y_f，Y_{f+1}］时间间隔内土地利用变化总量 / 研究区面积 /［Y_t，Y_{t+1}］时间间隔 ×100%　　（2）

1.3.2 地类活跃度

地类活跃度是在总动态度分析的基础上针对具体的土地利用类型展开的分析。地类活跃度分析计算公式如下：

G_{ij}=［Y_t，Y_{t+1}］时间间隔内用地类型j的转入 /［Y_t，Y_{t+1}］时间间隔 / 用地类型j在Y_t时刻的面积 ×100%　　（3）

L_{ij}=［Y_t，Y_{t+1}］时间间隔内用地类型 j 的转出 /［Y_t，Y_{t+1}］时间间隔 / 用地类型 j 在 Y_t 时刻的面积 ×100%　　（4）

在土地利用变化过程中，每种土地利用类型都对应着转入和转出 2 种变化。结合式（3）、式（4）模型对每种地类进行转入 G_{ij} 和转出 L_{ij} 分析，并与总动态度进行对比分析。若是转入转出比总动态度大，则说明该种地类变化比较活跃；若是转入转出比总动态度小，该种地类则比较稳定[11]。

2 结果与分析

该研究以 2008、2010 和 2013 年土地利用数据为基础，在 ArcGIS 中统一地类分类体系、统一空间分辨率、统一投影和坐标系统等处理基础上，经图层叠加后分别得到 2008—2013 年土地利用变化统计（表 1），2008—2010 年、2010—2013 年、2008—2013 年土地利用转移矩阵（表 2~4）。在此基础上，对准格尔旗 5 年来的土地利用动态变化进行分析。

表 1　2008~2013 年土地利用变化统计

用地类型	2008 年面积 hm²	2013 年面积 hm²	2008~2013 年的变化值 //hm²	年均变化率 //%
耕地	80 188.06	77 922.80	−2 265.26	−0.56
林地	221 901.16	218 211.23	−3 689.93	−0.33
草地	356 632.50	357 752. 86	1 120.36	0.06
建设用地	23 489.81	27 466.15	3 976.34	3.39
水域	3 674.18	3 797.20	123.02	0.67
其他地类	69 208.26	69 943.73	735.47	0.21

表 2　2008~2013 年土地利用转移矩阵　　hm²

用地类型	耕地	林地	草地	建设用地	水域	其他地类	2013 年合计	转入合计
耕地	76 978.26	163.13	566.31	2.01	0.34	212.75	77 922.80	944.54
林地	549.56	217 660.70	0.97	0	0	0	218 211.23	550.53
草地	2 012.23	2 182.26	353 532.80	0	0	25.57	357 752.86	4 220.06
建设用地	435.97	1064.18	1 676.86	23 486.10	0.37	802.67	27 466.15	3 980.05
水域	73.03	15.50	35.35	0	3 673.32	0	3 797.20	123.88
其他地类	139.01	815.39	820.21	1.70	0.15	68 167.27	69 943.73	1 776.46
2008 年合计	80 188.06	221 901.16	356 632.50	23 489.81	3 674.18	69 208. 6	755 093.97	–
转出合计	3 209.8	4 240.46	3 099.70	3.71	0.86	1 040.99	–	11 595.52

表 3　2008~2010 年土地利用转移矩阵　　hm²

用地类型	耕地	林地	草地	建设用地	水域	其他地类	2010 年合计	转入合计
耕地	79 829.11	85.58	122.41	0.02	0	6.02	80 043.14	214.03

续表 3

用地类型	耕地	林地	草地	建设用地	水域	其他地类	2010 年合计	转入合计
林地	0.03	220 282.11	0.97	0	0	0	220 283.11	1
草地	0.02	860.34	355 518.89	0	0	0	356 379.25	860.36
建设用地	189.90	525.66	723.58	23 488.67	0	304.92	25 232.73	1 744.06
水域	73.03	15.5	35.35	0	3 674.03	0	3 797.91	123.88
其他地类	95.97	131.97	231.30	1.12	0.15	68 897.32	69 357.83	460.51
2008 年合计	80 188.06	221 901.16	356 632.50	23 489.81	3 674.18	69 208.26	755 093.97	–
转出合计	358.95	1 619.05	1 113.61	1.14	0.15	310.94	–	3 403.84

表 4　2008~2010 年土地利用转移矩阵　hm^2

用地类型	耕地	林地	草地	建设用地	水域	其他地类	2013 年合计	转入合计
耕地	77 192.35	77.57	443.80	2	0.34	206.74	77 922.80	730.45
林地	549.52	217 661.71	0	0	0	0	218 211.23	549.52
草地	2 012.15	1 543.55	354 171.61	0	0	25.55	357 752.86	3 581.25
建设用地	244.78	496.91	993.96	25 230.06	0.37	500.07	27 466.15	2 236.09
水域	0	0	0	0	3 797.20	0	3 797.20	0
其他地类	44.34	503.37	769.88	0.67	0	68 625.47	69 943.73	1 318.26
2010 年合计	80 043.14	220 283.11	356 379.25	25 232.73	3 797.91	69 357.83	755 093.97	–
转出合计	2 850.79	2 621.40	2 207.64	2.67	0.71	732.36	–	8 415.57

2.1　数量变化与空间变化分析

2.1.1　数量变化

从表 1 可以看出，2008—2013 年准格尔旗林地、耕地面积减少较大，建设用地、草地面积显著增加。其中林地面积减少了 3 689.93 hm^2，耕地面积减少了 2 265.26 hm^2；建设用地面积增加了 3 976.34 hm^2，草地面积增加了 2 265.26 hm^2。从年均变化率来看，建设用地年均增幅最大，为 3.39%。

2.1.2　空间变化

从表 2~4 土地利用变化类型的转移矩阵中可以看出，在空间上建设用地的转化最为显著，主要由耕地、林地、草地其他地类向建设用地的转化。建设用地迅速增加，主要因为准格尔旗凭借资源优势建成亚洲最大的黑岱沟露天煤矿、地企合建的典范项目黄河万家寨水利枢纽工程、火电项目国华准格尔发电厂等大项目，加之煤电能源战略大力实施和地方煤炭企业蓬勃崛起的驱动，经济得到了较快的发展，同时也占用了大量的耕地、林地、草地。

2.2　总动态度分析

利用式（1），得出 2008—2010 年、2010—2013 年、2008—2013 年土地利用变化平均速率分别为 0.225%、0.372% 和 0.307%。其计算过程可分解为计算不同时期的土地变化绝对量（动态）、相对于总研究区面积的相对量（动态比）和在相对量计算基础上的单位时间内用地变化的速率（动态度）（表 5）。

总动态变化度是内部与外部驱动因素共

同作用的结果。国家启动了西部大开发战略、国家能源战略等系列政策措施的支持和优惠政策的导向，是引起土地利用剧烈变化的外在原因，使得准格尔旗经济得到了快速发展。而2010—2013年GDP逐年增加，人口数量迅速增加，是导致2010—2013年土地利用变化动态在2个时段中最大，整体土地利用变化最显著的因素。

表5　2008~2013年土地动态度

时段	间隔//年	动态//hm²	动态比//%	动态度//%
2008~2010年	2	3 403.84	0.451	0.225
2010~2013年	3	8 415.57	1.115	0.372
2008~2013年	5	11 595.52	1.536	0.307
研究区面积	–	755 093.97	–	–

2.3　地类活跃度分析

活跃度是针对某类用地的转入、转出展开研究的，用来表达该种地类在特定时间内的稳定程度。同上述方法，计算2008—2013年不同地类转入转出的绝对量（动态）、相对量（动态比）和速率（动态度）（表6~8）。在此基础上，各地类转移活跃度分别用转入或转出动态度的均值离差表示：负值表示用地转移低于平均状况，表示不活跃；正值表示用地转移高于平均状况，表示活跃。

表6　2008~2013年各用地类型转入动态度

用地类型	2013年面积hm²	转入动态hm²	转入动态比%	转入动态度%
耕地	77 922.80	944.54	1.212	0.242
林地	218 211.23	550.53	0.252	0.050
草地	357 752.86	4 220.06	1.180	0.236
建设用地	27 466.15	3 980.05	14.491	2.898
水域	3 797.20	123.88	3.262	0.652
其他地类	69 943.73	1 776.46	2.540	0.508
总计	755 093.97	11 595.52	1.536	0.307

表7　2008~2013年各用地类型转出动态度

用地类型	2008年面积hm²	转入动态hm²	转入动态比%	转入动态度%
耕地	80 188.06	3 209.80	4.003	0.801
林地	221 901.16	4 240.46	1.911	0.382
草地	356 632.50	3 099.70	0.869	0.174
建设用地	23 489.81	3.71	0.016	0.003
水域	3 674.18	0.86	0.023	0.005
其他地类	69 208.26	1 040.99	1.504	0.301
总计	755 093.97	11 595.52	1.536	0.307

表8　2008~2013年各用地类型出入活跃度　%

用地类型	转入动态度	转入活跃度	转出动态度	转出活跃度
耕地	0.242	–0.065	0.801	0.493
林地	0.050	–0.257	0.382	0.075
草地	0.236	–0.071	0.174	–0.133
建设用地	2.898	2.591	0.003	–0.304
水域	0.652	0.345	0.005	–0.302
其他地类	0.508	0.201	0.301	–0.006
总计	0.307	0.000	0.307	0.000

由表6~8可知，2008—2013年研究区建设用地的转入和转出总量最大，是最活跃的土地利用类型；而且，建设用地的转入均大于转出，反映出建设用地的数量在逐年增加，草地转入转出指数都在基准线0.307%以下，活跃度为负值，反映出草地是一种比较稳定的土地利用类型。

3 结论

该研究系统地构建了土地利用动态模型，并以2008、2010、2013年3期遥感数据为基础由浅入深地揭示准格尔旗土地利用总体动态变化速率及类型转换活跃程度。土地利用总动态度从整体角度分析不同时间间隔内土地利用转移的数量和速率问题。从2008—2010年与2010—2013年2个时段的年均变化动态来看，研究区土地利用变化的平均速率是0.307%，其中2010—2013年土地变化动态大于2008—2010年，为0.372%。2008—2013年准格尔旗林地、耕地面积减少较大，建设用地显著增加且年均增幅最大为3.39%。各用地类型转移活跃度建设用地的转入最为频繁，转出最活跃的是耕地，而草地转入转出活跃度都为负值，反映出草地是一种比较稳定的土地利用类型。

参考文献

[1]史培军，陈晋，潘耀忠.深圳土地利用变化机制分析仁[J].地理学报，2000，55(2)：151-160.

[2]王秀兰，包玉海.土地利用动态变化研究方法探讨[J].地理科学进展，1999(1)：81-87.

[3]邓祥征.土 地系统动态模拟[M].北京：中国大地出版社，2008：25-28.

[4]刘纪远，张增祥，庄大方.20世纪90年代中国土地利用变化时空特征及其成因分析[J].地理研究，2003，22(1)：1-12.

[5]田洪阵，杨太保，刘沁萍，等.基于RS和GIS的内蒙古达里诺尔湖1999—2010年动态监测[J].干旱区资源与环境，2012，26(10)：41-46.

[6]孙凤琴，黄昊，陈美连.厦门环东海域规划区土地覆被变化的遥感分析[J].厦门理工学院学报，2011，19(3)：48-52.

[7]鲁春阳，田永中，杨庆媛.重庆市主城区土地利用动态变化时空特征分析[J].西南师范大学学报：自然科学版，2006，31(5)：186-189.

[8]王晓娇，陈英.基于信息熵的张掖市土地利用结构分析及其灰色预测[J].干旱区研究，2011，28(1)：92-97.

[9]HANJ，HAYASHIY，CAOX，et al. Application of an integrated system dynamics and cellular automata modeltor urban growth assessment：A case study of Shanghai，China[J]. Landscape And Urban Planning，2009，91：133-141.

[10]全泉，田光进，沙默泉.基于多智能体与元胞自动机的上海城市扩展动态模拟[J].生态学报，2011，31(10)：2875-2887.

[11]刘明皓，王耀.兴基于“源”“汇”理念的土地利用动态变化分析[J].地理与地理科学，2013，29(3)：86-91.

基于遥感技术的内蒙古地区植被长势年内变化特征研究

徐艳红

（内蒙古自治区　土地调查规划院，内蒙古呼和浩特 010010）

摘　要：本文以 2011 年 5~10 月内蒙古地区 MODIS 卫星的 MYD13Q1—NDVI 数据为数据源，利用 EN-VI 平台，计算了旬植被长势状态指数与年植被长势变化幅度指数，在此基础上，借助 ArcGIS 平台，对其分了等级，最终通过数学统计方法对内蒙古地区植被长势年内变化特征进行了分析。研究结果表明：1）各旬同等级植被 长势状态在年内具明显的阶段性特征：第 9~14 旬（5~7 月）植被长势 I 级较快上升，而第 14~20 旬（一 10 月）逐渐下降；除第 9~10 旬植被长势 Ⅱ 级较快上升外，其余的缓慢波动；第 9~10 旬植被长势 Ⅲ 级较快上升，而第 10~12 旬逐渐下降，又第 12~20 旬逐渐上升；第 9~14 旬植被长势 V 级逐渐下降，而第 14~20 旬逐渐上升；除第 9~11 旬植被长势 Ⅵ 级较快下降外，其余的缓慢波动。2）各旬植被长势综合状态在年内具明显的时间差异 性特征：第 9~14 旬植被长势综合状态越来越好，而第 14~20 旬越来越差，其中第 14 旬（7 月下旬）其达到最佳。3）年内植被长势变化幅度以 I 与 Ⅳ 汉级为主，具空间差异性特征：I 级主要分布在内蒙古中西部的中部地区、中东部的东北地区、东部的西北地区；Ⅱ 与 Ⅲ 级主要分布在内蒙古西部以东地区；Ⅳ 级主要分布在内蒙古东、西部之间；V 级主要分布在内蒙古西部的东南地区和中西部的北部地区；Ⅵ 级主要分布在内蒙古西部地区。

关键词：遥感技术；归一化植被指数；植被长势状态指数；植被长势变化幅度指数

A Research on the Changing Features of Plantation Growth in Inner Mongolia Area through Remote-control Technology

XU Yanhong

（Inner Mongolian Land Survey and Planning Institute，Hohhot，Inner Mongolia 010010）

Abstract：This paper uses the MODIS satellite MYD13Q1-NDVI statistics from May to October in 2011 and ENVI platform to calculate the index of quarterly growth of plantation and the annual index of growing changes. With ArcGIS platform，they are graded and analyzed with mathematic method. The resutt of the research shows the following three features. First，the growing states of the same grade plantation in different quarters all have periodical characteristics. Second，the overall growing state of plantation varies from time to time in a year. Third，the main growing and changing scale are grade I and grade IV，and they vary from place to place.

Key words: remote-control technology; united plantation index; growing state index; growing scale index

植被在地球表面占有很大的比例，是地－气系统物质能量交换的主要载体，是研究地球辐射收支平衡及碳、氮、水循环的关键因子[1]360。它是地球系统中的活跃成员，陆地生态系统的任何变化必然在植被类型、数量或质量方面有所响应[2]37-42。人们可通过遥感技术获取植被指数，监测植被数量、质量、长势和生物量等变化过程与规律。植被长势与陆地生态环境质量有密切关系。目前，国内外对植被长势信息的获取，已有SPOT—NDVI数据、Landsat TM/ETM—NDVI数据、NOAA/AVHRR—NDVI数据和EOS/MODIS—NDVI数据可供选择。它们主要在植被长势年际动态变化监测方面得到了广泛的应用[3-8]，而在植被长势年内变化监测的应用研究较少。因此，本文以内蒙古地区为研究对象，在内蒙古生态环境变化的背景下，研究内蒙古地区植被长势年内变化特征，对保护我国北方生态屏障具有重要的理论和实际意义。

内蒙古位于中国北部边疆。由东北向西南斜伸，呈狭长形。位于东经97°10′-126°29′、北纬37°20′-53°20。全区总面积118.3万km^2，占中国土地面积的12.3%。由于地域辽阔，地理环境东西差异显著，各地的植被生长具有明显的差异性，所以对内蒙古地区植被长势年内变化具有重要研究意义。本文采用遥感与地理信息系统技术，首先分析内蒙古地区各旬植被长势状态变化，再分析年内植被长势变化幅度。此研究结果可为掌握内蒙古地区植被的旬相变化特征以及针对不同的区域选择合适时相的遥感影像提供参考依据。

1 数据来源及处理

本文是以覆盖内蒙古的植被指数标准数据产品MYD13Q1（MODIS/Aqua Vegetation Indices 16-Day L3Global 250m SIN GridV005）的归一化植被指数NDVI为数据源。它是空间分辨率为250m的16天合成数据，获取时间为2011年5月至10月（16天定义为1旬。本文共采用了12旬，即第9~20旬）。此数据可从EOSDIS网站下载。由于数据缺等问题，研究区中未考虑内蒙古呼伦贝尔市北部的鄂伦春自治旗、额尔古纳市与根河市，从而实际下载使用的NDVI数据共有60景影像。本文借助ENVI平台，对以上影像进行了坐标与投影的转换、镶嵌、裁剪等处理。

2 研究方法

植被状态指数的计算方法。植被指数是植被的可见光、近红外波段反射的线性或非线性组合产生的参数，它是能定量描述植被的长势、生物量等具有指示意义的数值。本文以归一化植被指数为基础，对其线性组合算出植被状态指数*VCI*（如式1所示），*VCI*能减少地理或生态系统变量的影响，即天气、土壤、植被类型和高程的影响，从而*VCI*可有效地表征内蒙古地区年内植被长势变化特征。

$$VCI=\frac{NDVI-NDVI}{NDVI_{max}-NDVI_{min}}\times 100\% \quad (1)$$

式中*NDVI*为实时的植被状态指数，

$NDVI_{max}$ 为图像中最小的 $NDVI$ 值，$NDVI_{max}$ 为图像中最大的值[9]71–75。$NDVI$ 一般取值范围为 -1~+1，当其值取负值时，表示地面覆盖为云、水、雪等；当其取值为 0 时，表示地面覆盖为岩石或裸土等；当其值取正值时，表示有植被覆盖。本文依据文献[10]115–130与[11]682–690，值大于 0.1 表示有植被覆盖，小于 0.1 表示无植被覆盖，从而值小于 0.1 的不参与计算。在 VCI 的基础上，再求出旬植被长势状态指数与年植被长势变化幅度指数来分析各旬植被长势状态变化与年内植被长势变化幅度特征。

旬植被长势状态指数的计算方法。植被状态指数 VCI 作为表征植被长势的参数，VCI 当值越大，表示植被长势越好，反之亦然。从而为分析旬植被长势状态特征，首先算出 1 年 12 旬最小植被状态指数 MIN_{vci}，其可利用公式 $MIN_{vci} = mi\underset{i=9}{\overset{20}{n}} VCI$ 求得，式中 i 为旬序号，MIN_{vci} 为最小化 VCI，即表示每一像元 1 年中 12 旬最小化 VCI；其次通过各旬 $VCII_i$ 与 MIN_{vci} 的求差值来表达年内各旬植被长势好坏，并定义为旬植被长势状态指数 D_{xi}（$D_{xi} = VCI_i - MIN_{vci}$，式中 i 为旬号），D_{xi} 值越大，植被长势越好。

年植被长势变化幅度指数计算方法。为分析各旬植被长势变化幅度特征，将计算年植被长势变化幅度指数 D_{Ni}，如式 2 所示。D_{Ni} 显示各旬植被状态指数偏离其平均值的离散程度，则 D_{Ni} 值越大离散程度亦越大，表明各旬间植被长势变化幅度越大。

$$D_{Ni} = 10 \times \frac{1}{n} \times \sum_{i=9}^{20} (VCI_i - AVE_{vci})^2 \quad (2)$$

式中 i 为旬号，n 为旬总数，AVE_{vci} 为各旬植被状态指数的平均值。

3 研究结果与分析

3.1 各旬同等级植被长势状态的年内变化特征分析

为揭示年内 12 旬的植被长势状态变化特征，借助 ArcGIS 平台，将各旬植被长势状态指数统一分了 6 个等级。其分级方法如下：首先算出 1 年 12 旬植被长势状态指数的平均值和标准差；其次依据间距量表方法，间隔进行分级，即 0~0.0544 为Ⅵ级长势，0.0544~0.1372 为 Ⅴ 级长势，0.1372~0.2200 为Ⅵ级长势，0.2200~0.3028 为Ⅲ级长势，0.3028~0.3856 为Ⅱ级长势，0.3856~1 为Ⅰ级长势，其中Ⅰ级与Ⅵ级长势分别表示植被最好长势与最差长势。另外，统计了各旬不同等级植被长势状态指数像元数及其百分比。图 1 表达了各旬同等级植被长势状态变化，图 2 显示了各旬不同等级植被长势状态空间分布。从图 1 可知，第 9~20 旬同等级植被长势状态变化具有阶段性特征，即第 9~14 旬植被长势Ⅰ级较快上升，而第 14~20 旬逐渐下降；

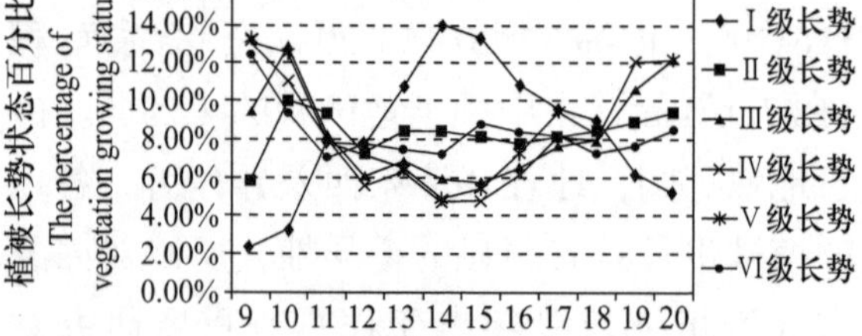

图 1　各旬同等级植被长势状态变化

除第 9~10 旬植被长势Ⅱ级较快上升外，其余的平缓波动；第 9~10 旬植被长势Ⅲ级较快上升，而第 10~12 旬逐渐下降，又第 12~20 旬逐渐上升；第 9~14 旬植被长

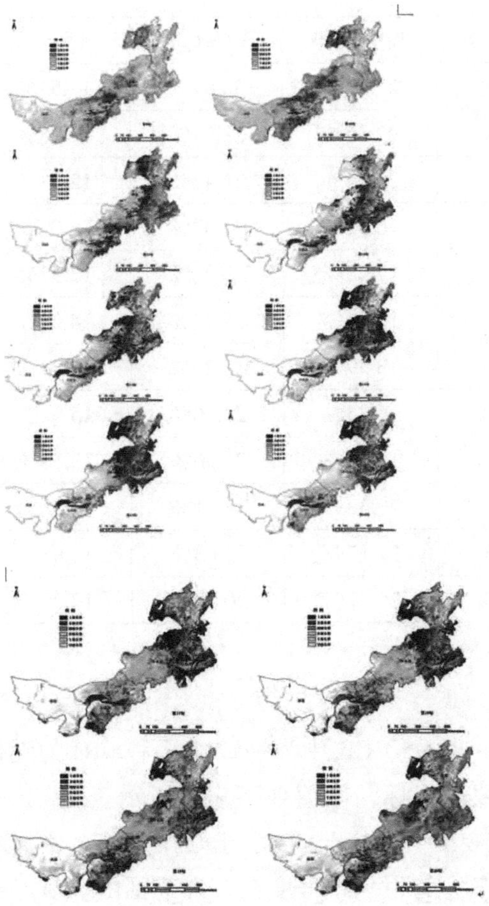

图 2　各旬不同等级植被长势状态空间分布

势Ⅳ与Ⅴ级逐渐下降，而第 14~20 旬逐渐上升；除第 9~11 旬植被长势Ⅵ级较快下降外，其余的平缓波动。从图 2 可知，各等级植被长势状态的空间分布特征，如第 9~14 旬植被长势最好Ⅰ级长势从内蒙古中部地区零散分布向中西部的中部地区、中部的西南地区、中东部的东部地区、东部的大部地区扩展分布，而第 14~20 旬时主要分布在中西部的南部地区和东部的西北地区；第 9~11 旬植被长势最差Ⅵ级长势从内蒙古西部地区、中西部的中部地区、中东部的东部地区、东部的南部地区向西部的东南地区、中西部地区、中东部的北部地区分布。以上所指的内蒙古西部为阿拉善盟，中西部为巴彦淖尔市、乌海市和鄂尔多斯市，中部为包头市、呼和浩特市和乌兰察布市，中东部为锡林郭勒市和赤峰市，东部为呼伦贝尔市、兴安盟和通辽市。

3.2　各旬不同等级植被长势综合状态年内变化特征分析

为了分析植被长势状态随时间的变化，对每旬的不同等级植被长势状态统计了像元数及其百分比，如表 1 所示。从表 1 不难看出，第 9~12 旬与第 17~18 旬植被Ⅴ级长势占主导地位，即所占百分比分别为 30.57%，28.59%，22.47%，24.32%，25.50%，23.51%；第 13~16 旬植被Ⅰ级长势占主导地位，即所占百分比分别为 22.53%，30.83%，28.46%，22.11%；第 19~20 旬植被Ⅳ级长势占主导地位，即所占百分比分别为 27.17%，26.97%。但难得知各旬植被长势综合状态，从而采用层次分析法对不同等级植被长势状态确定权重，再对每旬不同等级植被长势状态百分比加权求和比较。其值越大说明植被长势状态越好，反之亦然。

采用层次分析法确定权重的如下步骤：

1. 构建准则层。准则层是以植被长势的 6 个等级组成；

2. 通过植被长势的 6 个等级的相互比较，构造判断矩阵 A，确定其权重（如式（3））。

$$A=\begin{bmatrix}1 & 2 & 3 & 5 & 7 & 8\\ 1/2 & 1 & 2 & 3 & 5 & 7\\ 1/3 & 1/2 & 1 & 2 & 4 & 5\\ 1/5 & 1/3 & 1/2 & 1 & 3 & 4\\ 1/7 & 1/5 & 1/4 & 1/3 & 1 & 2\\ 1/8 & 1/7 & 1/5 & 1/4 & 1/2 & 1\end{bmatrix}\xrightarrow[\text{处理}]{\text{归一}}\begin{bmatrix}0.402\\ 0.251\\ 0.161\\ 0.103\\ 0.050\\ 0.033\end{bmatrix} \quad (3)$$

A 的元素值以 Saaty 等人提出的 1~9 及其倒数来标度。对比标度如下表 2 所示。

表 1 各旬不同等级植被长势状态百分比

旬号	Ⅰ级长势	Ⅱ级长势	Ⅲ级长势	Ⅳ级长势	Ⅴ级长势	Ⅵ级长势
9（5 月上旬）	3.64%	6.16%	14.73%	27.37%	30.57%	17.53%
10（5 月下旬）	5.17%	10.41%	20.00%	22.85%	28.59%	12.98%
11（6 月上旬）	15.35%	12.38%	16.05%	21.24%	22.47%	12.51%
12（6 月下旬）	17.73%	11.25%	13.75%	16.92%	24.32%	16.02%
13（7 月上旬）	22.53%	11.86%	14.27%	17.45%	19.92%	13.97%
14（7 月下旬）	30.83%	12.51%	12.98%	13.69%	15.77%	14.22%
15（8 月上旬）	28.46%	11.69%	12.28%	13.59%	17.23%	16.74%
16（8 月下旬）	22.11%	10.54%	13.30%	16.85%	21.86%	15.33%
17（9 月上旬）	17.49%	9.98%	13.86%	19.84%	25.50%	13.33%
18（9 月下旬）	17.45%	10.94%	15.21%	20.32%	23.51%	12.58%
19（10 月上旬）	10.56%	10.11%	17.84%	27.17%	22.63%	11.68%
20（10 月下旬）	8.69%	10.56%	20.19%	26.97%	20.89%	12.70%

表 2 两影响因素对比标度

标度	含义
1	相同重要性
3	前者比后者稍重要
5	前者比后者明显重要
7	前者比后者强烈重要
9	前者比后者极端重要
2、4、6、8	表示上述相邻判断的中间值

从式（3）可得判断矩阵 A 的特征向量 w = [0.402 0.251 0.161 0.103 0.050 0.033]^t，最大特征值 λ_{max} = 6.003。

3. 随机一致性检验。判断矩阵 A 通常不是一致阵，不一致的程度要求在一定的范围内。设

$$CI=\frac{\lambda_{\max}-n}{n-1} \tag{4}$$

式（4）CI 中为一致性指标，λ_{max}、n 为判断矩阵 A 的最大特征值、阶数，则求出 CI = 0.000 6。当 CI = 0 时，判断矩阵 A 为一致阵，CI 的值越大，判断矩阵 A 的不一致程度越严重。设

$$CR=\frac{CI}{RI} \tag{5}$$

式（5）CR 中为一致性比率，RI 为随机一致性指标，取值如下表 3 所示。则 CR = 0.000 5，当小于 CR 小于 0.1 时，认为判断矩阵 A 的不一致程度在容许范围内。显然判断矩阵 A 通过随机一致性检验。这时，用判断矩阵 A 的归一化的特征向量作为权向量，即其各元素值是植被长势等级的权重值（植被Ⅰ级长势为 0.402、Ⅱ级长势为 0.251、Ⅲ级长势为 0.160、Ⅳ级长势为 0.103、Ⅴ级长势为 0.051、Ⅵ级长势为 0.033）。

表 3 Saaty 提出的 n= 相应 RI 值

1	2	3	4	5	6	7	8	
9	0	0.58	0.90	1.12	1.24	1.32	1.41	1.45

确定不同等级植被长势状态权重的基础上，对每旬不同等级植被长势状态百分比加权求和的结果，如图 3 所示。从图 3 可知，第 9~14 旬（5~7 月）植被长势越来越好，而第 14~20 旬（7~10 月）植被长势越来越

差，其中第 14 旬（7 月下旬）植被长势达到最佳。

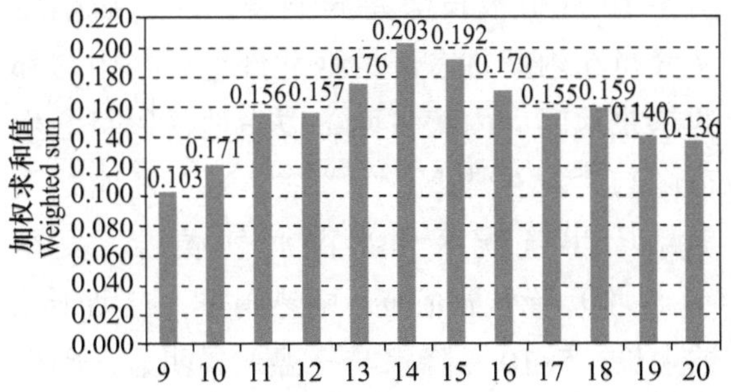

图 3　各旬不同等级植被长势状态加权求和

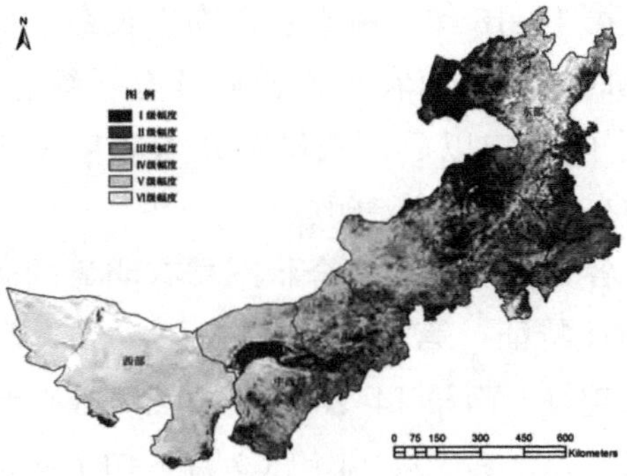

图 4　年内植被长势变化幅度分布

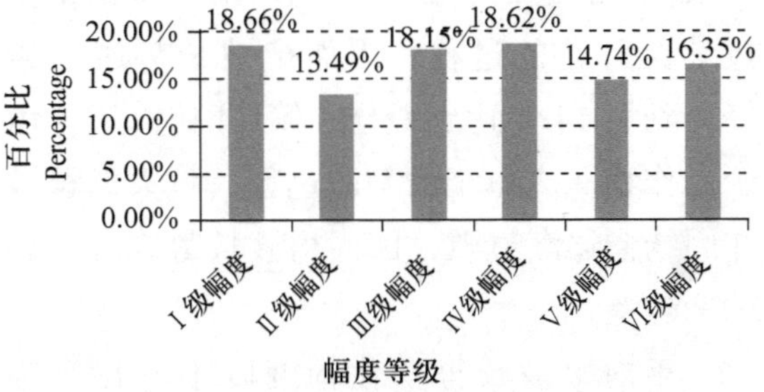

图 5　年内不同等级植被长势变化幅度

3.3　年内植被长势变化幅度特征分析

为了分析年内植被长势变化幅度特征，同样根据间距量表方法，对年植被长势变化幅度指数进行了分隔并利用 ArcGOS 平台分了 6 个不同植被长势变化幅度等级，即 0~0.3348 为Ⅵ级长势，0.3348~0.6406 为Ⅴ级长势，0.6406~0.9465 为Ⅳ级长势，0.9465~1.2524 为Ⅲ级长势，1.2524~1.5583 为Ⅱ级长势，大于 1.5583 为Ⅰ级长势，其中Ⅰ级与Ⅵ级长势分别表示植被长势变化幅度最大与最小，分等结果如图 4 所示。另外，统计了年内各等级植被长势变化幅度的像元数及其百分比，如图 5 所示。从图 4、5 可知，内蒙古地区年内植被长势变化中，Ⅰ级幅度最大，占 18.66 %，其次为Ⅳ级幅度，占 18.62%。从空间分布来看，植被长势变化幅度Ⅰ级主要分布在内蒙古中西部的中部地区、中东部的东北地区、东部的西北地区；植被长势变化幅度Ⅱ与Ⅲ级主要分布在内蒙古西部以东地区；长势变化幅度Ⅳ级主要分布在内蒙古东、西部之间；长势变化幅度Ⅴ级主要分布在内蒙古西部的东南地区和中西部的北部地区；长势变化幅度Ⅵ级主要分布在内蒙古西部地区。

4　结论与讨论

在 2011 年 5 月至 10 月中，各旬同等级植被长势状态具有明显的阶段性特征：第 9~14 旬（5~7 月）植被长势Ⅰ级较快上升，而第 14~20 旬（7~10 月）逐渐下降；除第 9~10 旬植被长势Ⅱ级较快上升外，其余的变化平缓；第 9~10 旬植被长势Ⅲ级较快上升，而第 10~12 旬逐渐下降，又第 12~20 旬逐渐上升；第 9~14 旬植被长势Ⅳ与Ⅴ级逐渐下降，而第 14~20 旬逐渐上升；除第 9~11 旬植被长势Ⅵ级较快下降外，其余的变化平缓。以上结果成因如下：第 9~10 旬农作物从播种至出苗的过程，从而农作物长势呈较快上升态势；根据内蒙古气候特点，第 9~14 旬气温和降水逐渐上升，但当年直到第 12 旬内蒙古大部降水偏少，第 12 旬后降水增多；第14~18旬，由于农作物生长最旺盛至成熟时期，因而农作物长势具有平缓态势，但到了18旬以后，农作物开始收割，天然植被亦因物候逐渐衰败。

各旬植被长势综合状态具有明显的时间差异性特征：第9~14旬植被长势综合状态越来越好，而第14~20旬植被长势综合状态越来越差，其中第14旬（7月下旬）植被长势综合状态达到最佳。第9~14旬由于气温与降水逐渐上升，对天然植被提供有利的生长条件，且这时亦是农作物从播种至出苗至拔节至开花的过程，因而植被长势越来越好，到第14旬达到最佳，第14旬以后，由于农作物从成熟至收割的过程，且天然植被亦因物候逐渐衰败，因而植被长势综合状态越来越差。

年内植被长势变化幅度以Ⅰ与Ⅳ级为主，它们具有空间差异性特征：植被长势变化幅度Ⅰ级主要分布在内蒙古中西部的中部地区、中东部的东北地区、东部的西北地区；植被长势变化幅度Ⅱ与Ⅲ级主要分布在内蒙古西部以东地区；长势变化幅度Ⅳ级主要分布在内蒙古在内蒙古东、西部之间；长势变化幅度Ⅴ级主要分布在内蒙古西部的东南地区和中西部的北部地区；长势变化幅度Ⅵ级主要分布在内蒙古西部地区。由于内蒙古中西部的中部地区属于干旱气候区，以人工植被为主，地处河套平原，农田多，一般第9旬（5月上旬）陆续播种，到第19、20旬（10月）陆续收割，在这期间虽然6~8月干旱少雨，但以灌溉方式来提供水分，并给农作物创造较快生长条件，从而导致5月上旬、10月下旬的农作物长势与6、7、8月的相比差异显著，故Ⅰ级幅度主要分布在内蒙古中西部的中部地区；内蒙古东部的西北地区与中东部的东北地区属于干旱半干旱区，大陆性气候显著，以天然植被为主，地处呼伦贝尔草原和锡林郭勒草原，年内温差大，无霜期较短，降雨多集中在7、8月份，从而5~10月植被长势差异显著，故Ⅰ级幅度又分布在内蒙古东部的西北部地区与中东部的东北地区；内蒙古西部以东地区以草原生态区与森林生态区[12]2018-2032为主，地处干旱半干旱气候区与半湿润气候区，夏季（6~8月）降水量充沛，雨热同季，有助于植被生长，5~10月降水与气温差异明显，因而Ⅱ与Ⅲ级幅度主要分布在内蒙古西部以东；内蒙古中西部、中部、中东部以天然植被为主，以人工植被为次，属于典型的温带干旱半干旱季风气候区，夏季（6~8月）暖热多雨，5~10月降水与气温差异较明显，各旬天然植被和人工植被长势变化亦较明显，因而Ⅳ级幅度主要分布在内蒙古东、西部之间；内蒙古西部、中西部的北部地区为荒漠生态区[12]2018-2032，植被覆盖度较低，以天然植被为主，夏季（6~8月）干旱少雨，地处典型的温带干旱季风气候区，5~10月月际降水差异小，各旬天然植被长势变化较不明显，因而Ⅴ级主要分布在内蒙古西部的东南地区和中西部的北部地区，Ⅵ级幅度主要分布在内蒙古西部地区。

总的来说，内蒙古地域辽阔，地理环境东西差异显著，植被长势具有明显的时空差异性。因此，在内蒙古地区众多相关植被研究中，选择合适时相的遥感影像带来不便，以上研究结果可供参考。

参考文献

［1］赵英时，等．遥感应用分析原理与方法［M］．科学出版社，2013.

［2］Parmesan C，Yohe G．“A globally coherent fingerprint of climate change impacts across natural systems”［J］. *Nature*，2003(6918).

[3]周伟，王倩，章超斌，李建龙．黑河中上游草地NDVI时空变化规律及其对气候因子的响应分析［J］．草业学报，2013（1）：138-147.

[4]侯鹏，王桥，房志，王昌佐，魏彦昌．国家生态保护重要区域植被长势遥感监测评估［J］．生态学报，2013（3）：780-788.

[5]徐浩杰，杨太保．1981-2010年柴达木盆地气候要素变化特征及湖泊和植被响应［J］．地理科学进展，2013（6）：868-879.

[6]王宏，李晓兵，李霞，莺歌，符娜．基于NOAA＋NDVI和MSAVI研究中国北方植被生长季变化［J］．生态学报，2007（2）：504-515.

[7]王晨轶，李秀芬，纪仰慧．黑龙江省植被长势遥感监测解析［J］．中国农业气象，2009（4）：582-584.

[8]张树誉，李登科，景毅刚．基于MODIS时序植被指数的陕西植被季相变化分析［J］．中国农业气象，2007（1）：88-92.

[9]Peters A J，Waiter-Shea E A，“lei J. Drought Monitoring with NDVI-Based Standardized Vegetation Index［J］. *Pho to-grammetric Engineering Remote Sensing*，2002（1）.

[10]Shabanov N，Zhou L，Knyazikhin Y，et al. Analysis of Inter-Annual Changes in Northern Vegetation Activity Observed in AVHRR Data from 1981 to 1994［J］. *IEEE Transactions on Geoscience and Remote Sensing*，2002（1）

[11]申广荣，王人潮，等．植被光谱遥感资料的研究现状及其展望［J］．浙江大学学报：农业与生命科学版，2001（6）.

[12]John R，Chen JQ，LuN et al. Predicting Plant Diversity Based on Remote Sensing Products in the Semi-Arid Region of Inner Mongolia［J］. *Remote Sensing of Environment*，2008（112）.

内蒙古畜牧业资源综合分区研究

特日格乐，徐进才，鲁丽波，徐艳红，吴全

（内蒙古自治区土地调查规划院，呼和浩特 010018）

摘　要：本论文的研究区域为内蒙古自治区，该论文的畜牧业资源综合划分指标体系是由内蒙古畜牧业统计年鉴（1990 年—2014 年）来选定并且计算出畜牧业资源丰度指数，使用畜牧业资源丰度指数计算结果来分析并评价在整个内蒙古自治区范 围之内畜牧业资源的空间分布特征；利用畜牧业资源丰度值并结合遥感影像数据、数字高程数据、气候、土壤和水文数据等，计算内蒙古畜牧业的自然资源和社会经济潜力系数并实现畜牧业资源的空间化：通过对内蒙古畜牧业资源分布特征的分析 研究，将内蒙古畜牧业资源划分为高丰度区、中丰度区和低丰度区。

关键词：畜牧业；区划；GIS；内蒙古

RESEARCH OF COMPREHENSIVE REGIONALIZATION OF INNER MONGOLIA ANIMAL HUSBANDRY RESOURCES

Terigele，XU Jincai，LU Libo，XU Yanhong，WU Quan

（Land survey and planning institute of Inner Mongolia Autonomous Region，Huhhot 010018，Chima）

Abstract：The study area of this paper is in Inner Mongolia Autonomous Region. In this study ，a comprehensive division index system of animal husbandry resources was chosen from the Inner Mongolia livestock industry statistical yearbook（1990 –2010）and resources richness rate indexes were calculated . Then using its outcomes to analyze and evaluate spatial distribution of animal husbandry resources in the study area. Combing with remote sensing image data，digital elevation data and climatic，soil and hydrological data，et. to calculate potential coefficient of natural resources and social economy of Inner Mongolia livestock industry and fulfill its spatiality. According to the analysis of its spatial distribution，Inner Mongolia animal husbandry resources were divided into high abundance area，medium abundance area and low abundance area.

Keywords：Animal husbandry；comprehensive regionalization；GIS；Inner Mongolia

传统的畜牧业资源区划通称分区划片，就是弄清畜牧业的地区差异，以便因地制宜的发展畜牧业生产，经过多年研究工作的实践，畜牧业资源区划的研究内容不断充实、拓宽[1]。畜牧业资源区划是在查明畜牧业资源的基础上从自然经济技术的综合角度揭示畜牧业资源的时空分布规律和畜牧业生产的地域分工规律，研究区域资源的优势、劣势、生产发展的潜力，按市场需要论证其生产方向和任务，调整畜牧业的结构和布局，合理配置畜牧业资源的一门应用基础科学，也是一门因地制宜、分区分类指导畜牧业生产发展和农村宏观发展决策的应用科学研究[2]。在进行畜牧业资源区划工作中，还需遵循以下一些原则[3]：一致性原则，共扼性原则，坚持市场导向原则，坚持自愿与区划的关系原则，坚持依法规范、优化配置的原则[4]。在畜牧业资源区划发展中，考虑资源条件因素之外，将生态因素、技术因素也纳入畜牧业地域综合体，还可提高畜牧业规划的综合性[5]。内蒙古畜牧业资源综合分区研究有助于不断地提高畜牧业产值以及优化畜牧业投入产出方式，保护内蒙古草原生态环境和草场资源；对各种生产要素进行统筹考虑，将草原自然资源优势和生态环境优势转化为商品优势和经济优势，深度利用当地绿色资源和品牌资源，使牧区的生活环境得到改善。

1　研究区概况及数据来源

1.1　研究区概况

内蒙古处于我国最北部，它由东向西跨越着东北、华北、西北等 3 大区域，总的直线长度为 0.24 × 104 km，从南向北的跨越长度为 0.17 × 104 km。土地第 2 次调查数据显示内蒙古土地总面积是 118×10^4 km^2，其中草原面积占全区土地面积的 73.4%。地处于温带大陆性季风气候区，气候复杂多样，四季分明。内蒙古天然草场辽阔而宽广，总面积位居中国五大草原之首，是中国重要的畜牧业生产基地[6]。草原总面积达 $8\,666.7 \times 10^4$ hm^2，其中可利用草场面积达 $6\,800 \times 10^4$ hm^2，占中国草场总面积的 1/4。

1.2　数据来源

本论文整理的内蒙古畜牧业指标体系的数据主要是来源于《内蒙古畜牧业统计年鉴》（1991—2014 年）、数字高程数据是来源于美国地质调查局（USGS）公布的 2009 年的 90 m 分辨率 SRTM 数据[7]。河流和气候数据来源于《内蒙古自治区资源 系列地图》[8] 该数据精度为 1：150 万。行政区划、交通、河流和居民点的数据是来源于第 2 次土地调 查数据库。TM 遥感影像数据是 2014 年的数据。

2　研究方法

2.1　资源丰度指数模型的建立

资源丰度又称资源丰饶度，指各类资源的富集 和丰富程度，为资源的自然属性[9]。资源丰度决定资源的开发规模和经济发展方向。资源丰度指数是各个资源的丰富程度，有时也指某种组合资源的丰富程度[10]。

$$R=\sum_{i=1}^{n}\frac{Y_i}{Y_{oi}} \qquad (1)$$

假设 $K=\{Y_1, Y_2, Y_3, \cdots Y_i\}$ 为某资源的要素层，该要素层是由 i 个要素组成，$K_0=\{Y_{01}, Y_{02}, Y_{03}, \cdots Y_{0i}\}$ 是资源的各个要素的标准化的值，本论文的资源要素层的标准值是 1991—2014 年数据的平均值来确定。通过对计算出来的结果来对比分析各个盟市之间的关系特征[1]。函数

$$R_i=\frac{Y_i}{Y_{oi}}\ (i=1, 2, 3, \cdots n) \qquad (2)$$

是某一个区域第 i 种资源的丰度指数。如果 $R_i > 1$，说明资源要素 Y_i 较为丰富；如

果 $R_i < 1$，说明资源要素 Y_i 为不足，可能成为畜牧业生产的限制因素。如果 $R_i=max$（R_1，R_2，$R_3 \cdots R_n$），则资源要素 Y_i 属于畜牧业生产最丰富的资源要素；如果 $R_i=min$（R_1，R_2，$R_3 \cdots R_n$），则资源要素 Y_i 属于畜牧业生产限制因素[1]。

2.2 畜牧业资源指标体系的确立

内蒙古畜牧业资源综合区划指标体系的建立应遵循以下 3 点基本原则：①不同区域指标的选取也不同。在分区研究时应选取能够全面反映区域特点的指标因素[1]，内蒙古地域辽阔东西差异明显，对内蒙古畜牧业资源进行分区研究应选取地形地貌，草场资源、水资源、气候资源、灾害灾情、畜牧业产品、畜禽品种等等类型的组合。②畜牧业资源综合区划。畜牧业资源综合区划指标的选取应具有明显的畜牧业意义。③各区域畜牧业区划的指标体系应建立在其地域分异特点与畜牧业生产部门的关系之上。每 1 个选取的指标应反映出该区域畜牧业生产自然条件的限制因素，还应因地制宜，根据资源优势 与自然条件特点确定能够综合反映畜牧业生产与自然资源密切相关的指标[11]。

畜牧业资源系统是 1 个庞大而复杂的系统，因此有一套复杂的指标体系。指标选取时，考虑多方面的因素并且指标本身应具有明显的畜牧业意义。根据内蒙古畜牧业本身的特点并结合实地调查以及资料收集情况，确立了畜牧业资源综合分区指标体系，包括自然资源、生态资源、社会经济资源、畜禽品种资源、畜产品资源和农牧业基础设施建设等 6 个方面[11]。指标体系见表 1。

表 1 畜牧业资源综合分区指标体系

Tab. 1 Comprehensive zoning index system of animal husbandry resources

目标层	准则层	指标层
畜牧业资源综合分区指标体系	自然资源（B_1）	Y_1 年均降水量（mm）
		Y_2 多年平均气温（℃）
		Y_3 畜禽均水资源量（m^3）
		Y_4 牲畜均天然草场面积（km^2）
		Y_5 饲料作物播种面积（km^2）
		Y_6 灾害评价值
	生态资源（B_2）	Y_7 改良草场保有面积（km^2）
		Y_8 已承包的草原面积（km^2）
		Y_9 围栏草场保有面积（km^2）
		Y_{10} 年内草原灭鼠面积（km^2）
	社会经济资源（B_3）	Y_{11} 农林牧渔业总产值（万元）
		Y_{12} 畜牧业产值（万元）
		Y_{13} 畜牧业占大农业产值比重（%）
		Y_{14} 城市化率（%）
		Y_{15} 牧业劳动力（人）
		Y_{16} 乡村人口数（万人）
		Y_{17} 农牧民人均纯收入（元）
		Y_{18} 大牲畜和羊出卖率（%）

续表 1

目标层	准则层	指标层
畜牧业资源综合分区指标体系	畜禽品种资源（B_4）	Y_{19} 牲畜总头数（万只） Y_{20} 家禽总头数(万只) Y_{21} 家兔总头数（万只） Y_{22} 良种及改良种乳牛（头） Y_{23} 马（匹） Y_{24} 驴（头） Y_{25} 骆驼（峰） Y_{26} 细毛羊及改良羊（只） Y_{27} 生猪（头）
	畜产品资源（B_5）	Y_{28} 肉类产量（t） Y_{29} 奶类产量（t） Y_{30} 绵羊毛（t） Y_{31} 山羊毛（t） Y_{32} 羊绒（t） Y_{33} 牛皮（万张） Y_{34} 羊皮（万张） Y_{35} 禽蛋（t）
	农牧业基础设施建设（B_6）	Y_{36} 交通便利度 Y_{37} 有效灌溉面积（km^2） Y_{38} 农村用电量（10^4kW·h） Y_{39} 农业机械总动力（10^4kW）

2.3 资源有效空间的计算

资源有效空间是由资源丰度引申的概念[12]。这个概念是指不同的区域综合平均资源丰度值与该区域土地实际面积之间的倍量关系。换句话说，在不同的区域因为资源丰富程度比值大小不一样的关系在单位土地面积上表现资源有效性的差异。自然环境良好、资源优越的地区，资源的有效面积就比土地的实际面积大，反之亦然。计算公式为：畜牧业资源有效面积等于各盟市实际土地面积乘以各盟市畜牧业资源综合丰度指数与全区平均畜牧业资源综合丰度指数的比。

2.4 畜牧业资源空间化模型

2.4.1 畜牧业资源空间化模型的建立

自然资源潜力系数主要有地形地貌、水文、土壤和气候等因素来表述。自然资源潜力系数的计算模型[13]为：

$$N_{ij}=Min\ (h_{ij},\ w_{ij},\ s_{ij},\ t_{ij}) \qquad (3)$$

上式中，N_{ij} 表示第 i 个地区第 j 个像元的自然资源潜力系数；h_{ij}，w_{ij}，s_{ij}，t_{ij} 分别表示该像元的气候、水文、土壤和地形地貌等因素的作用分数值，其作用分值的范围定于大于等于 0 到小于等于 100。

畜牧业社会经济资源潜力系数主要影响因素为人文社会要素，由于畜产品交易集散中大部分畜产品要保鲜需要快捷的交通条件；而畜禽、畜产品与饲草料的主要供给来源为乡村居民的生产力，因此掌握好畜禽、畜产品与饲草料供给点分布状况有利于选取最优供给路线，因此本论文选取的人文社会要素包括交通运输条件和乡村居民居住地的分布情况两方面，其中每个因素至少包含一个因子。

社会经济资源潜力系数计算模型[13]为：

$$H_{ij}=（0.3\times t_{ij}+0.7\times r_{ij}）/100 \quad （4）$$

上式中，H_{ij} 表示第 i 个地区第 j 个像元的畜牧业社会经济资源潜力系数；t_{ij}、r_{ij}，分别表示该像元的交通运输条件和乡村居民居住地分布情况的作用分数值；经相关专家3轮打分最终确定交通条件和乡村居民居住地分布情况两个指标的权重分别为0.3和0.7。

2.4.2 作用分值的运算

作用分评定主要考虑2种状况[14]：

首先，是在能够划分成最适宜、适宜、限制3种 状况的因子。运算公式为：

$$e_i=\begin{cases}100 & X_i\geqslant X_e\\ 60\times(X_i-X_c)/(X_e-X_c)+40 & X_c<X_i<X_e\\ 40\ \ X_i/X_c & X_i\leqslant X_e\end{cases} \quad （5）$$

公式中，e_i 是 i 因子的作用分；X_i 是 i 因子的值数；X_e 是 i 因子的最适宜和适宜状态之间的临界值；X_c 是 i 因子适宜与限制状态间的临界值。

最适宜状态在因子值数末端的情况，运算公式为：

$$e_i=\begin{cases}100 & X_i\leqslant X_c\\ 60\times(X_c-X_i)/(X_c-X_e)+40 & X_e<X_i<X_c\\ 40\ \ X_c/X_i & X_i\geqslant X_c\end{cases} \quad （6）$$

其次，某些因子不存在最适宜与临界值位于指标值中间段的情况，当较优状态处于因子值数高端时，运算作用分公式为：

$$e_i=100\times(X_i-X_{\min})/(X_{\max}-X_{\min}) \quad （7）$$

当较优状态处于因子值数低端时，运算作用分公式为：

$$e_i=100\times(X_{\max}-X_i)/(X_{\max}-X_{\min}) \quad （8）$$

公式（8）和（9）中，e_i 是 i 因子的作用分，X_i 是 i 因子值数，$X_{\min}$ 和 $X_{\max}$ 是 i 因子的最小值和最大值。

3 结果与分析

3.1 内蒙古畜牧业资源丰度指数综合分析

畜牧业资源丰度综合分析评价，应该以资源与畜牧业生产的关系为中心，重点突出资源条件的自然适应性与经济、技术上的可行性与合理性，把自然资源、生态环境、畜禽及畜产品、社会经济和技术因素统一起来，既要强调、突出自然属性，又要结合当地牧业劳动力情况、资金、技术条件和生产力现状，结合综合分析评价。在分析评价的过程中，不仅要 考虑利用资源产生的经济效益、社会效益和生态环 境效益的总目标[11]。

根据资源丰度指数模型（1）和（2）计算内蒙古12个盟市的自然资源、社会经济资源、畜禽资源、畜产品资源、农牧业基础设施建设和综合资源丰度指数。

为了计算出可以比较的畜牧业资源有效空间面积结果本文选取内蒙古整个区域20a的平均畜牧业资源丰度指数为基础，使用公式3来计算内蒙古畜 牧业资源有效空间面积。

研究区土地实际面积大于畜牧业资源有效面积的盟市畜牧业资源利用程度较差，反之为较好；再根据内蒙古当地畜牧业发展的区域性差异的特征、表2和表3的计算结果以及经过相关行业专家3轮打分结果界定畜牧业资源综合丰度指数区间值，畜牧业资源综合丰度指数大于60为好；40~60为中等；

小于 40 的为较差。

表 2　内蒙古畜牧业资源综合丰度指数

Tab. 2　Integrated abundance index of animal husbandry resources in Inner Mongoli

地区	自然资源（R_1）	社会经济资源（R_2）	畜禽资源（R_3）	畜产品资源（R_4）	牧业基础设施建设（R_5）	丰度指数 R
呼和浩特市	6.64	6.99	5.20	7.32	3.97	30.12
包头市	5.93	6.27	3.66	4.91	3.27	24.04
呼伦贝尔市	12.97	8.60	10.13	9.97	3.08	44.74
兴安盟	6.69	6.28	7.92	7.38	3.74	32.02
通辽市	11.53	9.77	19.23	12.79	7.86	61.18
赤峰市	15.37	12.43	18.35	19.08	8.16	73.38
锡林郭勒盟	16.92	10.17	9.07	7.44	2.24	45.84
乌兰察布市	11.70	8.92	11.34	8.11	3.87	43.94
鄂尔多斯市	15.17	8.60	5.32	10.32	4.11	43.52
巴彦淖尔市	7.04	7.26	9.07	6.52	6.46	36.36
乌海市	3.02	5.16	0.30	0.29	0.55	9.32
阿拉善盟	5.73	5.55	8.41	1.88	0.69	22.26

表 3　内蒙古畜牧业资源有效面积估算

Tab. 3　Estimatd the effective area of animal husbandry natural resources in Inner Mongolia

地区	平均丰度比（地区综合丰度值 / 全区平均丰度值）	土地面积（10^4 km^2）	畜牧业资源有效面积（10^4 km^2）
呼和浩特市	0.77	1.72	1.33
包头市	0.62	2.77	1.71
呼伦贝尔市	1.15	25.30	29.10
兴安盟	0.82	5.98	4.92
通辽市	1.57	5.95	9.36
赤峰市	1.89	9.00	16.98
锡林郭勒盟	1.18	20.26	23.88
乌兰察布市	1.13	5.50	6.21
鄂尔多斯市	1.12	8.68	9.71
巴彦淖尔市	0.93	6.44	6.02
乌海市	0.24	0.17	0.04
阿拉善盟	0.57	27.02	15.47

通过以上分析可知，在内蒙古自治区各个盟市中丰度值和平均丰度比值最高的为赤峰市，并且该区域土地实际面积为 9×10^4 km²，比畜牧业资源有效空间面积要小。这一结果说明在全区内赤峰市的畜牧业资源利用程度为最佳。内蒙古地域广阔东中西部区有明显的地域性差异，所以资源分布也不均匀有明显的区别。

3.2 内蒙古畜牧业资源有效空间分类

在分析评价内蒙古畜牧业自然资源丰度指数、社会经济资源丰度指数、畜禽及畜产品资源丰度指数的基础上，根据内蒙古畜牧业资源平均丰度比和畜牧业资源有效面积，将内蒙古自治区 12 个盟市划分成 3 大区域，具体如表 5–1。

表 4 内蒙古畜牧业资源平均丰度比与有效空间分类

Tab. 4 The average abundance and effective spatial classification of animal husbandry in Inner Mongolia resources

类别	地区（平均丰度比值降序排列）	土地面积		平均丰度比	有效面积	
		（10^4 km²）	（占全区比例）		（10^4 km²）	（占全区比例）
Ⅰ	赤峰市、通辽市	14.95	12.59%	1.73	26.34	21.12%
Ⅱ	锡林郭勒盟、呼伦贝尔市、乌兰察布市、鄂尔多斯市	59.74	50.29%	1.14	68.92	55.24%
Ⅲ	巴彦淖尔市、兴安盟、呼和浩特市、包头市、阿拉善盟、乌海市	44.10	37.12%	0.66	29.49	23.64%

畜牧业资源综合丰度指数大于 60 为好，在此范围之内的地区属于高丰度区；40~60 之间为中等，在此范围之内的地区属于中丰度区；小于 40 的为较差，在此范围之内的地区属于低丰度区。通过表 4 计算结果可知，畜牧业资源高丰度区包括了赤峰市和通辽市，资源有效面积大于土地面积 11.39×10^4 km²；中丰度区有效面积大于土地面积 9.18×10^4 km²；低丰度区有效面积小于土地面积 14.61×10^4 km²。

3.3 内蒙古畜牧业资源空间化

通过利用畜牧业资源空间化模型（4）和（5）对内蒙古畜牧业资源进行空间化。如下图 1：

内蒙古畜牧业自然资源潜力系数和社会经济资源潜力系数较高的区域为东部区，明显比西部区好。

在 ArcMap 软件的基础上，使用空间分析方法将内蒙古畜牧业资源丰度分为 3 大类，畜牧业资源丰度值大于 60 的为Ⅰ类高丰度地区，在此范围之内区域的畜牧业资源利用较好，互相协调匹配，有利于畜牧业的发展；畜牧业资源丰度值大于 40 小于 60 的为Ⅱ类中丰度区，在此范围之内的区域畜牧业资源匹配情况基本协调，畜牧业发展中等；畜牧业资源丰度值小于 40 的为Ⅲ类低丰度区，在此范围之内区域的畜牧业资源较差，相互利用协调紊乱，无利于畜牧业的发展。这样的区划的结果要与各个区域的社会经济、自然环境、资金和运输条件等相互协调发展是必然的。使用 ArcMap 软件做出的内蒙古畜牧业资源空间分布图，见图 2 所示。

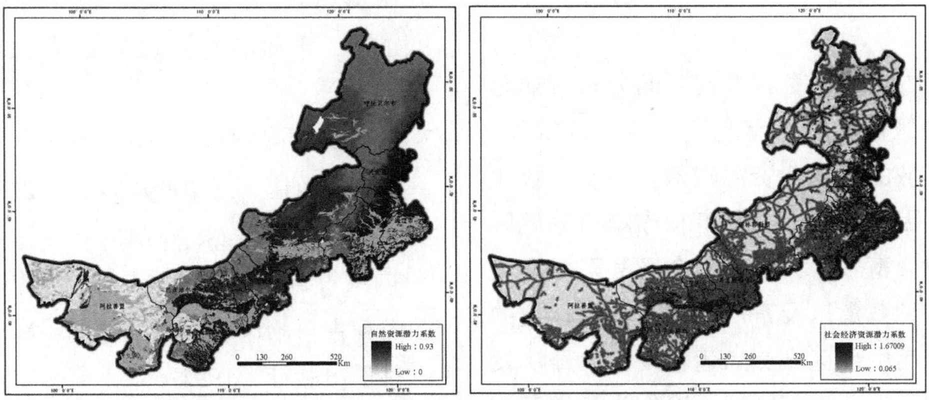

图 1　内蒙古畜牧业自然资源及社会经济资源潜力系数分布图

Fig.1　Natural resources and social economic resources distribution coefficient of animal husbandry in Inner Mongolia

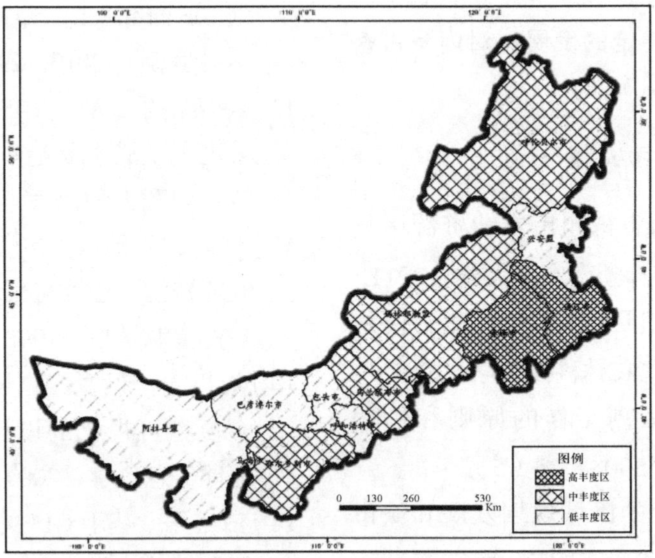

图 2　内蒙古畜牧业资源丰度空间分布图

Fig. 2　The resource abundance space distribution map of animal husbandry industry in Inner Mongolia

4　结论

4.1　内蒙古畜牧业资源丰度指数

内蒙古畜牧业资源丰度指数大于 60 的区域定义为高丰度区，在 40~60 之间的区域为中丰度区，小于 40 的区域为低丰度区。高丰度区范围的盟市有通辽市和赤峰市；中丰度区范围的盟市有乌兰察布市、锡林郭勒盟、鄂尔多斯市和呼伦贝尔市；低丰度区范围的盟市有阿拉善盟、巴彦淖尔市、包头市、乌海市、兴安盟和呼和浩特市。

4.2 内蒙古自治区畜牧业资源的分布特征

内蒙古自治区畜牧业资源的分布特征总体上东部区域较好，有利于畜牧业的发展。而西部区域的畜牧业资源较差，限制畜牧业的发展。因此在东部通辽市和赤峰市等地区要大力发展畜牧业，能够为全区甚至全国范围提供各种畜禽以及畜产品甚至是多种类的饲草料；而中部区域交通运输发达、经济发展比较快，因此中部区域可以作为各类畜产品的交易并集散中心；西部区自然环境的恶劣，会无利于畜牧业的发展，而在这种特殊的自然条件有利于双峰驼和白绒山羊等保护品种的生长。畜牧业资源综合区划有利于内蒙古畜牧业的快速稳定的发展，对内蒙古畜牧业可持续发展提供依据。

参考文献

[1] 欧阳娟娟．湖南省郴州市农业资源区划研究［D］．长沙：湖南农业大学，2011.

[2] 李志勋．泾河川区现代农业发展模式［D］．杨凌：西北农林科技大学．2007.

[3] 骆科帝．农业区划工作的原则和作用［J］．农技服务，2008，25（5）：94.

[4] 鄢明红．开发区的区域规划发展和城市化进程之研究［D］．重庆：西南石油大学．2007.

[5] 刘欣，宋学栋．浅谈新时期永登县农业区划工作［J］．甘肃农业，2007，（4）：60-62.

[6] 陶健，葛力大，张冰，等．内蒙古区情［M］．呼和浩特：内蒙古人民出版社，2006.

[7] 美国地质调查局，9om 分辨率 SRTM 数据［EB/OL］．（2009-5-29）2010-6-7］http：//www. usgs. gov/.

[8] 内蒙古自治区资源系列地图编辑委员会．内蒙古自治区资源系列地图［M］．北京：科学出版社，1991.

[9] 杨萍果．基于资源丰度指数模型的石家庄市农业资源研究［J］．中国人口・资源与环境．2008，18（4）：104-107.

[10] 杨宏志，李超，许金良．中国公路自然区划 GIS 研究［J］．重庆交通大学学报（自然科学版），2010，29（3）：407-412.

[11] 特曰格乐．基于 GIS 的内蒙古畜牧业综合区划及其发展趋势研究［D］．呼和浩特：内蒙古师范大学，013.

[12] 程鸿．资源丰度和资源有效空间一中国农业资源丰度综合估算方法的探讨［J］．自然资源学报，1998，13（1）：63-68.

[13] 刘碧龙，赵春江，吴华瑞．空间信息要素模型可视化的设计模式与应用［J］．地球信息科学，2004，6（4）：117-120.

[14] 白平平．基于 GIS 的内蒙古人口分布特征和情景模拟［D］．呼和浩特：内蒙古师范大学，2012：32-33.

内蒙古达拉特旗土地利用方式对土壤养分的影响

康文慧[1]，徐进才[2]，张武文[1]，灵灵[2]，诺敏[2]

（1. 内蒙古农业大学生态环境学院，呼和浩特 010019；
2. 内蒙古自治区土地调查规划院，呼和浩特 010018）

摘　要：以达拉特旗中部树林召镇、展旦召苏木 4 种利用类型区的 36 个土壤剖面，108 个样品的分析化验结果为依据，采用逐项对比法研究了土地利用类型对土壤养分含量的影响。结果表明：内蒙古达拉特旗土地利用方式对土壤养分含量影响显著；在垂直方向上，除土壤全量钾及水分含量外（$p > 0.05$），其他元素在每种土地利用方式下土壤剖面土层之间存在显著差异。研究表明该研究区内传统农业区土壤养分保持能力最好，是比较适宜的土地利用方式。

关键词：土地利用方式；土壤养分；达拉特旗

Effects of land use on soil nutrient in Dalad Banner Inner Mongolia

KANG Wenhui[1]，XU Jincai[2]，ZHANG Wuwen[1]，LING Ling[2]，NUO Min[2]

（1. Inner Mongolia Agricultural University，College of Ecology and Environmental Science，Hohhot 010019，P. R. China；2. Inner Mongolia Autonomous Region Land Surveying and Planning，Hohhot 010018，P. R. China）

Abstract：The study area called Shu Lin Zhao town and Zhan Dan Zhao Su Mu were located in the center of Dalad Banner. Soil samples in four different forms of land uses were analyzed. The vertical distribution regularities of soil organic matter，total N，P，K and soil water under different land uses were analyzed. The results showed that the different land use patterns had significant effect on soil nutrient in Dalad Qi Plain，Inner Mongolia. In the vertical direction of soil layers，in addition to the total K and water content in soil（$p > 0.05$），under the same land use，there were significant differences of the elements among different layers. The results showed that traditional agricultural area had the highest soil nutrient-holding capacity and was relatively suitable for land use best way.

Key words：land use；soil nutrient；Dalate Banner

土地利用方式是影响土壤质量最直接的因素。不同土地利用类型直接影响土壤养分含量分布和土壤理化性质，进而影响到土地的生产力[1, 2]。土地利用类型与土壤肥力的关系已经成为国内外科学家关注的热点之一[3, 4]。文中选择位于达拉特旗中部具有代表性的两个乡镇－树林召镇、展旦召苏木为研究区，研究传统农业区、现代农业区、天然牧草地、荒草地4种土地利用方式对土壤养分的影响，分析土壤养分变化规律，为合理调整土地利用结构、土壤改良和土地管理提供科学依据。

1 材料与方法

1.1 研究区概况

研究区北与包头市隔河相望，南与东胜区接壤，东西分别与王爱召镇、昭君镇为邻。达拉特旗地理坐标东经109°00'~110°45'，北纬40°00'~40°30'。属典型的温带大陆性气候，干燥少雨，冬寒夏热，昼夜温差大，年均日照时数约3000小时，年均气温6.1~7.1℃，无霜期135~150天，太阳能、风能资源充足。年均降水量240~360 mm，主要集中在7~9月份。全旗地形南高北低，海拔高度在1 000~1 500 m，地貌由南向北依次可分为黄土丘陵区、库布齐沙漠区、黄河南岸冲积平原区3个带状分布的自然单元[5]。南部黄土丘陵区属鄂尔多斯台地北端，占总面积的24%，土壤属栗钙土类，地势起伏较大，水土流失严重；中部库布齐沙漠，占总面积的49%，土壤属沙壤土，宜林宜牧，水土流失、风沙危害严重；北部黄河冲积平原区，占总面积的27%，土壤属灌淤草甸土类，地势平坦，是国家商品粮基地和国家农业开发区。研究区树林召镇属黄河冲积平原区与梁外丘陵山区两大类，展旦召苏木属库布齐沙漠区。

1.2 研究样地选取

选取传统农业区、现代农业区、天然牧草地、荒草地4种土地利用方式作为研究对象[6]。确定农地（传统农业区、现代农业区）采样地块后，选农地样地周边自然条件相近的天然牧草地、荒草地作为对照区。传统农业区农田在整个作物生长季施化肥和少量农家肥，没有灌溉措施；残茬处理方式为低茬，还田比例为零。现代农业区农田在整个作物生长季施化肥，设有喷灌设施，耕作方式为机耕。

1.3 土样采集与分析方法

文中于2012年10月，采用GPS定位，按照随机、等量和多点混合的原则采用S形布点采集土壤样品。为了防止地形等因素的干扰，取样依据集中不分散原则选择在平坦地区布置，每种土地利用方式选择3个样区，每个样区确定3个样点，每个样点分层取样，深度分别为A层0~10 cm，B层10~20 cm，C层20~30 cm，共计36个样点、108个土壤样品。将相同土地利用方式且同一样区相同土层的土样用四分法混合后取出一个土样，进行全量氮磷钾及有机质的测定。数据采用单因素方差分析（ANOVA）来检验土壤化学性质在不同土地利用方式之间的差异，如果有显著性差异则进行多重比较[7]。

2 结果与分析

2.1 土壤养分总体分析规律

表1为4种土地利用方式在不同深度土壤养分、水分分布情况。从表中可以看出，不同土地利用方式下，土壤养分含量均有较大差异。不同剖面深度全氮、全磷、全钾含量变化规律相同，在0~10 cm土层中含量最高，随土层深度的增加含量逐渐降低。有机质、土壤水分含量在不同土壤层变化规律相同：0~10 cm与10~20 cm土层深度二者含量逐渐降低；20~30 cm土层深度，有机质和水分含量逐渐增加。

表 1　达拉特旗不同土地利用方式对土壤养分的影响

Tab. 1　In fluence of different land uses on soil nutrients in Dalad Banner

剖面深度	土地利用类型	土壤养分				
		有机质 g/kg	全氮 g/kg	全磷 g/kg	全钾 g/kg	水分值 %
0–10 cm	传统农业区	8.52	0.33	0.55	22.52	33.79
	现代农业区	3.96	0.11	0.49	22.08	22.33
	天然牧草地	3.42	0.21	0.43	23.29	33.47
	荒草地	5.19	0.22	0.47	22.89	25.12
10–20 cm	传统农业区	3.08	0.18	0.44	21.45	33.29
	现代农业区	1.82	0.07	0.47	21.38	21.31
	天然牧草地	1.48	0.14	0.37	22.36	25.38
	荒草地	2.60	0.13	0.35	21.46	20.18
20–30 cm	传统农业区	3.42	0.16	0.42	21.19	32.46
	现代农业区	2.00	0.07	0.40	21.12	21.94
	天然牧草地	1.79	0.10	0.33	20.96	22.17
	荒草地	2.77	0.10	0.32	22.18	27.32

2.2　不同土地利用方式对土壤有机质的影响

土壤有机质在农田肥力、环境保护、农业可持续发展等方面具有重要意义。它不仅决定农作物产量，而且在碳素循环中起着重要作用[8]。方差分析表明，深度 0~30 cm 内不同土地利用方式之间土壤有机质含量差异显著（F=3. 119，P=0. 040）。在 0~10 cm（A），10~20 cm（B），20~30 cm（C）不同土层深度之间有机质含量也有显著差异（F=9.689，P=0. 000）。0~30 cm 土层（0~30 cm 剖面内不同土地利用类型之间各土壤元素含量为后期计算所得平均值，下同），传统农业区土壤有机质含量最高，为 5.0 g/kg；天然牧草地土壤有机质含量最低，为 2.2 g/k。

由图 1 可知，同一土地利用方式在不同土壤剖面深度上土壤有机质含量变化规律相同，即在 A–B 层之间呈逐渐下降的趋势，在 B–C 层之间呈逐渐上升的趋势。0~30 cm 土层，4 种不同土地利用类型下土壤有机质含量变化总体表现为传统农业区＞荒草地＞现代农业区＞天然牧草地。其中 A、B、C 3 种不同土层深度之间土壤有机质含量变化规律一致，均为传统农业区＞荒草地＞现代农业区＞天然牧草地。

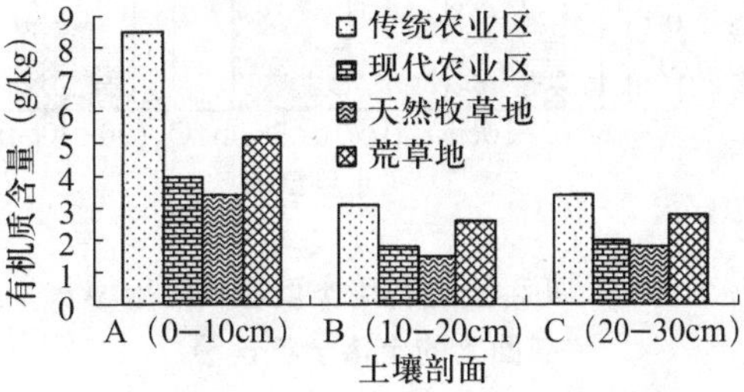

图 1　4 种土地利用方式在不同土壤剖面上的有机质含量

Fig. 1　Organic matter contents of the four ways of land use in different soil profiles

分析结果表明，与传统农业区土壤有

机质含量相比，0~30 cm 土层中现代农业区与天然牧草地土壤有机质含量显著下降，分别降低了 0.24%，0.28%；荒草地土壤有机质含量与传统农业区土壤有机质含量相比没有显著差异。4 种土地利用类型中表层土壤有机质含量最高，与其相比，B 层和 C 层土壤有机质含量分别下降了 3.0%，2.8%。B 层和 C 层相比土壤有机质含量没有显著差异。

2.3 不同土地利用方式对土壤全氮的影响

氮是植物生长发育不可缺少的营养元素，农业生产中氮素往往成为限制作物产量的主导因素，并且对作物品质也有重要影响[9]。方差分析表明，0~30 cm 剖面内不同土地利用方式之间土壤全氮含量差异显著（F=5.460，P=0.004）。在 A、B、C 三层不同土层深度之间全氮含量也有显著差异（F=8.583，P=0.001）。0~30cm 土层，传统农业区土壤全氮含量最高，为 0.22g/kg；现代农业区土壤全氮含量最低，为 0.09g/kg。

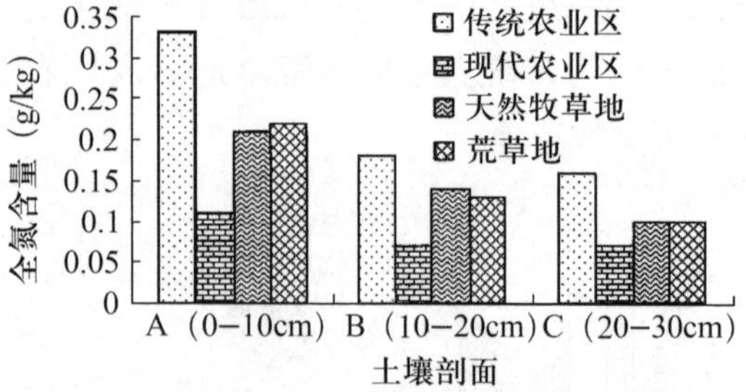

图 2　4 种土地利用类型在不同土壤剖面上的土壤全氮含量

Fig. 2　Soil total N contents of the four ways of land use in different soil profile

由图 2 可知，同一土地利用类型在不同土壤剖面上土壤全氮含量变化一致，即自上而下呈逐渐下降的趋势。0~30 cm 土层，四种不同土地利用方式下土壤全氮含量变化表现为传统农业区＞荒草地＞天然牧草地＞现代农业区。其中 A 层土壤全氮含量变化为传统农业区＞荒草地＞天然牧草地＞现代农业区；B 层土壤全氮含量变化为传统农业区＞天然牧草地＞荒草地＞现代农业区；C 层土壤全氮含量变化为传统农业区＞荒草地 = 天然牧草地＞现代农业区。

数据分析结果表明，与传统农业区的土壤全氮含量相比，0~30 cm 土层中现代农业区与天然牧草地土壤全氮含量分别降低了 0.014% 和 0.007 2%；荒草地土壤全氮含量与其他 3 种土地利用类型相比没有显著差异。4 种土地利用方式中表层土壤全氮含量最高，与其相比，B 层和 C 层土层土壤全氮含量有显著下降，分别为 0.008 9%，0.011 1%。B 层与 C 层相比土壤全氮含量没有显著差异。

2.4 不同土地利用方式对土壤全磷的影响

土壤磷是植物磷素的唯一来源，也是作物吸收磷素主要来源，全磷含量是土壤肥力的重要指标[10]。方差分析表明：0~30 cm 剖面内不同土地利用方式之间土壤全磷含量没有显著差异（F=1.755，P=0.176）。在 A、B、C 不同土层深度之间全磷含量差异显著（F=4.000，P=0.028）。0~30 cm 土层，传统农业区土壤全磷含量最高，为 0.47 g/kg；天然牧草地土壤全磷含量最低，为 0.38 g/kg。

由图 3 可以看出，同一土地利用类型在不同土壤剖面上土壤全磷含量变化一致，即自上而下呈逐渐减少的趋势。0~30 cm 土层，4 种不同土地利用类型下土壤全磷含量变化总体表现为传统农业区＞现代农业区＞荒草地＞天然牧草地。4 种土地利用类型不同土层间土壤全磷含量变化表现为：A 层土壤全磷含量为传统农业区＞现代农业区＞荒草地

>天然牧草地；B 层土壤全磷含量为现代农业区>传统农业区>天然牧草地>荒草地；C 层土壤全磷含量为传统农业区>现代农业区>天然牧草地>荒草地。

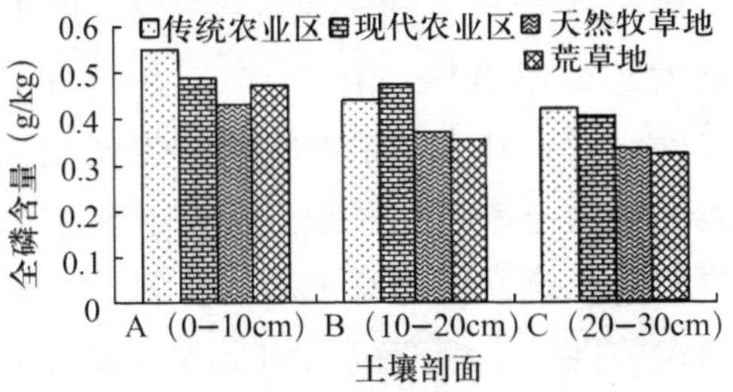

图 3　4 种土地利用类型在不同土壤剖面上的土壤全磷含量

Fig. 3　Soil total P contents of the four ways of land use in different soil profiles

分析结果显示，与表层土壤全磷含量相比，C 层土壤全磷含量有显著下降。B 层土壤全磷含量与 A、C 层土壤全磷含量相比没有显著差异。

2.5　不同土地利用方式对土壤全钾的影响

钾是土壤中常因供应不足而限制作物生长和造成减产及品质下降的主要营养元素之。方差分析表明，0~30 cm 剖面内不同土地利用方式之间土壤全钾含量没有显著差异（$F=0.343$，$P=0.794$）。在 A、B、C 不同土层深度之间土壤全钾含量也没有显著差异（$F=2.210$，$P=0.126$）。0~30 cm 土层，天然牧草地土壤全钾含量最高，为 22.2 g/kg；现代农业区土壤全钾含量最低，为 21.5 g/kg。

由图 4 可知，除荒草地外，其他土地利用类型在不同土层之间土壤全钾含量变化一致，自上而下呈逐渐减少的趋势。荒草地在 A–B 层土壤全钾含量逐渐降低，B–C 层土壤全钾含量逐渐上升。0~30 cm 土层，四种不同土地利用方式下土壤全钾含量变化总体表现为天然牧草地>荒草地>传统农业区>现代农业区。4 种土地利用方式不同土层间土壤全钾含量变化为：A 层土壤全钾含量为天然牧草地>荒草地>传统农业区>现代农业区；B 层土壤全钾含量变化与 A 层相同；C 层土壤全钾含量为荒草地>传统农业区>现代农业区>天然牧草地。

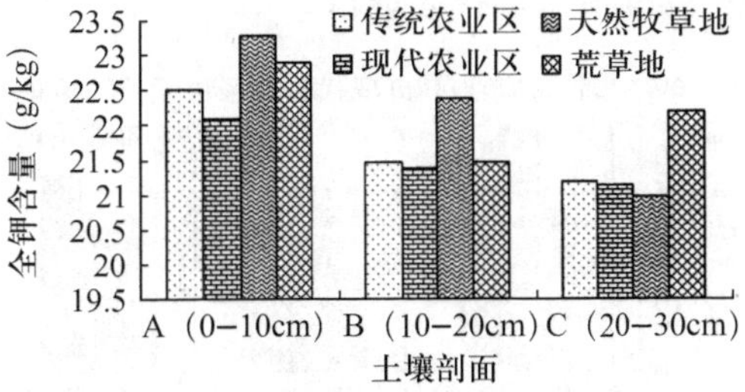

图 4　4 种土地利用类型在不同土壤剖面上的土壤全钾含量

Fig. 4　Soil total K contents of the four ways of land use in different soil profiles

2.6　不同土地利用方式对土壤水分的影响

土壤水分是监控土地退化和干旱的重要指标，同时也是气候、水文、生态和农业系统的关键组成要素 M。方差分析表明，0~30 cm 剖面内不同土地利用方式之间土壤水分含量差异显著（$F=4.476$，$P=0.010$）。在 A、B、C 三层不同土层深度之间土壤水分含量没有显著差异（$F=0.676$，$P=0.515$）。0~30 cm 土层，传统农业区土壤水分含量最高，为 33.18%；现代农业区土壤水分含量最低，为 21.86%。

由图 5 可知，同一土地利用类型不同深度土层之间土壤水分含量变化存在差异。传统农业区与天然牧草地的土壤水分含量自上而下呈逐渐下降的趋势，而荒草地与现代农业区在 A–B 层土壤水分含量逐渐下降，B–C 层土层之间呈逐渐上升的趋势。0~30 cm 土层，4种不同土地利用类型下土壤水分含量变化总体表现为传统农业区＞天然牧草地＞荒草地＞现代农业区。4种土地利用类型不同土层间土壤水分含量变化表现为：A层传统农业区＞天然牧草地＞荒草地＞现代农业区；B层传统农业区＞天然牧草地＞现代农业区＞荒草地；C层传统农业区＞荒草地＞天然牧草地＞现代农业区。

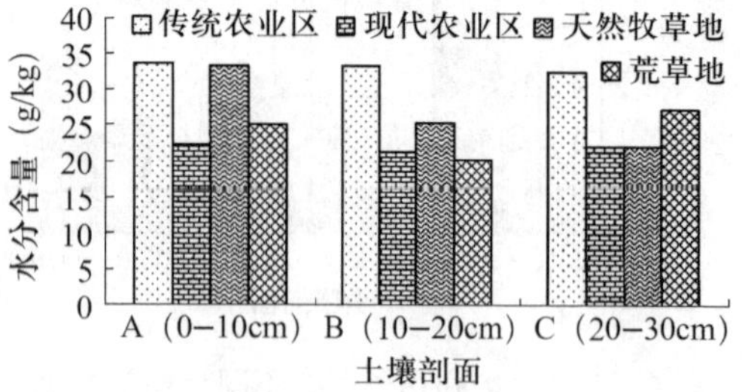

图5　4种土地利用类型在不同土壤剖面上的土壤水分含量

Fig. 5　Soil water contents of the four ways of land use in different soil profiles

数据分析结果表明，与传统农业区的土壤水分含量相比，0~30 cm土层中现代农业区与荒草地土壤水分含量有显著下降，分别降低了1.13%，0.89%；天然牧草地土壤水分含量与其他3种土地利用类型相比没有显著差异。

2.7　土地利用方式与土壤养分影响分析

传统农业区有机质含量高是由于多年有机、无机投入，耕作措施等人工管理导致有机质含量提高，此外草本类植物及农作物可降低土壤风蚀作用并通过发达的根系和残枝落叶将养分积聚在地表，所以传统农业区与荒草地有机质含量较高。现代农业区以施用化肥为主，机耕破坏了土壤结构的稳定性[13]，加速了有机质的分解，研究区风蚀严重，直接导致有机质的流失；收获作物时带走大量的养分得不到及时补充，导致土壤有机质含量较低。天然牧草地常年进行放牧，地上部分多被割走或被动物啃食，使补充土壤养分的枯枝落叶和根系不足，另一方面大量动物踩踏也会不同程度破坏土壤结构导致有机质流失[14]。土壤中氮素绝大部分以有机态存在[10]，有机质中含有多种元素，其中包括有机氮，也就是说氮素大部分为土壤有机质组分，有机质中氮素含量相对固定，所以有机质与全氮含量有一定的相关性。土壤有机质和土壤全氮含量在这4种土地利用类型中的变化趋势的相关性可用相关系数表示，计算结果显示二者的相关系数为0.859，表明二者之间存在显著的正相关关系。

农业用地通过耕地、施肥等农业生产措施，改善了土壤环境，特别是施用含磷素较多的肥料，有效提高了土壤中磷素的含量，使农田表层和亚表层土壤中磷的含量较没有外界补充磷素的其他地类土壤中的含量要高。传统农业区因施含磷化肥和农家肥，土壤质量也较好，因此土壤中全磷含量要高于现代农业区。

全钾含量在不同土层之间变化不大，总体上农业用地全钾含量略低于天然牧草地和荒草地，这可能与这一地区耕作过程中长期施用氮肥和磷肥，而很少施钾肥有关。另外，天然牧草地和荒草地的枯枝落叶及丰富的根系，土壤质地较为黏重，也是土壤全钾含量较高的原因。

传统农业区、草地的土壤水分含量均高于现代农业区，这主要是因为采样时间在10月份，农田灌溉已结束，灌溉因子对土壤水分的影响较小，蒸发对土壤水分分布起着决定性作用。现代农业区耕种时间较短，土壤结构受机械破坏严重，还未形成稳定的土壤结构，保水持水能力差，10月份农作物已收割，地表裸露，在半干旱气候的影响下，蒸发强烈，造成土壤水分含量低。

3 讨论

（1）根据文中的分析结果，传统农业区有机质含量高于草地，这与内蒙古地区一般耕种土壤有机质含量低于非耕种土壤有机质含量的观点不完全相符[16]，我们分析这可能与当地耕作特点和自然条件有关，研究区属半农半牧区，耕作强度相对较弱，又有较为充足的有机肥源，化肥、有机肥配合施用使土壤中有机质含量偏高。此外，土壤中有机质含量还与土壤的类型、土壤含水量、温湿度、植被种类、微生物活性等有密切关系，需要进一步深入研究。

（2）此次研究中土壤水分含量分析结果是草地含水量处于两种农用地之间，总体表现为传统农业区＞天然牧草地＞荒草地＞现代农业区。土壤水分含量受降水、蒸发、温度，土壤结构、质地，地下水埋深等自然因素和灌溉、排水等人为因素影响，一年中变化较大，而本次采样只在10月份进行了一次，使这一结果具有一定局限性。今后需要常年多次采样，才能掌握土壤水分的动态变化规律。

4 结论

（1）不同土地利用方式对土壤养分和水分含量影响明显。不同土地利用方式下，0~10 cm 土层深度，土壤有机质、全氮、全磷及水分含量在传统农业区最高；土壤全钾在天然牧草地最高。10~20 cm 土层，土壤有机质、全氮、水分在传统农业区含量最高；土壤全磷在现代农业区含量最高；土壤全钾在天然牧草地含量最高。20~30 cm 土层，土壤有机质、全氮、全磷及水分在传统农业区含量最高；土壤全钾在荒草地含量最高。

（2）此次分析表明，同一土地利用类型不同土层深度之间，土壤有机质、全氮、全磷含量具有显著差异；土壤全钾、水分含量差异不大。在 0~30 cm 土层深度之间，土壤养分的垂直分布规律显著，4 种土地利用方式下的土壤有机质、全氮、磷、钾及水分含量的变化规律各不相同。

（3）研究结果表明传统农业区土壤养分含量保持能力最好，是比较健康的土壤环境。现代农业区由于耕作措施及施肥管理不合理等原因，造成土壤养分流失较严重，需要采取措施调控土壤养分、改善土壤结构。天然牧草地由于长期过度放牧，没有人工保护和培肥措施，造成土壤养分含量较低，需要采取措施控制载畜量及人为不合理的干扰，防止进一步退化。荒草地相对于现代农业区和天然牧草地土壤养分保持能力较好，采取适当措施进行人工改良及封禁治理，可有效改善土壤质量，提高养分含量。

参考文献

[1]王芳，肖洪浪，苏永中．黑河中游边缘绿洲区不同土地利用方式对土壤质量的影响［J］. 干旱区资源与环境，2010，24（7）：165–170.

[2]张心昱，陈利顶，李琪，等．不同农业土地利用类型对北方传统农耕区土壤养分含量及垂直分布的影响［J］. 农业环境科学学报，2006，25（2）：377–381.

[3]刘彦随，陈百明．中国可持续发展问题与土地利用 / 覆被变化研究［J］. 地理研究，2002，21（3）：324–330.

[4]郭旭东，傅伯杰，陈利顶．低山丘陵区土地利用方式对土壤质量的影响——以河北省遵化市为例［J］. 地理学报，

2001，56（4）：447-455.

[5]姬宝霖，吕忠义，申向东，等.内蒙古达拉特旗十大孔兑综合治理方案研究[J].人民黄河，2004，26（1）：31-32.

[6]GB/T 21010—2007，土地利用现状分类[S].

[7]李新宇，唐海萍，赵云龙.怀来盆地不同土地利用方式对土壤质量的影响分析[J].水土保持学报，2004，19（6）：103-107.

[8]杨景成，韩兴国，黄建辉，等.土壤有机质对农田管理措施的动态响应[J].生态学报，2003，23（4）：787-796.

[9]王月玲，蔡进军，张源润，等.半干旱退化山区不同生态恢复与重建措施下土壤理化性质的特征分析[J].水土保持研究，2007，14（1）：11-14.

[10]曲均峰，李菊梅，徐明岗，等.长期不施肥条件下几种典型土壤全磷和Olsen-p的变化[J].植物营养与肥料学报，2008，14（1）：90-98.

[11]杜立宇，潘大伟，张鸿玲，等.蔬菜保护地不同施肥处理对土壤钾含量的影响[J].土壤通报，2006，37（5）：115-119.

[12]汪潇，张增祥，赵晓丽，等.遥感监测土壤水分研究综述[J].土壤学报，2007，44（1）：157-163.

[13]尹刚强，田大伦，方晰，等.不同土地利用方式对湘中丘陵区土壤质量的影响[J].林业科学，2008，44（8）：9-15.

[14]刘梦云，安韶山，常庆瑞，等.不同土地利用方式下土壤化学性质特征研究[J].西北农林科技大学学报（自然科学版），2005，33（1）：39-42.

[15]邱丽萍，张兴昌.子午岭不同土地利用方式对土壤性质的影响[J].自然资源学报，2006，21（6）：965-972.

[16]陈培林.内蒙古土壤[M].北京：科学出版社，1994.

内蒙古杭锦旗草场资源遥感调查及草畜平衡研究

特日格乐，徐艳红，李莹，吴全

（内蒙古自治区土地调查规划院，内蒙古呼和浩特 010018）

摘　要：以内蒙古杭锦旗为研究区域，根据相关统计数据、外业调查数据以及 MODIS 遥感影像数据，通过估算杭锦旗草地地上生物量和天然草地理论载畜量，并根据天然草地实际载畜量与理论载畜量研究制定了一个草畜平衡表。结果表明，杭锦旗的草和畜的平衡状况，较好，超载率是 1.5%；杭锦旗 2010 和 2011 年都没有超载现象。

关键词：遥感监测；草畜平衡；内蒙古杭锦旗

草原既是主要的畜牧业生产基地，也是我国北方重要的生态防线。随着人口的增加和农牧业生产技术的提高，草原上放牧的家畜数量越来越多，草原面临着越来越大的放牧压力[1]。在许多地区，家畜数量已经远远地超过了草原所能承载的数量，出现了过度放牧，甚至于严重过度放牧的情况[2]。特别是由于季节性的过牧和对草原的不合理利用，草地生态系统不仅出现了生产力衰退和植被组成退化等现象，还出现植被消失、土地沙化和沙尘暴频繁等严重的生态恶化现象[3-4]。草畜平衡管理是建立合理的载畜量标准，合理利用草地资源，实现草地生态健康和草地畜牧业可持续发展的关键保障措施[5]。草畜平衡是指为保持草原生态系统良性循环，在一定时间内，草原使用者或承包经营者通过草原和其他途径获取的可利用饲草饲料总量与其饲养的牲畜所需的饲草饲料量保持的动态平衡[6-7]。笔者根据现有统计数据，分析和评价了内蒙古鄂尔多斯市杭锦旗的草场和牲畜之间平衡的状况，以保证牧区草畜平衡、改善农牧民经济条件、改良牧区草原生态环境为目的，分析杭锦旗草畜平衡状况，旨在草畜平衡的基础上提出杭锦旗畜牧业持续发展的战略思想，为保证草地畜牧业健康可持续发展提供参考。

1　数据来源与研究方法

1.1　研究区概况

杭锦旗位于内蒙古自治区鄂尔多斯市西北部，地跨鄂尔多斯高原与河套平原，黄河自西向东流经全旗 242 km，库布齐沙漠横亘东西，将全旗自然划分为北部沿河区和南部梁外区[7]。全旗辖 7 个苏木乡镇，总面积 1.89 万 km^2，是一个以蒙古族为主体、汉族占多数的少数民族地区。杭锦旗属大陆性气候冬季漫长寒冷，夏季短促温和；无霜期短，光照充足，降水量小，蒸发量大，光、温、水地域差异明显[7]。黄河自西向东流经全旗 242 km，过境流量 4.2 亿 m^3，有摩仁河等季节性河流。库布齐沙漠起源于西部，横亘东西，将全旗分为北部沿河区、南部梁外区[7]。

1.2 数据来源

统计数据来源于《杭锦旗统计年鉴》（2007—2011 年）[8] 外业调查数据来源于杭锦旗农牧局草地样方的测产数据；MODIS 数据是由美国国家航空航天局（NASA）公布的 MODIS13Q1 数据 (2007—2011 年)。

1.3 研究方法

1.3.1 草地地上生物量与载畜量的遥感监测方法

1.3.1.1 草地地上生物量遥感监测。

外业调查草地样方数据是杭锦旗草场生长季节的资料数据。该数据是 2007—2011 年在杭锦旗不同类型的草场上均匀分布选取得 28 个样点（图 1）。该草地样方测产资料主要包括的内容有草场高度、草场覆盖率、草场平均产量、草地不同群落和种类、草场使用面积和可食牧草生物量等。

建立草场植被地上生物量遥感监测模型并对遥感监测模型的精度进行精度综合评价。遥感监测模型是使用草场实测样方可食干草的单产以及相对应的归一化植被指数增强型植被指数并通过统计软件 Excel 建立模型，最后通过比较分析选取最终模型。使用误差统计公式（1）对建立的模型做精度评价。

$$P=100\times|L_{实测值}-L_{反演值}|\div L_{实测值} \quad (1)$$

式中，P 为平均估产误差（%）；$L_{实测值}$ 和 $L_{反演值}$ 分别代表地面实测的可食干草单产和遥感监测模型反演的数值。

表 1 为建立的遥感监测模型，其中多项式能够很好地模拟归一化植被指数、增强型植被指数和可食干草的联系（图 2）。

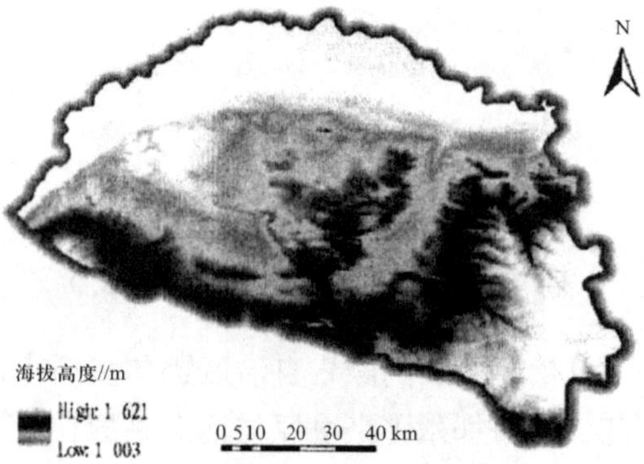

(a) 杭锦旗数字高程

(b) 杭锦旗天然草地样地

图 1 杭锦旗数字高程及天然草地样地

表 1 杭锦旗草地植被指数与地上部分生物量回归模型 （$P<0.001$）

回归模型	植被指数 *VI*	模拟方程	R^2
线性模型	*EVI*	$y=0.060\,5x+119.16$	0.103
$y=ax+b$	*NDVI*	$y=0.071x+149.88$	0.059
指数模型	*EVI*	$y=87.314e^{0.000\,3x}$	0.066
$y=ae^{bx}$，	*NDVI*	$y=188.59e^{0.000\,1x}$	0.029
对数模型	*EVI*	$y=193.671n（x）-1\,307.6$	0.087

续表 2

回归模型	植被指数 *VI*	模拟方程	R^2
$y=a+b\ln x$	*NDVI*	$y=134.761n(x)-719$	0.042
乘幂模型	*EVI*	$y=15.94x^{0.3452}$	0.056
$y=ax^b$	*NDVI*	$y=38.905x^{0.2511}$	0.016
多项式模型	*EVI*	$y=0.0004x^2-1.8555x+2231$	0.312
$y=a+bx+cx^2$	*NDVI*	$y=0.0001x^2-0.5804x+864.91$	0.148

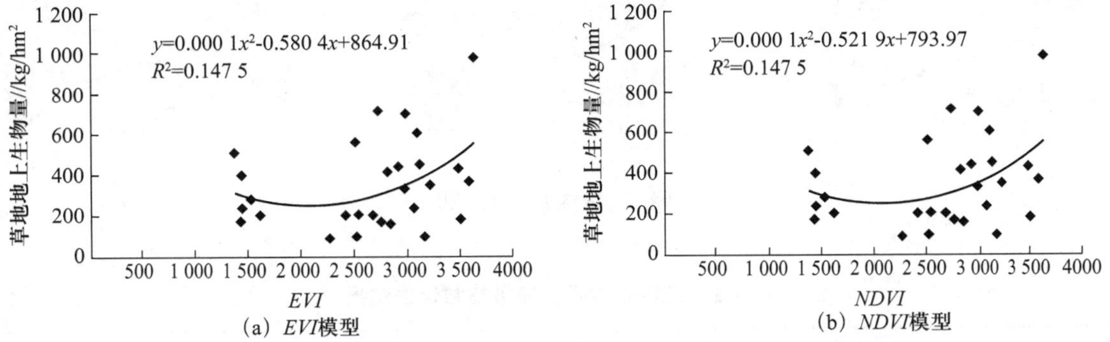

图 2　杭锦旗草地地上生物量与 EVI 和 NDVI 回归模型比较

研分表明最优模型为：

$$y=0.0004x^2-1.8555x+2231\ (P<0.001) \quad (2)$$

式中，y 为草地地上生物量（kg/hm^2）；x 为 MODIS 遥感影像的增强型植被指数值。

1.3.1.2　草地适宜载畜量估算模型。理论载畜量与草地面积、牧草单产量、草地可利用面积系数、可食牧草系数和草地放牧利用率等指标密切相关，其计算模型如下：

$$C=\frac{\sum_{i-1}^{n}(A_iY_ik_{i1}k_{i2}k_{i3})}{ID} \quad (3)$$

式中，C 为区域内各类草地总载畜量（标准羊单位数）；i 代表不同类型的草地 (i–1，2，3，…，n，)；A_i 表示第 i 类草地全年牧草单产（kg/hm^2）；k_{i1}、k_{i2}、k_{i3} 分别代表第 i 类草地的可利用面积系数、可食牧草系数和草地放牧利用率；I 为 1 只成年绵羊每日标准采食量（kg/d），也即一标准羊单位的牲畜每日牧草采食量，该研究取值为 5 kg 鲜草；D 为草地放牧利用天数（d），因为该地区有禁牧期，该研究取 270d。

1.3.2　草畜平衡分析法

作为人、草、畜动态平衡系统中"草"的部分，天然草地是杭锦旗放牧家畜的最主要食物来源，天然草地的载畜力是畜牧业生产规模的决定因素[9]。使用模型（3）计算草场的适宜载畜量，最后使用草畜平衡表来评价分析。

2　结果与分析

2.1　内蒙古杭锦旗草地地上生物量估算结果分析

2007—2011 年杭锦旗草地 EVI 值分布见图 3。杭锦旗各地区增强型植被指数计算结果见表 2，同期各地区的草地生物量统计结果见表 3。

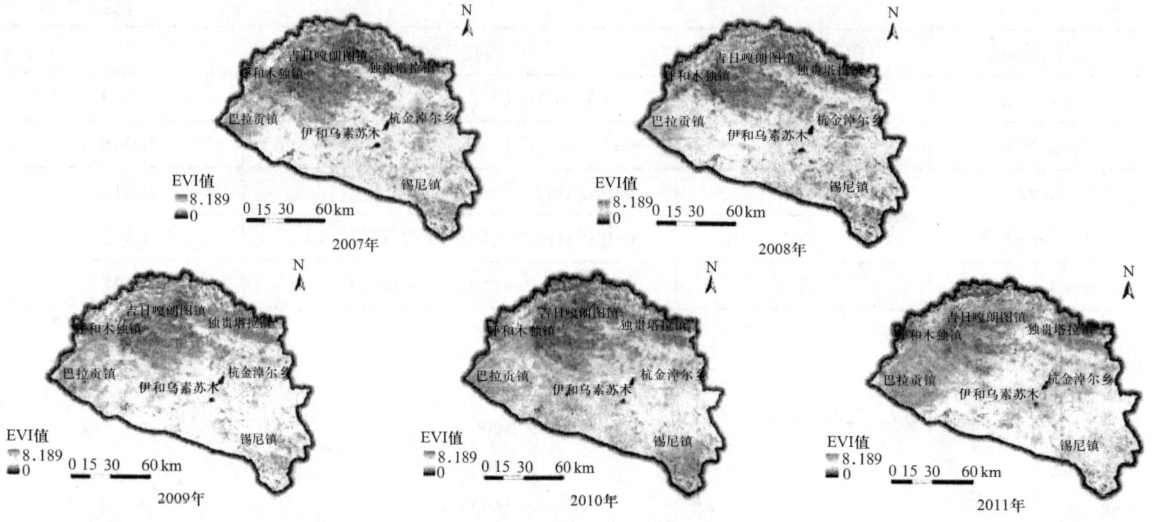

图 3 杭锦旗草地 EVI

表 2 杭锦旗增强型植被指数计算结果 10^7

地区	2007	2008	2009	2010	2011	平均
锡尼镇	16.66	14.61	14.79	15.63	9.55	14.25
吉日嘎朗图镇	7.78	7.74	7.52	7.49	7.76	7.66
呼和木独镇	4.08	4.07	3.96	3.89	3.93	3.99
巴拉贡镇	7.27	5.05	5.13	5.91	4.21	5.51
独贵塔拉镇	4.97	4.89	4.85	5.12	4.78	4.92
伊和乌素苏木	19.38	14.65	16.50	18.62	9.43	15.71
杭金淖尔乡	11.76	11.31	11.31	11.74	8.87	11.00
杭锦旗	71.81	61.53	63.99	68.32	48.53	62.84

表 3 杭锦旗草地生物量统计结果 10^7 kg/hm^2

地区	2007	2008	2009	2010	2011	平均
锡尼镇	26.66	24.61	24.79	25.63	19.55	24.25
吉日嘎朗图镇	12.78	12.74	12.52	12.49	12.76	12.66
呼和木独镇	9.08	9.07	8.96	8.89	8.93	8.99
巴拉贡镇	10.27	8.05	8.13	8.91	7.21	8.51
独贵塔拉镇	9.97	9.89	9.85	10.12	9.78	9.92
伊和乌素苏木	29.38	24.65	26.50	28.62	19.43	25.71
杭金淖尔乡	11.76	11.31	11.31	11.74	8.87	11.00
杭锦旗	109.90	100.32	102.07	106.40	86.53	101.04

由图 3 及表 2~ 表 3 分析得出，从 MODIS 遥感影像的增强型植被指数值的变化来看，增强型植被指数南部为最高，而相对来说增强型植被指数值中部地区又大于西部地区。而 2007 年的增强型植被指数值为最高，2011 年的增强型植被指数是最低的，是因为降水量少，干旱引起总产草量的降低。从杭锦旗的各个苏木乡镇来看，增强型植被指数最高的是伊和乌素苏木，最低的是呼和木独镇。综合来看，杭锦旗各地区 EVI 值和草场的地上生物量是相对应的。

2.2 草地载畜力分析

2007—2011 年杭锦旗各地区草地载畜量统计结果见表 4。各地区 5 年平均草地载畜量结构见图 4。

从表 4 和图 4 分析得出，2007—2011 年杭锦旗的草场理论载畜量因为各种的气候条件和放牧的情况等等原因而出现了变化。2007 年的草场的理论载畜量还是最高的，而 2011 年是最低的。从杭锦旗的各个苏木乡镇的数据来看，伊和乌素苏木的适宜载畜量最大，适宜载畜量最低为呼和木独镇。总体上来看杭锦旗的草场的载畜情况是北部的草场比南部的草场低。这种分布情况地跟当地的自然地理环境有着很重要的联系。杭锦旗是由库布齐沙漠横亘东西南部重要的畜牧业基地，北部沿河区为重要的农业基地，并且东西部有着明显的地域性气候分别为温带大陆性草原气候和大陆性荒漠草原气候。这种分析结果与杭锦旗的 EVI 和草场生物量的分布情况是一致的。

表 4　2007—2011 年杭锦旗各地区草地载畜量统计结果　10^4 羊

地区	2007	2008	2009	2010	2011	平均
锡尼镇	33.83	20.78	21.03	31.76	8.73	23.22
吉日嘎朗图镇	15.80	11.01	10.69	15.21	7.09	11.96
呼和木独镇	8.29	5.79	5.63	7.89	3.59	6.24
巴拉贡镇	14.78	7.17	7.30	12.01	3.85	9.02
独贵塔拉镇	10.10	6.95	6.90	10.41	4.37	7.75
伊和乌素苏木	39.36	20.83	23.46	37.81	8.62	26.02
杭金淖尔乡	23.88	16.08	16.08	23.85	8.11	17.60
杭锦旗	145.87	87.49	90.99	138.78	44.36	101.50

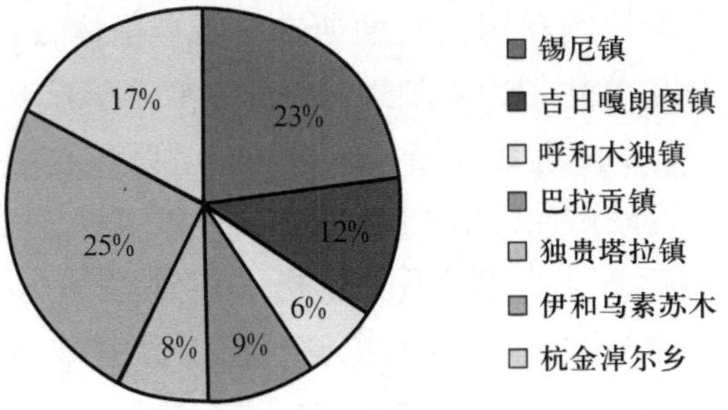

图 4　杭锦旗各地区 5 年平均草地载畜量结构

2.3 内蒙古杭锦旗草畜平衡分析

2007—2011 年杭锦旗草畜平衡分析结果见表 5。

由表 5 可知，内蒙古鄂尔多斯市杭锦旗的草场资源草和畜的平衡情况是比较良好的，超载部分占理论载畜量的比重为 1.5%，超载情况不严重。且 2010 和 2011 年杭锦旗

表 5 2007—2011 年杭锦旗草畜平衡分析结果

年份	理论载畜量 //10^4 羊单位	大牲畜存栏 // 头	羊存栏数 // 只	实际载畜量 //10^4 羊单位	理论载畜量 – 实际载畜量 //10^4 羊单位	超载部分占理论载畜量的比重 //%
2007	145.87	12 169	1 410 553	163.963 1	−18.093 1	12.40
2008	87.49	13 113	1 319 561	91.989 4	−4.499 4	5.14
2009	90.99	14 401	1 304 728	92.065 3	−1.075 3	1.18
2010	138.78	17 963	1 386 676	127.657 3	11.122 7	−8.01
2011	44.36	17 953	1 386 598	40.273 1	4.086 9	−9.21
合计	507.49	75 599	6 808 116	515.948 2	−8.458 2	1.50

都没有超载的现象。

3 结论

（1）2007—2011 年杭锦旗草场的生物量有逐年降低的趋势，在全旗境内从总体上来看，北部的草场低于南部的草场。这是因为南部为畜牧业基地自然条件良好；西部草场又低于东部，这是由于不同的气候条件，西部为大陆性荒漠草原，东部为温带大陆性草原气候。

（2）2007—2011 年杭锦旗草地理论载畜量 2007 年最多，2011 年的草地理论载畜量为最少。这表明草地载畜量会受到气候和放牧条件影响，2011 年气候干旱、降水量少所以杭锦旗 EV1 值和草地地上生物量都低因此草地载畜量也少。

（3）内蒙古鄂尔多斯市杭锦旗的草场资源草和畜的平衡情况较好，2007—2011 年合计超载比例为 1.5%，超载情况不严重。杭锦旗 2010 和 2011 年都没有超载的现象。之所以有草场资源草畜平衡情况良好现象，是因为杭锦旗实行以草定畜政策。草畜平衡是保护草原的最有效的办法，增畜必须建立在增草的基础上，杭锦旗各苏木乡镇都积极开发草产业，把发展人工种草作为种植业结构调整的重要内容，结合风沙源治理工程，建设高产饲草料基地，支持和鼓励种草养畜。杭锦旗主要以加快畜牧业内部结构调整来保证草畜平衡。

参考文献

[1] 卢苓苓，李青丰．北方草原牧区草畜平衡分析及对策——以克什克腾旗中—韩生态示范村为例［J］．中国草地学报，2009，31（1）：98-101.

[2] 赵钢，曹子龙，李青丰．春季禁牧对内蒙古草原植被的影响［J］．草地学报，2003，11（2）：183-188.

[3] 李青丰，郑蒙安，阿民布和．春季休牧对草地生物量及草群结构的影响［C］// 刘景涛，刘钟龄，李青丰，等．沙尘暴成因及综合防治．呼和浩特：内蒙古人民出版社，2004：444-447.

[4] 赵钢，李青丰，张恩厚，等．天然草地可持续利用模式的研究——春季休牧研究初报［C］// 刘景涛，刘钟龄，李青丰，等．沙尘暴成因及综合防治．呼和浩特：内蒙古人民出版社，2004：449-457.

[5] 李青丰，刘天明．草畜平衡管理——以时间机制调控的思路［J］．中国草地，2005，27（1）：72—74.

[6] 农业部．草畜平衡管理办法［J］．河南

畜牧兽医，2005，26（6）：43.
[7]伊钧华，刘晓旺，盖文山，等.内蒙古自治区情大全[M].2007：950-952.
[8]杭锦旗统计局.杭锦旗统计年鉴[M].北京：中国统计出版社，2007-2011.
[9]梁天刚，崔霞，冯琦胜，等.2001—2008年甘南牧区草地地上生物量与载畜量遥感动态监测[J].草业学报，2009，18（6）：12-22.

内蒙古农村牧区宅基地退出机制探讨

梁 洁，王桂艳

（内蒙古土地调查规划院，内蒙古呼和浩特 010010）

摘　要：针对内蒙古自治区城乡建设用地双增长的不合理现象，在自治区农村牧区宅基地现状的基础上，通过对自治区颁布的农村牧区宅基地相关政策的分析，探讨农村牧区宅基地退出机制的建立与实施。结果表明：宅基地退出政策应该充分考虑农区、牧区及农牧交错区等区域的差异，制定不同区域的宅基地用地标准，通过约束机制、激励补偿机制及多元化资金来源等政策的实施，建立完善的、操作性强的农村牧区宅基地退出机制。

关键词：农村牧区宅基地；退出机制；用地标准；约束机制；补偿机制

随着内蒙古城镇化建设的快速发展，大量农村人口向城市迁移，城镇建设用地不断增加，但进城人员所占有的宅基地并没有相应的退出，造成了宅基地闲置，同时，也形成了城乡建设用地双增长的不合理局面。因此，建立健全的农村牧区宅基地退出机制，不仅有利于农村牧区宅基地的管理工作，促进建设用地节约集约利用，而且对城镇化进程的有序推进具有积极作用。

内蒙古自治区地处我国北部边疆，属亚洲中部蒙古高原的东南部及其周沿地带，地势高平，由东北向西南斜伸，以大兴安岭、阴山、贺兰山及龙首山为骨架，构成了内蒙古的“脊梁”。内蒙古辖区共 12 个盟市，2 个计划单列市，包括 101 个旗县，根据生产劳作方式的不同，可将内蒙古划分为农区、牧区及农牧交错区。由于农区和牧区在生活习惯、生产劳作方式等方面存在很大的差异，因此，在建立农村牧区宅基地退出机制时，要充分考虑农牧分区不同所产生的影响。

1　内蒙古农村牧区宅基地现状

内蒙古辖区面积 11 273.38 万 hm^2，其中村庄用地 75.10 万 hm^2，占总土地面积的 0.66%，占城镇村及工况用地的 57.58%。2013 年内蒙古农业人口 1 347.14 万，占总人口的 58.82%，人均农村居民点用地 557.46 m^2，大大超过了《城市用地分类与规划建设用地标准》与《村镇规划标准》所提出的人均建设用地标准的上限（150 m^2）。

以 2013 年内蒙古自治区土地利用变更调查数据中耕地、牧草地的比例作为区分农区、牧区及农牧交错区的参考指标，耕地中以水田和水浇地为主，牧草地中以天然草地和人工牧草地为主，耕地面积占总土地面积的 25% 以上，牧草地面积占总土地面积的 40% 以下的即认定为农区；牧草地面积占总土地面积的 40% 以上，耕地面积占总土地面积的 5% 以下的认定为牧区；其他比例情况认定为农牧交错区。根据这种方法区分，内蒙古农区包括西辽河平原、土默特平原及河套平原范围内的21个旗县（市、区），牧区包括呼伦贝尔高原、锡林郭勒高原、乌兰察布高原、阿拉善高原、鄂尔多斯高原、毛乌素沙地及乌海工矿牧区范围内的35个旗县（市、区），农牧交错区包括燕山丘陵农牧区、阴山丘陵农牧区及鄂尔多斯东部农牧区范围内的45个旗县（市、区）。分区后，计算得到2013年内蒙古人均居民点用地（表1）。由表1可知，内蒙古农区人均居民点用地521.20 m^2，牧区人均居民点用地960.70 m^2，农牧交错区人均居民点用地523.01 m^2，均远超出全国平均水平，其中牧区人均居民点用地最大，比农区和农牧交错区高出近1倍。这是由于内蒙古长期以来地广人稀，用地模式粗放，农村居民点布局零乱，分布分散，特别是在以放牧为主要经济来源、需要在家中设置牲口圈的牧区，人均农村居民点用地超标更为严重。

表1 2013年内蒙古人均居民点用地

分区	村庄用地 hm^2	农业人口 人	人均居民点用地 m^2
农区	184 296.07	3 535 990	521.20
牧区	103 269.58	1 074 943	960.70
农牧交错区	463 409.90	8 860 485	523.01
合计 / 平均	750 975.55	13 471 418	557.46

2 内蒙古农村牧区宅基地退出政策分析

我国《土地管理法》第六十二条规定“农村村民一户一宅”“宅基地的面积不得超过省、自治区、直辖市规定的标准”。目前，内蒙古自治区并未出台宅基地用地面积的相关标准，以全国人均标准来看，自治区人均宅基地面积严重超标。在其他对农村牧区宅基地退出具有重要影响的政策方面，自治区自2000年以来根据国家政策要求及区域发展需要，先后出台了生态移民、城乡建设用地增减挂钩、旗县（市、区）废弃居民点和工矿废弃地复垦调整利用及农村集体土地确权登记发证等政策。

2.1 城乡建设用地增减挂钩试点

2004年国务院出台了《关于深化改革严格土地管理的决定》（国发〔2004〕28号），要求将城镇建设用地增加与农村建设用地减少相挂钩，并于2008年由国土资源部颁布了《城乡建设用地增减挂钩试点管理办法》（国土资发〔2008〕138号），进一步加强对城乡建设用地的统筹管理工作。在此基础上，内蒙古国土资源厅2009年颁布了《内蒙古自治区城乡建设用地增减挂钩工作管理办法（试行）》（内国土资发〔2009〕81号），并在通辽市开鲁县及鄂尔多斯市杭锦旗先后开展了试点工作。2011—2012年，开鲁县周转指标共315.58 hm^2，杭锦旗周转指标220.00 hm^2，全部由政府负责实施，但由于农牧民搬迁难度大、拆旧复垦成本高、资金不足等问题，试点拆旧区复垦工作均未按时完成。

2.2 旗县（市、区）废弃居民点和工矿废弃地复垦调整利用

2012年自治区国土资源厅颁布“关于印发《内蒙古自治区废弃居民点和工矿废弃地复垦调整利用工作方案》《旗县（市、区）废弃居民点和工矿废弃地复垦调整利用实施规划编制要点》的通知”（内国土资字〔2012〕119号），在全区范围内开展废弃农村居民点和工况废弃地复垦调整利用，共复垦废弃农村居民点23 257.27 hm^2，占农村居

民点总面积的3.10%。其优点在于，以废弃的农村居民点为主体，既不违背农牧民的意愿，又达到了宅基地退出及节约集约利用土地的目的。但其缺点在于，由地方政府投资复垦的单一模式，难以保障资金来源，尤其是在经济困难的旗县，资金筹措困难容易影响地方政府落实政策的积极性。

2.3 生态移民

2000年内蒙古开始实施生态移民政策，以牧民为主要对象，通过将牧民异地安置、禁牧等措施，达到恢复、保护草场的目的。2000和2001年，阿拉善盟和锡林浩特盟分别实施了大规模的生态移民，从生态角度来看，把生态脆弱区的牧民迁移出去，对生态保护和生态恢复起到了显著的效果；从经济角度来看，生态移民的费用由政府承担，对政府财政造成了一定的压力；但从社会角度来看，迁移出去的牧民难以在短时间内适应农业劳作，生活水平及经济收入有下降的趋势，部分地区的牧民由于生活所迫，又搬回原来的放牧区。因此，如何保障生态移民前期工作的资金来源，解决迁出牧民的就业及收入问题，是生态移民政策是否成功、能否持续实施的关键。

2.4 集体土地确权登记发证

2012年内蒙古自治区人民政府办公厅印发了《关于做好农村牧区集体土地确权登记发证工作的通知》（内政办发〔2012〕41号），要求到2015年全面完成农村牧区集体土地确权登记发证工作，同时完成国有土地使用权确权登记发证工作，实现城乡土地登记全覆盖。集体土地确权登记发证是核查农村牧区宅基地面积的途径，也是促使一户多宅、非法占用、面积超标的宅基地退出的有效手段。由于目前自治区没有关于宅基地用地面积的标准，因此，在集体土地确权登记发证工作开展前应做好宅基地用地标准测算工作，出台相关的法律法规，对超标宅基地退出进行法律约束。

3 宅基地退出基本思路及措施

建立农村牧区宅基地退出机制的目的是通过相关政策的引导，使有条件、有意愿的农牧民腾退现有的闲置宅基地，从而改变城乡建设用地长期“双增长”的不合理现象。根据目前农村居民点现状及相应的政策，可以退出的居民点主要包括3种情况：一是历史遗留的已经废弃的宅基地，已经在城镇就业、有稳定经济来源的农牧民所闲置的宅基地和地处偏远、交通电力设施等基础设施落后的宅基地；二是为了保护生态环境而进行生态移民所需要退出的宅基地；三是非法占用的宅基地及不符合“一户一宅”政策、面积超标的宅基地。针对这3种情况，建立农村牧区宅基地退出机制首先要在自治区范围内根据农牧分区不同及区域现状制定宅基地用地面积标准，并在此基础上，建立相应的约束机制和补偿机制，使农牧民主动退出非法占用、面积超标或闲置的宅基地，通过建立政府主导、企业推动、市场配置的资金保障体系，保证农村牧区宅基地退出后复垦的资金来源。

3.1 建立不同区域农村牧区宅基地用地标准

1989年10月，《内蒙古自治区实施〈中华人民共和国土地管理法〉办法》第二十四条规定“苏木、乡（镇）、嘎查（村）居民住宅用地（包括住房、杂屋、厕所、庭院）一户一处”，并根据人均耕地面积的多少来确定每户宅基地的面积，上限为每户500 m^2，此规定现已失效。但新标准的制定同样可以采用这种方法，在农区以人均耕地面积作为参考指标，在牧区以人均牧草地面积作为参考指标，在充分调研的基础上，根据农区、牧区及农牧交错区现状农村牧区宅基地用地的特点，制定合理的宅基地用地标准。制定方案可以采用自治区仅制定上限标准，各盟市、旗县可根据当地实际情况另行规定，但不得超过自治区上限标准，或由自治区根据农牧分区不同制定不同区域的宅基地面积上限标准，各盟市统一执行此标准。从标准统一的角度来看，由自治区统一制定宅基地用地标准更佳，但同时需要充分考虑区域经济条件、生产生活习惯及宅基地现状等因素。

3.2 建立有效的约束机制

建立农村牧区宅基地使用的约束机制，目的是要约束一户多宅、面积超标等非法占用宅基地的情况，具体可以概括为2点：一是对多占用的宅基地及面积超标部分进行收费。对于合法取得、面积不超标准的宅基地仍然按照国家法律规定无偿分配使用，对于超出标准的宅基地进行收费，建立指标外宅基地有偿使用制度，收费标准按照地区经济发展水平制定，促使宅基地超标的农牧区主动退出超标部分。二是严格宅基地申请资格审查。建立严格的宅基地资格审查制度，对申请新宅基地的农牧民资格进行严格审查，从使用源头遏制非法宅基地的使用。

3.3 建立激励性的补偿机制

原则上农村牧区宅基地退出补偿针对的主体为合法取得的宅基地，对于非法取得或面积超标的宅基地应该无偿收回，但在实际操作过程中需要对地上建筑物及附属设施进行一定的补偿，一方面激励农牧民配合宅基地的退出，另一方面将农牧民的损失降到最低。在补偿标准方面，由于目前宅基地还没有进入土地市场进行交易、流转，其市场价值无法得到充分体现，因此，无法通过市场价值来确定其补偿的标准。中共十八届三中全会《中共中央关于全面深化改革若干重大问题的决定》指出：“在符合规划和用途管制前提下，允许农村集体经营性建设用地出让、租赁、入股，实行与国有土地同等入市、同权同价”，“保障农户宅基地用益物权，改革完善农村宅基地制度”，所以，在宅基地价值评估时遵循宅基地与国有土地“同权同价”的原则，充分考虑区位因素，从宅基地、地上建筑物及附属设施两方面进行评估，以便区分合法宅基地与非法宅基地退出所需补偿的差别。对于将宅基地全部退出的农牧民，则要对其从就业、社会保障等方面进行长远考虑，将农牧民纳入城镇社会保障体系。

3.4 建立多元化的资金保障体系

目前，宅基地退出所需要的资金均是由政府承担。从自治区城乡建设用地增减挂钩、废弃居民点和工矿废弃地调整利用及生态移民政策在实施过程中所产生的问题来看，单一的资金来源渠道不仅对政府财政造成了很大的负担，同时也是部分地区（如杭锦旗增减挂钩及锡林郭勒盟生态移民等）最终未能按照既定目标实现宅基地退出的主要原因。因此，由政府部门作为宅基地退出的行政主体，负责宅基地退出前期准备、规划及实施的统一安排，用地企业作为实施主体，承担部分或全部宅基地退出过程中所产生的复垦费、补偿费等，剩余用地指标可通过进入土地交易市场进行市场配置、流转的方式获取一定的资金。建立政府主导、企业推动、市场配置的多元化资金来源，不仅解决了宅基地退出资金筹措困难的问题，实现了农村牧区宅基地的节约集约用地，还为急需落地建设的企业腾出了用地指标，增加了当地农牧民的就业机会和经济收入，并通过市场配置，最大限度地体现了农牧民宅基地的财产权益。

4 结论

针对城乡建设用地双增长的不合理现象以及城镇建设用地供需矛盾问题，内蒙古自治区根据本区社会经济发展情况，先后出台了移民、城乡建设用地增减挂钩、旗县（市、区）废弃居民点和工矿废弃地复垦调整利用等政策措施，积极探索农村牧区宅基地的退出机制，取得了一定的成效，同时也发现了一些问题。以上政策的实施对农村牧区宅基地退出产生了一定的积极影响，但由于在实际操作过程中没有更详细的法律法规进行规范、资金来源单一、未落实农牧民就业及社会保障等问题，造成部分牧民重新返回原放牧区进行居住、农牧民上访等社会不稳定因素，为下一步农村牧区宅基地退出机制的建立指明了重点和方向。

农村牧区宅基地退出机制的建立与实施，需要国家层面及自治区层面相关政策的支持。由于自治区在生产劳作方式及生活习惯等方面存在差异，所以，在制定自治区层面的政策时要充分考虑农牧分区对政策实施的影响，根据农区、牧区及农牧交错区的区域划分制定不同的农村牧区宅基地用地面积标准，重点解决牧区牧民退出宅基地后的就业及生活保障问题。

该研究从内蒙古自治区农村牧区宅基地现状入手，分析了自治区农村牧区宅基地的总量、人均宅基地面积，并通过对自治区进行农区、牧区及农牧交错区的分区，得出不同区域人均宅基地面积。在现状的基础上，通过对自治区农村牧区宅基地退出相关政策的分析，总结出自治区在农村牧区宅基地退出过程中所取得的成效及面临的问题，探索自治区基于不同农村牧区宅基地用地标准的、约束机制与补偿激励机制共存的、多元化资金保障的农村宅基地退出机制。

参考文献

［1］倪维秋，俞滨洋．基于城乡统筹的城乡统一建设用地市场构建［J］．商业研究，2010（10）：87–90.
［2］欧阳安蛟，蔡锋铭，陈立定．农村宅基地退出机制建立探讨［J］．中国土地科学，2009（10）：26–30.
［3］于跃龙．我国农村宅基地退出机制研究［D］．北京：中国地质大学（北京），2013.
［4］孙维．农村宅基地退出补偿标准测算——以温江区为例［D］．雅安：四川农业大学，2013.
［5］韩立达，李曼宁．我国农村宅基地制度演变及改革研究［J］．安徽农业科学，2009，37（32）：16012–16014.
［6］陈柏峰．农村宅基地限制交易的正当性［J］．中国土地科学，2007（4）：44–48.

内蒙古未利用地工业开发对大气环境的影响研究

吴全[1]　李娟[2]　朱志成[3]　刘建国[2]

（1. 内蒙古土地调查规划院，呼和浩特 010010；2. 内蒙古工业大学能动学院环境系，呼和浩特 010051；3. 内蒙古自治区环境工程评估中心，呼和浩特 010020）

摘　要：预测了内蒙古各盟市未利用地工业开发利用过程中以 SO_2 排放为代表的有害气体对大气环境的影响，研究显示，2014—2018 年间 SO_2 排放量随着开发面积的增加而增长，单位面积 SO_2 排放量呈逐年线性递减，新增加开发排入大气中 SO_2 的总量呈增加趋势。同时规划期内 SO_2 对区域空气质量的影响与 SO_2 的排放总量呈正相关。新增工业产生的 SO_2 排放导致 5 个盟市大气 SO_2 浓度超标。

关键词：大气环境；未利用地；SO_2；总量预测；内蒙古

EFFECT OF THE PROCESS OF INDUSTRIAL DEVELOPMENT IN INNER MONGOLIA ON THE REGIONAL AIR ENVIRONMENTAL QUALITY

Wu Quan[1]　Li Juan[2]　Zhu Zhicheng[3]　Liu Jianguo[2]

（1. Inner Mongolia Land Surveying and Planning Institute，Hohhot 010010，China；2. College of Energy and Power Engineering，Inner Mongolia University of Technology，Hohhot 010051，China；3. The Inner Mongolia Autonomous Region Environmental Engineering Assessment Center，Hohhot 010020，China）

Abstract：The paper forecasts the impact on regional environmental quality of SO_2 which produced in the process of industrial development of the unased land in some cities of Inner Mongolia. As a result，the total emissions of SO_2 which produced by industrial development is increasing during the year 2014 to 2018，but emissions of SO_2 per area unit decreasing in linear year by year. Meanwhile，during planning period in the new industries，the effects of SO_2 have a positive correlation with its emissions. The total emissions of SO_2 which produced by industrial development leaded to concentration of SO_2 over standard in five cities of Inner Mongolia.

Keywords：atmospheric environment；unused land；SO_2；total quantity forecast；Inner Mongolia

0　引言

由于内蒙古自治区气候干旱，水资源匮乏、风沙严重，生态环境相对脆弱，优质土地开发用于经济建设与环境保护的矛盾尤其突出。随着我国西部区域发展战略、国务院关于促进内蒙古经济社会又好又快发展的意见及自治区“8337”发展思路的全面实施，内蒙古自治区未利用土地资源开发利用越来越引起社会各界的高度重视，如何发挥好这一重要后备资源的经济、社会、生态价值，成为各相关学科的研究热点。近年来，工业开发造成的大气环境污染日趋严重，甚至已经威胁到周边重点区域（如北京）的空气质量安全，其中空气污染组分中的SO_2是国家“十二五”污染物总量控制的主要减排指标。内蒙古作为我国华北地区重要的能源工业基地[1-2]，在工业开发过程中科学合理地开发未利用地资源，能有效缓解各行业用地矛盾，但自治区目前的开发利用大多为重工业方向，开发及生产过程不可避免要排放大量的污染物，尤其是以化石燃料为主的生产过程会有大量的SO_2产生并排放到环境中，对自治区的空气环境质量造成严重的威胁[3]。因此，本研究通过建立SO_2排放量预测模型[4-5]，对各盟市将未利用土地开发用于工业生产过程中的SO_2排放量进行预测，在此基础上，分析研究SO_2的排放对区域空气环境质量的影响[6]。研究结果对于未来协调全区工业发展和解决各盟市区域空气环境质量问题具有一定的指导意义。

1 污染物扩散模型的建立

1.1 基本假设

考虑内蒙古未利用地工业开发过程中，化石燃料是主要的能源，其燃烧产生的SO_2成了工业生产过程中的主要大气污染物之一。根据内蒙古自治区不同时期脱硫作用下产生大气污染物排放总量的估计值，预测在2014—2018年间，对地区空气环境质量变化可能产生的影响。预测采用箱式大气质量模型。

根据问题的描述，假设如下：

1）各个盟市产生的SO_2体积可加。

2）把内蒙古自治区各盟市的空间范围看成一个尺寸固定的“箱子”。

3）“箱子”的高度是从地面计算的混合层高度。

4）污染物浓度在“箱子”内处处相等。

1.2 SO_2排放总量预测模型[7]

工业生产中SO_2的排放主要由能源消耗量和脱硫效率决定，因此建立如下SO_2排放总量预测模型，即

$$Q_{SO_2\text{排放总量}}=2C\times Q/A\times(1-\eta_s)\times S_{tar}/100\times K\times 10\,000 \tag{1}$$

式中：$Q_{SO_2\text{排放总量}}$为SO_2排放量，t；C为工业增加值，亿元；Q为万元工业增加值能耗；A为折标系数；η_s为脱硫效率；S_{tar}为含硫率；K为生成SO_2的比例。根据统计数据，综合考虑内蒙古自治区各盟市的实际工业污染防治效率，对以上预测模型做如下取值：η_s为90%；A为0.8；S_{tar}为0.5；K为0.8。

1.3 混合层高度计算公式[8]

根据帕斯奎尔稳定度分类法，将大气稳定度分成六类。A、B类为不稳定，在这种稳定度下，污染物易于扩散，C类为弱不稳定，D类为中性，E、F类为稳定，不利于污染物的扩散。

当大气稳定度为A、B、C和D时：

$$h=\frac{a_s U_{10}}{f} \tag{2}$$

当大气稳定度为E和F时：

$$h=b_s\left(\frac{U_{10}}{f}\right)^{1/2} \tag{3}$$

$$f=2\Omega\sin\varphi \tag{4}$$

式中：h为混合层高度，m；U_{10}为10 m高度处平均风速，m/s；a_s为混合层系数，当稳定度为A、B、C和D类时，内蒙古地区

a_s 分别取 0.073、0.060、0.041 和 0.019，当稳定度为E和F类时，b_s 分别取 1.66 和 0.70；f 为地转参数；Ω 为地转角速度，取值为 7.29×10^{-5} r/s；φ 为地理纬度，deg。

1.4 大气污染物排放总量的变化量公式[9-11]

大气污染物排放总量的变化量如式（5）所示。

$$c=\frac{Q/h}{u\cdot l+K}\left[1-\exp\left(-u\cdot l+K\right)^{t}\right] \quad (5)$$

式中：l 为箱的长度，m；h 为箱的高度，m；K 为污染物的衰减速度常数；Q 为污染物的源强，mg/s；u 为平均风速，m/s；c 为箱内的污染物浓度，mg/m^3；t 为时间坐标。

2 区域空气质量影响分析

2.1 SO_2 排放总量预测

统筹考虑内蒙古自治区未利用地实际和经济发展需求，未来 5 年未利用地开发为工业用地总面积为 125 000 hm^2，各盟市的开发规划如表 1 所示。根据《内蒙古自治区环境统计年鉴（2012 年）》数据，2012 年万元工业增加值能耗为 0.758 万 t/ 万元，万元产值能耗将随生产技术水平和节能技术的提高而下降，在 2014—2018 年预计按每年 5% 递减。因此，依据自治区未利用地开发规划，假设单位面积工业产值不变，预测新增工业在生产过程中总能源消耗量，预测结果见表 1。

根据 SO_2 排放总量预测模型，计算得出内蒙古自治区各盟市 2014—2018 年新增工业在生产过程中 SO_2 排放总量的变化关系。如图 1 所示：结合各盟市每年规划工业用地开发面积可知，未利用地开发过程中每年 SO_2 排放总量随着工业开发面积的增加而增长；各盟市中，鄂尔多斯市每年 SO_2 排放总量位居全区第一，巴彦淖尔市位居全区第二，兴安盟每年 SO_2 的排放量最少。综合内蒙古自治区东部、中部、西部各盟市每年新增工业生产规划，西部盟市 SO_2 的年排放量

表 1 内蒙古自治区各盟市工业用地开发规划

Table 1 The development planning of industrial land of Inner Mongolia Autonomous Region

盟市	工业用地面积 /hm^2					总面积 / hm^2	单位面积工业产值 /（万元 · hm^{-2}）	工业增加值 / 万元	总能源消耗 / 万 t
	2014 年	2015 年	2016 年	2017 年	2018 年				
乌兰察布市	525	525	700	875	875	3 500	700	2 450 000	1 364 650
乌海市	1 425	1 425	1 900	2 375	2 375	9 500	850	8 075 000	4 497 775
兴安盟	150	150	200	250	250	1 000	680	680 000	378 760
包头市	1 050	1 050	1 400	1 750	1 750	7 000	1 100	7 700 000	4 288 900
呼伦贝尔市	900	900	1 200	1 500	1 500	6 000	710	4 260 000	2 372 820
呼和浩特市	375	375	500	625	625	2 500	1 150	2 875 000	1 601 375
巴彦淖尔市	3 900	3 900	5 200	6 500	6 500	26 000	810	21 060 000	11 730 420
赤峰市	390	390	520	650	650	2 600	850	2 210 000	1 230 970
通辽市	510	510	680	850	850	3 400	840	2 856 000	1 590 792
鄂尔多斯市	6 000	6 000	8 000	10 000	10 000	40 000	756	30 228 800	16 837 442
锡林郭勒盟	975	975	1 300	1 625	1 625	6 500	690	4 485 000	2 498 145
阿拉善盟	2 550	2 550	3 400	4 250	4 250	17 000	580	9 860 000	5 492 020

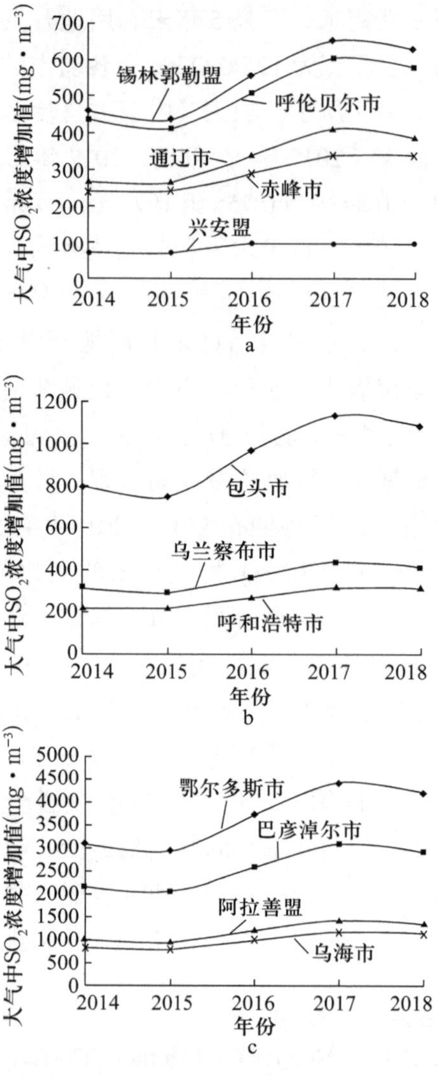

a—东部；b—中部；c—西部。

图 1　内蒙古各盟市规划每年新增工业生产过程中 SO_2 的排放

Fig. 1　An annual increase of SO_2 emissions in the process of industrial production in cities of Inner Mongolia

普遍大于中部人口密集区，东部各盟市 SO_2 的年排放量普遍偏低。

图 2 为内蒙古自治区 2014—2018 年各盟市总开发面积在工业生产过程中 SO_2 排放总量及其单位面积 SO_2 排放量的变化关系。可知：内蒙古自治区未利用地开发过程 SO_2 排放总量随着工业开发面积的增加而增长，

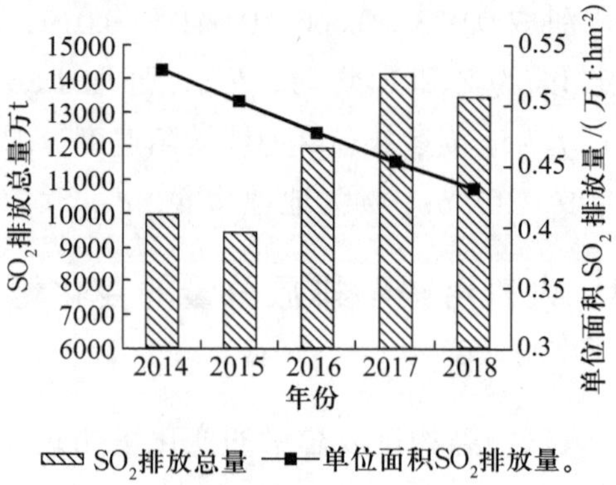

图 2　内蒙古自治区每年新增工业生产过程中 SO_2 的排放

Fig. 2　An annual increase of SO_2 emissions in process of industrial production in Inner Mongolia

单位面积 SO_2 排放量逐年呈线性递减。这主要是因为低硫燃料的使用及烟气脱硫设施的普遍采用，使得在同样的工业生产总值的情况下，单位面积 SO_2 的排放量逐年减小；但随着工业开发面积的增加，新增加工业开发排入大气中 SO_2 的总量呈增加趋势，2017 年达到最高为 14 172.38 万 t/a。

2.2　对区域空气质量影响的分析

本次研究不考虑 SO_2 的衰减作用，只研究稳定状态下 SO_2 的浓度变化，为了便于预测计算，取 $t \to +\infty$；从内蒙古自治区气象站近 30 年平均风速的统计得出：该地区年平均风速 u=2.7 m/s。

根据内蒙古 2013 年气象资料统计，计算得到该地区四季及全年的混合层高度数值见表 2。内蒙古自治区春季由于风速较大，大气混合层高度最大，有利于大气污染物的扩散，增强了大气对污染物的承载能力；夏、秋季节气候温和，风速较小，大气混合层高度较小，大气污染物扩散较慢，污染物对空气质量的影响相对较高。此预测模型仅考虑大气稳定度在 A、B 类情况下全年的混合层平均高度，即 h = 1 910 m。

表 2 内蒙古自治区各稳定度下的混合层高度

Table 2 The mixed layer height under different stability in Inner Mongolia Autonomous Region

时间	稳定度下的混合层高度 /m					
	A	B	C	D	E	F
春季	3 028	2 562	1 669	763	367	152
夏季	1 654	1 360	879	489	262	152
秋季	1 698	1 350	943	456	262	165
冬季	1 940	1 609	1 200	550	272	115
全年	2 124	1 695	1 500	538	287	118

假设各盟市为一个封闭的、没有物质交换的空间，根据箱式大气质量模型，计算得出内蒙古自治区各盟市新增工业在生产过程中 SO_2 的排放对地区大气 SO_2 浓度的影响，预计各盟市 2017 年的影响最大，2015 年的影响最小，结果见图 3。假设各盟市的空间相对独立，乌海市由于区域面积小、排放总量相对较多，因此新增工业在生产过程中对本市大气中 SO_2 浓度的贡献值最大，为 4.7 ~ 6.4 mg/m³；位于中西部的包头市、呼和浩特市、巴彦淖尔市、鄂尔多斯市等四个盟市对本市大气中 SO_2 浓度的贡献值为 0.4 ~ 0.6mg/m³；位于中东部的乌兰察布等七个盟市对本市大气中 SO_2 浓度的贡献值最小，范围为 0.01 ~ 0.07 mg/m³；结合图 1 分析可知，2014—2018 年，规划新增工业在生产过程中，SO_2 对区域空气质量的影响与 SO_2 的排放总量呈正相关，即 SO_2 的排放总量越大，对区域空气质量的影响越明显。

总体来看，内蒙古东部、西部地区地广人稀，环境容量大，新增工业开发中 SO_2 的排放普遍对大气影响较小，而中部地区人口密集、面积较小，环境容量小，经济发展集中的包头市和呼和浩特市在新增工业开发过程中 SO_2 的排放对大气质量影响较大。

在规划实施期间内，内蒙古自治区各盟市 SO_2 本底浓度与新增工业在生产过程中对大气 SO_2 浓度增加值的比较见表 3。内蒙古自治区环境空气功能区为二类区，适用二级浓度限值，即年平均为 60 μg/m³ GB3095—2012《环境空气质量标准》。其中鄂尔多斯市、包头市、赤峰市 3 个盟市 SO_2 本底浓度目前超过上述标准，应加强现有工业企业对 SO_2 排放的监督与控制；规划期间内，新增工业产生的 SO_2 导致巴彦淖尔市、乌海市、阿拉善盟、通辽市等盟市大气 SO_2 浓度超过环境空气质量二级标准。其中乌海市资源丰

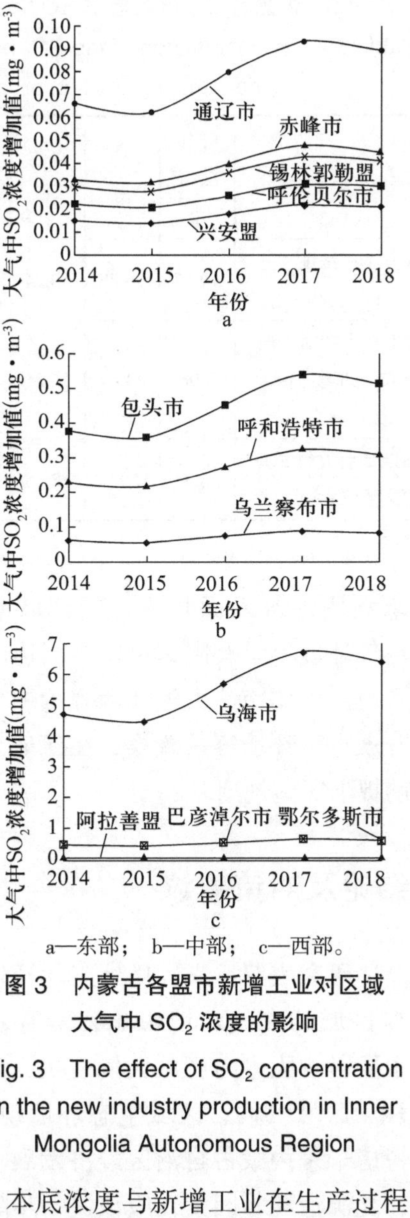

a—东部； b—中部； c—西部。

图 3 内蒙古各盟市新增工业对区域大气中 SO_2 浓度的影响

Fig. 3 The effect of SO_2 concentration in the new industry production in Inner Mongolia Autonomous Region

表 3 内蒙古自治区各盟市 SO_2 本底浓度与新增工业生产对大气 SO_2 浓度增加值的比较

Table 3 The comparison of the SO_2 background concentration and additional SO_2 emissions in industrial production process in Inner Mongolia Autonomous Region

地区	呼和浩特市	包头市	乌海市	赤峰市	通辽市	鄂尔多斯市	呼伦贝尔市	巴彦淖尔市	乌兰察布市	兴安盟	锡林郭勒市	阿拉善盟
SO_2 本底浓度 /（$\mu g \cdot m^{-3}$）	49.57	96.88	53.24	61.87	51.56	106.00	41.87	36.95	37.53	8.14	42.58	34.87
新增工业生产对大气 SO_2 浓度的增加值 /（$\mu g \cdot m^{-3}$）	8.98	24.04	25.21	6.90	8.92	94.37	13.30	65.75	7.65	2.12	14.00	30.78
规划期满后大气 SO_2 浓度预测 /（$\mu g \cdot m^{-3}$）	58.54	120.92	78.45	68.77	60.48	200.36	55.17	102.70	45.18	10.27	56.58	65.66

富，未利用地开发面积大，但区域面积较小，空气环境容量有限，可以与周边的阿拉善盟及巴彦淖尔市（大气环境容量剩余值较多）开展空气环境容量置换，在保证大气环境的前提下实施规划。

3 结论及对策建议

上述研究表明：未利用地工业开发过程对相应区域的大气环境影响程度有较大差异，主要影响因素为区域大气现状、区域土地面积、区域气候、区域生态环境现状等。综合考虑未来内蒙古自治区经济发展、工业开发、能源消耗等因素，应该进一步降低内蒙古自治区的 SO_2 排放量，或者在不同盟市间开展 SO_2 排放量交易，实行自治区范围内总量控制制度，或者推行自治区范围内不同盟市间的空气环境容量交换，在保证环境质量及承载力的同时最大程度开发自治区工业发展潜力。同时，在实施规划战略过程中，要从优化能源结构、进一步调整和优化产业结构及推行工业企业的清洁生产几个方面开展调整工作，实现土地开发、经济发展及环境保护共赢的目标。

参考文献

[1] 冯玲，杨景玲，蔡树中 . 烟气脱硫技术的发展及应用现状 [J]. 环境工程，1997，15（2）：21–26.

[2] 彭靖 . 对我国农业废弃物资源化利用的思考 [J]. 生态环境学报，2009，18(2)：43–48.

[3] Lal R. Soil carbon dynamics in cropland and rangeland [J]. Environmental Pollution，2002，116（2）：353–362.

[4] 张银辉，罗毅，刘纪远，等 . 内蒙古河套灌区土地利用变化及其景观生态效应 [J]. 资源科学，2005，27（2）：43–48.

[5] 刘永，郭怀成 . 城市大气污染物浓度预测方法研究 [J]. 安全与环境学报，2004，4（4）：57–61.

[6] 王志轩 . 中国火电厂二氧化硫排放控制综合对策建议 [J]. 中国电力，2002，35（1）：100–105.

[7] 李岩，欧名豪，赵庚星 . 土地整理的区域生态环境影响评价研究 [J]. 生态环境学报，2010，19（2）：66–71.

[8] 王书肖，张楚莹 . 中国秸秆露天焚烧大

气污染物排放时空分布［J］. 中国科技论文在线，2008，3（5）：81-90.
［9］孙从军，张明旭，程曦，等. 上海市大气污染物排放现状评价，预测及对策研究［J］. 安全与环境工程，2006，12(4)：33-37.
［10］刘志全，陆永琪. 关于燃煤二氧化硫排放污染防治技术政策的探讨［J］. 环境保护，2001，7（2）：21-25.
［11］徐小忠，李小燕. 建筑施工中的环境污染问题及防治措施［J］. 安全与环境工程，2009，16（5）：47-53.

内蒙古污染土地修复模式与对策研究

姚喜军[1,2]，张衍毓[3]，王志勇[4]，隋莹莹[5]

（1. 内蒙古自治区土地调查规划院，内蒙古呼和浩特 010010；2. 内蒙古农业大学生态环境学院，内蒙古呼和浩特 010010；3. 中国土地勘测规划院，国土资源部土地利用重点实验室，北京 100035；4. 包头市土壤肥料工作站，内蒙古包头 014000；5. 内蒙古林业科学研究院，内蒙古呼和浩特 010010）

摘　要：对国内外污染土壤修复技术方法进行了探讨，并且就内蒙古土壤修复现状进行了简单分析，为内蒙古土壤修复产业的发展方向提出几点建议。通过查阅文献、数据汇总、对比分析、归纳总结，发现近年来内蒙古在土壤修复方面做出一定的成效，但是技术层面和政策层面还很不完善，未达到国内平均水平。所以，应制定完善土壤修复的地方法律、法规和技术标准；加大土壤修复领域的科研投入，引进新技术，鼓励自主创新；将土壤修复与相关行业的项目结合，配套实施，避免重复建设；加大宣传力度，提高民众的土壤污染防控意识。

关键词：土地污染；修复模式；对策；内蒙古

Repair Mode and Countermeasures for Pollution Land in Inner Mongolia

YAO Xi-jun[1,2]，ZHANG Yan-yu[3]，WANG Zhi-yong[4] et al

（1. Inner Mongolia Land Surveying and Planning Institute，Hohhot，Inner Mongolia 010010；2. School of Ecology and Environmental Science，Inner Mongolia Agricultural University，Hohhot，Inner Mongolia 010010；3. Key Laboratory of Land Use of Ministry of Land，China Land Suryeying and Planning Institute，Beijing 100035；4. Baotou City Soil and Fertilizer Station，Baotou，Inner Mongolia 014000）

Abstract：This paper discusses the method of contaminated soil remediation technologies at home and abroad，and simply analyzes the soil restoration situation in Inner Mongoli，puts forward some suggestions on the development direction of soil repair industry for Inner Mongolia. Through consulting literatur，summarizing data，comparatively analyzing，generalization and summarization，it was found that the soil restoration has made certain achievements in Inner Mongolia in recent years. But the technical level and policy level is still very imperfect，have not reached the national average. The research conclusion includes formulating perfect soil repair local laws，regulations and technical standards，increasing investment in scientific research in the field of soil restoration，introducing new technology，encouraging independent innovation，combining soil remediation with related industries project，forming a complete set of implementation，and avoiding redundant construction.

The last one is intensifying propaganda, improving public consciousness of the soil pollution prevention and control.

Key words: Land pollution; Repair mode; Countermeasure; Inner Mongolia

近年来，内蒙古自治区凭借能矿资源产业优势，区域经济高速发展。高强度资源开发导致排入土壤的污染物逐年增加，土壤质量日趋恶化。同时，随着城市化建设和产业空间重构，众多污染企业迁移，遗留大量污染土地。原有农用地在经过多年粗放经营后，土壤中也残留了大量有机污染物。因此，污染土地的修复和再利用已成为内蒙古亟待解决的问题。该研究立足于区域生态文明建设和土地资源综合管护，对内蒙古土地资源质量状况及土壤修复的研究进展进行分析，旨在将土壤修复这一新兴产业、措施纳入内蒙古土地资源质量保护的重要组成部分中。

国内外污染土地修复研究取得重要进展。国外研究主要以欧美为代表，大体分为3个阶段：①起步于20世纪70年代后期，形成了以挖掘填埋、固化、气提为主的物理、化学修复模式；②20世纪80年代初，发展到隔离、淋洗、氧化还原、热脱附模式；③20世纪末21世纪初形成了以自然转移为主的生物、植物修复模式[1]。我国的污染土地修复主要包括有机污染修复、重金属污染修复[2-6]，也经历类似的3个阶段：①20世纪80年代前，修复模式主要为物理修复，通过填埋、刮土、翻耕等措施，改善土壤微环境；②20世纪90年代，物理、化学和生物方法综合处理修复模式开始出现并逐步运用；③21世纪以来，联合修复成为主要修复模式。修复技术包括植物、微生物、动物、固化、土壤气提、化学氧化还原、热脱附、淋洗、化学萃取等，其中植物修复是研究热点。

长期对资源的掠夺式开采、GDP的盲目崇拜忽略了对土壤修复的重视，主要体现在两个方面：一方面，监管不够，监管措施没有具体的法律法规作为支撑，分工、分责不明确；另一方面，土壤修复标准和修复效果评价方法尚未出台。缺乏修复标准，很难鉴定土壤恢复到什么程度才是健康的。在世界范围内，土壤修复技术是一个新兴的研究领域。通过对美国科学情报研究所数据库的统计，发现1995年以前土壤修复技术在各国的研究开展得相对较少。在1996—2005年，土壤修复技术的研究处于过渡期，此期间对土壤修复的研究报道不断增加。2006—2010年间查阅到的相关文献数量是2005年前文献数量的2倍，说明对于土壤修复技术的研究已进入一个黄金时期[7-8]。一些发达国家从国家或区域水平上逐步确立或建立污染土壤修复标准[9-10]。

1　内蒙古土地污染类型与现状

内蒙古常见土地污染类型主要包括有机物污染、重金属污染、固废污染3种。作为农牧业大省，长期以来土壤污染以有机污染物为主，农药、化肥的污染最为突出。

1.1　有机污染

20世纪80年代后期，种植业结构发生转变，粮食作物种植面积缩小，经济作物种植规模不断扩大，全区化肥用量由1981年的48万标吨上升到2000年的290万标吨，增加了近6倍，在农产品产量增加的同时导致病虫害的频发和土壤的有机污染[11]。另外，根据对内蒙古土壤肥料工作站2004年发布的7个土壤监测点的数据分析，该区土壤养分的变化趋势为：土壤有机质、全氮和碱解氮含量总的趋势呈下降态势，有效磷含量呈上升趋势，有效钾含量呈下降趋势，微量元素总体呈下降趋势。由此可知，近年来，由于全区农业生产中偏重氮、磷化肥的投入，忽视有机肥、钾肥以及微肥的投入，土壤中钾含量有余而不施或很少施用，造成土壤质量下降[12]。土壤施用氮肥不当使得硝酸盐在土壤中不断富集，导致蔬菜、瓜果等农作物硝酸盐含量超标。相关资料表明，1990年呼和浩特市59%蔬菜硝酸盐含量超过标准。

农牧交错区是生态脆弱性和变异性表现较突出的地区。内蒙古农牧交错区总面积32.81万km^2，涉及全区的68个旗县市。随着现代化农业的发展，农业生产资料的投入越来越多。农药、化肥、地膜等农用物质的不合理和过度使用以及畜禽粪便等农牧业废弃物的任意排放造成农牧交错区土壤有机污染不断加重。在某种程度上，农牧交错区土壤有机污染物已成为目前区域水质恶化的一大威胁[13]。

1.2 重金属污染

随着近年来内蒙古自治区产业结构的调整，工业化城镇化进入“双加速”时期。能源基地、新型化工基地、有色金属生产加工基地建设步伐的加快，加剧了土壤的重金属污染、固废污染。如部分地区重工业比例较高，企业布局不规范，治污能力弱，一些土壤污染的历史遗留问题尚未解决，重金属污染综合防治基础工作依旧薄弱，环境监管力度不大等。同时，随着该区有色生产加工基地战略的深入实施，重金属污染物总量减排和风险防范压力较大，任务艰巨。环保部门2007—2011年监测结果显示，该区重金属污染主要以砷、汞、铅、镉、铬和类金属砷为主，2011年砷、铬、铅、镉、汞排放量分别为5 152.90、205.12、12 802.08、2 188.05、83.18 kg，较2007有所减少。区内重点污染市县为巴彦淖尔市乌拉特后旗、赤峰市巴林左旗和克什克腾旗以及锡林郭勒盟、乌兰察布市、呼伦贝尔市、兴安盟等地。

1.3 其他污染

内蒙古自治区是全国唯一同时享有西部大开发和振兴东北老工业基地双向政策扶持的省区。借助区域能源优势，大量金属、工业矿物、建筑材料和能源材料被开采，给陆地生态环境带来相当大的损害。由于早期监管不严，小规模手工采矿业大量涌现，但随着能源开发的合理合法化，大多数私人煤窑关闭，导致大量开采地荒废，加剧了周边地表植被和水文条件的破坏和对大气、水体、土壤的污染。据报道，20个世纪末中国每年因采矿造成的废弃地面积达3.3万hm^2。

随着经济增长与城镇化发展的加快，农区、牧区以及外来务工人员大量涌入城市，城市生存空间狭窄，城市人口的增加所产生的生活垃圾越来越多。据悉，呼和浩特市近郊土壤受到工业废弃物和生活垃圾的影响，铬和汞等金属的污染在部分地区的土壤和蔬菜中已发生[14]。

2 内蒙古土地污染修复模式

污染场地修复成功与否主要由土壤修复技术高低决定，所以土壤修复技术的选择不仅受土壤污染特征的影响，而且受到政治、经济、社会等多重因素的影响。常见的土壤修复技术有生物修复、物理修复、化学修复、联合修复。表1是几种常见的土壤修复技术[15-18]。

表 1　常见土壤修复技术

序号	类别	方法	适用范围	优点	缺点	修复周期 / 月
1	生物修复	植物修复	矿区、农田土壤等	费用低，易操作，二次污染风险低，易大范围应用，修复植物可资源化利用	修复速率慢，难以处理深层污染	＞12
		微生物修复	农田土壤	操作简单，修复效果好	不易处理高浓度污染物	6 ~ 24
2	物理修复	热脱附技术	高污染场地的有机污染土壤	处理范围宽，设备可移动，修复后土壤可再利用	设备价格贵、脱附时间长，成本高	6 ~ 12
		客土法	高污染区，大部分污染	对设备操作要求低，修复方法简单且速率快	不能去除污染物	＜3
		蒸汽浸提	具有挥发性的污染物	成本低，可操作性强，不破坏土壤结构，不引起二次污染	要求土壤渗透性强，地下水影响修复	6 ~ 24
3	化学修复	固化、稳定化	重金属污染土壤	成本低，操作简单，效果好	不能去除污染物，修复后需要长期监测	＜6
		淋洗技术	可溶性污染物	适合土壤污染严重的治理	土壤需要高渗透能力，带来次生污染问题，土壤肥力减弱	＜12
		氧化还原技术	土壤和地下水同时被有机物污染	适于重污染土壤治理	处理费用贵，对土壤有破坏作用	＜6
		光催化降解技术	适用于农药污染的土壤	可多土壤进行深度氧化	土壤质地、粒径、水分、pH 都对其有影响	＜6
4	联合修复	微生物 / 动物 – 植物联合修复法	农田有机污染土壤	修复效果好，不破坏土壤	需要有针对性的筛选具有较强降解能力的菌根	6 ~ 24
		化学 / 物化 – 生物联合修复法	适用可溶性污染物	适用于有机污染物和重金属污染，效率高	工艺复杂	＜12
		物理 – 化学联合修复	适用于污染土壤离位处理	可进行土壤深度处理，有效去除土壤中高挥发性物质	成本高	＜6

内蒙古污染土地修复研究发展较晚。目前，生产科研活动中主要采用客土修复、测土配方植树种草以及多种方法相结合的修复模式。这是生物型土壤修复。此外，还可以通过物理修复、化学修复、综合修复，使得受污染的土壤重拾生命。

2.1　客土修复模式

客土法是内蒙古土壤修复领域采取的主要模式之一。该模式对设备操作要求低，修复方法简单且速率快，因此该方法多见诸于一些矿山地质环境治理项目以及近年来自治区大力推广的农村土地整治项目。修复以剥离表土、客土、翻耕等工程措施为主。

2.2 测土配方修复模式

内蒙古存在约 9 611 km^2 盐碱地。如此之大的未利用土地已引起农业部门的高度关注。近年来，在国家、地方两级政府科研基金的支持下，相关专业的高校、科研院所已经开始了盐碱地土壤改良的试点研究工作，采取的主要改良模式就是测土配方。根据不同的测试结果，有针对性地施以土壤改良肥料。目前，这方面的工作在河套平原和鄂尔多斯地区大力开展，已取得一定成效。

2.3 植树种草修复模式

植物修复模式是指利用植物提取、吸收、分解、转化或固定土壤、沉积物、污泥或地表、地下水中有毒有害污染物技术的总称[19-20]。植物修复模式多见于工矿废弃地的复垦项目。由于矿区多分布于土壤肥力较差的地区，再加上采矿造成的重金属污染、塌陷、压占等破坏，土地多半无法复垦为耕地，因此本着宜林则林、宜牧则牧的原则，植树种草是内蒙古自治区最常见的修复模式。

2.4 综合修复

任何修复措施都不是孤立存在的。内蒙古自治区目前各部门各行业开展的大量的以提高土地质量为目的的惠民项目都兼顾了几种修复措施。其中，最主要的是将物理修复中的客土法、化学修复中的测土配方和生物修复中的植物措施相结合。最典型的是内蒙古自治区开展较普遍的盐碱地改良项目。它很好地将这 3 种修复方法结合起来，也形成了目前内蒙古最先进的土壤修复模式。

3 污染土地修复相关政策、法规

3.1 土地修复政策法规现状

当前，内蒙古自治区甚至全国尚未有一部完善、可行的土壤修复法律法规。一些行业条文之中仅出现少量的相关的法律法规。表 2 是我国土壤修复相关法律、法规。其法律体系缺乏系统性和一致性。国家与地方未出台一个有针对性的法律法规[21-22]。

有关制定我国污染土壤修复的法律法规普遍认为划分成 3 个阶段。第一阶段是 1979—1995 年，这一阶段属于起始阶段。这一阶段有关污染场地治理法律法规还没有开始制定，现存的是有关土壤保护方面的原则性规定。我国相关部门在 1979 年颁布了《环境保护法（试行）》；在 1982 年《宪法》中，也对“合理地利用土地”做出规定；在 1986 年出台的《土地管理法》中进一步指出我国的基本国策就是要合理利用土地以及保护好耕地；在 1995 年出台了《土壤环境质量标准》（GB 15618—1995），该标准存在很多不足，针对性强，主要指农业土壤，而且指标不多，对污染土壤的修复与评价方面参考意义不大。

第二阶段是 1995—2011 年，这一阶段属于发展阶段。我国污染场地立法在这一阶段逐步有了污染场地治理制度。由于不存在专门立法，有关污染土壤的修复法律规范只是在各种法律文件中体现。在 2004 年出台的《国家环境保护总局办公厅关于切实做好企业搬迁过程中环境污染防治工作的通知》及《固体废物污染防治法》第 38、61、75 条是从国家层面上立法。地方政府立法层面的相比国家立法显得很活跃，其中最典型的立法是在 2006 年出台的《浙江省固体废物

表 2　土壤修复相关法律、法规

法律体系	规定内容
《宪法》	属于粗放性原则，土地的合理利用以及土壤污染防治只是层面的规定
《刑法》	从刑事责任角度，规定了对某些造成土壤污染的行为受到对应的刑事责任
《环境保护法》	第二十条提出“各级政府部门应该不断加强农业环境的保护力度，一是严格防治土壤污染、盐渍化、土地沙化、贫瘠化、沼泽化、地面下沉；二是防治植被破坏、水土流失、水源枯竭、种源灭绝；三是进一步控制其他生态失调现象的发生和发展，推广植物病虫害的综合防治，合理使用化肥、农药及植物生长激素”
《固体废弃物污染防治法》	该法并没有指出固体废物污染土地，只是对固体废弃物包含的范围进行了规定，主要包含城市垃圾、工业固体废弃物等 防治法第 35 条指出，“凡是产生工业固体废物的单位应该在生产前对工业固体废物的贮存、处置的设施、场所采取合理的规划以及污染防治措施”，规定明确了当事人义务以及费用承担方
《土地管理法》	规定“各级地方政府部门加大力度采取有效措施，维护好排灌工程设施，改良土壤性能，提高地力，防止土地荒漠化、盐渍化、水土流失和污染土地”
《土地复垦条例》	规定复垦义务人“对在生产建设过程中因挖掘、塌陷、压占等活动造成破坏的土地和历史遗留的损毁土地以及自然灾毁的土地采取整治措施，使其恢复到可供利用状态”。受重金属污染物或者其他有毒有害物质污染的土地复垦后，达不到国家有关标准的，不得用于种植食用农作物

污染环境防治条例》第 17、52 条，在 2009 年 9 月出台的《江苏省固体废物污染环境防治条例》第 15 条。在这个阶段，各地地方政府也相继出台了相关办法和意见，如哈尔滨市于 2006 年 8 月出台的《哈尔滨市危险废物污染环境防治办法》。上述属于法律文件。此外，各级地方政府部门对污染场地治理问题出台了一些规范性法律文件，如《山东省人民政府关于贯彻国发〔2005〕39 号文件进一步落实科学发展观加强环境保护的实施意见》第 11 条等。

第三个阶段是 2011 年 3 月至今。这一阶段属于鼎盛黄金阶段。我国污染场地走入专业立法阶段的重要标志是在 2011 年 3 月环境保护部经审议原则性通过《污染场地土壤环境管理暂行办法》。其合理治理污染场关键环节就是对土壤的治理和修复，因此对污染场地治理和土壤污染防治法立法两者进程是相统一的。目前，我国也在积极地探索土壤污染防治法。污染场地治理已成为土壤污染防治法的重要研究方向。

继北京“宋家庄事件”出现之后，原国家环保总局于 2004 年发出《关于切实做好企业搬迁过程中环境污染防治工作的通知》（环办〔2004〕47 号），明确指出凡是制造产生危险废物的企业、研究室等都应该在对原有的土地使用性质改变前对原址土壤和地下水进行合理、有效的污染监测分析和评价，以此作为制定土壤功能修复实施方案的依据。关于重金属污染物企业正确处理重金属污染等问题，国家分别于 2008、2009 年出台了《国家环保部关于加强土壤污染防治工作的意见》和《关于加强重金属污染防治工作的指导意见》（国办〔2009〕61 号）。环境保护部也相继制定完成了《污染场地修复技术导则》、《场地环境调查技术规范》、《污染场地土壤环境管理暂行办法》、《场地环境监测技术规范》、《污染场地风险评估技术导则》和《场地环境调查技术规范》。环境保护部办公厅文件《2011 年全国污染防治工作要点》（环办〔2011〕46 号）指出，“水、空气和土壤三大环境要素是‘十二五’期间防治工作的重点，与此同时也要注意三类污染物——重金属、化学品和危险废物的处理。”内蒙古自治区也相应出台了《内蒙古自治区重金属污染综合防治“十二五”规划》。这在一定程度上反映从国家到地方对土壤修复的重视程度越来越高。

3.2 法律法规的缺陷

3.2.1 法律法规缺失

在治理土壤污染这一问题上，我国已制定了一些法律、法规和规章，内容涵盖了农业环境保护、防治土地污染等方面。这些法律政策对改善我国土壤污染状况发挥了一定作用。但是，应看到《环境保护法》《农业法》《土地管理法》等现行法律法规提供的只是有关土壤污染防治的零散规定，我国目前在土壤污染防治方面并没有制定专门性的单行法律。因此，可以说我国在土壤污染防治上的法律是缺乏系统性与可操作性的，甚至可以说这方面的立法基本上是一片空白。没有相关的政策要求，导致有些地方政府对于应该修复的采取放任状态。除了政策层面的规划不足，国内土壤修复也缺乏明确的标准。对于具体的项目，修复后要达到的效果没有量化，导致修复费用和时间千差万别。

3.2.2 监管主体不清楚

治理土壤污染需要多个部门（如环保、国土、财政、规划、水利等部门）分工管理和协调工作，才能在土壤修复方面取得一定的效果。但是，当前，在这个方面政府相关部门还存在很多问题。所以，第一步应搞清管理部门，成立垂直管理的土壤污染专业管理部门。由于场地污染关联到产业链上下游且涉及环保、国土、规划、工商等多个部门，所以第 2 步应逐步探索实现各部门分工协作与统一行动的模式，逐渐形成对修复污染场地有利的环境。

3.2.3 修复资金的落实

这是土壤修复的核心问题。修复资金的来源是左右土壤修复行业发展的核心问题。污染土壤的修复治理需要全面考虑受污染土壤及地下水的治理，资金需求巨大。发达国家经验表明，设置专项资金，并且指出土壤修复资金落实的主要举措就是污染责任。当前，我国修复治理污染土壤没有很好的有效保障制度，修复治理工作难以开展，资金问题成为很多污染地块再开发的主要障碍。

由于很多污染土壤难以追责，“谁污染谁治理”的体系推广阻力较大。目前国内已进行修复的土壤多为具备高开发价值的地块，资金主要来自房地产开发商；对于农业用地或纯生态修复土地，资金来源成为极大的问题。目前国内除了个别政府主导项目（如湘江流域重金属修复）的资金来源明确，其他基本都是房地产开发驱动的修复需求。

4 内蒙古污染土地修复政策建议

据 2000 年相关数据，内蒙古自治区化肥施用总量为 59.94 万 t，低于全国平均水平 429 kg/hm^2，但是化肥施用仍为土壤污染的主要途径。不容忽视的是，一直以来该区工业三废相对较少，但近年来有日益加剧的趋势。根据《内蒙古自治区土地整治规划（2010—2015 年）》目标数据，到 2015 年全区耕地整治总规模 150 万 hm^2，其中，新增耕地 3.854 万 hm^2，平均每年补充耕地 0.76 万 hm^2；建设高标准基本农田 75.8 万 hm^2。整治后耕地质量提高一个等级。土壤污染修复在全国来说是一个新兴的产业，在内蒙古则是一个新的事物，人们的认识程度还不够。这一领域仅是作为高校的理论研究课题去研究，没有真正发展为一个产业。被老百姓所熟知的土地整理和复垦项目也仅仅是对土地进行了简单的翻耕、客土、植树种草等措施。这些措施在土地修复领域中属最简单也是技术含量最低的几种修复措施，达不到很好的修复效果。但是，也正是这些大大小小的土地整治项目支撑着该区保证耕地资源质量有所提高的重要举措。因此，在内蒙古自治区推进土壤修复产业化进程刻不容缓。结合2000、2004、2008和2012年4届国际会议有关土壤污染与修复相关情况，内蒙古自治区在土壤修复发展方面主要工作是：在技术方面，应从单一的修复技术走向多技术的联合修复技术，采用生物修复、植物修复和基于监测的自然修复取代原先的物理修复、化学修复和物理化学修复；在污染土壤修复决策方面，应注重污染风险评估而逐渐地降低污染物总量控制的修复目标；未来应更加注重农田污染土壤的原位肥力维持性绿色修复技术而逐渐减少适用于工业企业场地污染土壤的离位肥力破坏性物化修复技术，并且从工业场地走向农田。内蒙古土壤修复产业的发展与壮大要结合该区土壤污染特点与土壤修复产业发展趋势，在解决土壤污染问题的同时，兼顾国家社会经济发展和土壤修复技术的研究进展，紧密结合相关行业、领域的项目、课题，避免重复投资，达到各项资源的合理、高效利用。土壤修复产业在该区还处于萌芽期，应从以下方面去完善和提高。①在不违背大法的基础上，制定土壤修复的地方法律、法规和技术标准。根据自治区相关环境保护的法律、法规以及《内蒙古自治区重金属污染综合防治“十二五”规划》的要求，细化并制定有关土壤修复的技术标准和政策法规，用以指导土壤修复工作在该区的开展。②加大土壤修复领域的科研投入，在引进新技术的同时，鼓励自主创新。该区污染土壤的修复技术和相关仪器设备的研发处于起步阶段，且大多引进国外技术，没有针对该区土壤类型多样、污染场地复杂、污染特征各异等现状特点的技术装备，现阶段开发适合的修复设备应是该区污染场地土壤修复领域的工作重心之一。自治区财政应出台政策，鼓励区内各高校、科研院所进行土壤修复的理论性研究。在借鉴国内外成熟技术、设备的基础上，逐渐形成具有内蒙古自治区特色的土壤修复技术，以便更好地将理论研究与实践相结合，推动土壤修复技术的产业化和市场化发展。③对于增量污染土地，在“谁污染、谁治理”这一通行原则无法在土壤修复领域贯彻的情况下，必须明确责任主体，遵循“谁污染，谁治理”的原则，建立全区联网的土地污染档案，为今后土壤污染治理落实资金来源。④将土壤修复与相关行业的项目相结合，配套实施，避免重复建设。近年来，全区各地开展了大规模的土地整治活动，有农业的综合开发项目，水利部门的节水灌溉项目，土地部门的土地整理、高标准基本农田建设、工矿废弃地复垦、补充耕地、城乡建设用地增减挂钩项目等。虽然项目层出不穷，但都未对土壤修复这一重要指标作出硬性要求，采用的土壤改良技术也多是简单的土壤翻耕、客土、植物工程等，并未对破坏土壤进行有针对性、实质性的修复，原因还是在于没有标准可依。今后，在这些项目的实施过程中应单独加入土壤修复这一考核指标。土壤修复措施的实施和相关的验收工作都应由专业的公司和机构完成，真正做到项目实施后土壤质量提高一个等级的要求。⑤加大宣传力度，提高民众的土壤污染防控意识。土壤污染修复是一项耗费人力、物力、财力的大工程，光靠政府和相关职能部门的能力远远不够。这就要求人们增强土壤污染常识。提高防控意识，有关环境监测部门应及时跟踪、监测、发布各地土壤污染信息，在加强人们对土壤污染认识的同时也为土壤修复提供理论、数据支持。

5 结语

内蒙古地域辽阔，土地资源数量丰富但质量较差，土壤污染更加剧了资源短缺的严重程度。"万物土中生"，土壤质量决定万物质量。对已污染的土地资源开展有效修复，是解决土地资源短缺这一问题的切实可行的办法之一，也是区域生态文明建设和土地资源数量、质量、生态管护的必然要求。土壤修复这一新兴环保产业必将成为内蒙古今后经济社会发展中不可或缺的领域。

参考文献

[1] 杨勇，何艳明，栾景丽，等.国际污染场地土壤修复技术综合分析[J].环境科学与技术，2012，35（10）：92-98.

[2] 凌辉，谢水波，唐振平，等.重金属污染土壤的修复方法及其在几类典型土壤修复中的应用[J].四川环境，2012，31（1）：118-122.

[3] 龙新宪，杨肖娥，倪吾钟.重金属污染土壤修复技术研究的现状与展望[J].应用生态学报，2002，13（6）：757-762.

[4] 黄铭洪，骆永明.矿区土地修复与生态恢复[J].土壤学报，2003，40（2）：161-169.

[5] 刘沙沙，董家华，陈志良，等.挥发性有机物污染土壤修复技术研究进展[J].安徽农业科学，2012，40（14）：8133-8135.

[6] CHANEY R L，MINNIE M，LI YM，et al. Phytoremediation of soil metals [J]. Current Opinion in Biotechnoiogy，1997，8：279-284.

[7] 郝汉舟，陈同斌，靳孟贵，等.重金属污染土壤稳定/固化修复技术研究进展[J].应用生态学报，2011，22（3）：816-824.

[8] 刘占锋，傅伯杰，朱永官，等.土壤质量与土壤质量指标及其评价[J].生态学报，2006，26（3）：903-913.

[9] 崔芳，袁博.污染土壤修复标准及修复效果评定方法的探讨[J].中国农学通报，2010，26（21）：341-345.

[10] 周启星，安婧，何康信.我国土壤环境基准研究与展望[J].农业环境科学学报，2011，30（1）：1-6.

[11] 王芬裳.内蒙古地区化肥污染与缓解途径[J].内蒙古农业科技，2002（1）：20-21.

[12] 张咏梅，柳昱.内蒙古耕地土壤养分变化趋势及预测[J].内蒙古农业科技，2004（6）：45-46.

[13] 庞丽蓉，张福金，李秀萍，等.内蒙古农牧交错区土壤重金属含量及其分异[J].内蒙古农业科技，2010（4）：71-72.

[14] 王芬裳.内蒙古地区化肥污染与缓解途径[J].内蒙古农业科技，2002（1）：20-21.

[15] 骆永明.污染土壤修复技术研究现状与趋势[J].化学进展，2009，21（2）：557-565.

[16] 骆永明，滕应，过园.土壤修复—新兴的土壤科学分支科学[J].土壤，

2005，37（3）：230–235.

[17] 魏勃，刘康怀，覃羽雯，等. 矿区重金属污染土壤的植物修复［J］. 内蒙古环境保护，2006，18（2）：21–24.

[18] 杨耀，刘二东，孙英. 土壤重金属污染生物修复技术的研究进展［J］. 内蒙古环境科学，2009，21（6）：187–190.

[19] 韦朝阳，陈同斌. 重金属污染植物修复技术的研究与应用现状［J］. 地球科学进展，2002，17（6）：835–839.

[20] USEPA. Introduction to Phytoremediation［R］.EPA/600/R–99/107，Washington D C，2000.

[21] 黄冠燚，陈家桂，张卿川. 国内土壤修复现状与发展［C］. 四川省环境科学学会 2011 年学术年会论文集. 四川省环境科学学会，2011.

[22] 李培军，刘宛，孙铁衍，等. 我国污染土壤修复研究现状与展望［J］. 生态学杂志. 2006，25（12）：1544–1548.

内蒙古西部耕地区土地整治方式分析

庞欣超[1]，王利权[2]，吴全[1]

（1. 内蒙古自治区土地调查规划院，内蒙古呼和浩特 010010；
2. 内蒙古国地土地整理规划设计有限责任公司，内蒙古呼和浩特 010010）

摘　要：分析了内蒙古西部耕地现状，结合土地整治 4 大工程（土地平整工程、农田水利工程、田间道路工程、农田防护林工程）对耕地质量所起到的作用，得出在内蒙古西部地区土地整治过程中应该注意的重点问题，为内蒙古西部地区土地整治提供依据。

关键词：内蒙古西部；耕地质量；土地整治

1　内蒙古西部耕地区概况

1.1　区域划定

内蒙古西部主要指内蒙古自西向东阿拉善盟、巴彦淖尔市、乌海市、鄂尔多斯市和包头市等 5 个盟市，这 5 个盟市总面积占内蒙古自治区总面积的 37.28%，耕地面积占内蒙古自治区耕地总面积的 17.50%，而巴彦淖尔市、鄂尔多斯市和包头市 3 个地区耕地总面积占内蒙古西部耕地总面积的 96.56%，所以内蒙古西部耕地区主要指巴彦淖尔市、鄂尔多斯市和包头市。

1.2　自然条件

内蒙古西部耕地区地处亚洲大陆腹地，为内陆高原，远离海洋，形成典型的，中温带大陆性季风气候，光照充足，热量丰富；干旱少雨，蒸发量大，风大沙多，无霜期短；四季气候特征明显，昼夜温差大。年降水量少，大部地区在 300 mm 以下，由于受东南季风影响，雨季多集中在 7 ~ 9 月，占全年降水量的 70% 左右，故干旱特别严重，是影响内蒙古西部耕地区农业发展的主要问题。

1.3　耕地利用现状

内蒙古西部耕地区耕地面积总计 15 391.28 km^2，水浇地面积 11 419.18 km^2，占耕地面积的 74.19%，主要集中在巴彦淖尔市；旱地面积 3 912.09 km^2，占耕地面积的 25.81%，主要集中在包头市。

1.4　耕地坡度

内蒙古西部耕地区平地面积 13 029.07 km^2，占耕地面积的 84.68%，主要集中在巴彦淖尔市坡度 2° ~ 6° 耕地面积 1 747.53 km^2，占耕地面积的 11.35%，主要集中在包头市，其余为坡度大于 6° 的耕地。

1.5　耕地质量

内蒙古西部耕地区耕地质量等级较差多为 15 等，占该区耕地总面积的 35.37%。这些耕地主要集中在鄂尔多斯市和包头市，其中鄂尔多斯市 15 等耕地面积占该市耕地面积 97.35%，包头市 15 等耕地面积占该市耕地面积 61.93%。巴彦淖尔市耕地等级较高于鄂尔多斯市和包头市，耕地等级主要集中在 11 ~ 13 等，占该市耕地面积的 73.08%。

2 土地整治对耕地质量的影响

2.1 土地平整工程

土地平整工程是农地整理工程中的重要内容之一[1]，分为耕翻、耙细和整平 3 个过程。目前内蒙古开展的土地整理项目该工程主要集中在整平。常规平地方法采用推土机、铲运机和刮平机等设备，通过土地平整表土剥离、田块基层处理和耕层土壤或客土回填等工序增加有效土层的厚度，并使原高低不平、大小不一的农田成为田块规整、田面平坦、适宜于机械化耕作的农田。

2.2 农田水利工程

农田水利建设包括灌溉、除涝和防治盐、渍灾害等。灌溉指通过打井及修建渠道等方式，保证农作物生长发育阶段适时提供满足需要的人工补充水量，以提高耕地的灌溉保证率。排水指排除农田多余的地表水和地下水，控制地下水位和防治盐碱化和沼泽化，为改善农业生产条件和保证高产稳产创造良好的条件。通过农田水利工程建设不但可以提高灌溉保证率和排水条件，还可以控制土壤的盐渍化条件。另外耕作和灌排等措施，可以有效地控制有机质的积累与分解。例如，同旱地相比，水浇地和水田有利于土壤有机质的积累。

2.3 田间道路工程

田间道路工程除了运送农产品、肥料外，还起着连接景观生态廊道作用。田间道路是连接居民点与项目区的道路，尽量利用现有的农村道路，路面宽度满足当地农业生产的机械作业和出行的要求，对于零星散乱的农村小路，在保证项目区机械设备运输和当地防洪排涝工作顺利开展的条件下可以相应地删除，减少道路占地增加新增耕地面积。道路布置尽量“路行田块间，田在路两边”，节约道路用地，通过项目的实施使项目区田间道路用地集约化。

2.4 农田防护林工程

农田防护林工程主要是改善整理区生态环境，防风作用是主导因素，随着风速的变化，田间小气候的温度、湿度、蒸发、蒸腾均随之发生变化[2]。同时，还具有改良土壤和防止干热风危害的作用，最终起到保障农业高产和稳产的作用。该工程内容要考虑防风的大小与方向（内蒙古地区农田防护林一般种植在田间道路的一侧西侧或南侧），不影响交通和田间生产，林种选择尽量与当地的生产生活相结合，配置上不能与田间作物争光、争水、争肥，更不能争地，尽量与渠道、排水沟、道路工程相结合。

3 西部耕地区土地整治重点

3.1 因地制宜，局部平整

内蒙古西部耕地区土地平整方法则根据具体项目区坡度及其微地貌条件进行平整，其中巴彦淖尔市及其他大部分耕地区多采用方格网法，包头市坡度 2° ~ 6°耕地区多采用横断面法。土地平整方式为局部平整，即结合地形地势进行平整，以规划耕作田块为平整单元，在每个平整单元内部，保持土地的挖填方平衡，不需要从区外大量取土或将土大量运往区外，各田块间允许有一定的高差，满足水流方向及灌溉要求，尽量做到自流灌溉。巴彦淖尔市耕地地势平坦，平地占总耕地面积的96.24%，土质较好，根据项目区实际情况，选择部分高差较大的田块进行土地平整，整体条件较好的可以不考虑土地平整。由于巴盟地区多为地表水灌溉，地下水位上升，土地盐碱化严重，土地平整方面可以适当考虑盐碱土外运。鄂尔多斯市和包头市耕地总体地势平坦，但是田块内局部起伏较大，可以结合项目区总体地势进行局部平整；另外鄂尔多斯市和包头市大于2°坡地面积较大，土地平整方面选择适当的地块按田面坡度不同而设置水平梯田、坡式梯田、复式梯田等，是治理坡耕地水土流失的有效措施，蓄水、保土、增产作用也十分显著。

3.2 根据当地实际需求选择适宜的节水灌溉工程形式

内蒙古西部耕地区根据项目区地理位置，选择能够利用的农业灌溉水源和节水灌溉方式。黄河流经巴彦淖尔市345 km，有东西长超过180 km的总干渠，渠灌投资少，运行费用较低，适合各种作物，但对田块坡度要求较高，非常适合巴彦淖尔市及鄂尔多斯市杭锦旗大部分耕地区，所以这些地区宜选择采取利用黄河水并衬砌渠道的节水灌溉方式。

内蒙古西部包头市及鄂尔多斯市达拉特旗大部分耕地区无地表水只能依靠地下水作为灌溉水源，灌溉方式宜选择较渠灌占地面积少、输水损失少、灌溉水利用系数高、灌水均匀、对地形适应性强的喷灌和管灌。但鄂尔多斯市与包头市相比较，近年来农业区域实施规模化经营，能够为设备购置提供经济保障，适合自动化程度高、劳动强度低而投资较高的喷灌；包头市则宜选择投资小、见效快、适应性强的管灌。

农田排水是发展农业生产和提高作物产量及产值的保证。内蒙古西部需要设计排水工程的主要集中在引黄河水进行灌溉的巴彦淖尔市及鄂尔多斯市杭锦旗大部分耕地区，因长年灌溉水入渗而引起地下水位上升和土壤次生盐碱化，应修建排水系统，排除多余的灌溉退水、雨季地表径流和过多的地下水，控制地下水位。在土壤含盐量大或地下水矿化度高的地区，还需通过排水促进土壤脱盐，淡化地下水和防治土壤盐碱化。

3.3 结合现有道路优化田间道路布置形式

内蒙古西部耕地区田间道路布置应该切合实际，在不破坏现有的道路系统、充分利用现有道路的基础上进行规划，并对其进行必要的完善，新建道路布置与田块相结合，减少起伏和转折点。路面材质则应就地取材，减少路面过度硬化，节约投资。渠灌耕地区在道路布置过程中一般结合沟渠的级别进行规划设计，一般田间道与斗农沟渠结合布置，生产路与农沟渠结合布置，采取"沟—渠—路""路—沟—渠" 和"沟—路—渠"3种形式。井灌耕地区则要结合该地区的灌溉方式进行道路布置，规划井及喷灌设备周边尽量布置道路，以方便操作及检修。道路布置通常采用2个等级，田间道路路面则多采用砂砾石或泥结碎石，生产路路面则就地取材利用素土进行碾压、整平处理。

3.4 加强农田防护林建设

内蒙古西部耕地区气候干燥，旱灾、风沙等自然灾害发生频繁，为了降低风沙危害对农业生产的影响，改善农田生态系统，应结合项目区周围和田间道路规划布置农田防护林工程。由于内蒙古西部风沙较大，林带结构宜选择疏透型。树种则选择适合项目区的乡土树种，根据巴彦淖尔市耕地区盐碱化问题选择旱柳和刺槐，包头市和鄂尔多斯市耕地区则结合春季多风干旱，夏季炎热，冬季严寒的气候特点，尽可能地通过乔、灌、草以及地被植物等多种植物的合理搭配，建造复杂多样的植物群落结构，形成不同的植物景观；鄂尔多斯市还要综合考虑喷灌特点，选择沙柳和柠条等较矮的灌木树种。

4 结语

土地整治的目的是增加耕地数量和提高耕地质量，但目前新增耕地的速度尚不足以抵消耕地减少的速度，增加粮食生产能力主要靠提高复种指数和提高粮食作物单产。受自然条件和技术限制，内蒙古西部耕地多数地区不具备复种条件，提高单位面积粮食产量主要依靠提高耕地质量。内蒙古西部耕地区应充分结合土地整治项目，根据本地区特点选择适合的土地平整和灌溉方式，减缓地面坡度，提高灌溉保证率和田间道路通达度，改善排水条件，加大农田防护林建设，从而达到提高耕地质量、增加粮食产量的目的。

参考文献

[1] 陈丹. 土地整理中土地平整问题探讨[J]. 现代农业科技，2012（5）：385-387.

[2] 单宝霞，王玉生，刘玉琴，等. 农田防护林的作用及营造技术研究[J]. 中国西部科技，2009（10）：53，48.

内蒙古自治区城乡统一建设用地市场构建思路

徐艳红，梁洁，王友凤

（内蒙古自治区土地调查规划院，内蒙古呼和浩特 010010）

摘　要：城乡统一建设用地市场在城乡二元结构制度的影响下，受到各方面的条件限制而无法得到发展，但是在市场机制作用下又存在隐性交易等情况，扰乱了建设用地市场的正常秩序。该研究从土地制度改革、健全农村牧区集体土地流转法律体系、加强土地总体规划及用途管制宏观调控、做好农村集体土地登记确权发证基础工作、建立土地市场价格评估体系及交易平台、征地制度改革等方面提出构建城乡统一建设用地市场的具体思路，使农村牧区建设用地的资产价值得到充分体现，保障农牧民取得更多的财产权利。

关键词：城乡统一建设用地市场；城乡二元结构；城乡发展一体化

中共十八届三中全会明确提出“建立城乡统一的建设用地市场”及“健全城乡发展一体化体制机制”等土地改革目标，并在“健全城乡发展一体化体制机制”中对“赋予农牧民更多财产权利、推进城乡要素平等交换和公共资源均衡配置”等内容进行了详细叙述。建立城乡统一建设用地市场和赋予农牧民更多财产权利即是要解决农村牧区建设用地和城市建设用地公平同权、保障农牧民在土地上合法财产权利的问题。在这一过程中，如何建立规范的城乡统一建设用地市场，保证农牧民享有集体土地的财产权利，并平等参与现代化进程的发展、共同分享现代化成果，已经成为落实十八届三中全会《中共中央关于全面深化改革若干重大问题的决定》（以下简称《决定》）精神的重要内容和现实任务。笔者以内蒙古自治区为例，分析了城乡建设用地市场现状及存在的问题，论述了建立城乡统一建设用地市场的必要性及意义，并提出了构建城乡统一建设用地市场的设想与思路。

1　城乡建设用地市场现状及存在的问题

1.1　政策制度影响下的城乡建设用地市场

我国《土地管理法》第四十三条第一款规定：“任何单位和个人进行建设，需要使用土地的，必须依法申请使用国有土地”，第六十三条规定：“农民集体所有的土地的使用权不得出让、转让或者出租用于非农业建设”。在这些法律条文规定，建设单位想要申请使用的土地为集体土地的，必须经国家征收后，先将农村牧区土地转为国有土地之后，才能将国有建设用地使用权出让或划拨给建设单位。因此，在成熟的国有建设用地市场之外，农村牧区建设用地无法通过市场机制转化为城市建设用地，农村牧区建设用地只能通过征收这一国家强制行为进行转变。

2008 年 7 月，为进一步加强和规范建设用地增减挂钩试点工作，国土资源部下发了《城乡建设用地增减挂钩试点管理办法》（以下简称《办法》）。《办法》明确规定，挂钩试点工作应以落实科学发展观为统领，以保护耕地、保障农牧民土地权益为出发点，以改善农村牧区生产生活条件、统筹城乡发展为目标，以优化用地结构和节约集约用地为重点。自 2009 年以来，国家给内蒙古自治区下达增减挂钩指标累计超过 4 000 hm^2，涉及 9 个盟市 22 个旗县，有效缓解了建设用地供给矛盾，推动了城乡用地结构调整。但是，从实际来看，农村牧区建设用地（即拆旧区）经过整治后，节余的建设用地指标有很大一部分流入国有建设用地市场，而建新区涉及农村牧区集体土地的，仍需通过征收程序转为国有建设用地后方能使用。因此，农村牧区建设用地的腾退促使农村牧区建设用地退出建设用地市场，增加了国有建设用地的用地指标，但并不能显示农村牧区建设用地作为农牧民财产所体现的价值。所以，城乡建设用地增减挂钩的实施，并未能破除“城乡二元结构”这一“制约城乡发展一体化的主要障碍”，而在无形中突显了城市与农村牧区建设用地的权利差别。

1.2 市场机制作用下的城乡建设用地市场

从自治区城乡建设用地市场运行的实际情况来看，土地市场由城市建设用地市场和农村牧区建设用地市场两部分组成，但是这两者由于土地所有权的二元结构而相互割裂，没有形成有机联系，农村牧区建设用地只能通过“农转用—征收—供地”的运作模式合法的进入建设用地市场，农牧民的收益只能体现在根据农业用途进行的征地补偿上，享受不到城市化带来的增值收益。在市场机制和巨大潜在利益的驱使下，农村牧区建设用地开始进行大量的隐性交易，如将耕地出让、转让、出租用于非农业建设，以租代征、宅基地非法买卖、放高利贷等，严重扰乱了正常土地市场秩序，极易产生土地纠纷，加之相关监管部门监管能力有限，导致无法对建设用地供应总量进行有效控制[1-3]。

2 建立城乡统一建设用地市场的必要性及意义

2.1 破除城乡二元结构，保障农牧民财产权利

自国家实行国有建设用地有偿使用制度以来，城市建设用地逐步形成以“招拍挂”等方式进行出让、转让、租赁等行为的成熟国有建设用地市场，但是，在城乡二元结构制度的影响下，农村牧区建设用地市场因收到征收制度、使用条件等方面的限制而无法得到发展，集体建设用地的资产价值难以得到充分体现，农牧民的土地财产权利受到损害。随着社会经济的发展、现代化和城市化进程的推进，城市发展对建设用地的需求不断扩大，集体土地尤其是城市近郊土地的价值得到迅速提升，加之农村牧区隐性建设用地交易市场的不断扩大，迫切需要打破原有城乡二元结构的限制，建立城乡统一的建设用地市场，规范土地市场秩序，保障农牧民财产权利不受侵害。

2.2 提升政府宏观调控能力，提高农村牧区土地利用效率

政府通过提前编制土地利用总体规划来对建设用地总量进行控制，并通过制定年度

计划对土地市场进行宏观调控。但是，由于农村牧区建设用地隐性市场的存在，政府难以对这部分用地交易进行全面监管，不利于政府对建设用地供应总量和年度计划的宏观控制，通过隐性交易而取得的农村牧区建设用地不能合法进入城市建设用地市场，无法得到有效流转，如果原建设单位无法经营或其他原因不需要再占用建设用地时，那原有建设用地就很容易闲置，造成土地资源的浪费。建立城乡统一建设用地市场，可以将低效利用的或者闲置的农村牧区建设用地纳入土地市场进行交易流转，从而提高土地利用率[4]。

2.3 有效化解征地拆迁矛盾，促进社会稳定发展

自改革开放以来，我国城市建设得到迅猛发展，城镇化水平快速提高。在各个城市建设过程中，往往涉及城市周边村镇的大规模拆迁，由此而引发的与拆迁农牧民的冲突与日俱增，某种程度上影响了政府形象与公信力，危及社会稳定与和谐。城乡统一建设用地市场的建立，可以从根本上解决农村牧区建设用地无法与城市建设用地享有平等价值权利的问题，为农村牧区建设用地进入土地市场进行交易提供法律依据与保障，大大缩小征地范围，使农牧民充分分享城市发展和土地增值带来的收益，避免强征强拆造成的恶劣影响，有效化解征地拆迁中各方面的利益矛盾，实现社会的和谐发展[5-6]。

2.4 缓解建设用地供需矛盾，引导土地价格理性回归

在城市化发展的进程中，社会经济发展对建设用地的需求与市场供给之间的矛盾日益突出，违法占地案件频发。因此，城乡统一建设用地市场的建立，保障了集体建设用地合法的进入土地市场进行交易流转，大大缓解了城市建设用地供地紧张的局面，打击借由城市建设用地严重稀缺而进行的投机与炒作行为，有助于土地价格回归市场合理价格。

3 构建城乡统一建设用地市场的设想与思路

根据2011年土地利用变更调查数据显示，全区集体建设用地73.09万hm^2，是国有建设用地51.39万hm^2的1.42倍，如果能够实现农村牧区集体经营性建设用地的平等入市，不仅有助于缓解目前区内城市化建设用地紧张局面，更能在改变地方政府的土地财政模式、增加农牧民集体、个人的土地增值收益等方面发挥积极作用。因此，“实行与国有土地同等入市、同权同价”“保障农牧民公平分享土地增值收益”，已经成为建立城乡统一建设用地市场的迫切要求和必然选择。

3.1 基本设想

中共十八届三中全会公报提出，“城乡二元结构是制约城乡发展一体化的主要障碍”。因此，要冲破这一障碍的限制，最终建立城乡统一建设用地市场，首先在土地制度上必须要有突破性的变革，必须通过上位法的修订，打开农村牧区建设用地合法有序进入土地市场的大门；其次，通过编制城乡土地利用规划，严格土地用途管制；再次，必须对现有社会保障体系加以完善，避免农村牧区建设用地进入城乡统一建设用地市场后，引起农地升值，导致部分农牧民为了眼前利益，转让宅基地或其他现有建设用地而丧失收入来源，失去生活保障，引发社会矛盾。

3.2 具体思路

3.2.1 加快制定合理有效的农村牧区土地流转办法

现行土地制度的相关规定是导致城乡二元结构的根源。《土地管理法》第三十四条、第六十三条等相关规定，直接否定了农村牧区建设用地与城市建设用地同价同权，因此，为了促进城乡统一建设用地市场的有序发展，必须建立完善的法律体系，通过市场调研等手段，对现有的相关法律条款进行修订，为城乡统一建设用地市场运行的过程中所产生的农村牧区土地流转提供法律依据。《决定》指出，“在符合规划和用途管制前提下，允许农村牧区集体经营性建设用地出让、租赁、入股，实行与国有土地同等入市、同价同权”。因此，从自治区层面来说，为了保障城乡统一建设用地可持续的发展，在建立统一市场的同时，必须尽快制定农村牧区土地流转办法，从法律层面上规范农村牧区建设用地流转。

目前，广东、四川、重庆等省、直辖市已经进行了农村牧区集体土地流转试点，并出台了相关流转办法。内蒙古自治区可在借鉴其他省份流转经验的基础上，按照“先试点、再铺开”的工作思路，在经济较为发达、用地矛盾突出、集体土地流转条件相对成熟、抵押频率较高的呼和浩特市、鄂尔多斯市开展试点，并通过对试点经验的总结，制定出台了《内蒙古自治区集体土地使用权流转管理暂行办法》，为农村牧区集体土地的有序流转提供了保障。

3.2.2 组织开展城乡土地利用规划编制工作

现行的土地利用规划的对象主要是城市建设用地，在此基础上，应该结合区域经济的发展情况，提前组织开展编制科学合理统一的城乡土地利用规划工作，明确进入城乡统一建设用地市场的土地需要符合的相关条件，为建立城乡统一建设用地市场做好准备。

3.2.3 积极推进农村牧区土地确权登记发证工作

产权明晰的农村牧区土地产权制度是建立城乡统一建设用地市场的基础，农村牧区集体土地确权登记发证工作，是依法确认农牧民土地权利，形成产权明晰、权能明确的农村牧区集体土地产权制度的保障。城乡统一建设用地市场的顺利实施，是以集体土地确权登记发证为基础的，进入土地市场的建设用地必须保证产权明晰、四至清楚、没有纠纷，确保土地市场的正常运转。

2012 年，内蒙古自治区人民政府办公厅印发了《关于做好农村牧区集体土地确权登记发证工作的通知》（内政办发〔2012〕41 号），要求到 2015 年全面完成农村牧区集体土地确权登记发证工作，同时完成国有土地使用权确权登记发证工作，实现城乡土地登记全覆盖。对农村牧区土地进行确权登记发证，有利于降低市场交易过程中产生的产权纠纷，对土地市场的有序运行具有重要的现实意义。

3.2.4 建立市场价格评估体系

土地市场价格评估体系主要包括评估机构、政策措施及运行机制等 3 个方面。市场价格评估机构应设在旗县（市、区）人民政府国土资源管理部门，作为公益性机构，建立价格评估体系的工作平台，促进公平交易；并由政府出台相关政策措施，明确农村牧区集体土地流转必须出具政府评估机构的价格评估报告，评估价格不作为双方交易的指定价格，只作为参考价格，对交易双方的行为起引导作用；同时，评估机构还应建立目标责任制度及信息公开制度的运行机制，实行对农村牧区集体土地的免费估价，并及时公开交易价格信息、流转需求信息、中长期预测等信息，依托城乡统一建设用地的有形市场，做好高效科学公平合理的评估工作。

3.2.5 建立市场交易平台体系

交易平台体系一是要建立统一多渠道的信息发布平台，搭建多元化土地出让、转让、租赁等信息的了解渠道，使公众充分了解相关信息，做出更加科学的决策。具体做法可以在嘎查村设立信息采集点，苏木乡镇建立信息录入系统，旗县（市、区）审核汇总后向社会公开发布信息，并在土地转入转出后及时更新数据。二是建立规范的土地交易操作平台，规范制度管理，细化工作流程，使土地交易工作更趋公开透明。三是建立统一多元化的监督平台，严格审核交易人及交易对象资格，实行全过程及全方位监控制度，以监督促公正，以公正促公平，保障城乡统一建设用地市场交易工作更加公开、公平、公正。

3.2.6 土地征收制度改革

目前，土地征收是农村牧区建设用地转为城市建设用地并进入土地市场的唯一途径，《土地管理法》第二条第三款规定："国家为了公共利益的需要，可以依法对土地实行征收或者征用并给予补偿"，然而就目前现行法律来看，并没有对"公共利益"做出明确的界定，公益性用地与经营性用地也没有严格的区分。因此，要使城乡统一建设用地市场有效的运转起来，必须要对土地征收制度进行改革。

在国家层面的改革方案未出台前，自治区可以采用列清单的方式将公益性用地做出明确规定，凡不在清单范围之内的用地名目，只能通过城乡统一建设用地市场的运行机制进行供地，从源头上缩小征地的范围。

4 结语

构建城乡统一建设用地市场是健全城乡发展一体化机制的迫切需求，但是，这是一项极其复杂的系统工程，需要深化土地制度改革、健全农村牧区集体土地流转法律体系，加强土地总体规划及用途管制宏观调控，做好农村集体土地登记确权发证基础工作，建立土地市场价格评估体系及交易平台，建立农村牧区社会保障体系等多方面的配合才能逐步实现。只有多方面地深入研究解决各项问题，才能充分发挥市场机制对城乡建设用的优化布局及配置作用，保障农牧民更多的财产权利，实现国有与集体土地的平等地位，促进社会的和谐发展。

参考文献

[1] 叶红玲 . 苏州集体建设用地流转透视［J］. 中国土地，2000（11）：10–19.

[2] 刘小玲 . 制度变迁中的城乡土地市场发育研究［M］. 广州：中山大学出版社，2005.

[3] 王永红 . 尊重农民土地财产权——各地集体土地制度创新活动透视［J］. 中国土地科学，2001（7）：17–22.

[4] 张合林，郝寿义 . 城乡统一土地市场制度创新及政策建议［J］. 中国软科学，2007（2）：28–40.

[5] 倪维秋，俞滨洋 . 基于城乡统筹的城乡统一建设用地市场构建［J］. 商业研究，2010（10）：87–90.

[6] 李倩 . 向城乡一体化进发——访社科院农村发展研究所研究院王小映［J］. 中国土地，2008（10）：28–30.

浅析农村土地整治

诺敏[1]　隋莹莹[2]

（1. 内蒙古自治区土地调查规划院，呼和浩特　010010；

2. 内蒙古林业科学研究院，呼和浩特　010010）

摘　要：农村土地整治是一项涉及面广、政策性强、技术综合的系统工程。本文在分析农村土地整治内涵的基础上，论述了我国农村土地整治发展的现状、问题和对策。研究表明：我国农村土地整治存在重数量轻质量，重经济效益轻生态效益、群众意愿问题、组织管理问题和规划设计中的问题。研究结论：提出要土地质量提高与生态环境建设和保护并重，做好宣传工作加强公众参与、重视组织管理和规划设计等对策措施。

关键词：土地整治

在当前我国社会经济条件下，农村土地整治是我国实现耕地总量动态平衡、促进土地可持续利用和保证国家粮食安全的重要措施。通过农村土地整治工程的实施，增强抵御自然灾害的能力，极大的改善整理区生产生活条件，促进农牧民增收，造福民众。同时对进一步推进农村土地集约节约利用水平，加快社会主义新农村建设进程，都具有十分重要的意义。

1　村土地整治内涵和意义

农村土地整治项目是集中使用国家新增建设用地土地有偿使用费实施的农村土地整治工程，是造福广大百姓的民生工程、贯彻落实科学发展观、提高农业综合生产能力、保障国家粮食安全、加强基本农田建设、促进农民增收、农业增产和农村稳定、巩固农业发展的基础地位的具体措施。目前我国农村土地整治有很多类型，本文主要谈的是对田、水、路、林、村综合整治的整理。

农村土地整治的基本内涵是在一定区域内，按照土地利用规划或城市规划确定的目标和用途，采取行政、经济、法律和工程手段，对土地利用现状进行调整改造、综合整治，促进土地的合理利用，提高土地利用效率，改善生产、生活条件和生态环境的行为。同时，农村土地整治也是一项涉及面广、政策性强、技术综合的系统工程［1］。

农村土地整治项目的建设具有非常重要的社会、经济和生态意义，同时也是“三农”政策和创建“社会主义新农村”的重要体现。它的意义主要有：

1. 通过整治提高土地利用率、增加有效耕地面积、提高耕地质量、缓解人地矛盾；

2. 通过整治加强农田基础设施建设、完善农田配套工程、改善农业生产条件、提高劳动生产效率；

3. 通过整治加强农田防护、治理水土流失、增加绿地面积、改善生态环境、保持水土和植被；

4. 通过整治调整农田生产结构和改善土

地利用方式、有效提高了农业生产力、促进农业增效、农民增收；

5. 通过整治促进农村经济发展、改善农村人居环境；

6. 项目实施后为当地农民摆脱贫困、解决剩余劳动力就业提供了机会。

2 农村土地整治的现状及存在问题

根据对农村地区的走访及农村土地整治项目现场的踏勘发现，因耕地的多年种植、土壤质量下降并有种植季节漏水漏肥，导致作物的生产成本增加。耕地由当地农民自行开发，一般都修建了一些简易水利设施，但由于年久失修及缺乏统一的规划，致使许多优质耕地变成低产田，整理区内一般无标准化田间道路及防护林带，土地肥力在逐年降低，有机质逐年减少，作物产量逐年下降。

如今，由于耕地质量较差及耕地基础配套不健全，农田得不到充分灌溉，收益较低，为了提高耕地质量，提高粮食生产量，增加农民收入，开展农村土地整治工作非常有必要。

2.1 农村土地整治的现状

自 1997 年国家提出土地整治以来，国家、地方政府及群众投入了大量资金和人力，广泛开展农村土地整治工作，成效显著。为确保耕地总量动态平衡目标的实现，国家明确规定土地有偿使用费专项用于耕地开发，并于 2001 年安排国家投资土地开发整理项目。根据资料，2012 年，内蒙古共安排土地整治资金 26.6 亿元，开展土地整治规模达 187.5 万亩。

2.2 农村土地整治存在的问题

2.2.1 群众意愿问题

在全面开展农村土地整治过程中，群众总体上是拥护的，但部分群众也存在着不同利益诉求，对农村土地整治工作产生了一定的影响。群众对当地的情况十分了解，因此为了实现项目收益的最大化以及项目施工顺利完成，就要求在工程设计前期必须征求当地群众的意见。然而，群众意见并非都是合理的，而且考虑到设计规程以及有限的投资，很多合理的意见并不可行。整理区一般包含若干自然村，每个村又分为若干村民小组。基于本小组的利益考虑，每个小组代表的意见仅仅是符合小组利益的，具有局限性，不一定符合项目整体规划，有些甚至与整体规划相冲突，例如，在笔者所收集的群众意见中，很多村民小组要求为本组单独配置一套或几套灌溉设施；某些小组代表要求新建田间道路的同时又要求保留许多本应废弃的土路，甚至要求修建水泥路；如此多样的要求，对工程设计产生了多重影响。

2.2.2 组织问题

农村土地整治工作涉及千家万户，农民利益诉求不一。同时各村班子工作能力不一，有的村因组织能力不强，施工难度较大，难以实现。农村土地整治是一项综合性的系统建设工程，在实施过程中具体会涉及道路、水力、电力、林业、草业等多项内容的配套建设，而这些都分别由不同的部门分管，各自为政，不同部门出台了不同的支农政策，开展不同整治工程，各项工程之间缺少有机衔接，出现了“部门项目多、局部改造多”的问题，无法统筹实施，整体推进效果差，而且分散了人力、物力、财力资源，不利于农村整治项目全面、快速的推进。

2.2.3 设计问题

土地开发整理项目规划设计是项目施工和项目预算编制的依据，其设计的是否科学合理、是否符合当地的实际，直接影响着施工进度、工程的实用性和预算编制的合理性。自土地开发整理工作开展以来，经过各级国土资源部门的共同努力，项目规划设计水平不断提高，从而确保了土地开发整理项目的顺利实施和开发整理的质量。但在实际工作中发现，由于基础资料的欠缺和对现场的自然条件、生产条件及种植模式的了解不够深入，闭门造车，导致部分项目的规划设计严重脱离实际，设计内容千篇一律，且缺乏必要的依据；一些重要的施工参数没有在规划设计中体现出来，导致施工过程中无章可循，规划设计变更频繁，直接影响了项目的施工进度和工程质量，也给项目管理增加了难度。有的规划设计单位对项目现场踏勘不到位，项目设计没有充分征求当地群众意见，没有充分结合当地生产生活习惯，项目规划设计不尽合理，整理区群众意见较多，施工难度大，导致整理项目不能按计划实行。

3 农村土地整治工程存在问题解决对策

1. 加大宣传力度，提高公众参与度。各地各级国土资源部门应做好群众的宣传沟通工作，始终把群众利益放在主导地位；村民、村民代表、村领导班子应积极参与，农村土地整治工作中事事征求群众意见，全程让群众参与，极大地调动起广大群众参与农村土地整治的积极性、主动性，并提出在实际生产工作中遇到的问题，与规划设计单位沟通协调做出适合当地的具有科学性、实用性和可操作性的规划设计，并且这些有利于实现项目收益的最大化和项目施工的顺利完成。

2. 要在管理上切实设身处地从有利于做好基层工作出发，制定有较强操作性的制度，该交给基层干的事一定要果断地交给他们。从国际经验来看，农村土地整治项目就应该放权到基层，让他们因地制宜地去做，而不是照本宣科地完全按照既有规范去做。还要建立健全“政府主导、国土搭台、部门合作、公众参与”的工作机制，落实农村土地整治共同责任。可以采取典型引路分步实施，农村土地整治工作是项长期工程，不能急于求成。整治中通过典型引路，示范驱动，让农民看到整治带来的实实在在的效益。选择群众积极性高的村组试点，培育典范，充分发挥好领导小组的各项功能，辐射带动更多村进行农村土地整治工作。

3. 在设计上，应密切联系当地实际，因地制宜地开展一些有益的探索和尝试。按照农业生产的总体布局和产业化发展要求，科学设计整治方案，形成一批上规模、有特色的现代农业基地。为保证工程设计和预算编制工作科学合理，必须加强基础资料的收集，这些资料包括：当地的土地利用总体规划，项目可行性研究报告，水利、土壤及生态保护方面等。提高土地开发整理项目规划设计水平，规范土地开发整理项目规划设计的编制工作、保障项目的施工质量和土地开发整理工作的健康发展。

农村土地整治作为实现土地资源可持续利用的一种有效手段，在实现土地资源的合理配置、提高土地利用率和改善生态环境方面起到了不可低估的作用。随着人口不断增加和城镇建设用地逐渐扩展，使得土地尤其是耕地相对短缺的问题日益突出，而耕地必须为国家经济进一步发展提供强有力的支撑，农村土地整治工作的开展实现了耕地占补和总量动态平衡的战略目标。

参考文献

[1] 国土资源部土地整理中心，土地整理工程设计 . 中国人事出版社，2005.11

[2] 李义.《土地整治现状与前景分析》[J]. 农场经济管理.2009.8

[3] 高向军.《农村土地综合整治存在的问题及对策》[J]. 中国土地科学.2011 第 2 期第 25 卷

[4] 郧文聚，杨红.《农村土地整治新思考》[J]. 中国土地科学，2010 第 2 期

[5] 韦燕飞，吴丽叶，童新华，卢远.《县级土地整理项目可持续发展评价》[J]. 安徽农业科学.2008 第 36 卷 20 期

生态脆弱区耕地保护与可持续利用探讨
——以鄂尔多斯市为例

王友凤，鲁丽波

（内蒙古自治区土地调查规划院，内蒙古呼和浩特 010010）

摘 要：以内蒙古鄂尔多斯市为例，在分析鄂尔多斯市耕地数量变化的基础上，研究了鄂尔多斯市耕地利用过程中存在的问题，探讨了环境脆弱区耕地资源保护和可持续利用过程中的各种制约因素，提出了鄂尔多斯市耕地保护与可持续利用的对策。

关键词：生态脆弱区；耕地保护；可持续利用；鄂尔多斯

Study on Cultivated Land Protection and Sustainable Use in Ecologically Fragile Zones—A Case Study of Ordos City

WANG You-feng，LU Li-bo

（Inner Mongolia Land Surveying and Planning Institute，Hohhot，Inner Mongolia 010010）

Abstract：Based on the cultivated land quantitative change analysis of Ordos City，the existing problems in cultivated land utilization process were studied. The protection of cultivated land resource in environmental fragile zone and restriction factors in sustainable utilization process were discussed. Countermeasures for cultivated land protection and sustainable utilization in Ordos City were put forward.

Key words：Ecologically fragile zones；Cultivated land protection；Sustainable use；Ordos City

耕地的保护利用受地区社会、经济、自然和科技等综合因素影响，其利用方式、保护状况将影响地区社会经济的发展[1-2]。2000年以来，受工业化城镇化进程推动，鄂尔多斯城市建设发生深刻变化，随着经济快速发展、城镇化进程加快、人口高速增长，耕地数量虽然呈稳中上升趋势，但耕地的总体质量不高，人均耕地面积在逐年减少，鄂尔多斯市经济建设开发用地与耕地保护矛盾日益突出，加之鄂尔多斯市地处自治区西南部，常年干旱少雨，水土流失严重，是典型的生态脆弱区，耕地保护面临着巨大的压力和挑战。因此，耕地开发与保护在生态脆弱区土地利用过程中显得尤为重要，如何协调处理好经济建设与耕地保护关系，采取多种措施提高耕地质量，促进耕地资源的可持续利用，是鄂尔多斯市发展亟待解决的问题。

1 研究区概况

1.1 自然条件

鄂尔多斯市位于内蒙古自治区西南部，地处鄂尔多斯高原腹地。西与宁夏回族自治区陶乐、盐池等县和银川市与石嘴山市，以及内蒙古乌海市、阿拉善盟阿拉善左旗和巴彦淖尔市磴口县接壤；北与巴彦淖尔市临河区、杭锦后旗、五原县、乌拉特前旗及包头市九原区、土默特右旗隔河相望；东与山西省偏关县、河曲县及内蒙古呼和浩特市清水河县、托克托县为邻；南接陕西省府谷、神木、榆林、横山、靖边和定边等市县。全市土地总面积 871.41 万 hm^2，占自治区土地总面积的 7.54%。

1.2 社会经济条件

2012 年全市总人口达 200.42 万，其中农业人口 56.74 万，占总人口的 28.31%；人口密度为 23 人/km^2，人均耕地面积为 0.203 6 hm^2，农业人均耕地 0.719 2 hm^2。2012 年全市 GDP 总值 3 700 亿元，人均 GDP18.46 万元；其中农业总产值 90.14 亿元，人均 4 497 元；粮食总产量 145.04 万 t，农民人均纯收入 1 353 元[1]。鄂尔多斯市综合经济实力由全国地级以上城市第 60 位跃升至第 35 位，鄂尔多斯市已成为我国重要的煤炭能源、化工生产基地，在自治区乃至全国社会经济发展战略中占有十分重要的地位。

2 鄂尔多斯市耕地利用状况分析

2.1 耕地利用现状

2012 年鄂尔多斯市耕地面积 40.809 万 hm^2，占土地总面积的 4.70%，其中水浇地面积 28.266 万 hm^2，占耕地面积的 69.26%；旱地面积 12.544 万 hm^2，占耕地面积的 30.74%。70% 以上的耕地多分布在鄂尔多斯的达拉特旗、准格尔旗和杭锦旗沿黄河地区。鄂尔多斯市现有耕地资源中，质量好的 12 等、13 等耕地和质量较差的 14 等耕地分别占耕地资源总量的 17.55%、23.84%、58.61%。

2.2 鄂尔多斯耕地数量变化分析

鄂尔多斯市耕地总量整体呈上升趋势，但人均耕地面积呈逐年下降趋势。耕地总面积由 2006 年的 40.277 万 hm^2 增加到 2012 年 40.809 万 hm^2，人均耕地面积由 2006 年的 0.265 9 hm^2 降低到 2012 年的 0.203 4 hm^2。

2.2.1 耕地减少数量

随着鄂尔多斯市煤炭能源基地建设，经济技术开发区和工业园区发展，城镇建设用地需求量不断增大，耕地逐年减少。2006—2012 年鄂尔多斯市耕地面积共减少 4.032 万 hm^2。其中因建设占用减少耕地 0.375 万 hm^2，因生态退耕、灾毁减少耕地 3.657 万 hm^2。

2.2.2 耕地增加数量

鄂尔多斯市为确保非农建设占用耕地“占一补一、先补后占”制度落实到位，积极开展并推进农村建设用地复垦和土地整理。2006—2012 年全市共新增耕地 4.867 万 hm^2。其中财政资金土地整治增加 2.487 万 hm^2，耕地储备增加 2.021 万 hm^2，其他方式增加耕地 0.359 万 hm^2。

2.3 耕地利用特点

鄂尔多斯耕地集约化利用水平不断提高。近年来，随着经济、社会以及技术水平的不断发展进步，鄂尔多斯市耕地集约化利用水平也相应不断提高。根据鄂尔多斯市国民经济和社会统计公报，2006 年鄂尔多斯市农作物总播种面积达 36.8 万 hm^2，其中粮食作物播种面积 20.62 hm^2，有效灌溉面积 18.76 万 hm^2，全市农机总动力达 205.60 万 kW，机耕面积为 17.113 hm^2，占总耕地面积的 40.67%；到 2012 年鄂尔多斯市农作物总播种面积 38.15 万 hm^2，其中粮食作物播种面积 24.07 万 hm^2，有效灌溉面积 20.91 万 hm^2。全市农机总动力达 278.8 万 kW，机耕面积扩大为 366 621.5 hm^2，占总耕地面积的 96.1%。

2.3.1 土地资源总量大，后备耕地资源丰富

鄂尔多斯市土地总面积约为 871.410 万 hm^2，占内蒙古土地总面积的 7.55%。其中未利用地总规模为 176.54 万 hm^2，其中宜耕未利用地占可开发未利用地规模的 3.46%，达 1.202 万 hm^2，耕地的后备耕地资源开发利用具有较大潜力。

2.3.2 鄂尔多斯市土壤土层较薄，土地质量较低

鄂尔多斯市虽然土地面积大，耕地数量也较多，但质量较低，其中 14 等的耕地占鄂尔多斯市耕地总面积的 58.61%，土壤浅薄贫瘠，而且相当一部分耕地因受区位、环境、技术等因素限制而不能很好地被利用。

2.3.3 耕地生态环境恶化

耕地质量不高，生态环境较差。由于特殊的地理位置和自然条件，鄂尔多斯市地区是生态环境最为脆弱的地区，一方面大规模的煤炭资源开发对地表植被和土壤造成了破坏；另一方面，对土地资源长期不合理开发利用，如毁林开垦、过度放牧等，进一步加剧了鄂尔多斯地区土地资源破坏和土地退化，水土流失日趋严重，土地沙化面积不断扩大，草地退化、沙化和碱化面积逐年增加。

3 鄂尔多斯市耕地利用过程中存在的问题

3.1 新增建设占耕速度快，补充耕地质量难以保证

2006—2012 年，鄂尔多斯市新增建设用地占用耕地总计 3 746.07 hm^2，年均占用耕地 535.15 hm^2；补充耕地共计 48 671.33 hm^2，虽然补充耕地数量远远大于占用数量，但受环境、资源等自然因素制约，鄂尔多斯市耕地开发利用存在困难，其宜耕、宜建土地多集中分布在水土资源条件较好的城市周围，数量有限，导致优质耕地后备资源不足，耕地在质量上“占补平衡”难以保障。

3.2 水资源缺乏，优质耕地资源少

鄂尔多斯市的年降水量是 295.3 mm，且降水量远少于蒸发量，水资源量自然就贫乏。水资源利用上主要以地下水为主，全市地下水利用约占水资源总量的 61%，其中农业用水在水资源开发利用中占主导地位，水资源短缺问题越来越严重[3]。但优质耕地的建设离不开水资源，造成优质耕地资源有限，同时水资源短缺也成为制约鄂尔多斯市耕地开发的制约因素。

3.3 不合理利用，导致耕地质量下降

由于长时间粗放经营，不合理利用耕地，重用轻养，加之鄂尔多斯地区生态环境恶劣，环境干旱水资源缺乏、土壤瘠薄、风蚀等不利因素，导致了严重的水土流失和土地荒漠化，使土地利用程度低，人类活动对土地的毁损率大于其他地区。

3.4 煤矿工业发展，导致耕地受污染

鄂尔多斯矿产资源较丰富，采矿工业发展速度快，然而采矿作业在很大程度上破坏了土壤结构和土壤养分，造成水土流失，土地沙漠化等土地退化等问题，排矸场、尾矿库等含硫废石受自然风化，煤中含有大量的铅、汞、镉等重金属物质，严重污染矿区及周围环境，造成周围耕地受到不同程度的污染。

4 鄂尔多斯市耕地保护与可持续利用的对策

4.1 严格控制非农建设用地，切实保护耕地

正确处理鄂尔多斯市城镇化发展与耕地保护的关系，加强建设项目选址和用地的评价与论证，严格控制非农建设占用耕地。积极利用市场手段引导鄂尔多斯市的城镇建设，提高现有城乡建设用地内的空地、闲置地或低利用效益地的利用率；同时积极引导各乡镇零散农户住宅向中心村或聚居点集中，尽量减少外延扩张占用耕地。采取用途功能分区与用地指标控制相结合的双控管理模式，将各产业用地和城镇发展安排在各自的规划区域内，以防止对基本农田保护区耕地的占用；同时，加强土地利用的审批、监管工作，将各项建设项目严格控制在其所批准的用地指标范围内，不得随意突破；对乱占滥用土地的行为，应依法严惩相关责任人[4]。这样既可提高非农建设用地的集约化水平，保证城市发展和重点城镇建设用地，又可有效防止耕地的急剧减少。

4.2 确保补充耕地质量，增加有效耕地面积

按规划重点区域全面推进以田、水、路、林、村综合整治和优化用地结构为核心的土地整理，重点建设高标准基本农田，增加有效耕地面积，改善农村生产生活条件和生态环境。土地整理项目和资金要向耕地、基本农田分布集中区倾斜。创新闭坑矿山、采矿塌陷、挖损压占、灾害损毁等历史遗留废弃土地的复垦技术，立足优先农业利用、鼓励多用途使用和改善生态环境，合理安排复垦土地的利用方向、规模和时序，按规划重点区域组织实施土地复垦重大工程。在保护和改善生态环境的前提下，依据用地需求和土地利用条件，有计划地适度开发宜耕后备土地资源，按规划稳步组织实施重点区域耕地后备资源开发利用重大工程。

4.3 加强耕地保护，提高现有耕地质量

鄂尔多斯是因煤兴起的城市，因此要积极把握工业反哺农业，通过城市带动农村发展，大力实施收缩转移战略，优化区域产业发展布局，结合土地开发整理复垦，建设河流沿岸地区等集中连片的耕地保护区域。同时，要开展农田水利建设，增加有效灌溉面积，加大中低产田改造力度，积极推广节水抗旱技术，统筹规划农业生产，确保耕地可持续利用。大力实施农业综合开发等重大工程，加强耕地质量建设，全面提升耕地等级。对因局部地区生态环境恶化需要治理的应实行生态退耕；对质量不高的耕地，通过农田水利、防护林网、土壤培肥和盐渍化治理等工程与生物措施，加强耕地生产能力建设，加大耕地自我修复和补充力度，将耕地质量逐步提高。

4.4 发展生态农业，实现耕地可持续利用

发展生态农业是目前耕地种植发展方向，也是实现耕地可持续发展的前提和基础[4]。一方面，通过发展绿色、环保生态农业，促进农业经济的良性循环；另一方面，积极开展耕地面源污染的综合整治，在推广无害化治理基础上，加强农业生态环境整治，实现耕地可持续利用。

4.5 建立耕地承包经营权动态流转机制，鼓励耕地规模化经营

中共十八大提出了要建立新型农业体系，创新农业生产经营体制机制，提高规模化程度，将传统经营方式转变为适度规模的集约经营，其关键就在于农村土地承包经营权流与农业现代化同步开展、深度整合、良性互动，避免二次“空心化”[12]。要建立培养新型农民机制。依托产业发展对农民开展农业实用技术培训、职业技能培训和劳动力转移培训，使之成为“有文化、懂技术、会经营”的新型农民。特别是45岁以上进城务工的返乡农民眼界更加开阔，思维更具契约精神，有意愿和能力接受农业现代化生产，这部分人将是未来种田的主体。要建立农业龙头企业与集体组织、农户利益连接机制。农村建设用地整治土地的适度规模经营是平衡农民工收入和留住农民经营者的重要手段。农村集体组织作为农民的有机结合团体，应发挥组织、协调、监督作用，主动为农民流转土地搭建服务平台，充分提供关于土地流转的市场信息，根据市场规律、资源禀赋和产业适度规模化合理引导流转方向，防止自发、无序地流转土地，杜绝恶意操纵土地流转、强行流转行为。按照“依法、自愿、有偿”的原则，农民以土地经营权、产品、资金、劳动力等要素参股龙头企业，龙头企业与科研院所、大专院校等合作搞好新技术、新产品的研发和推广应用，构建“企业+组织+农户”的适度规模化、专业化、生态化产业布局，围绕优势产业和特色产业建立高标准农业生产基地、产品深加工、销售服务一体化经营模式，让农民更多地分享现代农业经营成果。

4.6 构建生态型、集约型的整合空间，协调好历史、现在、未来三者的关系

农村建设用地整治要促进人与自然、人与人的和谐发展。不仅要满足当下需求，还要为未来发展预留空间，实现村庄格局的稳定性、建筑质量的长效性和建筑风格的传承性；不仅要立足本村、本镇，还要立足区域进行规划，实现区域城乡社会经济一体化发展；不仅要拆旧建新，还要关注产业发展、社会服务保障体系的完备，促进农村文化教育、就业培训、医疗卫生等事业的健康发展，吸引有知识、有文化的年轻人回到乡村生活；不仅要促进土地集约利用，更要把保护村落生态环境，实现绿色发展放在首要位置。总之，农村建设用地整治不可一味大拆大建，要尊重历史，结合修缮、更新等方式，保留村庄独具的历史人文价值；要立足现在，提高农村土地的集聚性和土地价值，让农民分享改革发展的成果[13]；要着眼于未来发展的可能，改善农村生态环境，把青山、绿水、蓝天留给子孙后代。

5 结语

我国农村情况千差万别，特定的“空心村”发展演化阶段将对应一定的社会经济发展水平。只有在保障农民集体经济组织成员根本利益的原则下，因地制宜地做好农村建设用地整治的顶层设计，探索灵活多样的整治模式，构建和谐合作的组织结构、规模适度的专业化产业布局、生态集约型的整合空间，才能充分发挥农村建设用地整治在产业支撑、人居环境、社会保障、生活方式等方面助推新农村建设的重要作用。

参考文献

[1] 刘彦随，刘玉，翟荣新. 中国农村空心化的地理学研究与整治实践[J]. 地理学报，2009，64(10)：1193-1202.

[2] 程连生，冯文勇，蒋立宏. 太原盆地东南部农村聚落空心化机理分析[J]. 地理学报，2001，56(4)：437-446.

[3] 黄文山. 填补"空心村"整治政策空白[J]. 中国土地，2012(11)：25-26.

[4] 张正峰，赵伟. 北京市大兴区耕地整理潜力模糊评价研究[J]. 农业工程学报，2006，22(2)：83-88.

[5] 国土资源部. 县级土地整治规划编制规程(TD/ T1035-2013)[S]. 北京：中国质检出版社，中国标准出版社，2013.

[6] 鞍山市人民政府. 鞍海经济带"十二五"发展规划[J]. 2011.

[7] 陈玉福，孙虎，刘彦随. 中国典型农区空心村综合整治模式[J]. 地理学报，2010，65(6)：727-735.

[8] 付超. 农村空心化与"十二五"空心村土地整治[J]. 中国经贸导刊，2011(13)：46.

[9] 冯骥才. 建设新农村要重视文化遗产保护[N]. 文汇报，2006-03-06(5).

[10] 吴良镛. 人居环境科学丛书[M]. 北京：中国建筑工业出版社，2001：27-29.

[11] 芦晓春，李兴佐，刘林，等. 村庄权力结构视角下的"空心村"整治研究[J]. 安徽农业科学，2011，39(5)：3115-3117.

[12] 龙花楼，李裕瑞，刘彦随. 中国空心化村庄演化特征及其动力机制[J]. 地理学报，2009，64(10)：1203-1213.

[13] 叶剑平，张有会. 一样的土地，不一样的生活[M]. 北京：中国人民大学出版社，2010.

未利用地工业开发的 SO_2 排放对区域大气质量的影响研究

吴全[1]，李娟[2]，李现华[3]，刘建国[2]

（1. 内蒙古土地调查规划院，内蒙古呼和浩特 010010；2. 内蒙古工业大学能动学院环境系，内蒙古呼和浩特 010051；3. 内蒙古环境科学研究院，内蒙古呼和浩特 010020）

摘　要：以内蒙古鄂尔多斯市典型区为例，主要研究未利用地开发利用为工业用地过程中排放的 SO_2 对区域空气环境质量的影响。通过预测模型计算出鄂尔多斯市 2014 ~ 2018 年间 SO_2 排放总量及单位面积排放量，其中新增加工业开发排入大气中 SO_2 的总量呈增加趋势，且在 2017 年达到最高，为 4 428.52 万 t/ 年。采用箱式模型计算得出鄂尔多斯市新增工业在生产过程中 SO_2 的排放对地区大气 SO_2 浓度的影响，预计 2017 年的影响最大，SO_2 对区域空气质量的影响与 SO_2 的排放总量呈正相关。在未来工业生产过程中，采取必要的大气污染物治理措施，以全面实现区域大气环境保护目标。

关键词：未利用地；工业开发；SO_2；空气质量；鄂尔多斯市

Study on Impact of SO_2 Which Produced in the Process of Industrial Development on Regional Atmosphere Quality

WU Quan，LIU Jian-guo et al

（Inner Mongolia Land Survey and Planning Institute，Hohhot，Inner Mongolia 010010；Inner Mongolia Institute of Environmental Science，Hohhot，Inner Mongolia 010020）

Abstract：With typical area in Erdos City，Inner Mongolia as an example，impact of SO_2 emission which produced in the process of industrial development on regional atmosphere environment quality was studied. By forecasting model，the total and per unit area emissions of SO_2 in Erdos City from 2014 to 2018 were calculated. As a result，the total emissions of SO_2 which produced by industrial development is increasing and it will reach the maximum in 2017. In 2017，the total emissions of SO_2 will reach 44 285 200 t.In Erdos，the effects of SO_2 which produced by industrial development on the air was calculated by using box model. The results show that the most serious is 2017. It can be conclude that，the effects of SO_2 have a positive correlation with its emissions. In the future industrial production process，we need to take the necessary measures to control air pollutants. Only in this way，we can protect the regional atmospheric environment.

Key words：Unused land；Industrial development；SO_2；Air quality；Erdos

随着我国西部区域发展战略、呼包银榆规划及自治区“8337”发展思路的全面实施，鄂尔多斯市未利用土地资源开发利用越来越引起社会各界的高度重视。如何发挥好这一重要后备资源的经济、社会、生态价值，成为各相关学科的研究热点。鄂尔多斯作为国家中西部地区重要的能源工业基地[1-2]，在工业开发过程中科学合理利用未利用地资源不仅能有效缓解各业用地矛盾，在控制 SO_2 排放，发展低碳经济中也有良好的作用[3-4]。由于该区域气候干旱，水资源匮乏、风沙严重，生态环境脆弱，优质土地开发用于经济建设和环境保护的矛盾尤其突出。近年来，工业开发造成的大气环境污染日趋严重，污染组分中 SO_2 是国家“十二五”污染物总量控制的主要减排指标。因此，该研究通过建立 SO_2 排放量预测模型[5-7]，对未利用土地开发用于工业生产过程中 SO_2 排放量进行预测，在此基础上，分析 SO_2 的排放对区域空气质量的影响[8]。研究结果对于未来协调鄂尔多斯市工业发展和区域空气质量具有重要的意义。

1　工业生产过程中 SO_2 排放总量预测

在鄂尔多斯市未利用土地开发为工业用地的过程中，化石燃料是主要的能源，其燃烧产生的 SO_2 成了工业生产过程中的主要大气污染物之一。该研究在估算开发区域总能源消耗的基础上，通过污染模型的建立，计算出工业生产过程中 SO_2 的排放量。

1.1　总能源消耗计算

根据《鄂尔多斯市环境统计年鉴（2012年）》，鄂尔多斯市单位面积工业产值为755.72 万元 /hm^2，万元产值能耗将随生产技术水平和节能技术的提高而下降，在 2014 ~ 2018 年间预计按每年 5% 递减。因此，依据 2014 ~ 2018 年未利用地开发规划，假设单位面积工业产值不变，预测新增工业在生产过程中总能源消耗量，预测结果见表 1。

表 1　鄂尔多斯市新增工业生产过程总能源消耗量预测

年度	规划工业增加面积 hm^2	工业增加值 万元	万元工业增加值能耗 万 t/ 万元	总能源消耗量 // t
2014	6 000	4 534 320	0.684	3 101 474.88
2015	6 000	4 534 320	0.650	2 947 308.00
2016	8 000	6 045 760	0.617	3 730 233.92
2017	10 000	7 557 200	0.586	4 428 519.20
2018	10 000	7 557 200	0.557	4 209 360.40

1.2　SO_2 排放总量预测模型

工业生产中 SO_2 的排放主要由能源消耗量和脱硫效率决定，因此，建立如下 SO_2 排放总量预测模型[9]，即：

$$Q_{SO_2\text{排放总量}}=2C\times Q/A\times(1-\eta_s)\times S_{tar}/100\times K\times 10\,000 \quad (1)$$

式中，$Q_{SO_2\text{排放总量}}$ 为 SO_2 排放量，t；C 为工业增加值，亿元；Q 为万元工业增加值能耗；A 为折标系数；η_s 为脱硫效率；S_{tar} 为含硫率；K 为生成 SO_2 的比例。根据内蒙古统计数据，综合考虑鄂尔多斯市的实际工业污染防治效率，对以上预测模型做如下取值：① η_s 取 90%；② A 取 0.8；③ S_{tar} 取 0.5；④ K 取 0.8。

1.3　未利用地开发过程 SO_2 排放量预测

图 1 为鄂尔多斯市 2014 ~ 2018 年间工业生产过程 SO_2 排放总量及其单位面积 SO_2

排放量的变化关系。由图 1 可知，鄂尔多斯市未利用地开发过程 SO_2 排放总量随着工业开发面积的增加而增长，单位面积 SO_2 排放量逐年呈线性递减。这主要是因为低硫燃料的使用及烟气脱硫设施的普遍采用，使得在同样的工业生产总值的情况下，单位面积 SO_2 的排放量逐年减小；但随着工业开发面积的增加，新增加工业开发排入大气中 SO_2 的总量呈增加趋势，2017 年达到最高，为 4 428.52 万 t/ 年。

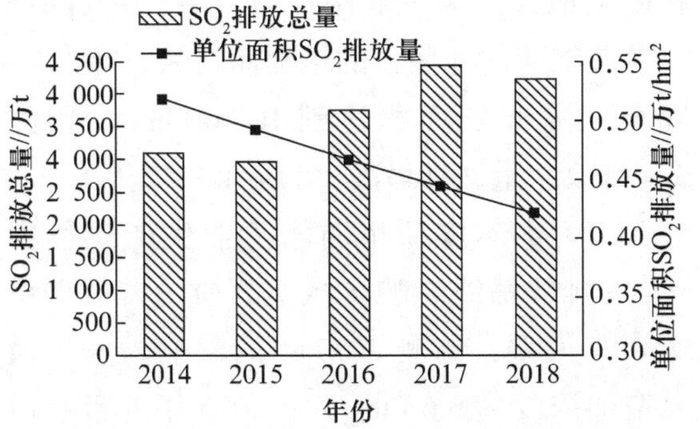

图 1　鄂尔多斯市工业生产过程 SO_2 的排放情况

2　SO_2 排放量对区域空气质量的影响分析

2.1　环境空气影响模型

根据鄂尔多斯市不同时期脱硫作用下产生大气污染物排放总量的估计值，预测在未来 2014 ~ 2018 年间，对地区环境空气质量变化可能产生的影响采用箱式大气质量模型。箱式模型的基本假设是：①把鄂尔多斯市的空间范围看成一个尺寸固定的“箱子”；②“箱子”的高度是从地面计算的混合层高度；③污染物浓度在“箱子”内处处相等。

2.1.1　混合层高度计算公式[10]

根据帕斯奎尔稳定度分类法，将大气稳定度分成 6 类。A、B 类为不稳定，在这种稳定度下，污染物易于扩散，C 类为弱不稳定，D 类为中性，E、F 类为稳定，不利于污染物的扩散。

当大气稳定度为 A、B、C 和 D 时：

$$h = \frac{a_s U_{10}}{f} \tag{2}$$

当大气稳定度为 E 和 F 时：

$$h = b_s \left[\frac{U_{10}}{f} \right]^{1/2} \tag{3}$$

$$f = 2\Omega \sin \varphi \tag{4}$$

式中，h 为混合层高度，m；U_{10} 为 10 m 高度处平均风速，m/s；a_s 为混合层系数，当稳定度为 A、B、C 和 D 类时，内蒙古地区 a_s 分别取 0.073、0.060、0.041 和 0.019，当稳定度为 E 和 F 类时，b_s 分别取 1.66 和 0.70；f 为地转参数；Ω 为地转角速度，取值为 7.29×10^{-5} r/s；φ 为地理纬度，deg。

2.1.2　大气污染物排放总量的变化量

$$c = \frac{Q/h}{\mu g l + k}\left[1 - \exp\left(-\mu g l + K\right)^{t}\right] \tag{5}$$

式中，l 为箱的长度，m；h 为箱的高度，m；K 为污染物的衰减速度常数；Q 为污染物的源强，mg/s；u 为平均风速，m/s；c 为箱内的污染物浓度，mg/m³；t 为时间坐标。

2.2　SO_2 排放量对区域空气质量的影响

此研究模型不考虑 SO_2 的衰减作用，即 $K = 0$；只研究稳定状态下 SO_2 的浓度变化，为了便于预测计算，取 $t \in \infty$；从鄂尔多斯气象站近 30 年平均风速的统计得出：该地区年平均风速 $u = 2.7$ m/s。

根据鄂尔多斯市 2013 年气象资料统计，计算得到了该地区四季及全年的混合层高度数值，见表 2。鄂尔多斯市春季由于风速较大，大气混合层高度最大，有利于大气污染物的扩散，增强了大气对污染物的承载能力；夏、秋季节气候温和，风速较小，大气混合层高度较小，大气污染物扩散较慢，污染物对空气质量的影响相对较高。此预测模型仅考虑大气稳定度在 A、B 类情况下全年的混合层平均高度，即 $h = 1\,910$ m。

表 2　鄂尔多斯市各稳定度下的混合层高度　m

季节	A	B	C	D	E	F
春季	3 028	2 562	1 669	763	367	152
夏季	1 654	1 360	879	489	262	152
秋季	1 698	1 350	943	456	262	165
冬季	1 940	1 609	1 200	550	272	115
全年	2 124	1 695	1 500	538	287	118

根据箱式大气质量模型，计算得出鄂尔多斯市新增工业在生产过程中 SO_2 的排放对地区大气 SO_2 浓度的影响，预计 2017 年的影响最大，最大增加浓度为 0.68 mg/m^3；2015 年的影响最小，最小增加浓度为 0.45 mg/m^3，结果见图 2。由图 2 可知，2014 ~ 2018 年间，规划新增工业在生产过程中，SO_2 对区域空气质量的影响与 SO_2 的排放总量呈正相关，即 SO_2 的排放总量越大，对区域空气质量的影响越明显。工业生产中 SO_2 的排放对大气质量的影响较大，应依据预测结果，努力寻找降低 SO_2 排放的技术手段，以控制工业开发过程中对大气环境的破坏。

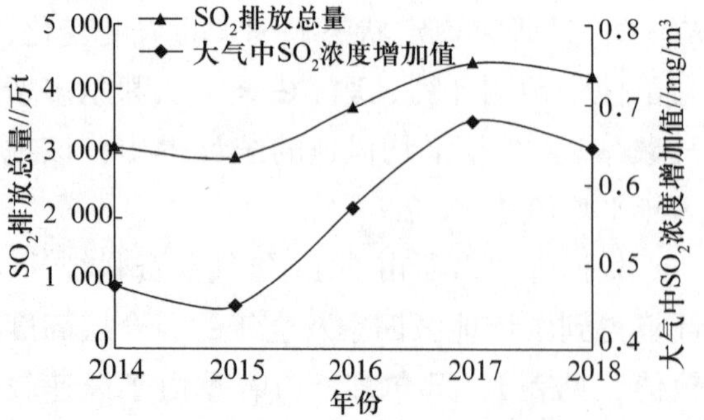

图 2　鄂尔多斯市工业生产过程 SO_2 的排放对空气质量的影响

3　小结

该研究根据提出的大气污染物浓度预测模型，利用实测资料，并结合未利用土地开发性质和规模，计算出鄂尔多斯市未利用地工业开发过程 SO_2 的排放总量，分析研究了排放的 SO_2 对鄂尔多斯地区空气质量的影响，得出了以下主要结论。

（1）2014 ~ 2018 年间，鄂尔多斯市未利用土地开发为工业用地过程中，SO_2 的排放随着工业占地面积的增加而增大，2017 年规划工业开发面积达到 10 000 hm^2，预测 SO_2 排放总量达到最高，为 4 428.52 万 t。

（2）鄂尔多斯市新增工业生产过程中 SO_2 的排放最终影响区域空气质量，根据箱式大气模型，预测 2017 年的影响最大，最大增加浓度为 0.68 mg/m^3；2015 年的影响最小，最小增加浓度为 0.45 mg/m^3。

（3）在未来工业生产过程中，要根据预测的结果，合理选择生产工艺，采取必要的大气污染物治理措施，以保证废气达标排放，同时尽可能选择利用清洁能源，从而降低或控制生产过程造成的大气环境恶化，以全面实现区域大气环境保护目标，促进区域可持续发展。

参考文献

[1] 彭靖 . 对我国农业废弃物资源化利用的思考 [J]. 生态环境学报，2009，18(2)：43-48.

[2] LAL　R .Soil carbon dynamics in cropland and rangeland [J] .Environmental Pollution，2002，116（2）：353-362.

[3] 张银辉，罗毅，刘纪远，等 . 内蒙古河套灌区土地利用变化及其景观生态效应 [J] . 资源科学，2005，27（2）：43-48.

[4] 刘永，郭怀成．城市大气污染物浓度预测方法研究［J］．安全与环境学报，2004，4（4）：57–61.

[5] 王志轩．中国火电厂二氧化硫排放控制综合对策建议［J］．中国电力，2002，35（1）：100–105.

[6] 李岩，欧名豪，赵庚星．土地整理的区域生态环境影响评价研究［J］．生态环境学报，2010，19（2）：66–71.

[7] 王书肖，张楚莹．中国秸秆露天焚烧大气污染物排放时空分布［J］．中国科技论文在线，2008，3（5）：81–90.

[8] 孙从军，张明旭，程曦，等．上海市大气污染物排放现状评价，预测及对策研究［J］．安全与环境工程，2006，12(4)：33–37.

[9] 刘志全，陆永琪．关于燃煤二氧化硫排放污染防治技术政策的探讨［J］．环境保护，2001，7（2）：21–25.

[10] 徐小忠，李小燕．建筑施工中的环境污染问题及防治措施［J］．安全与环境工程，2009，16（5）：47–53.

锡林郭勒盟生态状况等级区划分研究

吴全，范海娇，徐艳红

（内蒙古自治区土地调查规划院，内蒙古 呼和浩特 010010）

摘　要：笔者从土地生态质量等级、区域地形地貌和资源分布等多角度多层次开展研究，并对其量化评估，最终划分出锡林郭勒盟生态状况等级区，运用定量化综合评价法、多因素空间叠加分析和聚类分析等方法进行研究。将锡林郭勒盟的生态状况等级区划分为生态良好区、生态中等区、生态较低区、生态脆弱区四个类型区。分区结果不但为开展生态建设、环境保护和开发利用土地资源等工作提供科学依据，也为当地农牧业结构调整和土地可持续利用提供支撑。

关键词：生态状况；生态质量；等级区；锡林郭勒盟

A Study on the Grading of Ecological Situations in Xilinguole League

WU Quan，FAN Haijiao，XU Yanhong

（Inner Mongolia Institute of Land Survey and Planning，Hohhot，Inner Mongolia，010010）

Abstract：This paper is a study from multiple angles and levels，including the land ecological grades，regional geographic landscape and resources distribution.It adopts the quantitative evaluation to classify the ecological grades in Xilinguole League by using quantitative comprehensive assessment method，multivariate space superposition analysis and cluster analysis etc.it divides the ecological situation into good ecological area，medium ecological area，low ecological area and fragile ecological area.This division wil provide scientific evidence for the work of ecological construction，environmental protection and land resources development.It will also provide support to the local agricultural and husbandry structure adjustment and sustainable use of land resources.

Key words：ecological situation；ecological quality；grading area；Xilinguole League

锡林郭勒盟是我国重要的畜牧业生产基地，以拥有美丽富饶的天然牧草地著称于世，并具备农牧双重环境特征，是内蒙古北部地区中的生态安全屏障之一[1]。它以其独特的生态系统成分和结构，对保护环境、抵御土壤侵蚀、防止土地沙化、稳定土地生态安全具有重大作用。与此同时，当地的生态质量等级与生态敏感性分布特征也较为显著。近年来，锡林郭勒盟经济的发展、人口的增长，土地资源利用程度大大增强，但是生态退化与环境破坏等诸多问题也逐渐凸显出来，如果再不采取维护措施将会严重影响当地土地生态安全乃至环境与社会的可持续发展。土地生态质量调查与评估是实现国土资源安全和生态文明建设的基本保障，是加强土地资源“数量管控、质量管理、生态管护”三位一体的重要手段。本文中土地生态质量等级区划分是按照土地生态质量状况评估工作中的评估等级、地域特征、利用类型等原则所划定的空间，是体现土地生态质量等级的不同、地域的差异和空间分布特征的单元。

本文主要通过对锡林郭勒盟土地生态质量的评估，从土地生态质量等级、区域地形地貌和资源分布等多角度开展研究。选取锡林郭勒盟为研究区域，运用生态系统服务功能理论、景观生态学理论、遥感和地理信息系统技术，选择反映研究区域土地生态系统结构、功能及环境状况等相关的自然、社会和人为因素为指标单元，实现多类型多因素因子信息提取，实现区域尺度的综合结果[2] 75-80，探索开展研究区域土地生态状况等级区划分研究的新途径，为锡林郭勒盟实现北方重要生态安全屏障打下坚实的基础。它不仅是生态文明建设的重要内容，还对土地资源的保护与开发工作具有重要意义，同时也是保证土地生态安全、实现土地利用精细化管理和促进区域可持续发展的重要途径。

1 研究区概况

锡林郭勒盟位于内蒙古自治区中部，经度在111°03′E–120°00′E之间，纬度在41°35′N–46°46′N之间。属中温带半干旱、干旱大陆性季风气候，寒冷、风沙大、少雨，西部和北部地形平坦，东南部多低山丘陵，盆地错落其间，形成广阔的高原草场，全盟总面积为19.99万平方公里。具体土地利用类型结构如图1所示。

表1 2012年锡林郭勒盟的土地利用类型现状及结构

土地利用类型	面积（Ha）	占土地总面积比例（%）
耕地	241 260.3	1.21
林地	619 046.4	3.10
草地	17 957 303	89.84
水域及水利设施用地面积	487 018.6	2.44
城镇村及工矿用地面积	81 486.36	0.41
交通运输用地面积	64 978.37	0.33

数据来源：锡林郭勒盟2013年度土地变更调查

2 研究区土地生态质量综合评估

数据来源与处理。本文使用的矢量数据包括第二次全国土地调查数据、2011年土地利用变更调查数据、课题“耕地质量等级补充完善成果”数据、课题“历史遗留损毁和自然灾害损毁土地调查”数据、1∶600万的内蒙古自治区土壤分布图。本文使用的遥感影像包括2010—2011年间的SPOT-5卫星影像、2010—2011年间的MODISNDVI产品和MO-DISNPP产品、分辨率为90 m的DEM数字高程模型。其他还包括2011年内蒙古人口统计资料汇编、2011年内蒙古自治区统计年鉴。

为突出调查数据的空间特征，使评价结果空间表现得更连贯与更精确，确定研究区域的土地生态质量综合评估以1 000×1 000栅格为评估单元，将不同形式和精度的数据进行栅格化处理。运用GIS空间分析功能，结合定量化模型获得综合评价结果，从而进行等级区划分。土地生态质量综合评估过程。（1）指标体系与标准化。本文按照主导性、稳定性和可行性原则，并结合“压力–

状态－响应”框架模型，从土地生态基础状况、土地结构状况、土地损毁与退化状况、土地生态建设和保护状况和典型区域性状况五个方面选取了 11 个指标因子、34 个元指标因子，从而建立了锡林郭勒盟土地生态质量评估指标体系，同时采用特尔斐法确定各指标因子的权重（详见表 2）。

由于各评价因子的数据性质不同、量纲各异，无论指标的分级值，还是计量单位，都不具有可比性，需要对不同参评因子的等级区分，实现统一标准下的量化表达[3]850–856。将统计的各元指标层的统计数据运用线性插值法进行数据的标准化转化。

（2）评估方法与标准。本文土地生态质量评估采用加权算术平均法，计算评估单元的综合分值，其表达式为：

$$S=\sum_{i=1}^{5}\left[w_i\times\left\{\left[\sum_{k=1}^{m}\left(w_k\times Y_k\right)\right]\right\}\right]$$

公式（2–1）

其中：S 为土地生态质量综合分值，W_i 为一级指标权重；m 为元指标数量，W_k 为元指标的权重，Y_k 为元指标分值。计算出土地生态质量综合分值之后，用 ArcMap 中的 Quantities 进行自然分界（natural break）将综合分值结果分为 5 级，这种分类方法是利用统计学中的 Jenk 最优化法得出的分界点，能够使各级别之间的内部方差之和最小[4]631–642。

表 2　土地生态质量状况综合评估指标权重表

准则层	土地生态状况基础性指标层（0.2872）								
指标层	气候条件（0.2958）		土壤条件（0.2897）			立地条件（0.1883）		植被状况（0.2262）	
元指标层	年均降水量 0.567 2	降水量季节分配 0.432 8	土壤有机质含量 0.393 1	有效土层厚度 0.384 5	土壤碳蓄积量水平 0.222 4	坡度 0.620 7	高程 0.379 3	植被覆盖度 0.594 8	NPP 0.405 2
准则层	土地生态状况结构性指标层（0.1808）								
指标层	景观多样性指数（0.4328）			不同土地利用／覆盖类型占比（0.5672）					
元指标层	土地利用类型多样性指数 0.402 4	土地利用格局多样性指 0.317 6	斑块多样性指数 0.28	无污染高等级耕地比例 0.176 2	有林地于防护林比例 0.219 0	天然草地比例 0.193 4	无污染水面比例 0.149 0	生态基础设施用地比 0.143 4	城市建设用地比例（0.119 0）
准则层	土地损毁与退化状况层（0.216）								
指标层	土地损毁指标－（0.5252）				土地退化指标（－）（0.4748）				
元指标层	挖损土地比例 0.290 8	塌陷土地比例 0.268 3	压占土地比例 0.230 4	自然灾毁土地比例 0.210 5	耕地年均退化率 0.215 5	林地年均退化率 0.215 5	草地年均退化率 0.189 7	湿地年均减少率 0.196 5	水域年均减少率 0.182 8
准则层	生态建设与保护综合效益指标层（0.205 2）								
指标层	生态建设指标（+）（0.418 2）		生态建设与保护发展协调指数（0.581 8）						
元指标层	未利用土地开发利用面积年增加率 0.575 9	湿地年均增加率 0.424 1	人口与生态用地增长弹性系数 0.269 0		人口与生态用地增长贡献率 0.272 4		地区生产总值与生态用地增长弹性系数 0.222 4		地区生产总值与生态用地增长贡献率 0.236 2

将土地生态质量综合分值进行内部纵向比较，确定评估分级标准为五级，分别为土地生态质量低、土地生态质量较低、土地生态质量中等、土地生态质量较高、土地生态质量高。综合评估值越高，表明其土地生态质量越高，反之则越低。

运用上文所述的评价方法进行锡林浩特市土地生态质量状况评价，结果如图 1、表 2 所示：

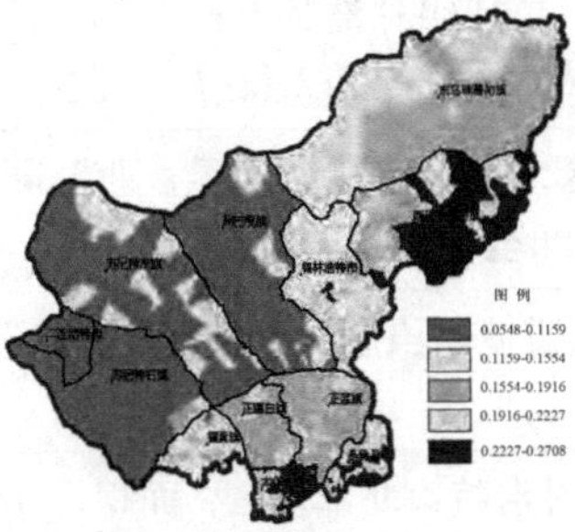

图 1　锡林郭勒盟土地生态质量状况综合分值图

锡林郭勒盟的 12 个旗县，土地生态质量状况总体处于中等。但它们的质量程度却有差异，地区差异性较大。其中二连浩特市完全处于生态状况质量低状态，西乌珠穆沁旗和太仆寺旗则是生态状况质量高的区。而阿巴嘎旗、苏尼特左旗和苏尼特右旗生态状况质量综合值接近较低的上限。只有个别乡镇处于较低，所以这些区域的土地生态质量状况也并不乐观；东乌珠穆沁旗境内存在较低、中等、较高状态三个等级；处在东北部的满都胡宝拉格镇等级较高；南部的巴彦胡舒镇处于较低状态；西部的嘎达布其镇的生态状况质量最低，处于较不安全区。正蓝旗境内主要是生态状况质量较低状态只有个别行政村处在生态状况质量较高状态。锡林浩特市区内的生态状况跨度比较大，北部的朝克乌拉苏木生态状况质量比较低，南部的巴彦希勒街道的生态状况质量较好。

表 3　锡林郭勒盟土地生态质量状况综合分值分布表

土地生态质量状况等级	所属旗县	面积（km^2）	比例（%）
土地生态质量状况低	阿巴嘎旗、苏尼特右旗、苏尼特左旗、二连浩特市	74 669.52	36.58
土地生态质量状况较低	东乌珠穆沁旗、锡林浩特市、镶黄旗	46 092.67	22.58
土地生态质量状况中等	正蓝旗、正镶白旗、东乌珠穆沁旗	41 309.44	20.24
土地生态质量状况较高	多伦县、东乌珠穆沁旗、锡林浩特市	27 150.62	13.03
土地生态质量状况高	太仆寺旗、多伦县、西乌珠穆沁旗	13 685.34	6.71

3　研究区生态质量等级区划分过程与结果概述

3.1　相关分区的目标及特征比较

（1）地形地貌差异性分区。锡林郭勒盟地处内蒙古高原中部，是以高平原为主体，兼有多种地貌单元组成的地区。全境南高北低，自西南向东北缓缓倾斜。主要地貌类型有低山丘陵区、高平原区、熔岩台地区、冲积平原区、内陆盆地区和沙地区。

（2）土地资源分布的区域差异性分区。锡林郭勒盟地域辽阔，地势坦荡，不但畜牧业发达，矿产资源也极为丰富。2013 年，当地人均土地面积约为 21.49 公顷，人均耕地面积约为 0.26 公顷，人均牧草地面积约为 19.3 公顷，人均林地面积为 0.67 公顷。耕地主要分布在地表平坦、土壤有机质含量较高

表 4　锡林郭勒盟区域类型分布表

区域类型	区域名称	分布情况
低山丘陵区	大兴安岭西麓低山丘陵区、察哈尔低山丘陵区和巴龙马格隆丘陵区（北部丘陵区）	位于大兴安岭南段西麓呈北北东 – 南南西向横亘于 东乌珠穆沁旗东北部和西乌珠穆沁旗东南部和南部；
		包括多伦县、太仆寺旗以及正蓝旗、正镶白旗、镶黄旗、苏尼特右旗的南部；
		东起东乌珠穆沁旗北部边缘，西至苏尼特左旗达来苏木北部。
高平原区	乌珠穆沁波状高平原区、苏尼特层状高平原区	主要分布于东乌珠穆沁旗和西乌珠穆沁旗的西北部，锡林浩特市中北部哈阿巴嘎旗的东部；
		属乌兰察布高原的一部分，包括锡林浩特市西北部、阿巴嘎旗中部、苏尼特左旗大部和苏尼特右旗朱日和以北的广大地区。
熔岩台地区	阿巴嘎熔岩台地区	该区南抵浑善达克沙地北缘，东以锡林河为界，西至阿巴嘎旗呼尔查干诺尔 – 宝格达乌拉，北至中蒙边界。
冲积平原区	滦河冲积平原区	滦河为外流水系，锡林郭勒盟境内段属河的上游区，位于正蓝旗、多伦县境内。
内陆盆地区	乌拉盖、二连盆地区	该区位于西乌珠穆沁旗和锡林浩特市北部地区，面积为 32 877 平方公里，占全盟面积的 16.46%。
沙地区	浑善达克沙地区	该区又称为小腾格里沙地，分布于多伦县、正蓝旗、正镶白旗的北部，镶黄旗的东北部，锡林浩特市、阿巴嘎旗、苏尼特左旗的南部[5]1。

数据来源：锡林郭勒盟土地志

的冲积平原上，主要有太仆寺旗、多伦县的大部分村镇，牧草地分布全境大部分地区。矿产资源主要分布在西乌珠穆沁旗、二连浩特市和锡林浩特市。

3.2　分区过程

首先，对各个生态指标因素进行等级划分，形成各个指标因子图层，再计算出生态质量综合分值并进行等级划分。其次，将其与土地利用功能分区图、地形地貌分区图进行叠加分析，最终形成分区底图[6]330–344。

综合研究区域的自然条件和其他分区成果，以及土地生态质量评估结果，结合农牧业种植制度、社会经济条件、土地利用方式等，初步确定分区结果[7]38–44。如图 2 所示。

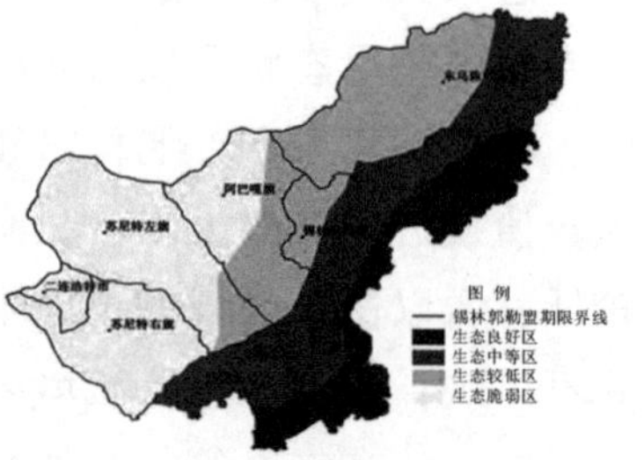

图 2　锡林郭勒盟土地生态质量状况图

3.3　分区结果

本次对研究区域的分区基本保证了地形、地貌、气候以及农牧业耕作制度的区域相似性，同时也包含了旗县级行政区划的完整性[8]9–14，主要分为以下 4 个区域：

1. 生态良好区，主要分布在察哈尔低山

丘陵区的土地生态质量等级较高的太仆寺旗和多伦县，该区域土地平坦，处于农牧交错带，土地利用类型复杂多样，土地利用率高，土地生态状况结构性指标值较高，土地生态状况总体较好。

2. 生态中等区，主要分布在冲积平原上的锡林浩特市和高平原上的东乌珠穆沁旗、西乌珠穆沁旗，该区域水源充沛，地域辽阔，植被覆盖度和生物量都处于较高等级，土地生态状况基础性指标较高，土地生态状况总体中等。

3. 生态较低区，主要分布在层状高平原区的苏尼特左旗和阿巴嘎旗还有农牧业都不发达的镶黄旗。该区域土地利用类型比较单一，经济文化等发展比较缓慢。大部分地区对保护生态环境的意识淡薄，所以土地生态状况总体较低。

4. 生态脆弱区，主要分布在二连浩特市和苏尼特右旗，该区域的土地损毁与退化指标和生态建设与保护指标较低，最终导致其土地生态状况脆弱。

4 结论

首先，通过对锡林郭勒盟土地生态质量的评估，从土地生态质量等级的角度开展分区研究，明确锡林郭勒盟不同类型区的土地生态质量状况和土地利用过程中的主导限制因素。主要运用主成分分析法和聚类分析法将33评估指标进行分类，然后与最终评估结果进行相关性分析得出：总体上锡林郭勒盟生态质量的评估结果与年均降水量和天然草地比例的相关性最高，其次为土地利用类型多样性指数和土地利用格局多样性指数，与土地退化和土地挖损的相关性较低，只有个别旗县的生态质量与土地退化和土地挖损有较高的相关性，例如二连浩特市和锡林浩特市。镶黄旗和正镶白旗的土地生态质量与人口密度相关性较高。

根据土地生态质量状况，结合区域土地开发利用[9]67-70，从土地生态安全和生态文明建设工程等进行土地利用方式的合理改良并设计出更为完善的优化体系，不但在空间上表达出了研究区域的连续性，还与评估的指标因子相结合，从宏观和微观两个方面为土地生态文明建设的规划、设计、实施等以后工作打下了坚实的基础，不仅提高了决策水平和工作效率，更加实现了因地制宜、合理配置、有效利用土地资源，从而带来良好的社会效益和经济效益[10]11-17。最后，在类型区划分的基础上，统筹土地生态安全工程的实施与管理，可以兼顾区域土地资源利用、社会经济发展、生态环境安全等突出问题，对保护基本农田、提高耕地质量、保障粮食安全、农牧业协同发展等具有非常重要的意义。

参考文献

[1] 齐伯益，申万琴. 锡林郭勒盟畜牧志［M］. 内蒙古人民出版社，2002.
[2] 刘锬，康慕谊，吕乐婷. 海南岛海岸带土地生态安全评价［J］. 中国土地科学，2013（8）.
[3] 蒙吉军，张彦儒，周平. 中国北方农牧交错带生态脆弱性评价［J］. 中国沙漠，2010（4）.
[4] 刘春霞，李月臣，杨华，等. 三峡库区重庆段生态与环境敏感性综合评价［J］. 地理学报，2011（5）.
[5] 呼日勒沙. 草原文化区域分布研究［M］. 内蒙古教育出版社，2007.
[6] 郑度，葛全胜，张雪芹，等. 中国区划工作的回顾与展望［J］. 地理研究，2005（3）.

[7] 蔡海生，赵建宁，曾珩，等. 江西省土地开发整理工程类型区划分研究［J］. 中国地理科学，2011（3）.
[8] 郧文聚，范金梅. 我国土地利用分区研究进展［J］. 地理研究，2008（2）.
[9] 王永莉. 主体功能区划背景下生态脆弱地区的功能探讨［J］. 社会科学家，2008（1）.
[10] 韩书成，濮励杰. 土地利用分区内容及与其他区划的关系［J］. 国土资源科技管理，2008（3）.

新型城镇化背景下的土地制度创新研究
——以鄂尔多斯市东胜区为例

王友凤[1]，刘勇[2]，姚喜军[1]

（1. 内蒙古土地调查规划院，内蒙古 呼和浩特 010010；
2. 鄂尔多斯土地调查规划院，内蒙古 鄂尔多斯 017200）

摘　要：本文在分析鄂尔多斯市东胜区城镇化发展现状及其特点的基础上，深入研究了城镇化进程中的土地利用管理对策，提出通过加强土地利用规划管理基础上，建立集体土地流转市场，实现集体土地资产资本化，促进城乡建设用地的合理利用，改革有利于新型城镇化发展的土地政策，完善城镇化机制，保障城镇化的健康发展。

关键词：城镇化；土地利用；制度创新

改革开放以来，我国城镇化水平快速提高，2011 年我国城镇化率已超过 50%，城镇化将成为继工业化、现代化之后，推动中国经济社会发展的巨大动力。但同时也看到，在城镇化发展过程中土地管理制度存在着诸多问题，如城镇化区域发展不平衡，缺少科学规划和城镇建设过度依赖于土地。城镇化发展与土地资源关系紧密，城镇发展必然引起土地利用方式和结构的转变；土地制度和政策影响着城镇土地利用的方向、方式和土地市场行为。土地制度改革决定城镇化过程中资本市场的建立。

1　东胜区城镇化发展现状及特点

东胜区是鄂尔多斯市经济、政治、文化中心。东胜区城镇建设集中在康巴什新区和铁西区。

1.1　城镇化人口增长迅速，城镇化发展较快

近几年，东胜区作为鄂尔多斯市政治、经济、文化中心，城市化发展较快，其建成区由 1990 年的 15 km^2 变为 2012 年的 78 km^2（2013 年东胜区政府工作报告），面积增长了 5 倍。到 2012 年，全区城镇人口达 18.31 万人，占总人口的 69.60%，城镇化率 92.1%，人均城镇工矿用地 508.08 m^2，城市建成区人口密度下降；人均农村居民点用地 773.79 m^2，超过国家规定人均 150 m^2 的最高标准 4 倍。

1.2　城镇化发展以重工业为主导

东胜区煤炭明储量 109.82 亿 t，经济增长以煤炭开采重工业为主。2012 年，全区完成工业总产值 449.8 亿元，其中，重工业完成 426 亿元，占工业总产值的 94.71%，重工业是拉动全区工业稳步增长的主要动力。

1.3 城镇基础设施投入大

东胜区于2001年2月26日由国务院批准（国函〔2001〕17号）同意设立，伴随着国家西部大开发、鄂尔多斯全面加快资源开发利用等战略的实施，东胜区进入了城镇化快速发展期，其城市基础设施滞后于城镇化发展水平，城镇市政设施和公用设施建设速度远远低于城市人口增加，造成基础设施建设投入需求大。2012年，东胜区基础设施建设投资达95亿元，人均道路面积达到27 m^2，建成区绿化覆盖率为36%。

1.4 资源型开发城市，导致用地紧张

鄂尔多斯市东胜区作为以煤炭经济为主的资源型地区，资源分布较广，产业发展需要征用大量土地；作为资源开发为主地区，其土地利用较为粗放，导致东胜区用地趋于紧张。

1.5 新区建设使东胜区城镇规模进一步扩大

2003年，鄂尔多斯市人民代表大会审议通过了市人民政府驻地迁址康巴什新区的决议，东胜区借助康巴什新区的拉大作用进一步扩张城市规模。2012年，东胜区城镇面积达78 km^2。

2 东胜区土地管理制度改革现状

2.1 城市土地市场的建立与逐步完善

东胜区土地市场是随着我国城市土地用地制度的改革而逐步建立和完善的。2001年5月国务院下发《关于加强国有土地资产管理的通知》和2004年10月国务院发布《关于深化改革严格土地管理的决定》，明确了经营性土地实行“招拍挂”制度，要求各地要大力推行土地使用权招标、拍卖，推进了土地资源市场化配置；2006年8月，国土资源部出台《招标拍卖挂牌出让国有土地使用权规范》和《协议出让国有土地使用权规范》，对招标、拍卖、挂牌或协议出让土地使用权的范围和出让的具体规程作了细化，建立了国有土地出让的协调决策机制和价格争议裁决机制；2007年9月，国土资源部发布《招标拍卖挂牌出让国有建设用地使用权规定》，标志着我国城市土地用地制度市场的全面建立。

2.2 审批制度改革

鄂尔多斯市东胜区自2008年开始推进行政审批制度改革、实施“一站式”电子行政审批电子监察运行机制。这种办理方式进一步改进国土资源管理制度，不仅降低了行政成本，提高了工作效率，而且深化国土资源管理体制改革。

2.3 露天煤矿临时用地改革

东胜区开展了露天煤矿临时用地改革试点工作。2011年国务院批复东胜区矿区试点面积3 064.90 hm^2。在矿区试点范围内，矿业用地在不改变农民集体土地所有权性质、不改变规划土地用途的前提下，采取分期实施、到期归还的做法，以临时用地方式使用农村集体土地，明显缓解鄂尔多斯市建设用地指标紧张的压力。

2.4 使用未利用地不占计划指标

东胜区在工业园区布局、单独选址项目上尽可能安排未利用地，同时积极争取在使用未利用土地的政策上有所突破。实现使用未利用地“在规划期内总量控制，专项指标专项使用，不受年度计划指标调控”。

3 东胜区城镇化发展过程中存在的土地管理制度上问题

3.1 城镇建设盲目性大，用地集约化程度低

在城镇化发展过程中，东胜区的确有部分原有空间不适宜新的发展，需要扩大城市面积或者异地重建，但是，忽略了内涵式发展，存在粗放规划、浪费使用土地等问题。

3.2 “土地城镇化”快于“人口城镇化”，城市人均用地过大

2008 年，鄂尔多斯市东胜区城镇人口 21.60 万人，城镇建设用地规模 5 675.43 hm^2；2012 年，鄂尔多斯市东胜区城镇人口 22.67 万人，城镇建设用地规模 17 156.50 hm^2，人均城镇建设用地 869.23 m^2/ 人，远大于国家规定的 150 m^2/ 人。鄂尔多斯市土地城镇化速度是人口城镇化的 40.87 倍。

3.3 “城镇化”走向“房地产化”

房地产是鄂尔多斯市东胜区经济发展的支柱，但城镇化不等同于房地产化，城镇化发展不光看城市面积扩大的速度，而要看城市化的具体内涵，尤其要注重失地农民能否完全融入城市生活。

3.4 城乡居民点土地利用结构不合理，有待进一步调整

东胜区城乡用地总规模 20 009.63 hm^2，其中城镇用地 17 156.50 hm^2，占东胜区城乡建设用地总规模的 85.74%；农村居民点用地 2 076.19 hm^2，占城乡建设用地总规模的 10.38%；采矿用地 776.94 hm^2，占城乡建设用地总规模的 3.88%。

3.5 城镇化进程的加快导致部分农村宅基地闲置

随着城镇化进程的加快以及外出打工、经商、在城镇购房、棚户区改造等工程建设导致移民村民的增多，致使鄂尔多斯市农村长期闲置宅基地日益增加，浪费严重。

3.6 建设用地供需矛盾日益突出，实现耕地总量动态平衡任务艰巨

2009 年以来，东胜区进入经济社会发展的最快时期。2009—2012 年，东胜区生产总值连续 4a 保持 14% 以上的增长率，2012 年地区生产总值达到 850.34 亿元，同比增长 11.41%。

新增建设用地报批数量成倍增长，城市建设和工业园区建设快速扩张。2009—2012 年，东胜区利用本轮规划报批回的新增建设用地 1 291.13 hm^2，占新增建设用地总量的 9.59%。从结构上看，报批的新增建设用地中，城市建设用地超过 70%，东胜区作为鄂尔多斯市中心城区主要组成部分，城镇建设快速扩张，建设用地供需矛盾突出。

4 城镇化过程中土地机制创新建议

随着鄂尔多斯市市场经济的逐步发展，土地资产、资本属性不断显化和强化。通过土地市场化配置实现土地有偿使用，提升土地资产资本价值，为鄂尔多斯市工业化城镇化发展注入了强大动力；实施土地用途管制制度，为东胜区工业化、城镇化的健康发展提供了空间保障。但随着鄂尔多斯市城市化、工业化快速发展过程中，城乡建设用地格局和社会结构发生重大变化，地方政府、企业、集体、个人等多元利益主体之间的土地利益格局深刻调整，利益关系日趋复杂，

土地利益引发的社会矛盾和问题凸显，迫切需要进行土地制度改革。

4.1 健全土地产权制度，建立城乡统一土地市场

城镇化发展过程，应在落实最严格的耕地保护制度的前提下，积极构建集体建设用地使用权市场的发育模式，建立集体建设用地的价值动态分配机制和集体建设用地使用权市场的监督管理机制，衔接集体建设用地流转收益分配与征地安置补偿收益分配。

4.2 加快农牧区土地流转的制度建设，盘活集体土地

加强农牧区土地流转的制度建设，完善土地流转机制。建立开放、竞争、公平、有序的农牧区土地产权交易和租赁流转市场，促进农地使用权得到健康有效流转，实现资源的合理配置。建立健全农业保障制度和农村养老保险和医疗保险等社会保障制度。降低农牧业经营和土地流转的风险，引入农业保险机制，由政府对农业保险给予保费补贴，降低农村土地合作社土地使用权的抵押风险和银行贷款风险[5]。促进农村土地流转组织建设，健全土地流转市场。

4.3 提高土地集约利用水平

逐步减少鄂尔多斯市经济发展对土地的资源性消耗，以土地利用方式转变促进经济发展方式转变，才能从根本上缓解土地资源供需紧张的矛盾，更好地保障和促进科学发展。改变土地资源粗放利用、闲置浪费等现状。

4.3.1 要盘活存量用地

2008—2011年，东胜区建设用地供应中使用存量用地达1 009 hm^2，占供地总量的27.87%。

4.3.2 要推进土工业项目向产业集群基地集中

城市住宅向小区集中，分散村屯向中心村集中；但是确定农用地转用批准后，凡满两年未实施具体征地行为的，批准文件自动失效，土地继续归农村集体经济组织所有。

4.4 改革征地制度，提高补偿标准

按照节约用地、保障农民权益的要求加快推进征地制度改革，探索缩小征地范围途径和方式，城市化过程无须改变土地所有权的性质，所改变的只是区划的边界和土地的用途而已。使集体所有土地享有国有建设用地同等的财产权利，提高征地补偿标准，拓展安置途径，妥善安置被征地农民的生产生活，确保被征地农民的长远生计有保障。

4.5 建立多元化补偿机制

农牧民对土地的依赖性较大，农牧民补偿问题不能仅通过单一的提高征地补偿标准来解决，而是要以拓宽征地补偿安置途径为主，建立多元化补偿机制。从全国各地区征地制度改革探索和我区征地补偿现状来看，“一补了之”的货币安置难以弥补农村牧区集体土地所有权及农牧民土地使用权的丧失造成维持长远生计的困难。通过建立社保安置、留地安置、择业安置、入股安置、农业安置、移民安置的多元化征地补偿保障机制，切实让被征地农牧民分享土地增值收益，从根本上解决农民的医疗、养老等问题，让农民真正实现“生有所靠，病有所医，老有所养”的社会保障制度。

参考文献

[1] 尚国琲，冯朝军.城镇化进程中的土地利用问题与制度创新［J］.当代经济管理，2005，27（3）：93-101.

［2］李恩平．中国城市土地制度改革回顾与展望［J］．改革与战略，2010，26（05）：77-91．
［3］我国城镇化发展的制度创新发展［D］．山东：中国海洋大学，2011．
［4］傅晓．中国城市土地制度变迁的社会学研究［D］．山海：华东师范大学，2006
［5］李健健，戴双星．中国城市土地使用制度改革60年回顾与展望［J］．经济研究参考，2009（63）：1-10．
［6］宋戈．中国城镇化过程中土地利用问题研究［D］．哈尔滨：东北农业大学，2004．
［7］马飞．鄂尔多斯市东胜区经济社会发展研究［D］．内蒙古：内蒙古农业大学，2009．
［8］李昕，文婧，林坚．土地城镇化及相关问题研究综述［J］．地理科学进展，2012，31（08）：1042-1049．
［9］张丽霞．浅析当前我国城镇化背景下的土地制度改革［J］．经济通讯，2012（18）：238．

伊金霍洛旗土地利用动态变化分析

张晓玲　姚喜军

（内蒙古自治区土地调查规划院　呼和浩特　010010）

摘　要：土地利用变化研究是生态环境变化研究的重要基础，也是规范人类行为的科学决策依据。随着人口的持续增长和社会经济的快速发展，伊金霍洛旗土地利用发生了较大的变化。本文以伊金霍洛旗 2009—2012 年土地利用统计资料为依据，土地利用转移矩阵、土地利用地类转入、转出动态度与活跃度模型等对该旗 2009—2012 年的土地利用动态变化状况进行了分析。分析结果表明：伊金霍洛旗耕地、林地、草地、水域用地面积在减少，其他农用地、建设用地、其他土地在增加；其他农用地和建设用地年变化率达 49.43%、3.993%；其他农用地转入和转出活跃度最大，为最活跃的土地利用类型；其次为建设用地；林地、草地和水域转入转出活跃度均为负值，反映出林地、草地和水域是一种比较稳定的土地利用类型。

关键词：动态变化；动态度；活跃度；伊金霍洛旗

土地是十分重要的自然资源，是人类生存和发展的最基本物质基础之一[1]。土地利用动态变化是一个极其复杂的过程，它受人类活动、自然环境以及经济环境等多方面因素的共同影响，并且反作用于人类[2]土地利用变化在全球环境变化和可持续发展研究中占有重要地位[3]。土地的不断开发、利用，对整个生态系统结构机理造成了一定影响，尤其是对一定区域的可持续发展有着不可忽视的作用[4]。目前，区域土地利用变化研究已成为全球变化研究的热点之一[5]。因此，研究区域土地利用时空变化规律，揭示其变化特征，进而指导人类科学合理的利用土地资源，具有重要的科学意义和现实意义。

1　研究区概况

伊金霍洛旗，地处呼和浩特、包头、鄂尔多斯“金三角”腹地。位于鄂尔多斯高原东南部，毛乌素沙地东北边缘，东与准格尔旗相邻，西与乌审旗接壤，南与陕西省榆林市神木县交界，北与鄂尔多斯市府所在地康巴什新区隔河相连。地理坐标东经 108° 58′ 至 110° 25′，北纬 38° 56′ 至 39° 49′ 之间。东西长 120 公里，南北宽 61 公里，总面积 5600 平方公里。地处亚洲中部干旱草原向荒漠草原过渡的半干旱、干旱地带。伊金霍洛旗地形地貌基本呈西高东低，由西向东倾斜，海拔在 1 070 ~ 1 556 米之间。东部属晋陕黄土高原的北缘水蚀沟壑地貌，中部为坡梁起伏的鄂尔多斯高原，西部是风沙地貌比较发育的毛乌素沙地。伊金霍洛旗属温带大陆性气候，大陆度 69%，干旱、风大、少雨、寒冷、温热、温差大，是温带干旱草原向荒漠草原的过渡地带。伊金霍洛旗年降雨量 340 ~ 420 mm 之间，由东南向西北逐渐递减；伊金霍洛旗年平均气温 6.2℃，极端最低气温 -31.4℃，极端最高气温 36.6℃，无霜期限 130 ~ 140 天；常年风大沙多，蒸发旺盛，全年蒸发量 2 163 mm，是降雨量的七倍。矿产资源主要有煤、天然气、油页岩、天然碱、泥炭、玻璃用石英砂、耐火黏土、砖瓦黏土等。素有“地下煤海”之称。2011 年末伊金霍洛旗总户数 72 214 户，比上年末增加 2 121 户；总人口 167 004 人，比上年末增加 2 792 人。2011 年伊金霍洛旗生产总值 563.95 亿元，按常住人口计算的人均生产总值为 243 082 元。

2 资料来源与研究方法

2.1 资料来源

本研究主要使用 2009 年 ~ 2012 年土地利用统计数据。同时，根据国家土地利用类型分类标准并结合伊金霍洛旗自身特点，将土地利用类型分为耕地、林地、草地、其他农用地、建设用地、水域和其他土地七种类型。

2.2 研究方法

为了更好地反映伊金霍洛旗土地利用动态变化，从动态度、地类活跃度等层面描述土地利用变化的方向和数量关系，从而揭示土地利用动态变化规律。

2.2.1 动态度

土地利用动态度分析时间间隔内土地利用转移的数量和速率问题，其中：S_t 为研究区整个研究时段内的综合土地利用平均变化率，计算公式如下式（1）[6]：

S_t=［Y_t，Y_{t+1}］时间间隔内土地利用变化总量 / 研究区面积 /［Y_t，Y_{t+1}］时间间隔 × 100%　（1）

2.2.2 地类活跃度

地类活跃度是在总动态度分析的基础上针对具体的土地利用类型展开的分析。地类活跃度分析计算公式采用如下式（2）、式（3）：

（G_{tj}）=［Y_t，Y_{t+1}］时间间隔内用地类型 j 的转入 /［Y_t，Y_{t+1}］时间间隔 / 用地类型 j 在 Y_t 时刻的面积 × 100%　（2）

（L_{tj}）=［Y_t，Y_{t+1}］时间间隔内用地类型 j 的转出 /［Y_t，Y_{t+1}］时间间隔 / 用地类型 j 在 Y_t 时刻的面积 × 100%　（3）

在土地利用变化过程中，每种土地利用类型都对应着转入和转出两种变化。结合式（2）、式（3）模型对每种地类进行转入（G_{tj}）和转出（L_{tj}）分析，并与总动态度进行对比分析。若是转入转出比总动态度大，则说明该种地类变化比较活跃；若是转入转出比总动态度小，该种地类则比较稳定[6]。

3 结果分析

本研究以 2009 年、2012 年土地利用数据为基础，分别得到 2009 年 ~ 2012 年各类型土地利用变化率表（1），2009 年 ~ 2012 年表 2 土地利用转移矩阵，在此基础上，对伊金霍洛旗 2009 年 ~ 2012 年间的土地利用动态变化进行分析。

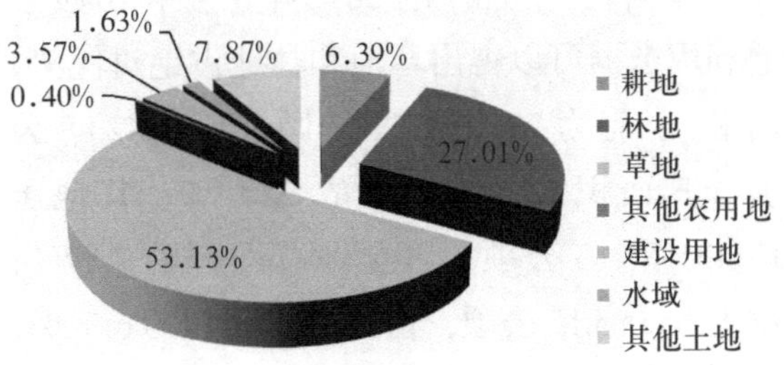

图 1　2012 年伊金霍洛旗土地利用现状结构图

表 1　2009-2012 年伊金霍洛旗各类型土地利用变化率

土地利用类型	2009 年面积（hm^2）	2012 年面积（hm^2）	土地利用面积变化（hm^2）	土地利用总变化率（%）	土地利用年均变化率（%）
耕地	35 446.03	35 085.15	–360.88	–1.018	–0.339
林地	149 404.4	148 242.88	–1 161.52	–0.777	–0.259
草地	293 906.78	291 606.52	–2 300.26	–0.783	–0.261
其他农用地	890.87	2 211.93	1 321.06	148.289	49.43
建设用地	17 481.36	19 575.23	2 093.87	11.978	3.993
水域	8 974.87	8 954.1	–20.77	–0.231	–0.077
其他土地	42757.65	43186.15	428.5	1.002	0.334

表 2　2009-2012 年土地利用转移矩阵面积 hm^2

土地利用类型	耕地	林地	草地	其他农用地	建设用地	水域	其他土地	2012 年合计	转入合计
耕地	34 876.52	79.23	118.19	4.12	0.45	6.64	0	35 085.15	208.63
林地	0.14	148 242.74	0	0	0	0	0	148 242.88	0.14
草地	0.7	0	291 605.82	0	0	0	0	291 606.52	0.7
其他农用地	176.35	353.04	713.77	873.82	20.47	7.87	66.61	2211.93	1 338.11
建设用地	355.88	605.55	954.22	12.79	17 460.09	6.26	180.44	19 575.23	2 115.14
水域	0	0	0	0	0	8 954.1	0	8 954.1	0
其他土地	36.44	123.84	514.78	0.14	0.35	0	42 510.6	43 186.15	675.55
2009 年合计	35 446.03	149 404.4	293 906.78	890.87	17 481.36	8 974.87	42 757.65	548 861.96	
转出合计	569.51	1161.66	2300.96	17.05	21.27	20.77	247.05		4 338.27

3.1　土地利用现状分析

根据表 1、图 1 的 2012 年伊金霍洛旗土地利用数据可以得出草地和林地占绝对优势，面积分别为 291 606.52 公顷、148 242.88 公顷，其面积占全旗面积的 80.14%；其他土地 43 186.15 公顷，占土地总面积的 7.87%；耕地 35 085.15 公顷，占土地总面积的 6.39%；建设用地 19 575.23 公顷，占土地总面积的 3.57%；水域 8 954.1 公顷，占土地总面积的 1.63%；其他农用地 2 211.93 公顷，占土地总面积的 0.4%。

3.2　数量变化与空间变化分析

3.2.1　数量变化

从表 1 可以看出，从 2009 年到 2012 年间，伊金霍洛旗草地、林地面积减少较大；建设用地、其他农用地面积显著增加。其中草地面积减少了 2 300.26 公顷，林地面积减少了 1 161.52 公顷；建设用地面积增加 2 093.87 公顷，其他农用地面积增加了 1 321.06 公顷。从年均变化率来看，其他农用地年均增幅最大为49.43%，其次为建设用地年均变化率为3.993%。

3.2.2 空间变化

从表2土地利用变化类型的转移矩阵中可以看出，在空间上从转入的角度来看：建设用地的转化最为显著，其他六种地类都有向其转化的过程，主要由耕地、林地、草地和其他农用地向建设用地的转化。建设用地迅速增加，主要因为伊金霍洛旗凭借资源优势，以煤炭转化项目为切入点，加大招商引资力度。目前，该旗拟建和在建项目进展顺利，拟建项目中，投资100亿元以上的大项目3项，投资10亿～100亿元项目7项。上述3个百亿元以上项目包括：总投资200亿元年产天然气20亿立方米的神华集团煤制天然气项目；总投资110亿元的2×60万千瓦机组的国电集团煤电一体化项目；总投资100亿元年产16亿立方米天然气的汇能煤电集团煤制天然气项目。

项目建设的顺利实施推动了该旗工业经济发展。同时也占用了大量的耕地、林地、草地和其他农用地。从转出的角度来看：草地的转出最为显著，说明草地在逐年减少，草地主要转化为耕地、建设用地、其他农用地和其他土地的转化。其中建设用地所占草地转出的总面积最大，说明伊金霍洛旗的发展占用了大量的草地。

3.3 地类活跃度分析

活跃度是针对某类用地的转入、转出展开研究的、用来表达该种地类在特定时间内的稳定程度。同上述方法，计算2009年～2012年不同地类转入转出的绝对量（动态）、相对量（动态比）和速率（动态度）（表3～表5）。在此基础上，各地类转移活跃度分别用转入或转出动态度的均值离差表示：负值表示用地转移低于平均状况，表

表3　2009-2012年各用地类型转入动态度

用地类型	2012年面积（hm^2）	转入动态（hm^2）	转入动态比（%）	转入动态度（%）
耕地	35 085.15	208.63	0.595	0.198
林地	148 242.88	0.14	0.000	0.000
草地	291 606.52	0.7	0.000	0.000
其他农用地	2 211.93	1 338.11	60.495	20.165
建设用地	19 575.23	2 115.14	10.805	3.602
水域	8 954.1	0	0.000	0.000
其他土地	43 186.15	675.55	1.564	0.521
总计	548 861.96	4 338.27	0.790	0.263

表4　2009-2012年各用地类型转出动态度

用地类型	2009年面积（hm^2）	转出动态（hm^2）	转出动态比（%）	转出动态度（%）
耕地	35 446.03	569.51	1.607	0.536
林地	149 404.4	1 161.66	0.778	0.259
草地	293 906.78	2 300.96	0.783	0.261
其他农用地	890.87	17.05	1.914	0.638
建设用地	17 481.36	21.27	0.122	0.041
水域	8 974.87	20.77	0.231	0.077
其他土地	42 757.65	247.05	0.578	0.193
总计	548 861.96	4 338.27	0.790	0.263

表5　2009-2012年各用地类型出入活跃度

用地类型	入动态度（%）	入活跃度（%）	转出动态度（%）	转出活跃度（%）
耕地	0.198	–0.065	0.536	0.272
林地	0.000	–0.263	0.259	–0.004
草地	0.000	–0.263	0.261	–0.003
其他农用地	20.165	19.902	0.638	0.374
建设用地	3.602	3.338	0.041	–0.223
水域	0.000	–0.263	0.077	–0.186
其他土地	0.521	0.258	0.193	–0.071
总计	0.263	0.000	0.263	0.000

示不活跃；正值表示用地转移高于平均状况，表示活跃。见图2。

由柱状图（图2）结果可知在2009—2012年时段内，其他农用地转入和转出活跃度最大，为最活跃的土地利用类型；其次为建设用地，建设用地的转入活跃度大于转出活跃度，反映出其他农用地与建设用地的数量在逐年增加；林地、草地和水域转入转出指数都在基准线0.263%以下，活跃度为负值，反映出林地、草地和水域是一种比较稳定的土地利用类型。

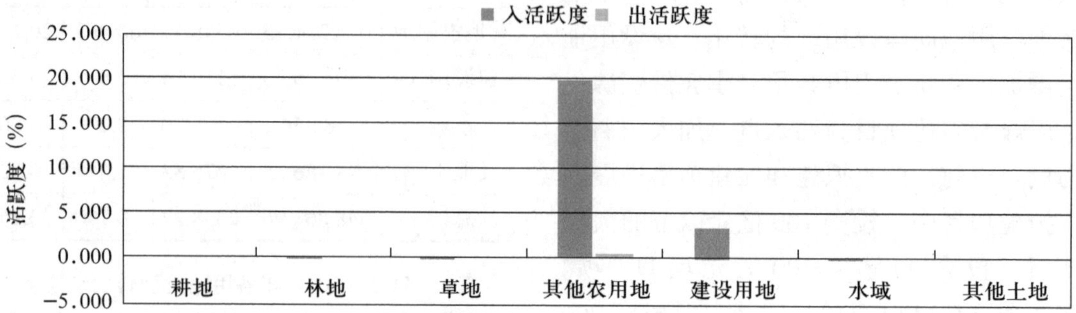

图2　2009 ~ 2012年地类转移活跃度

4　结论

本文以伊金霍洛旗2009年 ~ 2012年土地利用统计资料为依据，土地利用转移矩阵、土地利用地类转入、转出动态度与活跃度等模型对该旗2009—2012年的土地利用动态变化状况进行了分析。分析结果表明：草地和林地占绝对优势，其面积占全旗面积的80.14%。伊金霍洛旗草地、林地面积减少较大；建设用地、其他农用地面积显著增加。从年均变化率来看，其他农用地年均增幅最大为49.43%，其次为建设用地年均变化率为3.993%；其他农用地转入和转出活跃度最大，为最活跃的土地利用类型；其次为建设用地；林地、草地和水域转入转出活跃度均为负值，反映出林地、草地和水域是一种比较稳定的土地利用类型。

参考文献

[1] 王婉晶，揣小伟，黄贤金等．中国土地利用规划实施评价研究进展与展望［J］．中国土地科学，2012，11（23）：44-46.

[2] 任志远．土地利用变化与生态安全评价［M］．北京：科学出版社，2003.

[3] 陈佑启，杨鹏．国际上土地利用／土地覆盖变化研究的新进展［J］．经济地理，2001，21（1）：95-100.

[4] 秦丽杰，张郁，许红梅等．土地利用变化的生态环境效应研究：以前郭县为例［J］．地理科学，2002，22（4）：508-510.

[5] 李锐，杨勤科，温仲明等．域土地利用变化环境效应研究综述水土保持通报，2002，22（2）：65-70.

[6] 刘明皓，王耀兴．基于“源”“汇”理念的土地利用动态变化分析［J］．地理与地理科学，2013，（29）（86-91）.

Land-use classification via constrained extreme learning classifier based on cascaded deep convolutional neural networks

Jie Liang[a], Jincai Xu[a], Huifang Shen[b] and Li Fang[b]

([a]Inner Mongolia Land Survey and Planning Institute, Huhhot, China; [b]Quanzhou Institute of Equipment Manufacturing Haixi Institutes, Chinese Academy of Sciences, Jinjiang, China)

Abstract: Accurate land-use classification is essential for the management and supervision of urban development, land resources and environment sustainability. Feature extractor and classifier are the important modules of land-use classification. Deep convolutional neural network has been proved to be able to learn more robust and discriminative features from images. In this paper, we increase the diversity and discriminative of features by fusing features extracted by three deep convolutional neural networks with different architectures, which are obtained by fine-tuning the pre-trained models with land-use image dataset. In order to make the classification faster and have excellent generalization performance, we select constrained extreme learning machine instead of fully connected layer or support vector machine. Experimental results show that the proposed method can achieve a better performance with the overall classification accuracy of 98. 35%, compared with other state-of-the-art methods.

Key words: Land-use classification; remote sensing images; deep learning; cascaded convolutional neural networks; constrained extreme learning machine

Introduction

Land-use classification describes the characteristics of land cover and reflects the human activities and social changes in a territory, which is beneficial to the supervising and forecasting of urban development, management and planning of land resources and ecological conservation (Mundia & Aniya, 2005). Remote sensing images are usually used for land-use classification because they contain abundant spatial and structural information of ground objects. Land-use classification, being an active research topic in remote sensing field, is to label extracted regions containing multiple land-use types according to different semantic categories (LaGro Jr, 2005).

However, due to the spatial and structural complexity of remote sensing images, it is a challenging task to acquire an accurate and effective classification result (Cheng et al., 2015; Shi et al., 2020). Furthermore, remote sensing images generally have low inter-class variance and high intra-class variance, which makes it

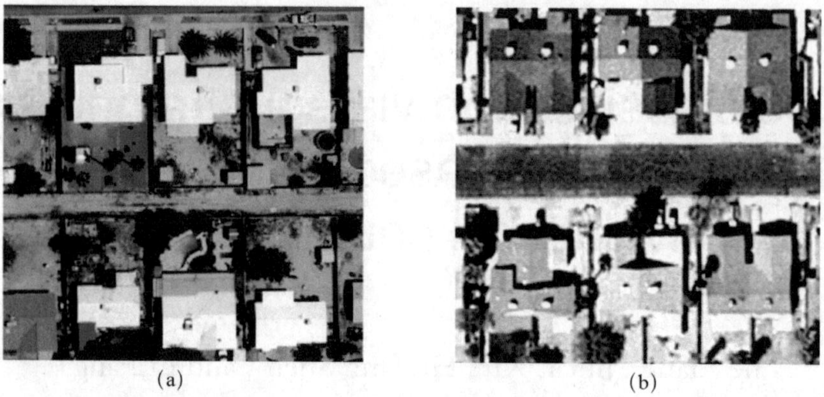

Figure 1. Similar images of residential areas but belong to different classes of the UC Merced land-use dataset, (a) medium residential and (b) dense residential.

difficult to distinguish these land-use categories. For example, the land covers of a given category may vary greatly with different orientations and scales, while the same land covers or objects may appear in different scene categories. Figure 1 shows two similar images, both of which are residential areas with different densities of buildings, but they belong to different land-use categories from the perspective of scene classification.

During the past few decades, prominent efforts have been made in developing diverse approaches for scene classification, focusing on the research of proper image descriptors and suitable classifier. In general, remote sensing scene classification is performed in feature space, so it is of great importance to explore effective feature descriptors to obtain highperformance classification results (Shi & Pun, 2020; W. Yang et al., 2015; Zhang et al., 2015).

Most of the existing classification methods mainly relied on handcrafted features, which are designed by domain expertise to encode geometrical, textural, spectral and spatial properties, such as colour histograms (Swain & Ballard, 1991), local binary patterns (LBP) (Ojala et al., 2002), histogram of oriented gradients (HOG) (Dalal & Triggs, 2005), bag-of-visual-words (BOVW) (Y. Yang & Newsam, 2010; Q. Zhu et al., 2016) and its variations (Jiang et al., 2012; Lazebnik et al., 2006; Zhao et al., 2014), scale invariant feature transform (SIFT) (Ke & Sukthankar, 2004; Lindeberg, 2012; Lowe, 2004) and so on. A large number of methods are designed to improve the handcrafted feature descriptors. However, it is hard to obtain adaptive features using these methods to meet the requirements of remote sensing scene classification. (L. Zhou et al., 2013).

In order to make up for the limitation of handcrafted features, it is more effective and feasible to automatically learn the features from images. Recently, unsupervised feature learning has been deeply studied and made great progress in scene classification. Unsupervised feature learning mainly learns the discriminative features from images, which are more suitable for scene classification (Hu et al., 2017; Romero et al., 2015). It mainly includes principal component analysis (PCA) (Deutsch, 2004), sparse coding (Dai & Yang, 2010; Olshausen & Field, 1997), autoencoder (Hinton, 2006; Othman et al., 2016; W. Zhou et al., 2015) and their improvements

(Chaib et al., 2016; Chan et al., 2015). The features learned by unsupervised feature learning methods can achieve better performance for remote sensing scene classification comparing with handcrafted features. However, the performance improvement is still limited, because the discriminative ability cannot be guaranteed due to the lack of semantic information provided by class labels. Meanwhile, the model architectures are relatively shallow and cannot achieve a sufficiently powerful representation. Therefore, it is necessary to utilize labelled data for deep supervised learning to capture more useful features.

Nowadays, most of the feature learning methods rely on deep neural networks to obtain robust, powerful and discriminative features, since deep learning models have demonstrated strong feature representation capabilities in various applications (Cheng et al., 2016; Fan et al., 2015; Zou et al., 2015). In the past decade, a large number of deep learning models have been developed, such as deep belief nets (DBN) (Hinton et al., 2006), stacked autoencoder (SAE) (Vincent et al., 2010) and deep convolutional neural network (CNN) (He et al., 2014; Krizhevsky et al., 2012; Szegedy et al., 2015). Among them, deep convolutional neural network has shown its powerful performance due to the ability to capture the local and global features and has been introduced to tackle different tasks of remote sensing image processing, such as object detection (Cheng et al., 2016) and land-use scene classification (Fan et al., 2015; Jin et al., 2019). Considering the high intra-class differences and low inter-class distances in remote sensing images, it shows great potential advantages in finer land-use classification task. Deep convolutional neural networks with different structures can capture variant features from the imagery, which usually can be started from scratch with training examples to avoid over-fitting effectively and be adaptive to the task. However, it requires a large number of labelled training datasets and takes a long time to train the optimal model, which is unavailable for remote sensing imagery. To address this problem, a simple and effective training modality is adopted (Castelluccio et al., 2015). As is well known, there are many representative pretrained CNN models which are trained on large datasets such as ImageNet, which already have powerful generalization capabilities (Fan et al., 2015). However, in order to make the deep learning model more adaptable to remote sensing data and save a lot of training time, it is necessary to domain-specifically fine-tune the pre-trained networks using use remote sensing training data.

Meanwhile, the selection of classifier is also crucial to the result of land-use classification. Support Vector Machine (SVM) (Saunders et al., 2002) is the most commonly and widely used classifier, but its performance usually depends on suitable parameters and sufficient training data. Traditional classifiers are inefficient in processing large number of datasets. As a fast learning process with good generalization performance, extreme learning machine (ELM) (G. B. Huang et al., 2004, 2006) is a powerful kind of machine learning method based on single-hidden layer feedforward neural networks (SLFNs), which selects the parameters of the hidden node randomly and determines the output weights by solving the least squares solution of the network.

Some researchers have already applied ELM in combination with deep learning models. For example, Tang (Tang et al., 2014) took advantage of ELM and deep neural network to detect ship from spaceborne optical image, which obtains significant results. Cao (L. L. Cao et al., 2015) proposed to combine ELM and deep belief networks (DBN) to obtain better results than other state-of-the-art methods in classification and regression. Weng (Weng et al., 2017) took a deep convolutional neural network (CNN) similar to AlexNet as a feature extractor, and replaced the fully connected layers of CNN with an ELM classifier to obtain higher classification accuracy than other methods. Cao (F. Cao et al., 2018) applied the CNN-ELM architecture to hyperspectral image classification, which can preserve the spatial feature and reconstruct the spectral features of hyperspectral image, and improve the classification accuracy greatly. Kannojia (Kannojia & Jaiswal, 2018) proposed an ensemble of hybrid CNN-ELM model for image classification, which took advantage of three parallel hybrid CNN-ELMs model for feature extraction and classifier and obtained the final classification result by majority voting ensemble of the three outputs. In order to improve the stability and accuracy of classification results obtained by ELM classifier, Huang (F. Huang et al., 2019) combined with ensemble learning, hyperspectral image texture features optimization method and deep learning to solve these problems step by step, and respectively presented Ensemble-ELM, LBP-KELM and CNN-ELM method for hyperspectral remote sensing image classification, which further improve the classification accuracy. To solve the problem of low utilization efficiency of the hidden nodes in ELM, Zhu (W. Zhu et al., 2015) proposed constrained extreme learning machines (CELM) to randomly select hidden nodes according to the sample distribution.

Most deep learning-based classification methods only select an appropriate deep learning model. However, inspired by the ideal proposed by Hazirbas (Hazirbas et al., 2017) that the fusion of different features extracted from different networks can make information complementary and effectively improve the advantages of feature extraction, we find that deep CNNs with different structures have different receptive fields and can catch different information from imageries. Therefore, in order to make the best of deep convolution features and overcome the shortcomings of conventional classifiers, a novel land-use classification in remote sensing images framework is proposed by combing cascaded convolutional neural networks with a CELM classifier in this paper. The cascaded convolutional neural networks takes advantage of three pre-trained deep CNN models including CaffeNet (Jia et al., 2014), VGG-S and VGG-F (Chatfield et al., 2014) as feature extractors, since they are commonly used. And then, they are fine–tuned using land-use image dataset to be adaptive to remote sensing images. Since the three pre-trained models have different receptive fields, the resulting features can capture different and discriminative information from the images. It will achieve more effective and robust classification performance by stacking up and combining these diverse features. Besides, a constrained extreme learning machine (CELM) classifier will replace the traditional classifier, since it has excellent generalization ability and can improve the utilization efficiency of the hidden nodes in ELM.

Therefore, the main contributions of the proposed method can be summarized as follows.

(1) We present to fuse the features extracted from several deep convolutional networks with different receptive fields and different architectures for classification. These deep convolutional neural networks are trained by fine-tuning the pre-trained models with remote sensing images.

(2) The CELM classifier with good generalization ability is introduced to achieve prominent classification performance and quick training speed.

(3) Experimental results show that the proposed approach can improve the generalization ability and achieve the competitive classification performance, while reducing the risk of over-fitting.

Next, Section 2 introduces the brief review of convolutional neural networks (CNN) and extreme learning machine (ELM). Section 3 depicts the architecture of the proposed approach. Section 4 gives an overview of land-use dataset and discusses the experiments in details, while a brief conclusion and some expectation of future works are addressed in Section5.

Basic theories

This section provides a brief introduction to the mechanisms of convolutional neural network and extreme learning machine covered in this paper.

Convolutional neural network

Due to the impressive results in different application of computer vision, convolutional neural network (CNN) has been widely applied and studied in depth in the past decades. Developed from multi-layer perceptron (MLP) (Werbos, 1974), CNN is proposed to solve the complex problem and bottlenecks of MLP. Although MLP can already deal with some image processing problems excellently, there are a mass of network weights to be set in MLP because of its complex architecture and densely interconnected neurons. It requires a great number of training data and huge computational power.

Different from the architecture of MLP, CNN can make use of the properties of natural signals, that is to say, the neurons of CNN have limited receptive fields, and all the neurons in the same layer share the same weights (Lecun et al., 2015). Together with pooling and the application of multiple layers, CNN can imitate human cognition to learn simple features from imageries in lower layers and combine them into complex ones in deeper layers. As shown in Figure 2, the basic structure of a typical CNN consists of two important parts: feature extraction and classifier. Feature extraction, also named feature learning process, contains convolutional layers, pooling layers, normalization layers and fully connected layers. Generally, these layers appear alternatively, with the output of each layer being the input of the next layer. The CNN features extracted from multi-layer net-works are transmitted to the classifier to obtain the classification result.

(1) *Convolutional layers* are of great importance to extract features from images, which calculate the convolution of the input data with the weights of the network. The lower layers learn low-level features (such as lines, textures, edges and corners), while the deeper layers can capture

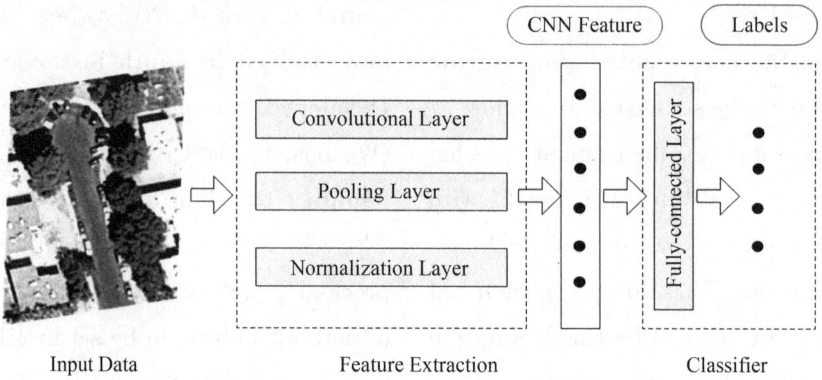

Figure 2. Typical CNN architecture comprising two major part: feature extraction and classifier.

more specific features (such as shapes, structures and objects) from low-level ones. In general, the hyper-parameters of each layer include: the size of convolution kernels, the number and spatial support of filters, the stride and etc.

(2) *Pooling layers* are usually placed after the convolutional layers to decrease the size of the input layer by computing the non-linear operations of features over a region of the image, such as max pooling and average pooling. It can reduce the computational complexity of the networks and ensure some rotation or translation invariance, which is of great significance for scene classification and object detection. The support of the pooling window and the stride between different windows are the main hyper-parameters in pooling layers.

(3) *Normalization Layers* are presented to accelerate the network training and improve the generalization ability of the network, inspired by the inhibition schemes of the real neurons of the brain. Generally, they are not used in the feature map after ReLU activation function (G. E. Hinton, 2010).

(4) *Fully connected Layers* are usually used at the end of the network, mapping the learned features to the label space. They can ensure the transfer of model representation capability, when fine-tuning is used for transfer leaning and the imageries of target domain are greatly different from that of source domain. Fully connected layers occupy most of the parameters, but the complexity is still acceptable, due to the previous size reduction operation. Drop-out method also can be used to prevent over-fitting (Krizhevsky et al., 2012).

Extreme learning machine

This subsection gives a short introduction to ELM-based classifier. Extreme learning machine (ELM) is a new scheme of feedforward neural networks. Since feedforward neural networks can obtain complicated nonlinear mappings directly from the input and deal with the problems which are difficult to solve with classical parametric methods, they have been widely applied in various fields. However, the learning process of feedforward neural networks is generally very slow because of the gradient-based learning algorithms and iterative solution of network parameters.

ELM (G. B. Huang et al., 2004, 2006) was proposed to break through these two bottlenecks, which works for generalized single-layer feedforward neural networks (SLFNs). In ELM algorithm, the number of hidden layer nodes is given ahead of time and the weights between the input and hidden layers can be randomly set without any adjustment. Moreover, the weights between the hidden layer and the output layer do not need any iteration, which are determined by solving the least norm least-squares problem. These characteristics make the generalization performance extremely good and the learning speed greatly improved on the premise of ensuring the learning accuracy.

ELM is a new fast learning algorithm, which can obtain the corresponding output weights with randomly initialized input weights and bias for SLFNs. The architecture of ELM is shown in Figure 3. A set of N training samples and their class labels $\Omega = \{(X_i, y_i) \mid X_i = [x_{i1}, x_{i2}, \dots, x_{in}]^T \in R^n; y_i = [y_{i1}, y_{i2}, \dots, y_{im}]^T \in R^m, i = 1, 2, \dots, N\}$ and the number of hidden layer nodes L ($L \leqslant N$) are known in advance. In the proposed method, the input $X_i \in R^n$ represents the cascaded CNN features vector of land-use scenes and the output $y_i \in R^m$ is the corresponding class label. The single-layer hidden neural network can be represented as follows,

$$\sum_{j=1}^{L} \beta_j f(W_j \cdot X_i + b_j) = o_i \quad i = 1, 2, \dots, N \tag{1}$$

where, o_i is the output of SLFNs, $W_j = [w_{j1}, w_{j2}, \dots w_{jn}]^T$ is the weight vector of the j-th hidden node and the input, β_j is the weight vector of the j-th hidden node and the output, b_j is the bias of the j-th hidden node, and $f(\cdot)$ represents the activation function which generally selects sigmoid function $f(x) = 1/(1 + \exp(-x)$.

The purpose of training SLFNs is to minimize the output error, which is shown below,

$$\sum_{i=1}^{N} \|o_i - y_i\| = 0 \tag{2}$$

That is,

$$\sum_{j=1}^{L} \beta_j f(W_j \cdot X_i + b_j) = y_i \quad i = 1, 2, \dots, N \tag{3}$$

It can be expressed in matrix form,

$$H\Phi = Y \tag{4}$$

where, $\Phi = [\beta_1^T \dots \beta_L^T]_L^T$ is the output weights, $Y = [Y_1^T \dots Y_N^T]_N^T$ is the expected output, and H stands for the output matrix of hidden layer.

$$H = \begin{bmatrix} f(W_1 \cdot X_1 + b_1) & \cdots & f(W_L \cdot X_1 + b_L) \\ \vdots & \ddots & \vdots \\ f(W_1 \cdot X_N + b_1) & \cdots & f(W_L \cdot X_N + b_L) \end{bmatrix}_{N \times L} \tag{5}$$

Once H is well-determined, ELM minimizes the training error by solving the linear system and obtaining the least-squares solution $\hat{\Phi} = H^\dagger Y$, where $H^\dagger$ stands for the Moore-Penrose generalized inverse of matrix H. It can be proved that the norm of the solution $\hat{\Phi}$ is the minimum and unique.

Proposed architecture

As mentioned above, there are two main modules in image classification task: feature extraction and classifier. Although a deep convolutional neural network can extract good feature representation from images, different convolution kernels can obtain different image features with different sensitivity to the features. Therefore, we propose to fusion the features extracted from three deep convolutional neural networks with different structures (CaffeNet, VGG-S and VGG-F) to obtain the information with different scales, so as to increase the diversity and discriminative power of features and improve the classification accuracy. These

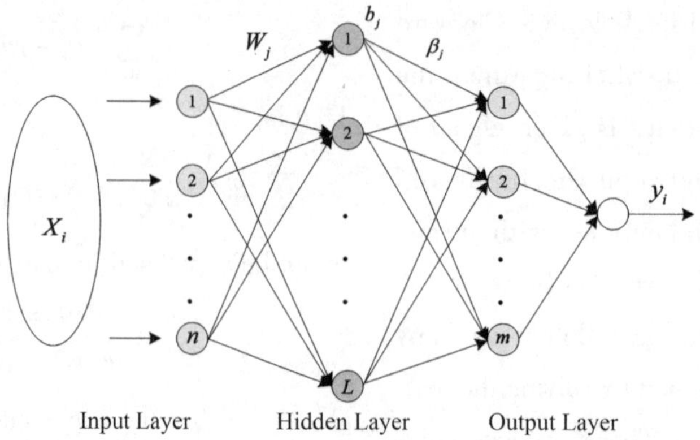

Figure 3. The architecture of the ELM classifier.

deep convolutional neural networks are trained by fine-tuning the pre-trained models with remote sensing images. On the other hand, due to the low utilization efficiency of hidden nodes in ELM classification, constrained extreme learning machine (CELM) as an improved algorithm is selected as the fast and effective classifier, which can randomly select the hidden nodes according to the sample distribution. Figure 4 shows the flowchart of the proposed framework of land-use classification using remote sensing images, where the training and testing input images are both land-use scene images.

Cascaded deep convolutional feature descriptor

Section 2 has introduced the basic architecture of a convolutional neural network. As is well known, there are several successful CNN architectures trained on ImageNet dataset named pre-trained CNN architectures, which can be used as feature extraction directly or be fine-tuned with the scene classification dataset to make the extracted features more adaptive to the target dataset. This paper chooses three pretrained CNN models

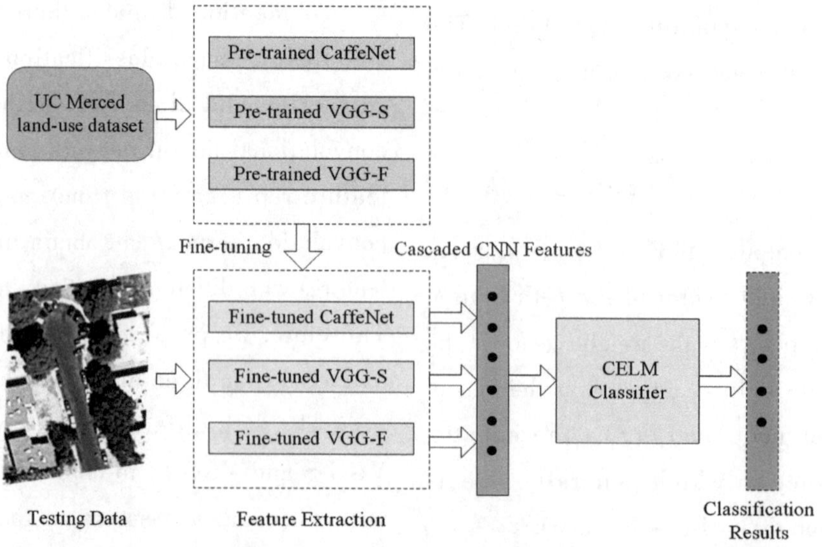

Figure 4. The flowchart of the proposed framework for land–use classification combining the cascaded convolutional features with CELM classifier.

Table 1. Different parameters of the pre-trained CNN models.

CNN Model	Size of convolution kernels				
	Conv1	Conv2	Conv3	Conv4	Conv5
CaffeNet	11 × 11 × 3 × 96	5 × 5 × 48 × 256	3 × 3 × 256 × 384	3 × 3 × 192 × 384	3 × 3 × 192 × 256
VGG–S	7 × 7 × 3 × 96	5 × 5 × 96 × 256	3 × 3 × 256 × 512	3 × 3 × 512 × 512	3 × 3 × 512 × 512
VGG–F	11 × 11 × 3 × 64	5 × 5 × 64 × 256	3 × 3 × 256 × 256	3 × 3 × 256 × 256	3 × 3 × 256 × 256

(CaffeNet, VGG-S and VGG-F) with different size of convolution kernels to be finetuned using UC Merced land-use dataset. Table 1 shows the different size of convolution kernels used in the three pre-trained CNN models. It can be seen that CaffeNet model and VGG-F model have faster training and classification running time due to the larger convolution kernels, and VGG-S model can capture more local and detailed features because of different size of the receptive field.

Pre-trained CNN models can be utilized to extract image features directly. Convolutional layers are used to convert low-level features to high-level features, and image representations can be formed in the fully connected layers. The last fully connected layer is generally fed into a softmax activation function for image classification. In order to learn dataset-specific features, pre-trained CNN models can be fine-tuned with the land-use scene classification dataset to adjust the network parameters to make them more suitable for the target dataset.

Figure 5 shows the process of fine-tuning on a pretrained CNN model using the UC Merced land-use dataset. In general, the architectures of the pre-trained and fine-tuned model are the same. However, the last fully connected layer is usually regarded as a classifier, so the parameters of this layer should be equal to the number of image classes of the target dataset. In this paper, the fine-tuning is only carried out in the fully connected layers, leaving the convolutional layers unchanged which only perform image feature extraction. Taking advantage of stochastic gradient descent (SGD) algorithm to fine-tune the

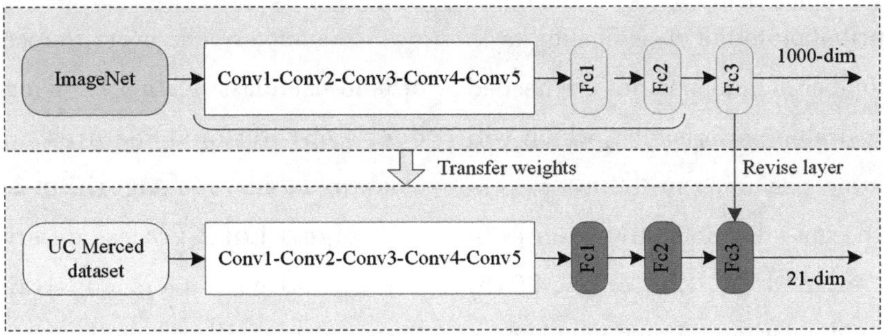

Figure 5. Illustration of the pre-trained CNN model fine-tuned using the UC Merced land-use dataset.

network, the finedtuned CNN models adjust the weights and thresholds to minimize the error between the actual and theoretical output. The features extracted from three fine-tuned CNN models (CaffeNet, VGG-S and VGG-F) are cascaded to obtain a new feature descriptor for image classification.

Constrained extreme learning classifier with cascaded CNN features

Classifier and image feature descriptor are the main modules in image classification. The accuracy of image classification results is improved along with the enhancement of the robustness of the classifier and the discrimination of the extracted features. The fully connected layer in traditional CNN model can be regarded as a SLFN classifier, but its generalization performance is not very ideal, because it is easy to be affected by local minima of training errors and overtraining. As mentioned in Section 2, training SLFNs with extreme learning machine can solve this problem, because ELM has excellent generalization learning performance for feature mappings and can be applied to various regression and classification problems.

However, since the initial weight vectors in ELM are selected randomly, most of them do not represent the discriminative features and have little or no contribution to the classification task. Thus, a large number of hidden nodes are needed to ensure its desirable performance, which will easily lead to timeconsuming in the test process and overfitting. To extract discriminative features in the hidden layer, Zhu (W. Zhu et al., 2015) presented a CELM algorithm to randomly choose hidden nodes from a closed set containing difference vectors of between-class samples. **Algorithm 1** briefly shows the parameters training process of CELM algorithm.

Algorithm 1 Parameters training algorithm of the CELM classifier.

Input: the training samples and labels $\Omega = \{(X_i, y_i) \mid X_i \in R^n; y_i \in R^m, i = 1, \dots, N\}$; the number of hidden layer nodes L; the activation function $f(w, b, X)$.

Output: the parameters of CELM, i. e. the input weight matrix $W_{n\times L}$ and the bias vector $b_{1\times L}$, the output weight matrix β_L.

1: While the number of the difference vectors is less than L;

2: Randomly choose two training samples x_{c1} and x_{c2} from any two different classes and obtain their difference vector $x_{c2}-x_{c1}$;

3: If the norm of vectors is very small or the vector is almost parallel to the previous one, go back to the previous step and re-select the samples;

4: Normalize the difference vector by $w = \frac{2(x_{c2}-x_{c1})}{\|x_{c2}-x_{c1}\|_2^2}$;

5: Compute the corresponding bias by $b = \frac{(x_{c1}+x_{c2})^T(x_{c1}-x_{c2})}{\|x_{c2}-x_{c1}\|_2^2}$;

6: Obtain the weight matrix $W_{n\times L}$ and bias vector $b_{1\times L}$ by w and b;

7: Compute H and Φ using the ELM algorithm.

In summary, the overall process description of land-use classification by using the cascaded deep convolutional features and the CELM classifier is shown in **Algorithm 2**.

Algorithm 2 Process description of land-use classification via constrained extreme learning classifier based on cascaded deep convolutional neural networks:

1: Download and install "matconvnet" which is the matlab toolbox for deep learning, and compile it to add to the matlab path;

2: Download and install "liblinear" to add to the matlab path and compile it;

3: Download the pre-trained model "ImageNet-Caffe-ref" , "ImageNet-VGG-S" and "ImageNet-VGG-F" of ImageNet ILSVRC in the official website of matconvnet;

4: Prepare the dataset for land-use classification;

5: Train the model and adjust the model parameters:

(1) Define the path "data\image" where the original dataset is located, the path "exp\image" to save the training files, the path "models" of the pretrained models, the path of "imdb" structure of the training data;

(2) Define all the parameters during the training process (such as gpus, batchSize, numSubBatches, learningRate and etc.)

(3) Import the pre-trained model "model" from "models" ;

(4) Modify the model from simpleNN to DagNN;

IF imdb structure EXIST:

Import the "imdb" structure of training data;

ELSE:

- Import the original image data from "data\image" ;
- Modify the data of the original dataset according to the data format defined by the model, divide the data into training data and test data according to the prescribed ratio, save them as the corresponding "imdb" structure and store them in "exp/image/imdb" ;
- Replace the original image mean defined in the model "model" with the image mean defined in the "imdb" structure, and replace the original classification class defined in the model "model" with the data category defined in the "imdb" structure;
- Import the model "model" , the data "imdb" and various parameters through cnn_train_dag (), and start the training model;
- Use the stochastic gradient descent (SGD) and back propagation (BP) algorithm to fine-tune the origi-nal parameters of the model with several iterations;
- Save the resulting new model "net" to "exp/" .

6: Test the accuracy of data prediction in the case of using different model combinations and different classifiers, and conduct the comparative test. And the accuracy of the prediction data is designed as follows:

- Define the storage path of the feature data predicted by the model "feature/model/" ;

IF model number = = 1:

Calculate the features of each image through the model "model" and save them;

IF model number == 2;

Calculate the features of model1 and model2 respectively for each image, superimpose them and save them;

IF model number == 3;

Calculate the features of model1, model2 and model3 respectively for each image, superimpose them and save them;

- Import the feature data and class label into different classifier respectively, and calculate the classification accuracy of the model under certain conditions.

Experiment and analysis

In this section, experiments are carried out to evaluate the proposed algorithm for land-use classification in remote sensing images. All the experiments are carried out under the experimental platform: CPU (Intel (R) Core (TM) i5~5200 U CPU @ 2.20 GHz (dual-core fourthread), ~2.2 GHz), memory 12288MB RAM, Matlab R2016b.

Dataset

In this paper, we verify the validity and effect of the proposed method using the well-known UC Merced land-use dataset, which consists of 21 land-use scene classes extracted from United States Geological Survey (USGS). Each class is composed of 100 aerial images of 256 × 256 pixels with the resolution of 0. 3048 m per pixel. The 21 scene classes are made up of a wide variety of spatial patterns, some with texture or colour heterogeneity and others with homogeneity. These types mainly include agricultural, airplane, buildings, dense residential, freeway, forest, intersection, medium density residential, runway and sparse residential, which are richer and challenging for land-use classification. Therefore, the UC Merced land-use dataset has been widely used as a benchmark for land-use classification evaluation. Figure 6 shows the samples of each land-use scene class of this dataset. Meanwhile, the AID dataset is used to further verify the effectiveness of the proposed algorithm, which is obtained from Google Earth. AID dataset contains 30 land-use categories, such as airport, beach, commercial, farmland, forest, mountain and etc. The number of images of every category varies and each category consists of more than 220 images with a size of 600 × 600 pixels. Figure 7 shows the image samples from the AID dataset.

Comparisons

Fine-tuning effect

Firstly, we evaluate the effect of land-use classification by directly using the pre-trained CNN models and fine-tuned CNN models by the target dataset. The pretrained CNN models

Figure 6. Samples from the UC Merced dataset containing 21 land-use classes.

Figure 7. Samples from the AID dataset containing 30 classes.

including CaffeNet, VGG-S and VGG-F are trained in advance using ImageNet dataset, and the fine-tuned CNN models adjust the parameters of two fully connected layers of the pretrained models using land-use image dataset. During the training process, learning rate is set to 0.01, batch size is set to 100, number of training is set to 1470, and the number of validations is set to 630. Figure 8 shows the cross-entropy loss and classification accuracy curves of three CNN models during fine-tuning process using UC Merced landuse dataset.

As can be seen from these curves, the validation accuracy increases rapidly and becomes stable gradually with the improvement of training accuracy, which shows its good generalization ability. Meanwhile, as the number of iterations increases, the loss function curves decline rapidly at first and remain stable. In the three different models, VGG-S model shows its better learning ability because its validation accuracy increases the most with the largest initial training loss.

Table 2 respectively compares the overall classification accuracy over UC Merced land-use dataset and AID dataset using pre-trained CNN models (CaffeNet, VGG-S and VGG-F) and fine-tuned CNN models (CaffeNet, VGG-S and VGG-F), and different classifier (SVM, ELM and CELM classifier). It can be seen from Table 2 that no matter which classifier is used, the classification results of the fine-tuned CNN models with the target dataset are better than

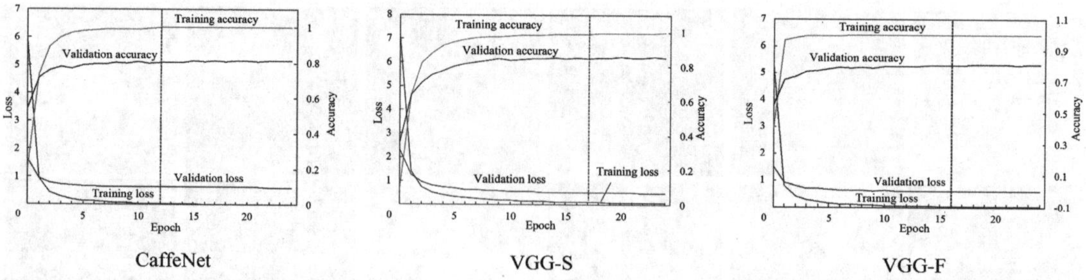

Figure 8. Cross entropy loss and classification accuracy of three CNN models during fine-tuning.

those of the pretrained models with ImageNet dataset. Therefore, it can be proved that the fine-tuned CNN models are more conducive and suitable to land-use classification, because the network parameters are more adaptive to the target images, and the improvement of accuracy depends on the features extracted by the convolutional neural network. Meanwhile, it is observed from Table 2 that the results using CELM classifier are generally better than other two classifiers for the same CNN model, since CELM classifier has a strong generalization ability and good performance. In addition, Figures 9 and 10 respectively show the confusion matrix of land-use classification using UC Merced land-use dataset and AID dataset. It can be seen that the proposed method not only has a high classification accuracy, but also has a good classification result for the unbalanced data set without a large error.

Table 2. Classification accuracy comparison using pre-trained and fine-tuned CNN models and different classifiers.

Dataset	CNN Model		Classification accuracy (%)		
			SVM	ELM	CELM
UC Merced	Pre-trained models	CaffeNet	92.86	92.46	95.44
		VGG-S	92.66	92.25	93.62
		VGG-F	92.68	93.84	94.00
	Fine-trained models	CaffeNet	96.70	95.81	96.95
		VGG-S	96.84	96.38	96.87
		VGG-F	95.47	95.08	96.25
AID	Pre-trained models	CaffeNet	87.17	83.85	91.81
		VGG-S	89.54	87.07	89.78
		VGG-F	88.31	86.06	88.46
	Fine-trained models	CaffeNet	93.83	88.31	93.86
		VGG-S	93.70	88.42	93.69
		VGG-F	94.83	89.58	97.72

Convolutional features

Considering that different convolutional neural networks have different abilities to acquire the structures and details of the images, the proposed algorithm cascades the deep convolutional features captured by three different fine-tuned CNN models (CaffeNet, VGG-S and VGG-F) to obtain a variety of complementary information, which is of great help to land-use classification. Table 3 shows the average classification results of different feature combinations using two kinds of classifiers (SVM and CELM).

It can be seen that the information obtained by deep CNNs with different architectures is complementary, and the information fusion can improve the classification accuracy, because it can enhance the diversity and discriminative of features. At the same time, it is further proved that no matter which kind of deep convolutional

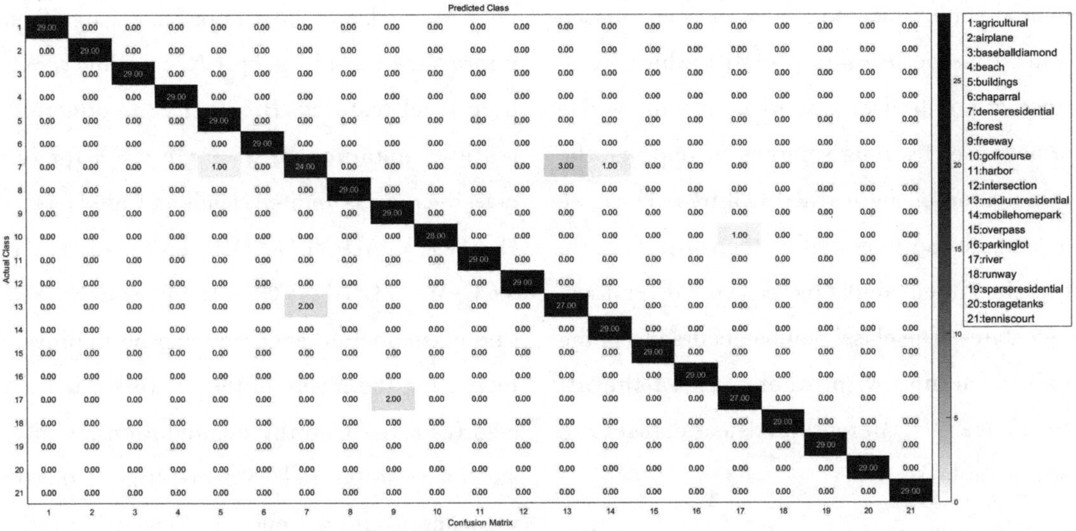

Figure 9. The confusion matrix of land-use classification using UC Merced land-use dataset.

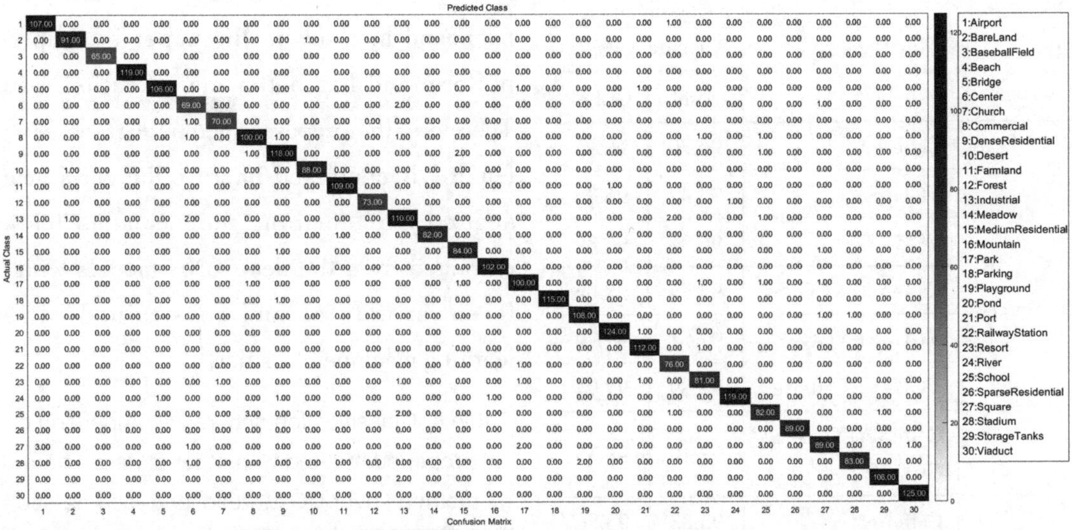

Figure 10. The confusion matrix of land-use classification using AID dataset.

networks is used, CELM classifier can get better classification accuracy than the SVM classifier which is normally used.

Other classification methods

Finally, the proposed method is compared with other state-of-the-art image classification methods, such as SPM (Lazebnik et al., 2006), BOVW+SCK (Y. Yang & Newsam, 2010), CaffeNet+SVM (Castelluccio et al., 2015), OverFeat (Penatti et al., 2015), VLAD+VGG-VD16 (Fan et al., 2015), IFK+VGG-M (Fan et al., 2015), VGG-S (Chatfield et al., 2014), VGG-M (Chatfield et al., 2014), VGG-F (Fan et al., 2015), VGG-19 (Simonyan & Zisserman, 2014) and AlexNet+ELM (Weng et al., 2017). Recently, some methods are presented to improve deep CNN features for remote sensing image classification. Gong (Gong et al., 2019) proposed a novel land-use classification method based on center-based structured metric learning (C-SML), which make full use of point-wise, pair-wise and class-wise information of training samples to improve the discrimination of the learned features. Thus, we also compare the proposed method with C-SML, since both of them aim at increase the diversity of deep features. The classification accuracies of the proposed method with other state-of-the-art methods over UC Merced land-use dataset are shown in Table 4.

Table 3. Classification accuracy comparison using different convolutional features.

Dataset	CNN Model	Classification accuracy (%)	
		SVM	CELM
UC Merced	CaffeNet	96.70	96.95
	VGG–S	95.47	96.25
	VGG–F	96.84	96.87
	CaffeNet+VGG–S	97.73	98.06
	VGG–S+ VGG–F	97.51	97.79
	VGG–F+ CaffeNet	97.89	97.94
	CaffeNet+VGG–S+ VGG–F	98.10	98.35
AID	CaffeNet	93.83	93.86
	VGG–S	93.70	93.69
	VGG–F	94.83	94.72
	CaffeNet+VGG–S	93.94	93.99
	VGG–S+ VGG–F	95.91	95.44
	VGG–F+ CaffeNet	95.47	95.46
	CaffeNet+VGG–S+ VGG–F	97.31	97.46

The results shown in Table 4 indicate that the classification results of traditional middle-level fea-tures (such as SPM, BOVW+SCK) are not very good, and the accuracies are significantly improved by using deep CNN model to extract high-level features. However, the effect of the features obtained by a single CNN for image classification is limited, such as CaffeNet+SVM, OverFeat, VLAD+VGG-VD16, IFK+VGG-M, VGG-S, VGG-M, VGG-F, VGG-19 and AlexNet+ELM. The classification accuracy can be improved by increasing the layers of the networks, but it will aggravate the training computation complexity and increase the risk of over-fitting if the training samples are not enough. Comparing with the C-SML method, which also takes advantage of multiple information of deep features, the proposed method in this paper is simpler to perform and has better classification results. Therefore, the proposed method can increase the feature diversity and improve the classification accuracy by combing the cascaded features extracted from the deep CNN models with different structures and constrained extreme learning machine classifier.

Table 4. Classification accuracy comparison of the proposed method with other state-of-the-art methods over UC Merced land–use dataset.

Classification methods	Classification accuracy (%)
SPM	74.00
BOVW+SCK	77.71
CaffeNet+SVM	93.42
OverFeat	90.91
VLAD+VGG–VD16	96.16
IFK+VGG–M	96.90
VGG–S	87.76
VGG–M	87.15
VGG–F	94.35
VGG–19	91.80

续表 4

Classification methods	Classification accuracy (%)
AlexNet+ELM	95.62
C–SML	97.30
The proposed method	98.35

Conclusion

Land-use classification is of great importance to conduct land resource management, urban development and environmental change. Since remote sensing images usually contain rich spatial and structural information, this paper proposes a land-use classification method based on a novel feature extractor and a fast-generalized classifier using remote sensing images. Firstly, the novel feature extractor refers to cascaded deep convolutional feature extractor which makes use of three fine-tuned convolutional neural networks with different architectures, which can capture different information of the images for classification. Secondly, this paper takes advantage of constrained extreme learning machine to process the extracted features and classify the land-use scene images, because it has the fast speed and nice generalization performance for feature mappings. Finally, a large number of experiments show that the proposed land-use classification method has advantages in feature extraction and classifier, and can obtain better classification results than other state-of-the-art image classification methods in objective evaluation. In the future, the key points to improving this method will be the extraction of more discriminative deep features, the fusion mode of extracted deep convolutional features and the selection of more effective classifier.

Disclosure statement

No potential conflict of interest was reported by the authors.

References

Cao, F., Yang, Z., Ren, J., & Ling, B. W. -K. (2018). Convolutional neural network extreme learning machine for effective classification of hyperspectral images. *Journal of Applied Remote Sensing*, *12* (3), 1. https: //doi. org/10. 1117/1. Jrs. 12. 035003

Cao, L. L., Huang, W. B., & Sun, F. C. (2015). *A deep and stable extreme learning approach for classification and regression*. Springer International Publishing.

Castelluccio, M., Poggi, G., Sansone, C., & Verdoliva, L. (2015). Land use classification in remote sensing images by convolutional neural networks. *Acta Ecologica Sinica*, *28* (2), 627-635. https: //doi. org/10. 1016/S1872-2032 (08) 60029-3

Chaib, S., Gu, Y., & Yao, H. (2016). An informative feature selection method based on sparse PCA for VHR scene classification. *IEEE Geoscience & Remote Sensing Letters*, *13* (2), 147-151. https: //doi. org/10. 1109/LGRS. 2015. 2501383

Chan, T. H., Jia, K., Gao, S., Lu, J., Zeng, Z., & Ma, Y. (2015). PCANet: A simple deep learning baseline for image classification? *IEEE Transactions on Image Processing*, *24* (12), 5017-5032. https: //doi. org/10. 1109/TIP. 2015. 2475625

Chatfield, K., Simonyan, K., Vedaldi, A., &

Zisserman, A. (2014). Return of the devil in the details: Delving deep into convolutional nets.. Proceedings of the British Machine Vision Conference. BMVA Press. https: //doi. org/10. 5244/C. 28. 6

Cheng, G., Han, J., Guo, L., Liu, Z., Bu, S., & Ren, J. (2015). Effective and efficient midlevel visual elements-oriented land-use classification using VHR remote sensing images. *IEEE Transactions on Geoscience and Remote Sensing*, *53* (8), 4238-4249. https: //doi. org/10. 1109/TGRS. 2015. 2393857

Cheng, G., Zhou, P., & Han, J. (2016). Learning rotation-invariant convolutional neural networks for object detection in VHR optical remote sensing images. *IEEE Transactions on Geoscience and Remote Sensing*, *54* (12), 1-11. https: //doi. org/10. 1109/TGRS. 2016. 2601622

Dai, D., & Yang, W. (2010). Satellite image classification via two-layer sparse coding with biased image representation. *IEEE Geoscience & Remote Sensing Letters*, *8* (1), 173-176. https: //doi. org/10. 1109/lgrs. 2010. 2055033

Dalal, N., & Triggs, B. (2005). *Histograms of oriented gradients for human detection. Computer Vision and Pattern Recognition, 886-893. https: //doi. org/10. 1109/CVPR. 2005.* 177.

Deutsch, H. P. (2004). *Principle component analysis*. Palgrave Macmillan UK.

Fan, H., Gui-Song, X., Jingwen, H., & Liangpei, Z. (2015). Transferring deep convolutional neural networks for the scene classification of high-resolution remote sensing imagery. *Remote Sensing*, *7* (11), 14680-14707. https: // doi. org/10. 3390/rs71114680

Gong, Z., Zhong, P., Hu, W., & Hua, Y. (2019). Joint learning of the center points and deep metrics for land-use classification in remote sensing. *Remote Sensing*, *11* (1), 76-96. https: // doi. org/10. 3390/rs11010076

Hazirbas, C., Ma, L., Domokos, C., & Cremers, D. (2017). FuseNet: Incorporating depth into semantic segmentation via fusion-based CNN architecture. In S. H. Lai,

V. Lepetit, K. Nishino, & Y. Sato (Eds.), Asian Conference on Computer Vision, 213-228. https: //doi. org/10. 1007/978-3-319-54181-5_14.

He, K., Zhang, X., Ren, S., & Sun, J. (2014). Spatial pyramid pooling in deep convolutional networks for visual recognition. *IEEE Transactions on Pattern Analysis and Machine Intelligence*, *37* (9), 1904-1916. https: //doi. org/ 10. 1007/978-3-319-10578-923

Hinton, G. E. (2006). Reducing the dimensionality of data with neural networks. *Science*, *313* (5786), 504-507. https: //doi. org/10. 1126/ science. 1127647

Hinton, G. E. (2010). Rectified linear units improve restricted boltzmann machines Vinod Nair. *Internaltional Conference on Machine Leanring*.

Hinton, G. E., Osindero, S., & Teh, Y. -W. (2006). A fast learning algorithm for deep belief nets. *Neural Computation*, *18* (7), 1527-1554. https: //doi. org/10. 1162/ neco. 2006. 18. 7. 1527

Hu, F., Xia, G. -S., Wang, Z., Huang, X., Zhang, L., & Sun, H. (2017). Unsupervised feature learning via spectral clus-tering of multi–

dimensional patches for remotely sensed scene classification. *IEEE Journal of Selected Topics in Applied Earth Observations & Remote Sensing*, *8* (5), 2015-2030. https: // doi. org/10. 1109/JSTARS. 2015. 2444405

Huang, F., Lu, J., Tao, J., Li, L., Tan, X., & Liu, P. (2019). Research on optimization methods of ELM classification algorithm for hyperspectral remote sensing images. *IEEE Access*, *7*, 108070-108089. https: //doi. org/10. 1109/ ACCESS. 2019. 2932909

Huang, G. B., Zhu, Q. Y., & Siew, C. K. (2004). Extreme learning machine: A new learning scheme of feedforward neural networks. *Neural networks, 2004. Proceedings. 2004 IEEE international joint conference on.*

Huang, G. B., Zhu, Q. -Y., & Siew, C. -K. (2006). Extreme learning machine: Theory and applications. *Neurocomputing*, *70* (1-3), 489-501. https: //doi. org/10. 1016/j. neucom. 2005. 12. 126

Jia, Y., Shelhamer, E., Donahue, J., Karayev, S., Long, J., Girshick, R.,... Darrell, T. (2014). Caffe: Convolutional architecture for fast feature embedding. *ACM International Conference on* https: //doi. org/ Multimediadoi: 10. 1145/2647868. 2654889

Jiang, Y., Yuan, J., & Gang, Y. (2012). *Randomized spatial partition for scene recognition*. Springer Berlin Heidelberg.

Jin, B., Ye, P., Zhang, X., song, W., & Li, S. (2019). Objectoriented method combined with deep convolutional neural networks for land-use-type classification of remote sensing images. *Journal of the Indian Society of Remote Sensing*, 47 (6), 951-965. https: //doi. org/10. 1007/s12524-019-00945-3

Kannojia, S. P., & Jaiswal, G. (2018). *Ensemble of hybrid CNN-ELM model for image classification*. IEEE.

Ke, N. Y., & Sukthankar, R. (2004). PCA-SIFT: A more distinctive representation for local image descriptors. *Proceedings of the 2004 IEEE Computer Society Conference on Computer Vision and Pattern Recognition.*

Krizhevsky, A., Sutskever, I., & Hinton, G. (2012). ImageNet classification with deep convolutional neural networks. *Advances in Neural Information Processing Systems*, *25* (2), 84-90. https: //doi. org/10. 1145/3065386

LaGro Jr, J. A. (2005). LAND-USE CLASSIFICATION. *Encyclopedia of Soils in the Environment*, *7* (3), 321-328. https: //doi. org/10. 1016/B0-12-348530-4/00530-0

Lazebnik, S., Schmid, C., & Ponce, J. (2006). Beyond bags of features: Spatial pyramid matching for recognizing natural scene categories. *Computer Vision and Pattern Recognition, 2006 IEEE Computer Society Conference on.*

Lecun, Y., Bengio, Y., & Hinton, G. (2015). Deep learning. *Nature*, *521* (7553), 436-444. https: // doi. org/10. 1038/ nature14539

Lindeberg, T. (2012). *Scale invariant feature transform*. scholarpedia.

Lowe, D. G. (2004). Distinctive image features from scale-invariant keypoints. *International Journal of Computer Vision*, *60* (2), 91-110. https: //doi. org/10. 1023/ b: visi. 0000029664. 99615. 94

Mundia, C. N., & Aniya, M. (2005). Analysis of land use/ cover changes and urban expansion of Nairobi city using remote sensing and GIS. *International Journal of Remote Sensing*, *26*

(13), 2831-2849. https: //doi. org/10. 1080/01431160500117865

Ojala, T., Pietikainen, M., & Maenpaa, T. (2002). Multiresolution gray-scale and rotation invariant texture classification with local binary patterns. *IEEE Transactions on Pattern Analysis and Machine Intelligence*, *24* (7), 971-987. https: //doi. org/10. 1109/tpami. 2002. 1017623

Olshausen, B. A., & Field, D. J. (1997). Sparse coding with an overcomplete basis set: A strategy employed by V1? *Vision Research*, *37* (23), 3311-3325. https: //doi. org/10. 1016/s0042-6989 (97) 00169-7

Othman, E., Bazi, Y., Alajlan, N., Alhichri, H., & Melgani, F. (2016). Using convolutional features and a sparse autoencoder for land-use scene classification. *International Journal of Remote Sensing*, *37* (10), 1977-1995. https: // doi. org/10. 1080/01431161. 2016. 1171928

Penatti, O. A. B., Nogueira, K., & Santos, J. A. D. (2015). Do deep features generalize from everyday objects to remote sensing and aerial scenes domains? *2015 IEEE Conference on Computer Vision and Pattern Recognition Workshops (CVPRW)*.

Romero, A., Gatta, C., & Camps-Valls, G. (2015). Unsupervised deep feature extraction for remote sensing image classification. *IEEE Transactions on Geoscience and Remote Sensing*, *54* (3), 1349-1362. https: //doi. org/10. 1109/TGRS. 2015. 2478379

Saunders, C., Stitson, M. O., Weston, J., Holloway, R., Bottou, L., Scholkopf, B., & Smola, A. (2002). Support vector machine. *Computer Vision*, *1* (4), 1-28. https: //doi. org/10. 1007/978-3-642-27733-7_299-3

Shi, C., Lv, Z. Y., Yang, X. H., Xu, P. F., & Bibi, I. (2020). Hierarchical multi-view semi-supervised learning for very high-resolution remote sensing image classification. *Remote Sensing*, *12* (6), 18. https: //doi. org/10. 3390/rs12061012

Shi, C., & Pun, C. M. (2020). Multiscale superpixel-based hyperspectral image classification using recurrent neural networks with stacked autoencoders. *IEEE Transactions on Multimedia*, *22* (2), 487-501. https: //doi. org/10. 1109/ tmm. 2019. 2928491

Simonyan, K., & Zisserman, A. (2014). Very deep convolutional networks for large-scale image recognition. arXiv preprint. https: //arxiv. org/abs/1409. 1556.

Swain, M. J., & Ballard, D. H. (1991). Color Indexing. *International Journal of Computer Vision*, *7* (1), 11-32. https: //doi. org/10. 1007/BF00130487

Szegedy, C., Liu, W., Jia, Y., Sermanet, P., Reed, S., Anguelov, D., ... Rabinovich, A. (2015). Going Deeper with Convolutions. *Proceedings of the 2015 IEEE Computer Society Conference on Computer Vision and Pattern Recognition.*

Tang, J., Deng, C., Huang, G. -B., & Zhao, B. (2014). Compressed-domain ship detection on spaceborne optical image using deep neural network and extreme learning machine. *IEEE Transactions on Geoscience and Remote Sensing*, *53* (3), 1174-1185. https: //doi. org/10. 1109/tgrs. 2014. 2335751

Vincent, P., Larochelle, H., Lajoie, I., Bengio, Y., & Manzagol, P. A. (2010). Stacked denoising autoencoders: Learning useful representations in a deep network with a local denoising criterion. *Journal of Machine Learning Research, 11* (12), 3371-3408. https: //doi. org/10. 1016/j. mechatronics. 2010. 09. 004

Weng, Q., Mao, Z., Lin, J., & Guo, W. (2017). Land-use classification via extreme learning classifier based on deep convolutional features. *IEEE Geoscience & Remote Sensing Letters, 14* (5), 704-708. https: //doi. org/10. 1109/ LGRS. 2017. 2672643

Werbos, P. (1974). *Beyond Regression: New Tools for Prediction and Analysis in the Behavioral Sciences* [Ph. D. dissertation] . Harvard University.

Yang, W., Yin, X., & Xia, G. -S. (2015). Learning high-level features for satellite image classification with limited labeled samples. *IEEE Transactions on Geoscience and Remote Sensing, 53* (8), 4472-4482. https: //doi. org/10. 1109/TGRS. 2015. 2400449

Yang, Y., & Newsam, S. (2010). Bag-of-visual-words and spatial extensions for land-use classification. *Proceedings of the 18th SIGSPATIAL international conference on advances in geographic information systems.*

Zhang, F., Du, B., & Zhang, L. (2015). Saliency-guided unsupervised feature learning for scene classification. *IEEE Transactions on Geoscience and Remote Sensing, 53* (4), 2175-2184. https: //doi. org/10. 1109/tgrs. 2014. 2357078

Zhao, L., Tang, P., & Huo, L. (2014). A 2-D wavelet decomposition-based bag-of-visual-words model for land-use scene classification. *International Journal of Remote Sensing, 35* (6), 2296-2310. https: //doi. org/10. 1080/ 01431161. 2014. 890762

Zhou, L., Zhou, Z., & Hu, D. (2013). Scene classification using multi-resolution low-level feature combination. *Neurocomputing, 122* (Complete), 284-297. https: //doi. org/10. 1016/j. neucom. 2013. 06. 023

Zhou, W., Shao, Z., Diao, C., & Cheng, Q. (2015). High-resolution remote-sensing imagery retrieval using sparse features by auto-encoder. *Remote Sensing Letters, 6* (10), 775-783. https: // doi. org/10. 1080/ 2150704X. 2015. 1074756

Zhu, Q., Zhong, Y., Zhao, B., Xia, G. -S., & Zhang, L. (2016). Bag-of-visual-words scene classifier with local and global features for high spatial resolution remote sensing imagery. *IEEE Geoscience & Remote Sensing Letters, 13* (6), 1-5. https: //doi. org/10. 1109/LGRS. 2015. 2513443

Zhu, W., Miao, J., & Qing, L. (2015). Constrained extreme learning machines: A study on classification cases. arXiv Preprint. https: // arxiv. org/abs/1501. 06115.

Zou, Q., Ni, L., Zhang, T., & Wang, Q. (2015). Deep learning based feature selection for remote sensing scene classification. *IEEE Geoscience & Remote Sensing Letters, 12* (11), 2321-2325. https: //doi. org/10. 1109/ LGRS. 2015. 2475299

测绘地理信息技术在国土空间规划中的应用

图木

（内蒙古自治区国土空间规划院，呼和浩特市，010010）

摘　要：合理的国土空间规划，能够为提高人民群众的生活水平、维持国家稳定发展提供有力的帮助。在国土空间规划中，测绘地理信息技术具有关键性的作用。因此，要将测绘地理信息技术科学、合理的应用在国土空间规划中，使我国的国土资源能够实现科学配置，进而形成一套完善的科学体系。本文是笔者对测绘地理信息技术在国土空间规划中的应用总结的一些心得，希望能够为大家带来一点帮助。

关键词：测绘地理信息技术；国土空间规划；应用

对国土空间进行合理的规划，是我国空间发展的基础条件，为各类建筑开发提供科学的依据，同时能够推动我国的生态文明建设。测绘地理信息技术是我国在国土空间规划中的重要帮手，尤其在获取数据方面，具有可靠、及时、准确等优点，另外，这种技术在数据类型应用中具有多样性和互补性的特点。通过收集地理信息数据，再对这些数据进行分析和整理，能够为国土资源的合理开发利用提供科学的依据。

1　国土空间规划

国土空间规划是为提高国土资源的利用率和开发率，结合特定地区的地理环境和社会发展需求等条件，对国土空间进行科学的规划和调整[1]。国土空间规划中包含了物质空间的划分和资源的合理支配，同时对社会经济发展中的各种经济活动和空间承载能力进行科学的分析和评价。

在进行国土空间规划时，要以环境保护为基本原则，对生态环境的保护和修复工作要高度重视，为人民群众打造一个绿色、健康的生活环境，保障国土空间被合理的开发。另外，国土空间的规划和开发不能超出自然环境的承载能力，因此，要对国土空间进行全方位的规划，在保证社会稳定发展的同时，促进人类与自然环境的和谐发展。

2　测绘技术的发展

随着科学技术的进步，测绘技术也有了全新的发展和改进，同时也拥有了更加广阔的应用空间。现代测绘技术无论在技术手段、应用范围或是精准性等方面，都取得了可喜的成绩。现代测绘技术的发展主要表现在以下三个方面：第一，GPS全球定位技术；第二，RS遥感技术；第三，GIS地理信息系统。这些测绘技术的本质就是通过测量仪器、传感器和电脑软件的操作来对地理空间展开数据收集和分析[2]。

3 测绘技术在国土空间规划中的基础应用

3.1 GPS 全球定位技术的基础应用

GPS 全球定位技术能够满足各种高精度的需要，即使是在一些偏远的山区，也能出色的完成任务，另外，GPS 全球定位技术不受恶劣天气的影响，可以随时进行测绘，高效完成空间资源信息搜集的工作。在进行国土空间规划时，GPS 全球定位技术一般会被应用在国土空间规划图像的测量与精确控制中。这种技术能够利用 R7IX 技术对图像中的各个控制点进行准确的定位与测量，为绘制国土规划图像、搜集地理信息提供重要的帮助。

3.2 RS 遥感技术的基础应用

RS 遥感技术具有收集资料及时、方便的优点，同时，其收集的资料新颖、成图速度快。当需要进行远距离测绘时，可以使用 RS 技术对目标进行判断与测量，并将遥感图像实时传送回来。RS 技术为国土规划的数据获取和更新提供了莫大的帮助。

3.3 GIS 地理信息系统的基础应用

GIS 地理信息系统主要被应用在国土规划数据的存储与动态管理中，其特点主要体现在运算、分析以及表达空间信息等方面。在使用 GIS 地理信息系统时，通常会将 GIS 地理信息系统的空间分析功能、土地规划绘制模型以及分析运算等功能相结合，为合理规划国土空间提供专业的数据信息。

4 测绘地理信息技术在国土空间规划中的应用

4.1 区分土地的所有权和使用权

土地的使用权和所有权是国土空间规划汇中非常重要的内容，在获取土地使用权和所有权的数据底图时，测绘地理信息中的不动产测绘技术就能够通过航测和 GPS 定位的方式来准确的完成定位，获得全面、精确的数据。另外，还可以利用 GIS 地理信息系统获取地理信息数据并进行整理和分析，以此来确定土地的归属权。

4.2 国土空间规划设计

在进行国土空间规划设计时，合理的使用 GIS 技术和 RS 技术，能够提高国土空间规划设计的科学性，还能够出色的完成外业工作任务。近些年，测绘地理信息技术在国土空间规划中的应用范围越来越广泛，已经成获取信息和精准定位的重要手段。在进行大量、复杂的地理信息数据分析时，可以利用 GIS 技术对相应的空间信息进行查询、评估和分析，对规划设计方案的可行性提供准确的评价。在土地类型较时，可以结合相应的土地数据来制定科学合理的规划设计方案，以达到国土资源的最优配置[3]。另外，测绘地理信息技还能够对一些复杂环境下的地理信息数据进行分析，为国土空间规划工作提供准确的数据信息依据。

4.3 管理耕地与建设用地

将 3S 技术应用在耕地保护及建设用地的管理中，可以实时对未经利用的土地进行开发，促进土地流转配置、农田规划以及增减监控等工作的顺利进行。在进行国土空间规划时，测绘地理信息能够提供大数据精准分析和及时提醒，为保护耕地和建设用地的科学规划提供可靠的技术支持。

4.4 展示评估结果与监督

设计图纸的精准度是国土空间规划的重要因素，要保证规划图纸能够达到最高的精准性，可以利用 3D 或 GIS 等技术，通过虚拟图形处理制作出相应的三维立体规划图。为了使规划方案能够达到最高的合理性，可以结合 GIS 空间技术对已经制定的国土空间规划方案进行实时动态评估，并根据最终的评估结果对规划方案进行相应的调整与完善。GIS 空间技术能够在保证国土规划方案具有准确性的同时，为规划方案的确定与评价提供全面的技术支持。

5 结束语

综上所述，国土空间规划是推进我国生态文明建设的重要举措，同时也是实现我国可持续发展战略的重要空间蓝图。测绘地理信息技术能够为国土空间规划提供最基础、最全面的数据信息，是国土空间规划的基础。提升了信息技术具有数据搜集能力、分析能力和整合能力。因此，将测绘地理信息技术应用在国土空间规划中，能够使国土空间规划更加科学、合理。为实现我国国土资源的科学配置起到促进作用。

参考文献

[1] 纪盛蕾 . 测绘地理信息技术在国土空间规划中的应用研究 [J]. 写真地理，2020（19）：2–3.

[2] 王伟，金贤锋 . 面向国土空间规划的测绘地理信息技术及数据成果服务应用展望 [J]. 测绘通报，2020（12）：7–8.

[3] 刘志刚 . 测绘地理信息大数据背景下的国土空间规划应用研究 [J]. 地矿测绘，2021，4（1）：105–106.

国土空间规划体系中的城市规划

图木

（内蒙古自治区国土空间规划院，呼和浩特市，010010）

摘　要：现阶段国土空间的统一规划体系已经逐步落实，而当下更注重对规划体系的改革与完善，其中重点是保障城市规划的合理性，而且当前国土空间规划体系的顶层设计已经实现了全面落实。而在城市规划过程中，也要合理应用各生活空间，提高城市规划的科学性，保障城市规划之间的协调效果。因此在日后的城市规划中，则应当将城市规划要求作为基本引导，对城市规划进行全面改革。基于此，本文主要探究国土空间规划体系中城市规划的重要作用，并逐步探究城市规划的基本策略，为我国城市规划发展奠定基础。

关键词：国土空间；规划体系；城市规划

近年来随着我国城市化水平不断提升，城市建设用地越来越稀缺，而城市规划不仅影响着城市的整体结构，同时也影响着地区内经济的发展与人们生活质量。传统城市规划导致城市功能区的分布并不科学，这就导致交通发展与环境保护都受到影响，此类问题都会影响城市建设的可持续发展。因此，在国土空间规划体系中，要积极完善城市规划工作，全面落实相关规划需求，展现出城市建设文化特色，使得城市规划水平得到有效提高。

1　国土空间规划体系中城市规划的重要作用

国土空间规划体系指出了我国城市规划的具体框架，而在国土空间规划过程中，也通过分级分类的方式构建完善的规划体系，既要明确国土空间整体规划的具体重点，同时也要展现出国土空间规划体系的约束效果。这也就意味着国土空间规划体系能够明确城市的建设框架，进而起到良好的指导作用。除此之外，城市规划的相关需求也能够展现出规划的战略性，使得城市空间更加协调，因此在城市规划过程中，要始终坚持生态效益与社会效益的和谐统一，落实以人为本的理念，积极采取绿色生产模式，合理配置城市各项资源[1]。将国土空间规划体系作为城市规划的基本指导，不断提高城市建设的现代化水平。国土空间规划体系更注重对城市规划的管理，因此要逐步加强对城市规划工作的审批，并完善相关制度，同时也要将国土空间规划体系作为标准，完善相关规范，通过对土地资源的合理应用，为人民打造更加舒适协调的空间，进而有效提高城市规划质量。

2　国土空间规划体系中的城市规划策略

2.1　展现城市规划全局性，解决城市规划问题

我国当前正处于城市化发展的重要阶

段，但由于发展速度过于迅猛，导致城市建设中存在着诸多矛盾，而导致这些问题的主要因素与城市发展之间有着必然关联。如果这个过程中只是采取规划手段来治理问题，那么则难以展现出实际效果，因此，需要将合理的城市规划策略作为主要依托，及时发现城市规划中可能存在的各项问题，比如空间约束性缺乏等。要想合理解决城市规划问题，就应当保障城市规划的合理布局，将构建规划体系作为基础，逐步改进规划体制，结合实际情况实现城市规划功能的互补与协调。城市规划应当选择边界限定模式来取代扩张规划模式，要更注重优化城市空间，始终立足于城市未来的发展趋势，保障土地利用的合理性，实现城乡规划与经济发展的和谐统一[2]。与此同时，在城市规划过程中也应当设立合理的整体规划，将整体规划作为基本导向，全面落实城市规划。受到长期性事权规划的影响，城市规划面临着多项挑战，比如国家层面缺乏管控、非建设地区缺乏关注，等等。为了有效解决城市规划中的各项问题，务必要在城市规划过程中充分融合国土空间体系，通过设立长期规划，全面覆盖城市规划区域。

2.2 合理协调用地类型，保证城市规划合理化

当前国土空间规划体系中协调用地类型，是保障城市规划合理化的主要策略之一。我国大部分地区用地类型的划分存在混淆，因此，需要对用地类型进行更明确的划分。首先，应当积极构建分类框架，通过搭建此类框架满足当前生态化建设的基本需求，同时也能够遵循国土空间体系的管理机制，使得常用地能够得到有效优化，比如农用地、建设用地，等等[3]。农用地的主要作用是实现农业生产，分别包括耕地与园地。其次，应当合理分配农业用地体系，以保护耕地为核心，构建完善的管理结构。在国土管控的基础上，也需要对农业用地进行细化分类，分别包括基本农田与一般耕地。而土地划分则要满足农业生产与农田种植的基本要求，将协调用地类型作为基本目标，并对其进行进一步细化。最后，要对城乡建设用地分类进行统一，在城乡一体化的原则下，明确分类建设用地保障城市规划的合理性。

2.3 积极引入居民意见，提高土地利用效率

在城市规划过程中要充分考虑周围居民群众的意见，并将居民加入到土地规划决策机制之中，这样不仅能够有效提高居民的参与感，同时也能够全面了解居民的实际需求，保障城市规划的合理性。除此之外，在决策融入居民意见后，能够加强群众对城市规划的了解，使得城市规划的实施更加顺利[4]。而在决策机制中引导居民加入的同时，也要充分考虑实际成本问题，由于城市人口数量始终处于增长状态，难以让全体居民全部参与到城市规划之中，因此可以通过采取代表制的方式，了解全体居民的意见。而在城市规划过程中，相关部门也要将提高土地资源利用率作为重点，在规划前要充分了解城市地区的实际布局情况，并做好调研工作，根据最终的调研结果，合理协调各个功能区域，解决当下城市划分不合理的问题。而对于工业区则要以工业用地为主，不可将居民区与工业区混淆，作为独立规划人员，应当不断加强专业能力，将土地资源利用率问题放在首位[5]。

3 结束语

总而言之，城市规划作为国土空间体系

中的重要组成部分，在城市建设过程中，需要将国土空间规划作为城市规划的基本框架，通过对城市规划体制的逐一细化，满足现代化城市的发展需求，为城市建设提供基本保障。

参考文献

[1] 张北．国土空间规划体系下的城市规划传承与融合［J］．建设科技，2021（16）：14–16.

[2] 朱锦章．国土空间规划体系下的城市规划传承与融合［J］．城市规划，2021，45（4）：16–23.

[3] 叶相华．国土空间规划体系中的城市规划研究［J］．房地产世界，2020（20）：35–36.

[4] 任峰，李鑫．简述国土空间规划体系中的城市规划［J］．城市建筑，2020，17（24）：38–39.

[5] 王唯山．国土空间规划体系中的规划理论发展与行业变革［J］．规划师，2020，36（13）：10–14.

内蒙古耕地新垦区土地生态状况精细评估
——以鄂尔多斯市达拉特旗为例

郭春荣，苑杨

（内蒙古土地调查规划院，呼和浩特市，010010）

摘　要：研究目的：开展典型区域土地生态状况调查与评估是促进资源高效利用和环境有效保护的基础工作，可为全面推进当地土地资源管护模式转变，切实提升区域生态安全保障能力，构建绿色国土空间格局提供强有力的科技和信息支撑。研究方法：本文以鄂尔多斯市粮食主产区达拉特旗为研究对象，通过查阅文献、咨询专家、借鉴已有研究成果，从土地生态状况自然基础条件、土地生态状况结构性条件、土地损毁、退化状况、生态建设与保护综合效应情况、区域性情况 5 个方面为准则层，选取了 14 个指标层、44 个元指标构建了耕地新垦区土地生态状况综合评估指标体系，采用 AHP 法与熵权法相结合确定指标的权重。研究结果：基于 ARCGIS 软件，以 2013 年度指标涉及数据为基础，运用综合指数法对达拉特旗 107 个行政村单元进行了精细评估，基于总分频率曲线法将达拉特旗生态状况划分为 5 个等级，其中土地生态状况质量优和良的涉及 42 个村，所占比例 26.8%，主要分布在达拉特旗的黄河冲击平原区；土地生态状况质量一般和差的涉及 45 个村，占研究区域总面积的 56.81%，主要集中在达拉特旗中部和南部即丘陵砂石沟壑区和库布其沙漠区，植被覆盖度低，水土流失严重。研究结论：按照研究区评估结果，提出不同级别土地保护利用方向，为当地土地利用规划和管理提供支持和依据。

关键词：土地生态状况；达拉特旗；精细评估；综合指数法

Fine evaluation land ecological condition in new cultivated land reclamation area in inner Mongolia——Taking Dalate banner in Ordos City as an example

GUO Chunrong，YUAN Yang

（Inner Mongolia land survey and Planning Institute，Hohhot，010010）

Abstract：Research purposes：The investigation and assessment of land ecological status in typical regions is the basic work to promote the efficient utilization of resources and the effective protection of environment.It can provide powerful science and technology and information for promoting the transformation of local land resources management and protection mode，enhancing the regional ecological security and constructing the spatial pattern of green land.Support.Research methods：This paper takes Dalate Banner，the main grain producing area of Ordos City as the research object.

Through consulting literatures, consulting experts and drawing lessons from the existing research results, the paper studies the natural basic conditions of land ecological conditions, structural conditions of land ecological conditions, land damage, degradation, comprehensive effects of ecological construction and protection.Fourteen index layers and 44 meta-indexes were selected to construct the comprehensive evaluation index system of land ecological status in the new cultivated land reclamation area.The weight of the index was determined by the combination of AHP method and entropy weight method.Research results: Based on ARCGIS software, 107 administrative village units in Dalate Banner were carefully evaluated by comprehensive index method, and the ecological status of Dalate Banner was classified into 5 grades according to the method of total sub-frequency curve.Among them, 42 villages were involved in good land ecological quality and good land ecological status.The proportion is 26.8%, mainly distributed in the Yellow River impact plain area of Dalate Banner; the quality of land ecology is generally poor involving 45 villages, accounting for 56.81% of the total area of the study area, mainly concentrated in the middle and south of Dalate Banner, i.e.hilly sandy gully area and Kubuqi desert area, with low vegetation coverage and serious soil erosion.Research conclusions: According to the evaluation results of the study area, the direction of land protection and utilization at different levels is put forward to provide support and basis for local land use planning and management.

Key word: Land ecological condition; Dalate Banner; Fine assessment; Composite index method

引言

当前，随着经济快速发展，土地利用成为人类活动作用于生态系统的重要途径，人类干扰强度持续加大，人地关系日益紧张，土地生态状况备受关注[1]。我国人口多、资源少、生态环境基础脆弱，在快速工业化和城镇化背景下，资源环境约束成为不可回避的现实问题。党的十九大报告中明确提出了“加快生态文明体制改革，建设美丽中国”的要求，要推进绿色发展、着力解决突出的环境问题、加强农业面源污染防治。土地生态状况作为反应一个地区土地利用与生态环境是否相适应，对土地资源作出科学的评价是实现生态经济效益、为人类提供更多的土地产品和良好的生态环境的前提和基础[2]。土地生态状况质量综合评估，既对土地利用直接或间接可能造成生态问题的“特殊生态用地”的利用状况和利用程度，以及土地资源基础生态因子的综合评估，确定土地生态状况质量等级，揭示土地资源生态服务功能的变化，优化土地资源的生态服务功能，土地生态状况评估已成为研究热点。

国内最早的土地生态质量评估研究源于20世纪60年代，随着科技水平的发展，特别是遥感技术的应用，相关研究不断完善。如张合兵、陈宁丽等以栅格为评价单元，从自然条件、结构状况、生态干扰和生态建设几个方面构建指标体系，对平顶山市土地生态质量进行研究，并对其影响因素进行分析[3]。董丽丽等以黄淮海平原沛北8矿为例，从压力－状态－响应角度构建指标体系，采用熵权的TOPSIS模型对土地生态质量进行评价，并采用灰色关联分析法对指标进行关联度分析[4]，封丹、周兴以村行政区为评价单元，从土地生态的结构、功能及问题几个角度出发，对广西壮族自治区大化县土地生态分区进行研究，并分别提出土地利用的目标和对策[5]。众多学者对土地生态状况质量评价的研究，为地方国土资源管理和重大决策奠定基础。继而为全面落实科学发展观，保障经济社会全面、协调、可持续发展，促进国家粮食安全、生态安全和经济安全目标的实现，国土资源部土地利用重点实验室开展了“重点区域土地生态状况调查与评估”项目研究，笔者主要参加了西部能源开发与耕地新垦区典型区域（达拉特旗）土地生态状况调查与精细评估，以村为评价单元进行了精细评估，对土地生态状况质量空间差异和时间动态趋势详细分析，提出了存在的问题，为达拉特旗土地资源管护模式转变提供数据信息支撑。

1 研究区概况

达拉特位于内蒙古自治区西南部，黄河中游南岸，鄂尔多斯高原北端，北与国家钢铁稀土基地—包头市隔河相望，东南西分别与准格尔旗、东胜区、杭锦旗接壤，地理坐标东经 109° 100″ ~110° 45″，北纬 40° 00″ ~ 40° 30″（图 1），东西长 133 km，南北宽 66 km，总面积 8 241.07 km^2。达拉特旗地形南高北低，海拔高度由 1 500 米降至 1 000 米。分三大自然类区，南部属鄂尔多斯台地北端，占总面积的 24%，系丘陵土石山区，土壤属栗钙土类，矿藏丰富，地势起伏较大，水土流失严重，分布有 7 个乡镇、89 个村、604 个村民小组、67 950 口人；中部为库布其沙带，占总面积的 49%，土壤属沙壤土，宜林宜牧，水土流失特别严重，分布有 1 个苏木、5 个村（嘎查）、262 个村民小组、6 724 口人；北部为黄河冲积平原，占总面积的 27%，地势平坦，土壤属灌淤草甸土类，是国家商品粮基地和国家农业开发区，分布有 12 个乡镇、138 个村、673 个村民小组、258461 口人。

2 数据来源

本研究所用涉及多种数据源数据，经济数据主要源于《达拉特旗统计年鉴》、各乡镇统计和实地调查数据；各类土地利用数据来源于 2011—2013 年达拉特旗土地变更调查影像、数据库，旗县级土地利用规划数据库；土地生态状况自然基础条件数据主要来源于气象局、农业局、水土保持局等资料；土壤有机质含量、土壤碳蓄积量来源于土壤样点测试化验，有效土层厚度数据来源于典型区域 2010 年度耕地质量等级成果资料；植被覆盖度利用美国航空航天局（NASA）的 MODIS NDVI 数据产品，使用 MODIS 陆地植被指数数据产品名为 MYD13Q1（下载范围为 h26v04 和 h26v05，空间分辨率为 250 m），使用 ENVI 进行标准化，根据公式计算后获得，其余数据参考已有研究成果。

3 研究方法

以《重点区域土地生态状况调查与评估技术规范》中涉及评价指标体系为基础，结合当地土地利用状况、水资源条件，环保、林业等情况，从经济、社会、生态景观等方面选取相关指标建立研究区土地生态状况质量精细评估指标体系，采用 AHP 方法确定元指标层权重，运用综合指数法计算土地生态安全值，完成研究区 2011—2013 年的精细评估工作。

3.1 土地生态状况精细评估指标体系构建

根据主导性、差异性、科学性、可行性等原则，以《重点区域土地生态状况调查与评估技术规范》中涉及评价指标体系为基础，结合研究区自身特点，从土地生态状况自然基础条件、土地生态状况结构性条件、土地损毁、退化状况、生态建设与保护综合效应情况、区域性情况五个方面构建了包含准则层、指标层、元指标层共 3 个层次、44 个指标在内的研究区土地生态安全评价指标体系（见表 1）。

表 1　研究区土地生态状况调查与评估指标体系

准则层	权重	指标层	权重	元指标层	权重
土地生态状况自然基础性指标层	0.275 2	气候条件指数	0.293 2	年均降水量	0.572 0
				降水量季节分配	0.428 0
		土壤条件指数	0.292 0	土壤有机质含量	0.402 0
		立地条件指数	0.182 4	有效土层厚度	0.376 0
				土壤碳蓄积量水平	0.222 0
				坡度	0.646 0
				高度	0.354 0
		植被状况指数	0.232 4	植被覆盖度	0.596 0
				生物量	0.404 0
土地生态状况结构性指标层	0.202 8	景观多样性指数	0.422 0	土地利用类型多样性指数	0.409 2
				土地利用格局多样性指数	0.329 2
				斑块多样性指数	0.261 6
		土地利用 / 覆盖指数	0.578 0	无污染高等级耕地比例	0.179 4
				有林地与防护林比例	0.204 2
				天然草地比例	0.179 4
				无污染水面比例	0.156 8
				生态基础设施用地比例	0.164 6
				城镇建设用地比例	0.115 6
土地损毁与退化状况指标层	0.210 0	土地损毁指数	0.502 0	挖损土地比例	0.227 2
				塌陷土地比例	0.177 0
				压占土地比例	0.157 4
				自然灾毁土地比例	0.146 0
				自然灾毁程度	0.144 0
				废弃撂荒土地比例	0.148 4
		土地退化指标	0.498 0	耕地年均退化率	0.206 2
				林地年均退化率	0.221 2
				草地年均退化率	0.184 2

续表 1

准则层	权重	指标层	权重	元指标层	权重
土地损毁与退化状况指标层	0.210 0	土地退化指标	0.498 0	湿地年均退化率	0.204 2
				水域年均退化率	0.184 2
生态建设与保护综合效应指标层	0.195 2	生态建设指数	0.303 4	未利用土地开发与改良面积年均增加率	0.266 0
				生态退耕年均比例	0.218 0
				湿地年均增加率	0.232 0
				损毁土地再利用与恢复年均增加率	0.284 0
		生态效益指数	0.231 6	区域环境质量指数	0.554 0
				人均林木蓄积量	0.446 0
		生态压力指数	0.193 4	人口密度	0.614 0
				综合容积率	0.386 0
		生态建设与保护发展协调指数	0.271 6	人口与生态用地增长弹性系数	0.255 0
				人口与生态用地增长贡献度	0.273 0
				地区生产总值与生态用地增长弹性系数	0.237 0
				地区生产总值与生态用地增长贡献度	0.235 0
区域性指标准则层	0.116 8	灌溉条件指数	0.4860	沟渠密度	1.000 0
		土地沙化指数	0.5140	土地沙化面积比例	0.526 0
				土地沙化程度	0.474 0

3.2 土地生态状况精细评估指标体系标准化

由于各个指标具有自己的相应量纲，指标之间没有可比性，所以首先要对指标进行标准化处理。采用极差标准化法，对不同类型的指标计算如式（1）（正负向量指标见表 1）

正指标标准化处理模型：

$$X_{ij}=(x_{ij}-m_i)/(M_i-m_i)$$

负指标标准化处理模型：…………（1）

$$Y_{ij}=(M_i-y_{ij})/(M_i-m_i)$$

式中：x_{ij}/y_{ij} 为实际值；M_i 为最大值、m_i 为最小值

3.3 基于 AHP 方法指标体系权重的确定

采用 AHP 方法计算指标权重，层次分析法（Analytic Hierarchy Process）是美国匹兹堡大学运筹学家 A.L.saaty 于 20 世纪 70 年代提出的一种定性与定量相结合的多准则决策分析方法。把复杂问题分解成按支配关系分组而形成有序递阶层次结构中的不同因素，按两两比较的方式确定层次结构中各因素的相对重要性，而后综合比较判断的结果以确定各指标权重系数，权重结果见表 1。

3.4 基于综合指数法计算评价单元综合分值

研究区采用107个行政村和500 m×500 m的栅格两种尺度作为评价单元，采用GIS支持下的空间叠加分析法将44项指标层空间叠加分析，最终采用综合指数法见式（2）计算土地生态状况质量综合评估分值。

$$S=\sum_{i=1}^{s}\left\langle w_i\times\left\{\sum_{j=1}^{n}\times\left[w_j\times\sum_{k=1}^{m}\left(w_k\times Y_k\right)\right]\right\}\right\rangle \quad (2)$$

其中：S为土地生态状况质量综合分值，W_i为准则层的权重，n为指标层的数量，m为元指标数量，W_k为元指标的权重，Y_k为元指标分值。

4 结果分析

4.1 土地生态状况质量综合评估

以村为评价单元通过综合指数法计算可知，研究区域土地生态状况质量综合评估分值在0.435 6~0.686 8，基于Arcgis软件总分频率法将评价结果分为5个级别（图1）。

从图1可见研究区土地生态状况质量优的涉及白泥井村、黄牛营子等17个村，占评估区域总面积的6.48%，分布在达拉特旗的东北部，从地形地貌上看，这些村地处达拉特旗黄河冲击平原区，地势平坦，土壤属灌淤草甸土类，紧邻黄河，虽然每年都有一部分土壤贡献给黄河泥沙，但是其土壤肥力并没有根本改变，其有机物质丰富，有效土层厚度较厚，地表植被盖度等较高，生物量值较高，土地覆被类型均为农村居民点和水浇地，是国家商品粮基地和国家农业开发区。导致这一结果的决定性因子是土地生态状况基础性指标层因子，年均降水量因子、降水量季节分配因子、植被覆盖度因子、坡度因子、有效土层厚度、土壤有机质、生物量、土壤碳蓄积量、高程因子等基础性指标对该地区生态质量影响较好，且区域性准则层中，沟渠密度指标也起了很大作用。也进一步说明该区域内耕地、林地、草地等具有生态功能的土地利用类型面积比重较大，从而提升了整个地区的生态水平。

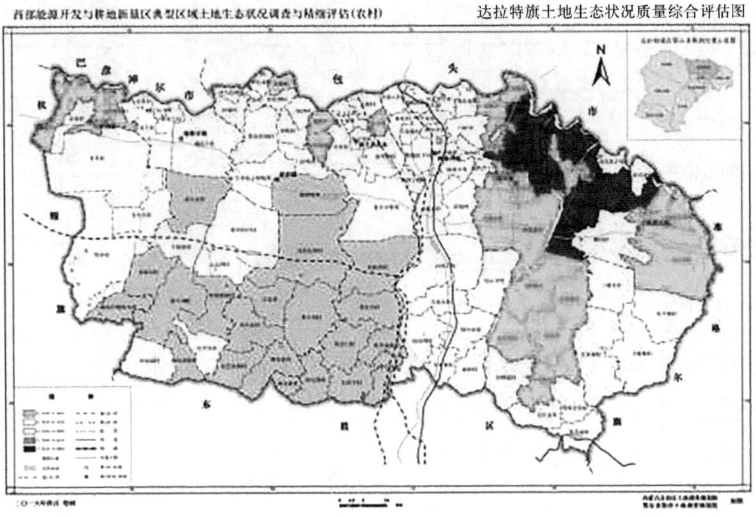

图1　研究区土地生态状况质量综合评估图

4.2 土地生态状况面积比

土地生态状况质量良的区域涵盖大纳林、盐店村、沟心召村等25个村，占评估区域总面积的20.33%，重点分布在达拉特旗的东部区，涉及王爱召镇、白泥井镇、吉格斯太镇，地形地貌上南部为沙梁区，北部为平原区。沙梁区易于种树种草，发展林业和牧业生产，平原区属黄河冲击滩，地势平坦，土壤肥沃，水资源丰富，井黄双灌，属河套平原典型农区，受土地损毁、退化状况指标、生态建设与保护综合效应指标层因子影响，土地生态状况质量次于优，但该区域土地结构较合理，生态压力不大。

土地生态状况质量中等的涵盖沙圪堵村、和胜村、侯家圪堵村等20个村，占评估区域总面积的16.39%，主要分布在达拉特旗西北部，均属于黄河冲击平原区，涉及恩格贝镇、展旦召苏木，该区域虽然土壤资源丰富，但相对较贫瘠。

土地生态状况质量一般的区域分布较零碎，包括牧业村、万太兴村、展旦召嘎查等23个村，比例为28.87%，面积最大，主要分布在达拉特旗的西部、中部的鄂尔多斯高原丘陵砂石沟壑区和库布齐沙漠区，该区域植被稀疏，水土流失较重，靠近沙漠周边区域受到库布齐沙漠地区下垫面物质及其风速风向特征的影响，库布齐沙漠北部周边区域土地生态质量普遍中等。主要因子较多有土地生态状况自然基础性指标、土地退化指标、区域性指标、达拉特旗生态建设与保护综合效应指标准则层因子。

土地生态状况差的区域主要分布在达拉特旗树林召镇以西的中南部区域，包括查干沟村、高头窑村、吴四圪堵村等22个村，比例为27.94%，涵盖库布齐沙漠腹地和鄂尔多斯台地北端为丘陵土石山区，沟壑纵横，水土流失非常严重，大量的绿色植物生长所需的养分，如氮磷钾等大量元素伴随土壤侵蚀过程所流失，而涉及的库布齐沙漠区是达拉特旗风蚀沙化地区，植被覆盖度低，水资源稀缺，主要以旅游业和牧业为主。主要因子就是土地生态状况自然基础性指标层因子。

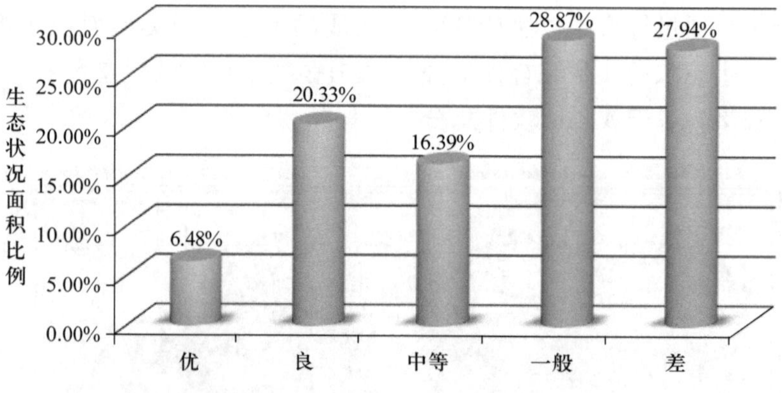

图2 土地生态状况面积比例图（%）

5 结论与讨论

5.1 讨论

本文在指标选取方面，基于国内外相关

研究，结合当地实际构建了由5个准则层、14个指标层及44个元指标层组成的土地生态状况评估指标体系，与之前土地生态环境研究相比，指标体系更加全面合理，更能体现区域特点。但是在指标权重确定中，只采用了AHP方法权重确定主观性较强，有一定的偏差，权重标定的准确度及科学性也是今后探索的方向，为有效避免权重偏差问题，下一步在权重确定中将重点研究将AHP法与熵权法相结合确定各指标权重。

5.2 结论

本研究利用AHP法与综合指数法对研究区进行了土地生态状况精细评估，结果表明：研究区土地生态状况基本呈现自南向北、自西向东逐渐递增的趋势，这和研究区地形地貌、自然地理基础联系紧密，研究区素有“南山中沙北平原”之说。北部以及东北部土地生态状况较好，其中土地生态状况优良的占总研究区面积的26.8%，土地利用类型以水浇地为主，经济发展以第一产业为主，自然基础好，地势平坦，土壤肥沃，水资源丰富，井黄双灌，是河套平原典型农区。但是，研究区在大力发展农业经济，提高农民增产增收的同时，要切实保护生态环境，防止土地盐碱化、荒漠化、贫瘠化。东南部和研究区西部丘陵沟壑区土地生态状况一般较差，占研究区总面积的45.26%，该区域海拔较高，当地被称为沙梁区，多为山地丘陵地带，地势起伏较大，水土流失严重，该区域以发展林业和牧业生产为主。达拉特旗采矿区重点分布在该区域内，局部区域土地挖损、塌陷、压占严重，生态环境破坏较大，因此，该区域应注生态环境恢复与保护，大力开展植被建设，涵养水源，保持水土。研究区中部库布齐沙漠带土地生态状况最差，占研究区总面积的27.94%。该区域土地沙化、荒漠化严重，自然基础条件差，植被覆盖度低。研究区应坚持以生态项目建设为抓手，大力推进生态环境保护和治理，防治土地生态环境恶化。

参考文献

[1] 戴靓，吴绍华，周华，等. 长三角经济发达区金坛市土地生态状况评价[J]. 农业工程学报，2013，29（8）.

[2] 刘明远，张合兵，孙江锋，等. 典型区域土地生态状况精细评估[J]. 中国农学通报，2014，30（33）.

[3] 张合兵，陈宁丽，孙江峰，等. 基于GIS的土地生态质量评价及影响因素分析——以平顶山市为例[J]. 河南农业科学，2015，44（1）

[4] 董丽丽，丁忠义，刘一玮. 基于TOPSIS模型的煤矿区土地生态质量评价[J]. 江苏农业科学，2014，42（9）：300-303.

[5] 封丹，周兴. 广西大化县土地生态质量分区及其利用对策[J]. 湖北农业科学，2013，52（7）

内蒙古自治区耕地变化与城市化相关关系分析研究

郭春荣[1]，王忻[1]，李岩[2]，杨扬[3]

（1. 内蒙古国土空间规划院，内蒙古 呼和浩特市 010010；1. 鄂尔多斯市不动产登记中心，内蒙古 鄂尔多斯市，017000；2. 鄂尔多斯市国土空间规划院，内蒙古 鄂尔多斯市，017000；3. 内蒙古国土空间规划院，内蒙古 呼和浩特市 010010）

摘　要：在一个国家、区域不断向前发展的过程中，城市化、工业化是其必经阶段。城市化不但是农村人口涌向城市的人口城市化，而且包含着土地城市化等不同的城市化元素。随着越来越多的人口进入城市，保障人民生活的住宅用地及其配套的基础设施用地需求激增，迫使城市向外扩张，占用原本城市周围的农用地，造成耕地数量的变动，对耕地的保护成为亟待解决的重要问题。但有研究表明，城市化及工业化对耕地的影响不仅仅是副作用，反观实行对耕地的严格保护政策也会在一定程度上促进城市化的发展。本文基于 1998 年以来内蒙古自治区年度变更调查数据基础上进行耕地动态分析，结合年鉴数据，采用相关数据分析方法对内蒙古自治区的城市化与耕地之间的相关关系进行分析研究。

关键词：内蒙古自治区；城市化；耕地；相关关系

引言

城市化是人类社会经济发展的必由之路，是城市现代化的重要标志。我国土地利用现状中最显著的一个特点即城市用地的不断增加[1]，城市扩张最主要占用的土地类型为耕地[2]。近年来，我国城市化进入快速发展阶段，城市化水平（以城镇人口占总人口比重衡量）从 2006 年的 43.9% 增至 2018 年的 59.58%。城市化进程不仅是人口的转变，它还涉及社会、经济的各个方面，其中土地利用方式的转变是其显著变化之一，即农业用地转变为城镇建设用地。随着城市化进程的推进，城市地域范围不断扩大，大量农村用地被征用，进行城市化建设，其中减少最为显著且迅速地当属耕地面积，我国耕地面积从 2011 年 20.29 亿亩减少至 20.25 亿亩。在城市化进程中，人口不断涌进城市，需要更多的土地保障基础生活生产需要。城市不断向外扩张，必不可少的占用了耕地，威胁到了耕地数量及质量的维持与保护。近年来国内大部分研究表明，经济的发展不可避免的会以耕地的流失为代价。安瓦尔·买买提明、张小雷等通过对新疆和田区的研究中证明城市化是导致土地利用结构变化的主要因素[3]。陈东湘等的研究表明城市建设占用耕地在耕地质量及数量方面均造成破坏，使得耕地生产力下降[4]。温利华等在研究中发现从空间分布来看，城市中心耕地非农化率最高，耕地非农化程度从市中心向外呈现先增加后降低的趋势[5]。张健指出工业化、城市化所处的阶段对耕地数量变化影响有差异[6]。为了遏制耕地持续减少的势头，政府不仅制定了严格的耕地制度，同时提出了以行政区“耕地总量平衡”为目标的耕地保护政策，对此进行城市化与耕地保护的相关关系的研究，对在城市化进程中如何保证耕地数量及质量的稳定有重要意义。

1 内蒙古自治区耕地变化情况分析

鉴于全国第二次土地调查前后，耕地面积因为调查技术的改进等原因，导致2009年耕地面积较2008年度显著增加。对内蒙古自治区耕地面积变化情况分为两个时段进行分析，即1998年—2008年和2009年—2018年两个时段。土地利用数据来源于内蒙古自治区年度土地变更调查成果，1998年土地利用现状分类标准依据全国土地详查编制的《土地利用现状调查技术规程》，采用二级分类模式，一级地类8个，二级类46个，从1984年颁布开始，一直沿用至2001年12月。2008年土地利用现状依据2001年制定的《全国土地分类》(试行)，将全国土地按照用地分为农用地、建设用地和未利用地3个一级分类，耕地、林地、其他农用地等10个二级分类，城镇住宅用地等52个三级类。2018年土地利用现状分类采用《土地利用现状分类》(GB/T 21010—2007)，一级地类12个，二级类57个。依据所收集的土地利用现状数据资料，为实现土地利用现状数据可比性，将土地分为7种利用类型：1耕地、2园地、3林地、4牧草地、5居民点及工矿用地、6、交通运输用地、7水域及水利设施用地、8未利用地。因收集到1998和2008年的土地利用现状数据一级分类不同，仅对这个时段的个别地类数据进行对比。

表1 1998—2008年内蒙古自治区各类土地变化情况

公顷

地类名称	1998年	2008年	11年内增减情况
耕地	8 018 702.29	7 148 570.53	-870 131.76
园地	66 417.02	72 767.37	6 350.35
林地	20 238 093.17	21 871 438.78	1 633 345.61
草地	68 084 132.04	65 763 893.93	-2 320 238.11
城镇村及工矿用地	1 140 443.64	1 239 048.11	98 604.47
交通运输用地	329 557.11	160 133.93	-169 423.18

表2 2009—2018年内蒙古自治区各类土地变化情况

公顷

地类名称	2009年	2018年	10年内增减情况
耕地	9 111 940.92	9 194 657.16	82 716.24
园地	56 362.8	56 140.22	-222.58
林地	21 877 646.13	21 805 524.22	-72 121.91
草地	59 211 693.46	58 987 591.98	-224 101.48
城镇村及工矿用地	1 218 875.78	1 374 871.89	155 996.11
交通运输用地	528 614.45	607 867.05	79 252.6
水域及水利设施用地	3 921 190.91	3 922 117.26	926.35
其他土地	19 528 908.26	19 506 428.55	-22 479.71
土地总面积	115 455 198.3	115 455 198.3	

由上表可见，内蒙古自治区最主要的土地利用方式为草地，占全区土地总面积的一半以上，但在1998—2018共20年间，自治区部分草地转化为其他土地利用方式，草地数量呈减少趋势。建设用地显著增加，主要来源于占用耕地、草地。内蒙古自治区在快速发展城市化及工业化的进程中，无可避免

的以具有生态功能及美学价值的耕地、草地的流失为代价。耕地占总面积的比重有所增加，即耕地减小量小于耕地增加量，减少的耕地主要流向城镇村及工矿用地，这类型的耕地大多分布在地势平坦且是质量较好的耕地，由于内蒙古自治区总体不适宜工业化城镇化的开发的国土空间占很大比重。平原及其他自然条件较好的国土空间尽管适宜工业化城镇化开发，但这类国土空间更加适宜发展农业，虽然为保障农产品供给安全，不能过度占用耕地推进工业化城镇化。但是随着社会经济发展，产业结构转变，经济发展迅速的城市开发强度较大，耕地且优质耕地流失较多。尽管从全自治区的趋势看个别年份耕地面积是净增加的，但自然条件较好的盟市 1998 年以来一直维持着净减少的趋势，然而自然条件较差的盟市 1998 年以后耕地总体上是净增加的，增加的幅度较大，耕地面积变化的这种区域差异，间接表明自治区耕地总量动态平衡中，生产力较低的耕地面积的增加，在数量上部分地抵消了优质良田的减少，因而掩盖了问题的实质。建设用地没有流失现象，新增了 234 428.25 公顷，城市的不断扩张以及工业化的不断发展，要求更多的城市建设用地，占地面积最广的草地成为转变用途的首选，耕地也成为转变对象；而出于对生态环境的保护，草地数量不能有大幅度的改变，退耕还草成为最主要的平衡草地流失的措施。建设用地面积的增大、草地面积的流失对耕地提出了双重挑战，使得耕地的数量下降问题越发凸显与严峻。自治区自 20 世纪末开始实行严格的退耕还林还草政策，自治区林地数量及草地数量仍旧维持在较高水平，但草地流失严重且大部分用于建设用地。

在内蒙古自治区耕地变化分析中，引入耕地递变速率 Lv 和结构递转系数 Lp 指标，对内蒙古自治区 1998—2008 年和 2009—2018 年两个时段的耕地数量变化进行描述，Lv=（Si−1−Si）/Si−1*100%（Si 为区域第 i 年的耕地存量；当 Lv ＞ 0 时耕地数量递减，Lv ＜ 0 时耕地数量递增，Lv=0 时耕地数量不变），Lp=Pi−1−Pi（Pi 为区域第 i 年耕地占土地总面积的比重，Lp ＞ 0 时耕地比重下降，Lp ＜ 0 耕地比重上升，Lp=0 耕地比重不变）。计算结果如下图表。

表 3　内蒙古自治区 1998 年—2008 年耕地变化动态情况表

公顷

年份	耕地面积	耕地递变速率	结构递转系数
1998	8 138 600.00		
1999	8 018 702.29	0.014 7	0.001 0
2000	7 801 151.22	0.027 1	0.001 9
2001	7 591 643.08	0.026 9	0.001 8
2002	7 446 479.06	0.019 1	0.001 3
2003	7 230 951.34	0.028 9	0.001 9
2004	7 005 548.72	0.031 2	0.002 0
2005	6 977 891.14	0.003 9	0.000 2
2006	7 102 081.24	−0.017 8	−0.001 1
2007	7 133 348.13	−0.004 4	−0.000 3
2008	7 147 607.25	−0.002 0	−0.000 1

表 4　内蒙古自治区 2009 年—2018 年耕地变化动态情况表

公顷

年份	耕地面积	耕地递变速率	结构递转系数
2009	9 111 117.55		
2010	9 109 203.46	0.000 21	0.000 017
2011	9 111 042.04	−0.000 20	−0.000 016
2012	9 108 589.83	0.000 27	0.000 021
2013	9 120 444.04	−0.001 30	−0.000 103
2014	9 153 372.94	−0.003 61	−0.000 285
2015	9 160 781.77	−0.000 81	−0.000 064
2016	9 180 758.96	−0.002 18	−0.000 173
2017	9 193 819.1	−0.001 42	−0.000 113
2018	9 194 657.16	−0.000 09	−0.000 007

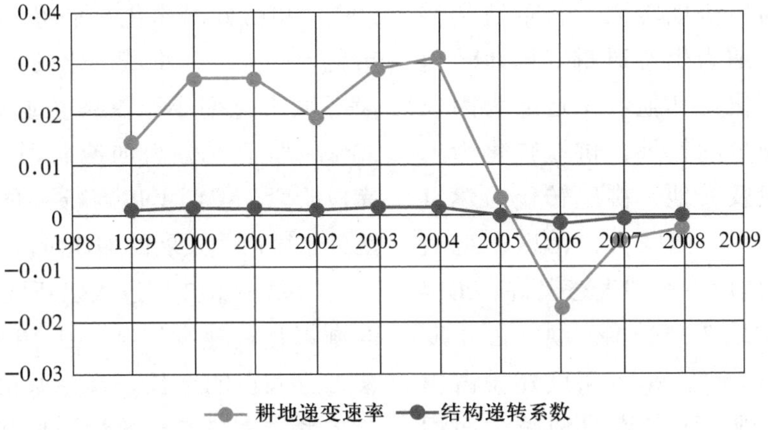

图 1 1998-2008 年度内蒙古自治区耕地年递变速率和结构递转系数

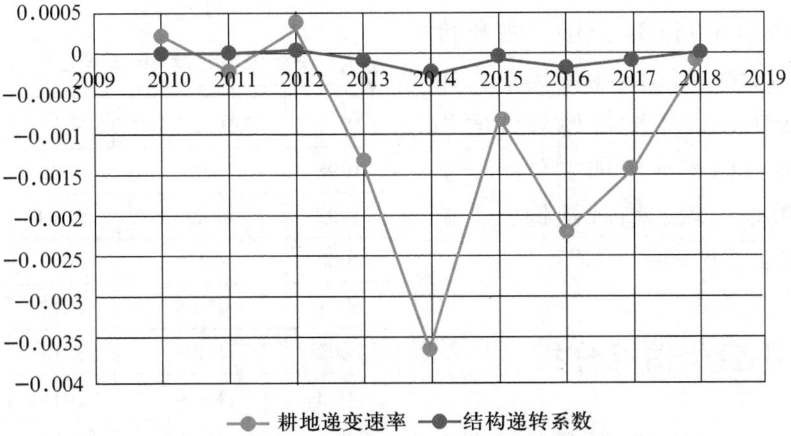

图 2 2009—2018 年度内蒙古自治区耕地年递变速率和结构递转系数

结果显示，耕地递变速率：1998—2008 年时段内耕地年地变速率在 0.031 2~0.017 8 之间，全区耕地 1998 年—2005 年处于递减变化过程，各年的递减强度差异明显，年递减率最高出现在 2004 年，2006—2008 年呈递增状态，2006 年年递增率最明显；2009—2018 年内耕地年递变速率在 0.000 27~ 0.003 61，全区耕地 2009—2018 年均处于递增阶段，变动幅度较小，2010 年和 2012 年呈现递增状态。耕地结构递转系数：1998—2008 年内蒙古自治区耕地结构递转系数在 0.002 0~0.001 1，这个阶段全区耕地比重主要表现为下降状态，比重下降最大的出现在 2004 年；2009—2018 年度均处于递增状态，变动幅度较上阶段更小，比重增长最大的出现在 2014 年。2014 年净增耕地面积 31 892.29 公顷，园地转化为耕地面积 192.76 公顷，林地转化为耕地面积 12 264.31 公顷，草地转化为耕地面积 20 201.61 公顷，城镇村及工矿用地转化为耕地面积 819.47 公顷，交通运输用地转化为耕地面积 56.23 公顷，水域及水利设施转化为耕地面积 1 078.5 公顷，其他土地转化为耕地面积 6 765.72 公顷。2014 年耕地转出面积 9 486.31 公顷，主要转为城镇村及工矿用地和交通运输用地。两个时段内耕地减少去向中耕地转化为牧草地和耕地转化为林地归纳为生态退耕，耕地转化为园地和耕地转化为其他农用地的为因农业结构调整而减少的耕地，耕地转化为未利用地的为灾毁及其他，耕地转化为建设用地的为建设占用。内蒙古自治区耕地减少主要原因就是建设占用和生态退耕。2014年度建设占用耕地7 159.61公顷，占年度耕地减少面积的75%，2015年度建设占用耕地4 391.69公顷，占年度耕地减少面积的70%，2016年度建设占用耕地4 649.53公顷，占年度耕地减少面积的89%，2017年度建设占用耕地4 354.34公顷，占年度耕地减少面积的76%，2018年度建设占用耕地3 411.39公顷，占年度耕地减少面积的76%。两个时段内耕地增加主要源于土地整治、土地整理田坎、增减挂钩、工矿废弃地复垦、农业结构调整等原因。

2. 城市化水平变化情况分析

内蒙古城市化水平使用城市化的标准概念，是城市人口占总人口的比重。内蒙古城市化水平在1998—2018年期间一直保持良好的发展趋势，21年间上升了22.76%，年均上升1.08%。2007年城市化水平超过50%，2015年城市化水平超过60%。按照城市化率的大小，将城市化发展划分为3个阶段即城市化率小于30%为起始阶段；大于30%，小于70%为加速阶段；大于70%为完成阶段。按照上述判断标准，内蒙古自治区处于城市化发展的加速阶段。

1998—2013年进入以新城区建设为特征的城镇化快速发展期，从1998年开始，内蒙古总人口的增长表现为城镇人口的增长，全区乡村人口绝对数量增长开始转为负值，并呈现持续下降态势，特别是1999年以来，内蒙古成为国家实施西部大开发战略的12

表5　内蒙古自治区1998年–2018年城市化水平

年份	城市化（%）	年份	城市化（%）
1998	39.95	2009	53.4
1999	40.98	2010	55.53
2000	42.2	2011	56.62
2001	43.54	2012	57.74
2002	44.05	2013	58.71
2003	44.74	2014	59.51
2004	45.86	2015	60.3
2005	47.2	2016	61.19
2006	48.64	2017	62.02
2007	50.15	2018	62.71
2008	51.72		

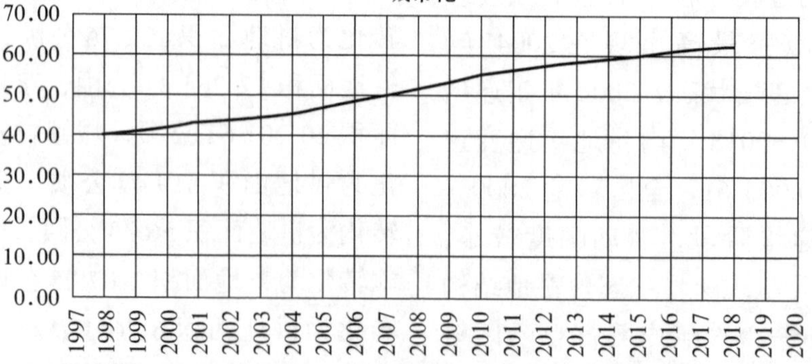

图3　内蒙古自治区1998—2018年城市化发展趋势

个省区之一，企业数量不断增多，城市经济迅速发展，提供了大量的就业，吸引了部分乡村人口和外来人口进入城市，城市人口增加和乡村人口减少的双重作用，致使城市化水平快速上升。内蒙古自治区1998—2013年内蒙古地级市由4个增长到9个，乡镇级区划布局不断进行调整，由1 554个调整到1 010个。除经济发展吸引人口外，撤乡并镇在一定程度上提高了内蒙古自治区的城镇化率，乡数由1998年的1 150个减少到2013年的275个；镇数从1998年的301个增长到2004年的532个，到2013年又调整到493个。2014年以来城市化水平增长率低于内蒙古自治区20年来平均增长率。主要是由于2014年以后内蒙古自治区新时代城镇化发展进入由追求速度向提高质量转变的转型期，城市开发边界线和“集聚化”发展路径的提出，也标志着内蒙古城镇化开始进入由规模扩张向功能完善转变的时期。

3. 城市化水平与耕地面积变化的相关性分析

随着城镇人口的增加、城镇区域的扩展，农业用地尤其是耕地逐渐转变成为工业、居住、商业和交通等城镇用地，城市化对耕地变化的作用显而易见。在一定的城市化发展水平条件下，必将表现出特定的耕地利用变化特征。

使用SPSS软件中曲线估计回归方程功能，对耕地面积与城市化水平进行拟合分析。因2008年前和后耕地面积统计方法不一致，耕地面积变化较大，拟合度较低，因此分两个时间段即1998—2008年和2009—2018年两个时段分别建立耕地面积与城市化的一次、三次、增长及复合回归模型。

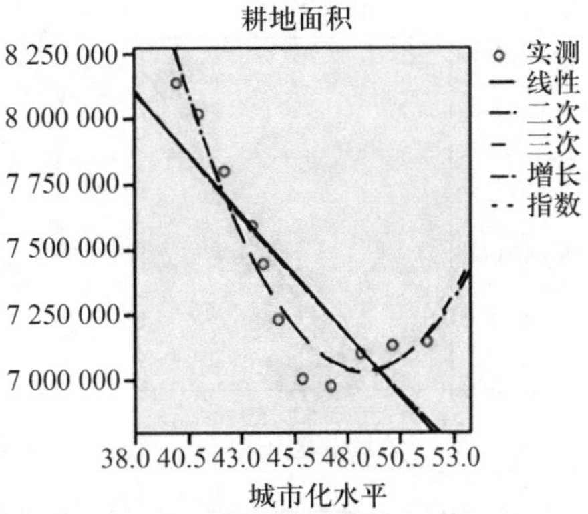

图4　1998-2008年度耕地面积（公顷）与城市化水平（%）回归拟合图

表6　各种回归模拟调整后R方对比

回归模型	线性回归	二次回归	三次回归	增长回归
调整后R方	0.677	0.933	0.935	0.676

由图、表可见，考虑样本量影响，线性回归、二次回归、三次回归、增长回归的调整后R方最大的为三次回归，三次回归拟合与实际变化情况的拟合效果更好，三次拟合能够更准确地贴近真实的曲线。特别是1998—2005年耕地面积与城市化水平显著线性相关且是显著负相关，耕地面积随着城市化水平的提高而逐步减少，总体来看该时段正处于新兴城市、中心城镇、中心城市新区建设带来的城市建成区面积的扩张时期，城市化水平的提高一定程度上处于数量的增加即外延式扩张为主，各级各类经济开发区、城镇新区等成圈立地，土地利用集约水平很低，大量耕地被占或闲置。

由图、表可见，拟合回归分析中耕地面积与城市化水平的最佳拟合为二次回归拟合。回归方程、R方、显著性在表中可见，二次回归R方值最大，呈显著相关性，在研究时间段内，耕地面积随城市化水平提高均为增加情况。该时段内随着城市化水平的提

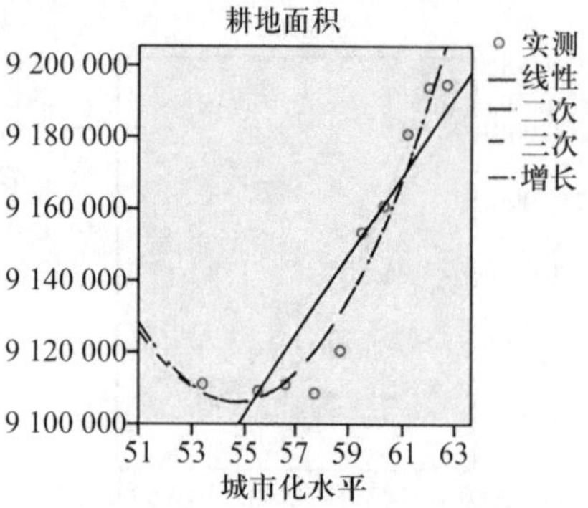

图 5　2009–2018 年度耕地面积（公顷）与城市化水平（%）回归拟合图

升，耕地呈现稳定增长的特征。这主要源于一是随着城市化水平放缓，以及内蒙古自治区土地利用方式的转变，2014 年以来建设占耕逐年减少；二是新时代内蒙古自治区城镇化发展进入由追求速度向提高质量转变的转型期，城镇建设逐渐向内涵式挖潜发展。内蒙古自治区推进制度改革，不断提升城市承载力，合理控制开发强度和城市规模、合理调整空间结构，发展紧凑型绿色、低碳城镇，加强城镇资源循环利用，大力发展节能建筑与绿色建筑，推进城镇节能减排战略。三是耕地占补平衡和城乡建设用地增减挂钩等耕地保护政策的实施，以及内蒙古自治区耕地保护的政策力度不断加强。内蒙古耕地保护政策出台数量在增多，以土地整治、基本农田保护和农用地分等全国可比成果公布等推动了耕地保护政策体系完善，也推动了耕地保护从数量保护向质量保护的转变，对耕地的质量保护进行动态监测和调查，对耕地的质量保护提到了意识日程，新一轮的耕地保护政策方案密集出台，耕地保护政策体系日趋完善。四是内蒙古自治区全部耕地纳入了全国耕地质量等级可比系统中，也为后来加强对“耕地占补平衡”“耕地质量监测”等的政策实施和管理奠定了基础。从 2014 年开始在全国全面部署开展耕地质量等别年度更新评价工作，以实现耕地质量等别动态更新，形成了基于年度土地变更调查数据的耕地质量等别年度更新评价成果，保持成果现势性，推动了耕地数量、质量、生态“三位一体”保护战略。

表 7　模型摘要和参数估算值

	R 方	F	自由度1	自由度2	显著性	常量	b1	b2	b3
线性	0.813	34.853	1	8	0	8 495 853.709	11 034.403	—	—
二次	0.945	60.291	2	7	0	13 864 015.61	−173 799.833	1 587.147	—
三次	0.944	58.824	2	7	0	12 070 371.11	−81 311.082	0	9.064
增长	0.813	34.883	1	8	0	15.958	0.001	—	—

通过内蒙古自治区城市化水平与耕地面积变化的关系研究，城市化的发展，必然伴随着耕地面积的减少。耕地资源是经济发展中不可替代的生产要素，是农业生产中最重要的生产资料。两个时段内耕地面积与城市化关系符合“U”型曲线，两个时段内耕地面积随着城市化水平提升先减少后增加。内蒙古自治区耕地保护取得一定的成就，严格落实国家耕地保护政策，严格控制耕地转为非耕地。非农业建设经批准占用耕地的，按照“占多少，垦多少”的原则，由占用耕地的单位负责开垦与所占用耕地的数量和质量相当的耕地。在大力开展国土整治和耕地增减平衡的硬性制约下，内蒙古自治区耕地面积有所增加随后保持稳定。

参考文献

[1] 刘纪远，刘明亮，庄大方等．中国近期土地利用变化的空间格局分析［J］．中国科学：地球科学，2002（32（12））：1031–1040.

[2] 肖琳，田光进，乔治．基于Agent的城市扩张占用耕地动态模型及模拟．自然资源学报，2014，29[J]. 自然资源学报，2014，3（29）：516–527.

[3] 鲁明中，尹昌斌，韩威．我国耕地非农占用及其发展趋势分析［J］．经济理论与经济管理，1998，V（1）：54–58.

[4] 陈东湘，周生路，吴绍华．基于遥感评价城市扩张对耕地质量等级结构及产能的影响［J］．农业工程学报，2017，33（13）：264–269.

[5] 温利华，刘红耀，张广录，等．资源型城市耕地非农化及关联因子研究——以河北省邯郸市为例［J］．西北农林科技大学学报（自然科学版），2013，41（8）：125–132.

[6] 张健．安徽省滁州市耕地数量变化对工业化、城市化响应的差异［J］．生态与农村环境学报，2008，24（3）：12–15.

内蒙古土地资源利用现状评述与可持续利用对策研究

姚喜军[1,2]，吴全[1,2]，靳晓雯[1]，于艳华[1]，李冰姿[1]

（1. 内蒙古自治区土地调查规划院，呼和浩特 010018；
2. 内蒙古土地利用重点实验室，呼和浩特 010018）

摘　要：以 2015 年底自治区土地利用变更调查数据为基础，系统分析内蒙古土地资源数量、质量、空间分布规律以及土地利用程度，归纳自治区土地资源的利用特点及过程中的不足和缺陷，并针对这些问题尝试提出相应的解决策略。

关键词：土地利用现状；利用程度；可持续利用；对策；内蒙古

The Study of the current situation of land resource utilization in Inner Mongolia and its sustainable utilization measures

YAO Xijun[1,2]，WU Quan[1,2]，JIN Xiaowen[1]，YU Yanhua[1]，LI Bingzi[1]

（1. Inner Mongolia Land Surveying and Planning Institute，Hohhot，010018，china；
2. Inner Mongolia land use key laboratory，Hohhot，010018，china）

Abstract：Based on the land use change survey data of the autonomous region in 2015，Systematic analysis of the quantity，quality，spatial distribution and land use of Inner Mongolia，This paper summarizes the characteristics and shortcomings of the utilization of land resources in the autonomous region，and proposes corresponding solutions to these problems.

Key words：land use status quo；using degree；sustainable use；countermeasure；Inner Mongolia

人们的日常生活和生产活动离不开土地资源，这是大自然所赠予的宝贵财富[1]。土地可持续利用研究是全球环境变化研究的核心领域和前沿课题[2,3]，也是编制土地利用总体规划的重要组成部分，合理的土地资源利用结构可以改善利用效率。伴随我国人口的日益膨胀，环境破坏和资源短缺等问题越发显著，面对有限的土地资源，怎样才能既实现收益的最大化，又能做到可持续使用，这是当下亟待解决的一个问题[4,5,6]。当前内蒙古自治区土地资源浪费严重，在开发利用上不甚合理。当地政府和居民面对着十分棘手的问题：怎样才能在特定的时间和空间下，恰当分配土地资源，进行合理地开发、整治、保护、利用，搭建和谐的人地关系，以追求资源的可持续使用和优化配置，兼顾经济、社会、生态的发展，更好地实现综合效益[7,8]。

1 内蒙古土地资源利用现状分析

1.1 土地资源数量结构分析

1.1.1 土地资源数量占比分析

2015年年底，内蒙古调查统计了有关土地使用的变更情况，统计显示，自治区土地总面积115.45万km^2，占全国土地总面积的12.03%。其中农用地8 140.41万hm^2，建设用地161.50万hm^2，未利用地3 243.61万hm^2，分别占土地总面积的70.51%、1.40%和28.09%。

农用地中，耕地、园地、林地、草地、其他农用地，分别占农用地面积的11.25%、0.07%、26.81%、60.87%、1.00%；建设用地中，村庄用地占46.74%、水利设施用地占4.24%、城镇用地占28.89%、特殊用地和风景名胜占1.96%、交通运输用地占13.07%、采矿用地占10.10%；未利用地中，其他草地、盐碱地、沙地、裸地，分别占未利用地面积的29.32%、2.90%、29.10%、25.96%。

2009—2015年，建设用地占全区土地总面积的比例由1.26%提高到1.4%，增加了0.14个百分点。建设用地内部城镇工矿用地占比由30.97%增长到33.99%，农村居民点用地占比由51.01%降低到46.74%。2015年国土资源公报数据显示，全国建设用地占国土总面积的4.01%，内蒙古的土地建设利用率尚未达到这一平均水平。

从表1土地利用类型数量结构可以看出，由于历史、自然条件、民族习俗及国家政策定位（国家北方生态防线建设）等种种原因，内蒙古土地利用结构仍以草地为主，占全区土地总面积的51.15%，是发展草原畜牧业的重要物质基础，具有得天独厚的草地资源优势。对于自治区GDP而言，畜牧业经济发挥着至关重要的作用，是内蒙古的主体经济，又是一项支柱性的优势产业。保护草地资源，更是国家北方生态防线建设的必然选择。

表1 内蒙古自治区2015年土地利用类型结构表

Tab.1 Land use type structure in Inner Mongolia in 2015

地类	面积（hm^2）	比例（%）
耕地（01）	916 0781.8	7.93
园地（02）	56 530.36	0.05
林地（03）	21 822 903	18.90
草地（04）	59 058 065	51.15
城镇村及工矿用地（20）	1 335 421.4	1.16
交通运输用地（10）	581 079.36	0.50
水域及水利设施用地（11）	3 922 492.7	3.40
其他土地（12）	19 517 925	16.91

1.1.2 土地资源数量多样化分析

表2 内蒙古自治区及各盟市土地利用多样化指数表

Tab. 2 The diversity index of land use in Inner Mongolia

地区	多样化指数GM	地区	多样化指数GM
内蒙古自治区	0.601	呼伦贝尔市	0.519
呼和浩特市	0.676	巴彦淖尔市	0.533
包头市	0.555	乌兰察布市	0.724
乌海市	0.736	兴安盟	0.707
赤峰市	0.637	锡林郭勒盟	0.467
通辽市	0.711	阿拉善盟	0.495
鄂尔多斯市	0.546		

（注：数据来源之2015年土地变更调查数据库）

如表2所示，内蒙古自治区的土地利用多样化水平（GM）达0.601，这意味着当地土地利用多样化水平相对较高[1]。其中，

GM 高于自治区总体水平的有 6 个盟市，分别是东部的兴安盟和通辽市，中部的乌兰察布市和西部的乌海市，GM 均在 0.7 以上，主要分布在“呼 - 包 - 鄂”核心经济圈外围经济水平相对较低的地区；呼和浩特市和赤峰市 GM 与自治区平均水平相当，保持在 0.6 左右，这与其地域特点和经济发展水平相一致，这两个城市既是自治区经济发展的动力引擎，又承接着农牧交错区的职能，因此，用地类型相对包头、鄂尔多斯较多样化。包头市、鄂尔多斯市、呼伦贝尔市、巴彦淖尔市、锡林郭勒盟和阿拉善盟这 6 个盟市 GM 低于自治区平均水平，在 0.4~0.6 范围内。分析其原因，可概括为两类，一类是由经济快速发展而导致的用地类型单一化，用地向着某一类或几类产出效益较高的用地类型发展，包头和鄂尔多斯是典型代表；另一类是由地理位置、资源禀赋所决定的土地利用单一化。呼伦贝尔市和锡林郭勒盟丰富的草地资源和地方的产业主导方向决定其 GM 相对较小，巴彦淖尔市地处河套平原，是自治区的粮食主产区，主导产业以农业为主，因此，土地利用类型也相对单一。阿拉善盟地处内蒙古自治区最西端，荒漠戈壁面积较大，自然条件恶劣，经济发展滞后，土地利用类型相对单一。

1.2 耕地资源质量等级分析

内蒙古自治区地域辽阔，自然条件复杂，东西差异明显，水资源条件、热量、地形地貌、土壤等自然要素对耕地质量和分布显示出很强的制约作用。目前，全区耕地自然质量等分为（8 ~ 15）等、利用等分为（6 ~ 15）等、经济等分为（7 ~ 15）等，等别总体偏低，等别面积差距较大，大部分耕地集中在（14 ~ 15）等，各等别的面积分布比例见图 1 和表 3。

以经济等别为例，全区高等（7~10 等）耕地面积为 19.19 万 hm^2，占耕地总面积的 2.11%；中等（11~13 等）耕地面积为 269.01 万 hm^2，占耕地总面积的 29.53%；低等（14~15 等）耕地面积为 622.71 万 hm^2，占耕地总面积的 68.36%。表明自治区耕地总体质量不高，多为中、低产田。高级别的耕地多聚集于土默川平原、河套平原、嫩江西岸平原、西辽河平原及城郊结合部，以及

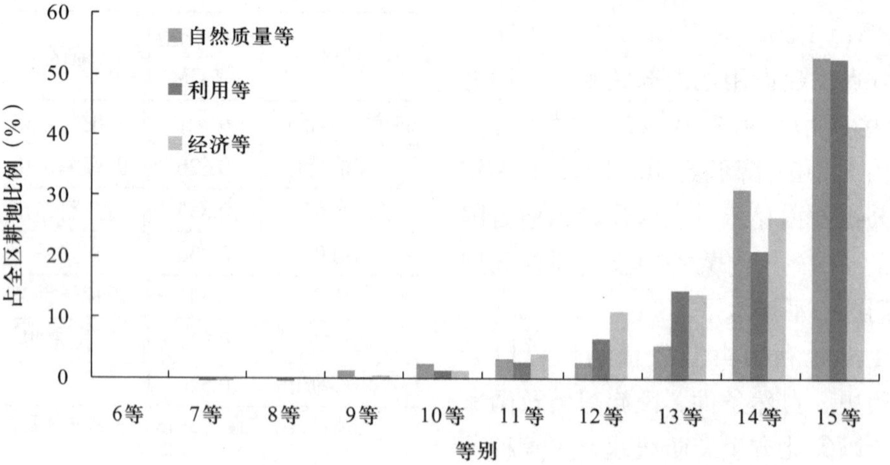

图 1 内蒙古自治区耕地自然质量等、利用等、经济等面积比例图

Fig.1 The Area ratio of natural quality and using degree and economic level of cultivated land in Inner Mongolia

表 3　内蒙古自治区耕地等别结果面积汇总表　　单位：hm^2

Tab.3　The classification area of cultivated land in Inner Mongolia

等别	自然质量等		利用等		经济等	
	面积	占全区耕地比例（%）	面积	占全区耕地比例（%）	面积	占全区耕地比例（%）
6 等	—	—	64.40	—	—	—
7 等	—	—	1 133.86	0.01	2 827.39	0.03
8 等	29.69	0.00	4 060.70	0.04	25 266.00	0.28
9 等	123 115.27	1.35	35 234.38	0.39	44 557.27	0.49
10 等	227 008.39	2.49	121 709.11	1.34	119 281.54	1.31
11 等	312 434.50	3.43	247 196.89	2.71	374 856.38	4.12
12 等	247 011.12	2.71	620 443.97	6.81	1 033 292.32	11.34
13 等	512 750.52	5.63	1 340 056.73	14.72	1 281 973.41	14.07
14 等	2 851 530.09	31.30	1 934 921.01	21.24	2 439 895.58	26.78
15 等	4 835 323.89	53.09	4 804 382.41	52.74	3 787 253.59	41.58
总计	9 109 203.46	100.00	9 109 203.46	100.00	9 109 203.46	100.00

黄河、西辽河、嫩江及其支流沿岸，占全区十等及十等以上耕地面积的 90% 以上，是全区地形平坦，土层深厚，土壤肥力高，水资源丰富，农田基本建设好的水田、水浇地集中分布区。低级别的耕地分布较为广泛，多聚集于老哈河—教来河中上游丘陵台地、大兴安岭南边的山地、准格尔—和林格尔黄土丘陵、阴山南北丘陵台地、鄂尔多斯高原区，这些地区大多是坡耕地或旱耕地，基本不具备灌溉条件。

就地域组合的结构而言，东部区耕地总体质量高于中西部地区，灌溉区高于旱作区；大兴安岭—阴山山脉为界，耕地质量东、南旱作区高于西、北旱作区。河套平原、西辽河平原、嫩江西岸平原、土默川平原高等别耕地面积占全区高等别耕地面积的 75% 以上；城郊结合部高等别耕地面积占全区高等别耕地面积的 6.51%；黄河、西辽河、嫩江及其支流沿岸地区高等别耕地面积占全区高等别耕地面积的 10.75%。

1.3　土地资源利用类型空间分布

1.3.1　土地利用类型空间分布占比分析

图 2 反映出 2015 年各地类在全区 12 个盟市的分布情况。耕地较集中的分布在巴彦淖尔市、呼和浩特市、包头市的河套平原、土默川平原及黄河沿河地区，赤峰市、通辽市的西辽河平原及老哈河、教来河沿河地区，呼伦贝尔市和兴安盟的嫩江右岸平原区及大兴安岭岭东、岭南丘陵区，合计占全区耕地总面积的 82.33%。林地呼伦贝尔市分布集中，占全区林地总面积的 54.98%，赤峰市、通辽市和兴安盟的大兴安岭及赤峰南部山地次生林区，占全区林地总面积的 26.34%。草地多聚集于呼伦贝尔市、锡林郭勒盟、鄂尔多斯市、阿拉善盟，在全部草地面积中，占有 68.24%。其他土地阿拉善盟分布较为集中，占全区其他土地总面积的 76.53%，主要为沙漠和裸土地。呼包鄂城市群和赤峰、通辽中心城市扩展速度

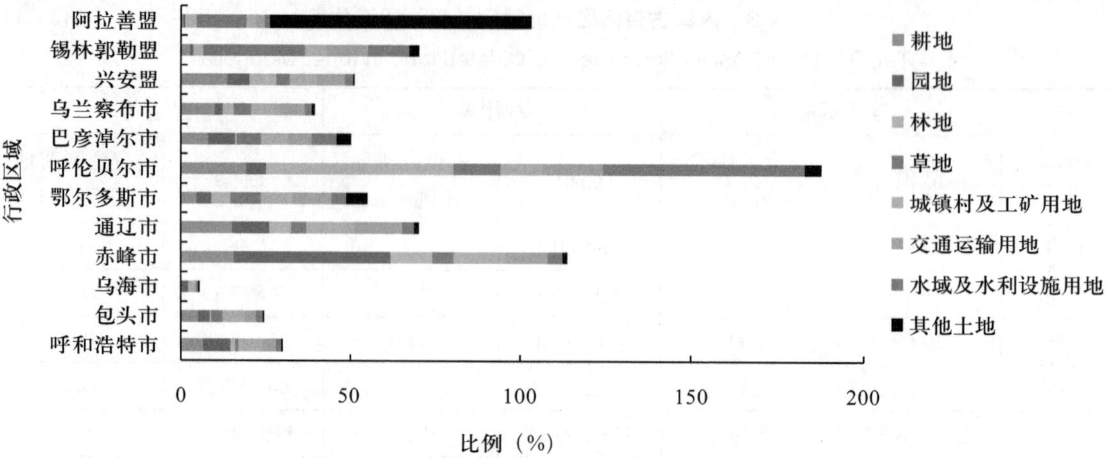

图 2　内蒙古自治区 12 盟市土地利用情况

Fig.2　The land use situation of 12 cities in Inner Mongolia

较快，城市用地规模增长明显，集聚效应显著，成为自治区人口集聚和经济快速发展地区。

1.3.2　土地利用空间结构分析

人们的日常活动会影响土地的利用，而这种影响水平会通过空间格局指数加以体现，若这种干扰影响越大，就会增强土地利用的均匀度与有序度，而优势度会相应降低。通过公式计算各指数如下表：

表 4　内蒙古及各盟市土地利用空间格局指数值表

Tab.4　The spatial pattern index of land use in Inner Mongolia

地类	有序度指数 H	优势度指数 D	均匀度指数 E
内蒙古自治区	1.957	1.043	0.528
呼和浩特市	2.124	0.876	0.624
包头市	1.368	1.632	0.283
乌海市	2.059	0.941	0.502
赤峰市	1.958	1.042	0.550
通辽市	2.135	0.865	0.620
鄂尔多斯市	1.707	1.293	0.410
呼伦贝尔市	1.872	1.128	0.518
巴彦淖尔市	1.627	1.373	0.368
乌兰察布市	1.647	1.353	0.393
兴安盟	1.929	1.071	0.570
锡林郭勒盟	0.705	2.295	0.102
阿拉善盟	1.183	1.817	0.339

（注：数据来源自 2015 年底内蒙古自治区土地变更调查数据库）

由表 4 可知，内蒙古各盟市土地利用优势度比较高，3/4 的盟市在 1 以上，其中锡林郭勒盟优势度在 2 以上，这是因为该地是我国及内蒙古主要的畜产品基地，具有高质、丰富的天然草场，约有 180 000 km² 可以供人使用，在整个内蒙古自治区的高质天然草场中，占据了 1/5。有序度和优势度在数据表现上呈相关系数是 -1 的、明显的负相关，这意味着优势度指数会随着有序度指数的升高而降低；有序度和均匀度在数据表现上具有相关系数是 0.959 4 的、显著的正相关关系，表明有序度指数越高，均匀度指数越高，内蒙古各盟市中呼和浩特市、乌海市、通辽市有序度指数均在 2 以上，表明人类活动对其土地利用的配置影响较大。

表 5　内蒙古土地开发利用程度

Tab.5　The degree of land development and utilizationin Inner Mongolia

年份	土地利用率	土地农业利用率	土地建设利用率	土地垦殖率	林地覆盖率	人均耕地
2009 年	71.83%	70.57%	1.26%	7.89%	18.95%	0.37 hm^2/ 人
2015 年	71.90%	70.51%	1.40%	7.93%	18.90%	0.36 hm^2/ 人

1.4　土地利用程度分析

如表 5 所示，内蒙古自治区 2009—2015 年，土地利用率 7 年间基本维持在 72% 左右的水平，仅上升了 0.07 个百分点；土地农业利用率整体偏高，逐年略有下降，下降 0.06 个百分点，基本符合全区的自然条件，亦表明地区土地利用的原始性，同时也意味着未来土地开发潜力巨大，另一方面，随着近几年社会经济的发展和土地资源合理开发利用，已成为全国重要产粮省区之一、农畜产品生产基地及我国北方重要的生态安全屏障；全区土地建设用地率水平整体偏低，呈逐年上升趋势，2015 年为 1.40%，低于全国同期水平（2015 年 4.01%）2.61 个百分点，近年来内蒙古建设用地增长较快，基础设施建设投资逐年加大，土地建设用地率有所提升，但地域辽阔，建设工程量大、工期短，基础设施投入不足、历史欠账较多等现实问题，建设用地利用率仍旧处于低位状态；2015 年全区土地垦殖率平均为 7.93%，仅上升了 0.04 个百分点，且地区差异较大，基本反映了内蒙古水土资源匹配条件，特别是水资源条件，土地垦殖率较高的地区为地势平坦、水热条件较好的平原区；林地覆盖率略有下降，下降 0.05 个百分点；全区人均耕地由 2009 年的 0.37 hm^2/ 人下降至 2015 年的 0.36 hm^2/ 人。该区域平均每个人可使用的城乡建设用地和普通建设用地，在六年的时间内几乎没有变化，分别是 0.05 hm^2/ 人和 0.06 hm^2/ 人。

2. 内蒙古土地资源利用特点及存在的问题

2.1　土地数量优势和人均占有量总体富裕

内蒙古地域辽阔，土地资源总量丰富，人均占有量大。2015 年该区域平均每个人可使用的土地资源面积为 4.59 hm^2，较之全国要高出 6.3 倍，平均每个人可使用的其他类型的土地资源面积较之全国也是遥遥领先，其中，人均草地资源占有量为 1.97 hm^2/ 人，是全国平均水平的 12.4 倍之多；人均耕地面积是 0.36 hm^2，是全国平均水平的 4.5 倍。

2.2　土地利用宏观成带性及农牧林交错与互补性

内蒙古土地利用类型在空间分布上突出表现为带状分布规律。大兴安岭—阴山山地是自治区农牧林业的自然分界线，该地多发展林业；而该线以南则多为农林牧业，它们彼此交错分布，该线以北多发展牧业；而在西辽河平原、嫩江右岸平原、河套—土默川平原等地区，由于水源充足、地形平坦，因而多开辟为耕地。另外，因为不同的地貌在某些局部表现上会呈现较大差异，所以土地利用在分布上往往具有次一级的带状特点，呈现显著的地域性特征，在分布上同当地的土地适宜度、自然环境、人们长久的经济活动紧密相连。而且，该区域内种植业、林业、牧业在用地区域分布上具有明显的过渡带，即农林牧交错地区。全区农牧林之间具有相互依赖、补充性，即农业可以保证畜牧业稳定发展，林业不仅可以用做各种林副产品的原材料，而且还以其极佳的生态环境为畜牧业和农耕业的发展奠定了基础。

2.3 土地利用地区差异性显著

内蒙古自治区位于北半球中纬度地带，地处内陆地区，地形类型为高原，东西跨越5个自然带，地貌分异明显，自然条件复杂多样，区域差异较大，致使土地利用方式、土地利用结构及土地利用程度均存在鲜明的地区性特点。锡林郭勒盟以草地占优势，呼伦贝尔市林地比例较高，阿拉善盟沙地、裸地面积广大。嫩江右岸平原、西辽河平原与河套—土默川平原地区为农耕集中分布区，亦是人口聚集区，土地利用程度较高；相对自然条件恶劣的沙漠、荒漠地区，人口稀少，土地利用程度较低。

2.4 土地利用的原始性和开发潜力大

内蒙古自治区农用地面积81.40万km^2，土地农业利用率达70.51%，未利用地占土地总面积的28.1%，显示地区土地利用的原始特性与具有开发潜力但尚未开发的土地资源在数量上呈现显著优势。伴随经济技术的迅猛发展，该区域具有使用潜力但尚未使用的资源面积32.44万km^2，盐碱地、荒草地、沙地十分普遍，分布广泛、数量丰富，无论地形、水源还是热量都十分理想，这些条件满足耕地与建设后备资源的开发和使用，有利于丰富我国及内蒙古当地的耕地及建设用地。

2.5 土地利用结构优化升级潜力巨大

目前，全区农用地、建设用地、未利用地之间比率约为50∶1∶20，农用地占主导地位。农用地内部结构中草地占较大比重，耕地分布相对较集中，辽阔的牧区以及耕地与牧业交错地带林地较少，这表现出该地在土地利用问题上还存在结构不完善与单一性的缺陷。就建设用地而言，城市和乡村的结构不够完善，没有实现集约化发展。首先，大部分城镇规模较小，在用地的布局与结构都存在问题，利用效率十分低下；其次，农村地区用地布局呈现零散、数量丰富的特点，居民的生活环境较差，平均每人的用地量严重超标。同时，受到地域、自然环境、历史等原因影响，全区交通、水利等基础设施占地比例低；在独立工矿用地中，亦存在部分企业规模偏小，分布过散，土地产出效益较差等现象。出于保护当地土地生态系统的稳定、改善土地利用效益与效率、切实保障土地可持续使用的考虑，在今后土地资源配置中应高度重视土地利用结构优化升级。

2.6 土地资源利用中存在的问题

2.6.1 耕地保护面临数量与质量的双重压力

内蒙古是全国13个粮食重点生产省（区）和5个商品粮调出省区之一。随着城镇化进程的加快，建设占用耕地在所难免；环境保护、生态建设促进“不稳定”耕地优化退出利用等，在保护数量的同时，随着国家对粮食主产区农田水利建设、土地整理开发投资力度的加大及政策的倾斜，提高耕地质量与产能的任务十分紧迫。

2.6.2 建设用地供给压力大

内蒙古处于连接东西贯穿南北的枢纽地带，东部产业会借助该地完成向中西部的转移，西部地区也会将资源借助该地的交通输送至东部。我国很多发展战略都要依托于土地资源才能完成，比如推进工业化与城镇化的建设，振兴东北老工业基地与西部大开发等战略的落实，建设社会主义新农村，大力发展基础设施建设，培育和发展大集团、大基地与大产业，进而构成大集群，推动产业优化升级。另外，为了尽快构建我国的化工冶金建材基地、农畜产品生产加工基地、装备制造业基地、能源基地，推动交通枢纽的建设；尽快在我国构建物流、客流、资源的汇集、传输与中转中心；加快建设国家电网、铁路货运客运专线、干线公路、输油管道等主要项目，实施西气东输工程等，各项建设用地的供给将面临巨大的压力。

2.6.3 节约集约用地水平相对较低

内蒙古土地集约节约利用水平相较于发达地区仍存在一定的差距。从农业用地来看，地均投入不足，土地产出能力较低，农业土地利用相对粗放，需要通过高标准投入、建设等手段，逐步提高农业用地水平，实现高产出。从非农土地利用来看，一是城镇规模总体偏小，城镇用地内部结构和布局不尽合理；工业用地比重偏高，待改造的老城区面积较大。二是农村居民点布局分散，人均用地超标。农村人均建设用地规模能达到 300 m^2/ 人，甚至更高的水平，远高于国家人均用地指标。三是建设用地投资强度不足，较发达地区存在较大的差距。四是建设用地容积率偏低，低效用地、闲置用地现象仍然普遍，促进集约节约用地任务十分艰巨。

2.6.4 城乡一体化进程面临挑战

城乡一体化及其协同效应带动了城乡地域土地供需状况、土地权属关系、土地利用空间结构、土地利用功能结构等系统全面的土地经济属性、自然属性、生态属性、社会属性的转变，内蒙古城乡一体化进程中面临耕地保护、土地资源配置、平衡行业和区域间用地矛盾等突出问题和挑战，需着力解决。

3. 土地资源利用成效

3.1 落实耕地保护制度，大力推进土地整治，提升耕地质量与产能

内蒙古自治区严格执行国家有关耕地保护法律、法规和政策，按照到 2020 年全区耕地保有量不少于 697.73 万 hm^2，基本农田保护面积不少于 608.13 万 hm^2 的目标，通过制定耕地保护目标责任考核办法与考核实施细则、签订保护责任状、建立土地整理复垦开发制度、补充耕地验收制度等手段和措施，认真落实耕地保护任务。全区从 2001 年开始实施土地整理项目，至 2009 年，总投资 43.9 亿元，建设总规模 493 万亩，新增耕地 39 万亩；2000 年全区水浇地占耕地面积比率为 21.19%，至 2015 年，面积比率提高到 30.04%。通过土地整理等农田建设项目实施，改变了自治区耕地资源的生产条件，有效增加耕地面积，提高了耕地质量与产能，2001—2009 年，全区粮食产量增长 1 587.9 万吨，增长约 128.14%。

3.2 不断完善和创新组合政策，提升建设用地保障水平，支持经济社会持续健康发展

2007 年，自治区被国土资源部列入城乡建设用地增加挂钩试点省份，并率先在巴彦淖尔市临河区、包头市九原区、鄂尔多斯市杭锦旗和东胜区 4 个旗县（市、区）开展城乡建设用地增减挂钩项目区试点，到 2009 年城乡增减挂钩试点政策为自治区提供周转指标规模达到 5 250 亩。同时积极争取国家

支持，2009年争取到国家建设用地计划指标达1.42万hm^2。指标选择分配到盟市、旗县（市、区）相结合的手段，集中扶持有关水利、交通、能源等基础设施建设的用地计划；构建集约、节约的用地激励制度，针对前3年征收了土地且获得高效利用，供地率超过80%的旗县（市）提供一定的奖励，比如增加下一年新增建设用地指标等；落实工业用地价格调节制度，对于自治区重点建设项目，可以将底价设为高于当地该级别土地最低价格的60%；对旗县（市）急需开工的重点项目，优先安排建设用地指标；完成有关土地节约和集约利用的评价工作，并根据评价结果，将使用情况良好的开发园区由区级转变为国家级，不断吸收海内外及其他区域间的产业向园区汇集。通过建立节约集约用地考核评价机制、提高企业准入门槛和投资强度、变外延扩展为内涵挖潜；通过开展土地利用总体规划评估修改，进一步优化土地结构和布局，为城市建设和经济社会发展预留必要的发展空间，有效地缓解自治区计划指标不足的难题。

3.3 盘活存量，优化城乡建设用地结构，推进新型城镇化建设

"十一五"期间，内蒙古通过废弃建设用地复垦、设立城乡建设用地挂钩试点、整理城镇土地、清理和盘活闲置的建设用地、提高企业准入门槛和投资强度、变外延扩展为内涵挖潜等管理措施与手段，为自治区工业化、城镇化和新农村建设等提供建设用地46.6万亩，补充耕地1.5万亩。有效解决了以下问题：（1）提高了土地集约节约利用水平；（2）改善了农村的生产生活环境；（3）解决了新农村建设资金来源问题；（4）结合增减挂钩和城镇化建设，通过农村人口向城镇和中心村适度集中，为城镇化提供了人力支援；（5）拓展了城镇建设用地空间；（6）缓解了用地计划紧张的局面。通过盘活存量，全区城乡建设用地结构不断优化，进而助推自治区新型城镇化进程。

3.4 扎实推进数字国土工程建设，夯实土地资源管理事业发展基础

1999年10月全国"数字国土"工程正式启动，内蒙古按照统一的信息化标准和规范，结合土地资源管理工作的实际需要，在全区开展了包括基础数据库建设、网络建设和信息系统及信息社会化服务系统建设的"数字国土"工程。完成了全区101旗县（市、区）土地利用数据库建设，12个盟市所在地高分辨率航天数据影像图制作，39个城镇土地利用数据库建设等。自治区正在通过"数字国土"工程建设，逐步推动土地资源管理工作决策科学化、管理规范化和办事高效化，并全面促进国土资源调查评价信息化、政府管理信息化和信息服务社会化。

3.5 加强生态用地保护，推进生态建设工程，筑牢我国北方生态防线

1998年以来，特别是实施西部大开发战略以来，内蒙古提出了"把自治区建设成为祖国北方重要的生态防线"目标，明确应在保护的前提下开发和利用土地，确定以植树造林、种草为主体的生态建设用地布局和规模，在立足当地实际发展情况的基础上，提出生态建设的目标与举措，并相继实施了退耕还林、京津风沙源治理及退牧还草等重点生态建设工程，范围涉及90%以上的旗县，累计投资173亿元，使自治区的生态保护与建设步入了一个新的发展阶段。据第三次荒漠化监测结果显示，全区荒漠化土地约占全区总土地面积的52.6%，降低了7.4个百分

点，成效显著。当地实施围封转移、生态退耕、“三北”防护林建设、防沙治沙等生态建设，逐步提高了当地居民生活和生产的外部环境质量和条件，有利于持续稳定地利用土地资源。

4. 土地资源可持续利用对策

4.1 加强耕地和基本农田保护

严格管控非农业建设占用耕地的数量，确需占用的，必须首先确保补充耕地质量不得低于被占用耕地质量；对于基本农田建设而言，要构建集中投入机制，重视基本农田保护区和粮食主产区的建设，不断加大老哈河沿岸地区、西辽河平原、河套平原、阿拉善绿洲农耕区、土默川平原、嫩江右岸平原区、黄河沿岸地区等的建设力度，尽快形成示范区。

4.2 促进节约集约利用土地，提高土地利用效益

秉持有保有压、差别相待、“新增指标保重点，普通工程凭挖潜”的原则，确定不同类型建设用地建设时序以及增量指标的科学配置，优先支持重点城镇发展用地及工业集聚区用地，重点保障符合产业发展政策和经济发展需求的重点项目用地，以及关系民生的项目用地，完善新增建设用地年度计划编制办法，确保城市和乡村在用地结构方面趋于合理；根据产业和居民集聚的实际需求，阻止工矿和城镇用地的非理性延伸，确保其规模恰当，追求居民和土地两个方面城镇化的和谐；整合规范农村牧区建设用地，不断改变“空心村”用地情况，切实落实“一户一宅”政策，禁止超标准占地建房，妥善处理当前超标准用地的问题。

4.3 统筹区域土地利用，实现差别化土地政策

通过对社会发展特点和地区资源特征的分析，在土地利用方面秉持因地制宜的原则，在此基础上选择合理的布局结构和改革方向，强调并带动当地优势产业的发展，构建颇具地方特色的城市群、经济带、特色农业区、专业生产基地；实施分类管理的区域政策，大力发展基础项目和基础设施的建设，更好地带动工业化和城镇化的发展。

4.4 大力推进土地整治，提高农用地质量

合理规划、统筹安排有关土地整理的工作，重点治理利用不合理、使用效率低以及尚未利用的土地，采取措施逐渐恢复因自然灾害或人为建设而遭受破坏的土地，不断提升其利用率。比如：针对土地利用对环境的影响情况进行评估，了解在重点流域、基本农业基地、西部干旱半干旱地区利用土地时给自然造成破坏的原因、种类、分布、规模、水平，构建起有关生态环境质量的预警和预报机制，以及有关土地利用自然环境的背景数据库，在土地利用模式方面不断探索创新，开发能够良性循环的新模式。通过具体举措，尽量避免土地沙化、水土流失和土地质量下降的情况；针对围垦与过度开垦区域，要根据规划稳步开展退耕还草、还林、还湖的活动，在规模较大的江河两岸或自然环境极其脆弱的区域，要及时退出陡坡耕地；颁布有关土地复垦、整理、利用的支持政策，提供新增耕地指标折抵、异地开发、土地置换、产业化运作等经济帮助。

4.5 合理保护和利用未利用地，提高土地利用率

制定未利用地利用与保护的有效管理手段，探索利用新机制，建规立章，提高其利用与管理水平。针对不同区域、不同类型的未利用地，积极探索未利用地利用模式，采取有效的工程措施加强未利用地利用与保护，对可利用的要依法批准，集约高效利用，对目前难利用的采取必要工程措施加以保护。

4.6 强化土地政策研究，推进土地科技创新 增强土地管理支撑能力

针对自治区特殊的区情，加大适合自治区的土地政策研究力度，重点在综合开发沙地裸地等未利用土地资源、露天煤矿用地等作为临时用地进行管理、制定自治区禁止和限制供地政策、确定适合所属各旗县土地等别、土地价格等土地政策研究上有所突破，为自治区快速发展提供土地政策支持，保障必要的用地支撑；加强土地学科体系建设，开展土地科学基础理论与方法研究，构成层次丰富、维度全面的交叉式学科，具体内容涉及应用科学、基础科学、技术科学等。建立系统的土地科学理论体系和以地球系统科学为核心的新的知识体系，将微观研究与宏观研究接口，综合联系在自然和社会经济两个方面的过程，完成跨学科的探索和分析，是未来土地科技创新的发展方向。在集成创新土地规划、评价技术，开展“国土空间规划关键技术研究与示范”“土地资源综合监管关键技术与示范”“土地资源综合监测与持续利用野外科研基地建设”等方面研究，在全国典型区域建设若干个集土地资源数量 - 质量 - 生态综合监测、优质耕地持续利用、土地政策试验应用为一体的国家级土地资源野外监测与持续利用科研基地。

参考文献

[1] 李国华 . 基于灰色多目标的土地利用结构优化研究—以南京市为例［D］. 南京：南京农业大学，2011：1–6.
[2] 濮励杰，朱明，翁翎燕，等 . 土地利用结构优化综述［J］. 长江流域资源与环境，2010，19（12）：1410–1415.
[3] 宝音，包玉海 . 内蒙古土地资源及其持续利用［J］. 地理科学，2000，20（5）：478–482.
[4] 金志丰，陈雯，孙伟 . 基于土地开发适宜性分区的土地空间配置—以宿迁市区为例［J］. 中国土地科学，2008（9）：43–50.
[5] 宝音，包玉海 . 内蒙古土地资源及其持续利用［J］. 地理科学，2000，20（5）：478–482.
[6] 孙金铸 . 内蒙古土地资源合理利用［J］. 干旱区研究，1993，10（1）：15–21.
[7] 刘彦随 . 区域土地利用系统优化调控的机理与模式［J］. 资源科学，1999，（7）：60–65.
[8] 刘耀林，汤青慧 . 基于理想点法在土地利用结构优化中的应用［J］. 国土资源科技管理，2003，（6）：64–68.

鄂尔多斯市伊金霍洛旗煤矿区降尘特征研究

姚喜军[1]，张宇[2]，吴全[1]，徐艳红[1]，鲁丽波[1]

（1. 内蒙古自治区古土地调查规划院，呼和浩特 010021

2. 内蒙古大学公共管理学院，呼和浩特 010070）

摘　要：通过对鄂尔多斯伊金霍洛旗纳林陶亥煤矿区一年内大气降尘监测样点的数据分析，研究了煤矿区大气降尘的特征，评价了煤矿区大气环境的污染程度。结果表明：从一年内降尘量月平均分布特征来看，年内降尘量最高的月份为12月，降尘量最高达到128.94 t/km^2·30 d，最低月份为4月，仅为42.86 t/km^2·30d，冬春季降尘量明显高于夏秋季；从降尘区域分布特征来看，工业区、采坑及周边、交通区是主要的降尘分布区，年度平均降尘量在88.79~149.65 t/km^2·30 d之间，明显高于居民区的77.83 t/km^2·30 d和农业区的73.93 t/km^2·30 d；从降尘量的空间分布特征来看，距离采矿核心区域0~1 000米范围的年均降尘量最小为62.36 t/km^2·30 d，1 000~3 000米范围内，大气降尘均量达峰值为128.69 t/km^2·30 d，随距离的变化降尘量呈衰减趋势；对比自治区其他省份降尘限值要求，研究区明显高于其他地区，采煤活动已对伊金霍洛旗纳林陶亥矿区造成了严重的粉尘污染，采煤活动是大气降尘的主要来源。

关键词：大气降尘；降尘量；污染特征

Study on characteristics of dustfall in Yi jin huo luo mine area，Ordos City

YAO Xi-jun[1]，ZHANG Yu[2]，WU Quan[1]，XU Yan-hong[1]，LU Li-bo[1]

（1. Inner Mongolia Land Surveying and Planning Institute，Hohhot，010021，china；

2. Public Administration Institute of Inner Mongolia University，Hohhot，010070，china）

Abstract：To evaluate the pollution level of atmospheric environment in coal mining area，The dust fall characteristics of monitoring samples in coal mining area were investigated.The study site is located in Yi jin huo luo of Ordos，Inner Mongolia，China.The results incated that the dustfall in December was maximum，about 128.94 t/km^2·30 d was collected，The dustfall in April was smallest，only about 42.86 t/km^2·30 d was collected.The monthly mean dustfall in the spring and winter was significantly higher than that in summer and autumn.The distribution characteristics of dustfall area showed industrial area，mining area，transportation area were the main distribution area of dustfall，The annual average dustfall was between 88.79 t/km^2·30d to 149.65 t/km^2·30 d for the main distribution area of dustfall.About 77.83 t/km^2·30 d and 73.93 t/km^2·30 d for the dustfall was collected，respectively，residential area and agricultural area.The dustfall for the main distribution area were significantly higher than that of the residential area and agricultural area.The trend of dustfall had decrease with the change of distance.Compared to other provinces dust limit autonomous regions, the study area is significantly higher than other regions, the coal mining activities have to Yi jin huo luo, Na lin tao hai mining caused serious dust pollution. That indicate the coal mining was the main source of dustfall.

Key words: atmospheric dust; amount of dustfall; pollution characteristics

大气降尘是大气中粒径大于 10 μm 的固体颗粒物的总称[1-2]。随着我国城镇化、工业化进程的推进，降尘量明显增加，大气降尘成为大气污染物监测的主要指标之一。以往的研究大多将大气降尘与降尘中携带的重金属污染物结合起来分析，重点探讨降尘重金属元素的污染特征等问题[3-6]，并进行生态风险评价[7-8]，健康风险评价等。总结众多学者的研究成果，有关矿区降尘量特征问题的研究并不多，主要是探讨矿山土壤重金属污染[9-10]。究其原因，一是矿区多地处偏僻，远离居民点，矿山降尘污染现象虽普遍，但危害显现不足，没有引起学者的重视；二是降尘污染伴随着矿产资源开发的全过程，其不同片区、不同时段污染特征各异，对其进行系统研究存在一定的难度。

作为我国北方重要的生态屏障，内蒙古生态环境建设任务异常艰巨。而内蒙古又是我国重要的能源及矿产资源产地，矿区分布广泛，矿产开发与环境保护间的矛盾日益凸显，因此研究矿区大气降尘特征不仅具有重要的理论价值，而且对防治大气污染，保障人体健康具有实际指导意义[11-12]。矿区的大气污染主要是因煤炭在开采运输过程中产生的扬尘和生产居民生活中燃煤所造成的。多年来，对矿区环境问题多注重在矿井水排放、选煤水排放、矸石山自燃、地面塌陷、锅炉除尘的研究治理上，而对矿区生产过程中的扬尘和居民生活产生的烟尘对大气的污染投入甚少。本文以鄂尔多斯市伊金霍洛旗纳林陶亥矿区为例，对矿山不同时间段、不同区位降尘量进行系统的调查，充分分析矿区降尘特征，为治理矿区降尘污染提供科学依据。

1 矿区概况

矿区位于鄂尔多斯市伊金霍洛旗纳林陶亥镇，地处鄂尔多斯高原东南部、毛乌素沙地东北边缘，东与准格尔旗相邻，西与乌兰木伦镇接壤，南与陕西省榆林市神木县交界，北与鄂尔多斯市府所在地康巴什新区隔河相望。矿区常年干旱风大，蒸发旺盛，地表组成物质松散、植被覆盖度低，沙漠化现象非常严重，沙尘暴频繁。土壤呈地带性分布，东部分布的粗骨土、风沙土、栗钙土面积较广，潮土、沼泽土和盐土则零星分布于河床两岸和低洼地区；中部鄂尔多斯高原区主要分布着栗钙土、粗骨土、风沙土和一定数量的草甸土和盐土，潮土分布于滩地；西部毛乌素沙区主要分布着风沙土和相当数量的潮土和栗钙土。草原植被广泛发育，草类多由多年生的草群组成，而又以丛生禾本科为主，其次是油蒿和豆科杂草，灌木和半灌木占有较大比重。水资源总量 33 112.31 万 m^3，其中地表水 22 390.94 万 m^3，地下水 12 884.25 万 m^3，水资源总可利用量 11 254.22 万 m^3。矿区蕴藏了丰富的矿产资源，尤其是煤炭资源非常丰富，是神府－东胜煤田的主要产区。煤层厚度 2~7 米，倾角 1°~8°，埋藏较浅，是世界少见的优质动力煤。煤炭种类包括焰煤、长焰煤、不黏结煤、弱黏结煤、气煤、肥煤和焦煤等，开采方式均为露天开采，开采工艺以单斗－卡车为主，各采矿区煤炭储量从 1 000~5 000 万吨不等，开采年限从 40~120 年不等，煤炭埋深从 20~40 米不等。

2　研究方法

2.1　监测点布设

大气降尘监测点布设依据《环境监测（第三版）》布点方法，采用核心区向外辐射状布点，兼顾功能分区布点法。布点时先以众多矿企采坑所组成的采矿集聚区以下简称为“矿区”核心区为中心，向外划分四个距离圈层，即 0~1 000 米、1 000~3 000 米、3 000~5 000 米、＞5 000 米四类不同距离布设采样点。再按《环境空气质量标准》（GB3095—1996）划分成若干“功能区”。在矿区的盛行下风向，分别在矿区附近的农业区、居民区、交通干道等位置进行布点，并在矿区上风向选取绿化清洁区作为对照布点。根据上述原则野外确定监测点，在确定地点放置集尘缸。由于人力物力所限，考虑到采样方便、易于操作等因素，监测区主要采用玻璃球法收集大气降尘。每一片区样点采取交错、多点混合方式进行取样，采样样品共 20 个，另取对照区土壤样品 2 个作为参考的土壤环境背景值。

2.2　降尘收集及处理

降尘收集：降尘收集点位于纳林陶亥矿区，共布设大气降尘采集点 22 处，其中包括 2 处降尘对照点，并设有 7 号、9 号两处干法收集、湿法收集和玻璃球法收集降尘实验对照点。本研究所用数据主要采用玻璃球法采集[13]。这 3 种收集装置原理基本相同，仅是根据收集容器内所加入的介质的不同而加以区分，并因此而具有不同的收集效率。玻璃球法收集降尘是指在降尘容器中平铺一层玻璃球，这样降尘就会落入其间的空隙，减小了“二次起尘”的概率。玻璃球直径一般为 1.2 cm，成本较低且使用方便。这种方法克服了干法收集装置的部分缺点，又可以

图 1　大气降尘采样点位

Fig1. Atmospheric dust sampling point

避免湿法收集时加液体的麻烦。因此，在蒸发量较大或偏远的野外地区，用湿法收集降尘不方便时，玻璃球法可以作为一个较好的选择[14]。

采样时间为2013年8月至2014年7月。使用直径15 cm、高度30 cm的向上开口的玻璃圆桶形积尘器，置于采样点的固定架上，每个采样点放置1个积尘器，积尘器口距离取样平台160 cm。每月25日（±2）采集一次降尘样品，并及时将取下的样品送回实验室进行分析。分析时去除样品中所含树叶、昆虫等异物，每次以200mL乙二醇水溶液冲洗下附着在收集器内壁上或集尘器内壁的尘于烧杯中，在105±5℃下恒温烘干后用万分之一克精度天平称重，密封保存。如遇降雨，降水要用低温蒸发，并烘干以获取样品。

降尘测定：根据《环境空气降尘的测定 重量法》（GB/T 15265—1994）对大气降尘样品进行测定，其计算公式为：

$$M=\frac{W_1-W_0-W_e}{S\times n}\times 30\times 10^4$$

M—降尘总量，t/km^2·30 d；

W_1—降尘，瓷坩埚、乙二醇水溶液蒸发至干并在105±5℃质量恒定后的质量，g；

W_0—瓷坩埚于105±5℃质量恒定后的质量，g；

W_e—与采样操作等量的乙二醇水溶液蒸发至干并在105±5℃质量恒定后的质量，g；

S—集尘缸缸口面积，cm^2；

n—采样天数，准确至0.1 d。

3 结果与分析

3.1 降尘量年度分布特征

通过对伊金霍洛旗纳林陶亥矿区22个大气降尘监测点位数据进行统计分析得出，2013年8月至2014年7月，一年的监测周期内大气降尘量平均值为91.038t/km^2·30d。从降尘量月均分布规律来看，研究区月降尘量均值变化较为明显（如图3所示），降尘量较大的月份主要集中在2013年的11月到次年的2月即冬季，降尘量最大月份为2013年12月，达到128.94 t/km^2·30 d，而降尘量最小的月份为2014年4月，仅为42.86 t/km^2·30 d，标准差为27.79 t/km^2·30 d。由表1可以看出，按季节分配，冬季降尘量最多，均值为

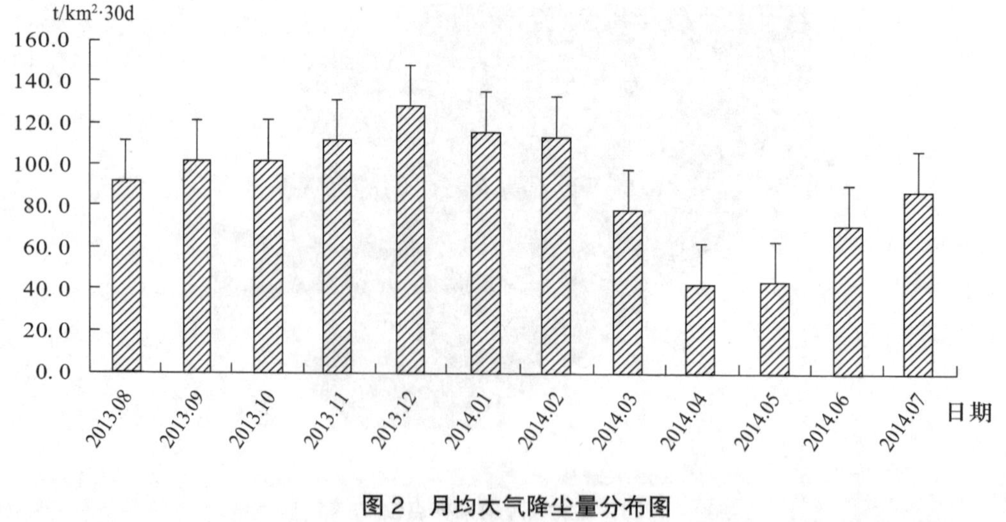

图2 月均大气降尘量分布图

Fig2. The average monthly amount of atmospheric dust distribution

表 1　大气降尘季节变化表

Table 1　The change of atmospheric dust with the seasons

单位 /unit：t/km^2 · 30d

项目	春季	夏季	秋季	冬季	采暖期	非采暖期
月平均值	55.041	83.442	106.128	119.542	99.383	79.356
超标倍数	3.20	4.85	6.16	6.94	5.77	4.61

注：采暖期指当年 10 月至次年 4 月；本底参照 2014 年内蒙古自治区 12 盟市监测平均值 17.22t/km^2 · 30 d。

119.542 t/km^2 · 30 d，春季降尘量最少，均值为 55.041 t/km^2 · 30 d。采暖期降尘量明显高于非采暖期降尘量，差值达 20.027 t/km^2 · 30 d。由于内蒙古暂未发布大气降尘量标准，故本研究参考 2014 年内蒙古自治区 12 盟市大气降尘监测平均值，为 17.22t/km^2 · 30 d。据此标准对比可以看出，伊金霍洛旗煤矿区大气降尘量远超出标准值 3.20~6.94 倍。笔者分析，秋冬季节正值北方采暖时期，对煤炭需求量增加，实地调查也证明秋冬季是煤炭企业满负荷生产的时期，采矿及运输环节成为降尘的主要来源，加之研究区气候属典型的寒温带大陆性气候，冬春季节干旱少雨，西北风正盛，地表干燥，扬尘量大，相应增加了降尘量。进入春节和夏季，煤炭需求量减少，部分煤炭企业处于停产、半停产状态，采矿量大大降低，相应的降尘量也大幅下降，再加上受降水等自然条件的影响，降尘扩散半径也会变小。

3.2　不同功能分区降尘量分布特征

将研究区划分为 5 个功能区，每个功能区布设疏密均匀的监测点。由图 3 可知，研究区降尘量的区域差异显著。工业区、采坑及周边、交通运输区是主要的降尘分布区，年度平均降尘量在 88.79~149.65 t/km^2 · 30 d 之间，明显高于居民区和农业区。总体排序为工业区＞采坑及周边＞交通运输区＞居民区＞农业区＞对照点。因此，若不分区域采用统一的限值评价标准会出现很多问题。可考虑在长期的实测数据基础上对降尘量评价标准进行分区域研究。

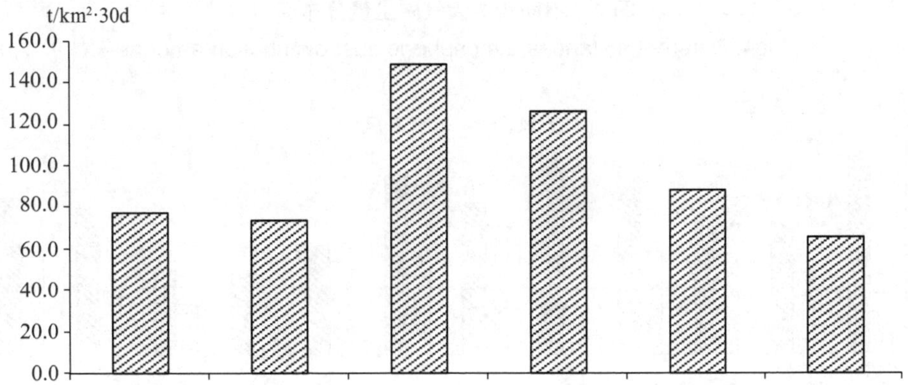

图 3　不同功能区年度降尘量平均值对比图

Fig3. The annual average tmonth contrast figure different functional areas

3.3 降尘空间分布特征

从降尘量的空间分布规律来看，不同距离圈层大气降尘量均值分布如图4所示。从各个月份反映的情况来看，距离采矿中心点0~1 000米范围的年均降尘量最小，平均值为62.36 t/km^2 · 30 d，距离中心点1 000~3 000米范围的降尘量最大，平均值为128.69 t/km^2 · 30 d。3 000~5 000米和＞5 000米范围降尘量差异相对较小。分析原因，距离采矿中心点1 000米范围内，属企业重点管护区域，在该范围内生产作业车辆均配有洒水车、防尘网等很好的防御措施，因此，该区域内空气中的粗颗粒降尘得到了很好的控制。剩余部分为飘尘，随着运输距离的增加，超出企业管护范围，加之风力的减弱，大气中的颗粒物开始沉降，1 000~3 000米范围成为矿区降尘的重灾区。

3.4 大气降尘与风向相关性

根据样点布设位置与当地气象相关资料，尤其是风向，风速的相关分析可得，矿区上风向周围的布点大气降尘量相对较少，各月平均为51.23 t/km^2 · 30 d；下风向的大气降尘量远大于上风向，平均值达到110.31 t/km^2 · 30 d，几乎是上风向降尘量的2倍。由此可见，风向对大气降尘影响十分显著，这也符合实际情况。值得注意的是，2013年10月、12月的降尘量在上风向和下风向基本持平，这可能是受当月风向改变等

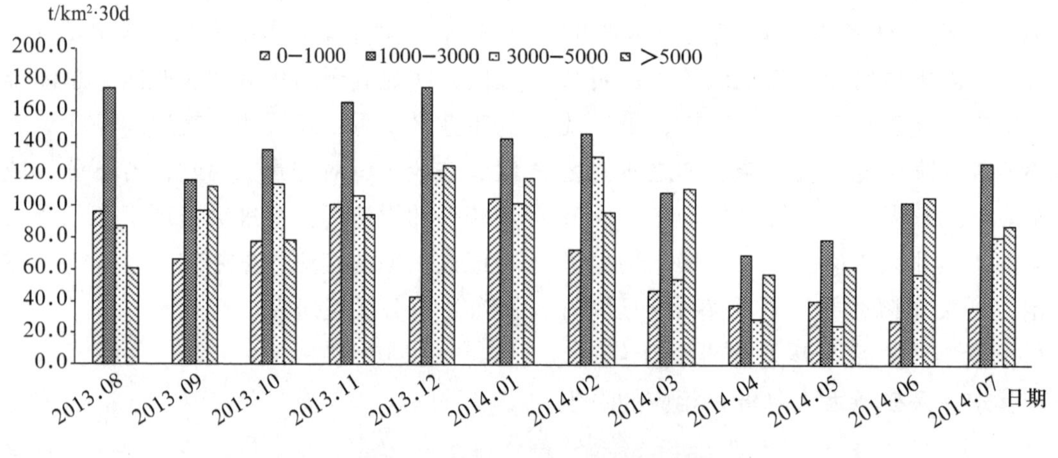

图4 不同距离大气降尘量分布图

Fig4. Different distances atmospheric dust distribution amount

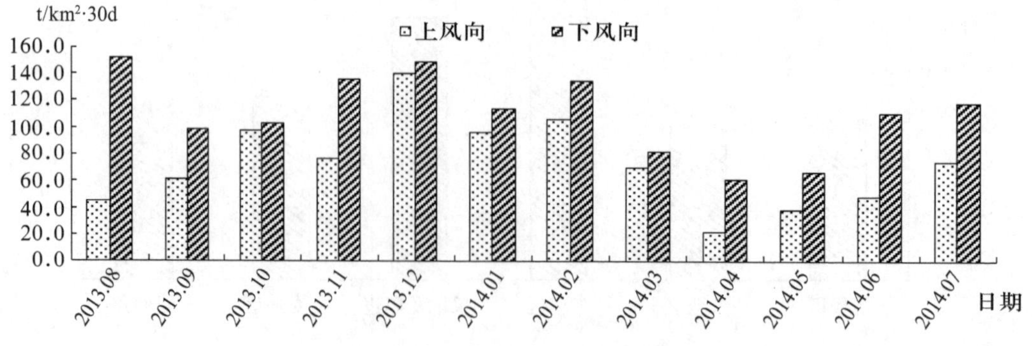

图5 大气降尘与风向相关性图

Fig5.Atmospheric dust and the wind correlation diagram

因素的影响，尚需研究，不具有典型规律。

4 讨论

矿区与非矿区大气降尘对比分析　目前国内并未制定统一的降尘评价标准，各省市环保部门选用的评价方法也有较大差异。普遍做法是采用国家环境保护局（91）环监字第089号文件《环境质量报告书编写技术规定》中建议的秦岭、淮河以北城市在当地清洁点实测值的基础上 +7 t·km^2·30 d，以南地区采用清洁对照点 +3 t/km^2·30 d进行降尘量评价[15-16]；或根据本地情况统一制定一个标准值进行评价。内蒙古地区暂未设定降尘量评价标准，本文采用2014年12盟市监测平均值作参考。部分省市区具体标准见表2。

表2　国内部分省市区降尘限值要求与矿区降尘比较

单位/unit：t/km^2·30 d

Table 2　The comparison of parts of domestic dust limit and atmospheric dust coal mine area

省份	限值要求
浙江省	8
江苏省	清洁对照点 +3
广东省	8
辽宁省	8
上海市	10
新疆维吾尔自治区	16
内蒙古自治区	17.22（平均值）
伊金霍洛旗煤矿区	91.038（实测平均值）

注：表格中内蒙古自治区降尘量为2014年全区12盟市监测平均值，伊金霍洛旗矿区降尘量值为2013—2014年实测平均值。

根据《内蒙古2014年环境状况公报》显示，全区12个盟市平均降尘量为17.22 t/km^2·30 d，各盟市降尘量在6.04 t/km^2·30 d ~ 55.01 t/km^2·30 d之间，各盟市降尘量高出本地清洁对照点1.06 t/km^2·30 d ~ 36.98 t/km^2·30 d。由表2可以看出，伊金霍洛旗煤矿区降尘量实测值是其他省份城市降尘量限值的5.69~11.38倍，由此可知，矿区降尘量明显要高于非矿区城市降尘量，同时，与其他省份城市降尘限值对比，内蒙古矿区降尘量要远高于限值要求数倍，查阅相关权威网站数据显示，一般降尘量达到每月每平方千米30 t，为中度大气污染；降尘量达每月每平方千米50 t以上，为重度大气污染，据此可知，采煤活动已对伊金霍洛旗纳林陶亥矿区造成了严重的粉尘污染，降尘污染亟待治理。

降尘通量是反映大气降尘污染的又一重要指标，根据表3收集的不同气候区大气降尘通量值的对比发现，在不同的地理环境和气候条件下，降尘通量变化较大。一般认为城市内部多以建筑施工、工厂排放废气等为主要降尘来源，郊区多以农地在无植被覆盖条件下的起尘为主要来源，黄土高原和沙漠地区则主要是在大风作用下的沙尘为主，因此受大风日数影响较大。对比几种环境条件下煤矿区的降尘通量值最大，且远高于其他气候类型区3~25倍，表明长期的煤炭资源开发、运输等活动，已导致周围大气受到严重污染，采煤活动已成为矿区降尘量激增的主要诱因。

5 结论

（1）通过对伊旗纳林陶亥煤矿区一个年度周期内降尘数据的分析发现，大气降尘观测点的平均降尘量维持在91.038 t/km^2·30 d左右。从降尘量月平均分布特征来看，季节差异显著，冬春季降尘量明显高于夏秋季，降尘量最大值出现在2013年12月，达到128.94 t/km^2·30 d，而降尘量最小的月份为

表 3 不同气候区大气降尘通量比较[17]

Table 3 The comparison of the atmospheric dust flux in different climate regions

地区	测定时间	地理环境描述	降尘通量（ug/（cm^2·d))
南京	2010—2011	郊区	5.60-39.09
北京	1998—2003	郊区	24.30-56.30
兰州	1999—2000	黄土高原	7.17-30.60
杭州	2010	市区	31.5
上海	1993—2003	市区	41.10-82.19
韩国	2002	城市	6.40-27.23
腾格里沙漠	1991—1994	干旱沙漠	6.40-791.67
呼和浩特	2011—2012	市区	27.7-30.03
伊金霍洛旗煤矿区	2013—2014	煤矿区	142.87-429.8

注：表格中呼和浩特、伊金霍洛旗矿区降尘通量值为降尘量实测平均值换算所得。

2014 年 4 月，仅为 42.86 t/km^2·30 d。

（2）按功能分区对比降尘量，各功能区大气降尘量明显高于对照点降尘量，降尘量从大到小排序为工业区＞采坑及周边＞交通运输区＞居民区＞农业区＞对照点，证明采煤活动是大气降尘的主要来源。

（3）从降尘的空间分布来看，距离采矿核心区中心 0~1 000 米、1 000~3 000 米、3 000~5 000 米、＞5 000 米四类不同距离大气降尘量差异明显。其中，距离中心点 1 000~ 3 000 米范围内，大气降尘均量各月普遍偏高，平均值为 128.69 t/km2·30 d，说明随距离的变化大气降尘量呈衰减趋势。

（4）大气降尘受风向影响显著，上风向降尘量显著低于下风向降尘量。

参考文献

［1］于瑞莲，胡恭任，袁星，等．大气降尘中重金属污染源解析研究进展［J］．地球与环境，2009，37（1）：73-80.

［2］Wilson W E，ChowJ C，Claiborn C，et al.Monitoring of particulate matter outdoors［J］.Chemosphere，2002，49：1009-1043.

［3］李萍，薛粟尹，王胜利，等．兰州市大气降尘重金属污染评价及健康风险评价［J］．环境科学，2014，35（3）：1021-1029.

［4］黄顺生，华明，金洋，等．南京市大气降尘重金属含量特征及来源研究［J］．地学前缘，2008，15（5）：161-167.

［5］焦荔，沈建东，姚琳，等．杭州市大气降尘重金属污染特征及来源研究［J］．环境污染与防治，2013，35（1）：73-78.

［6］王丽，王力，和文祥，等．神木煤矿区土壤重金属污染特征研究［J］．生态环境学报，2011，20（8-9）：1343-1347.

［7］于瑞莲，胡恭任，戚红璐，等．泉州市不同功能区大气降尘重金属污染及生态风险评价［J］. 环境化学，2010，29(6)：1086-1091.

［8］李晋昌，董治宝．大气降尘研究进展及展望［J］．干旱区资源与环境，2010，24（2）：102-108.

［9］廖国礼，吴超．矿山不同片区土壤中

Zn、Pb、Cd、Cu 和 As 的污染特征［J］. 环境科学，2005，26（3）：157-162.

［10］樊恒文，肖洪浪，段争虎，等. 中国沙漠地区降尘特征与影响因素分析［J］. 中国沙漠，2002，22（6）：559-565.

［11］高君亮，辛智鸣，刘芳，等. 乌兰布和沙漠东北部大气降尘特征及影响因素分析［J］. 干旱区资源与环境，2014，28（8）：145-150.

［12］McTainsh G H，Nickling W G，Lynch A W.Dust deposition and particle size in Mali，West Africa［J］.Catena，1997，29：307-322.

［13］胡智新 .3 种降尘收集方法及下垫面降尘量的对比观测研究［D］. 兰州：中国科学院寒区旱区环境与工程研究所，2002：1-44.

［14］钱广强，董治宝. 大气降尘收集方法及相关问题研究［J］. 中国沙漠，2004，24（6）：779-782.

［15］王炜. 我国环境空气中降尘测定方法和评价标准的适用性探讨［J］. 环境保护与循环经济，2014（4）：53-55.

［16］王赞红. 大气降尘监测研究［J］. 干旱区资源与环境，2003，17（1）：54-59.

［17］戴灵慧，邱玉珺. 南京北郊大气降尘通量及离子分布特征［J］. 宁夏农林科技，2012，53（10）：165-168.

利用面向对象的信息提取技术进行城市用地分类

刘佳雨

（内蒙古自治区土地调查规划院　呼和浩特　010010）

摘　要： 针对城市用地分类问题，利用面向对象的高分辨率影像信息提取技术，对高分辨率影像进行影像分割，寻找影响对象提取精度的最优分割尺度，在得到最优分割尺度的基础上针对研究区城市用地的特点，有针对性地建立不同对象的提取规则，实现对目标对象的信息提取，从而形成最终的城市用地分类图，并将其与基于像元的光谱信息分类的方法进行对比，结果表明：视觉方面，面向对象信息提取技术克服了监督分类最大似然方法仅利用光谱信息分类的缺陷，充分考虑了像元间的空间关系特点，有效消除了"椒盐"噪声的影响；精度方面，面向对象信息提取技术的总体精度高达 86.1166%，比最大似然法的总体精度提高了 9.8851%，KAPPA 系数也高达 0.8131。

关键词： 面向对象；高分辨率影像；多尺度分割；ENVI5.0；信息提取

Classification of Urban Land Using Object-oriented Information Extraction Technology

Liu Jiayu

Abstract: Object-oriented extraction technology is applied to urban land classification for the purpose of finding the optimal segmentation scale, which affects the accuracy of the classification, and combining with the characteristics of the study area.Different extraction rules should be established to extract the object information.Compared with the pixel-based classification method, the results shows that: ① object-oriented extraction technology takes full account of the spatial relationships between features, and eliminates the "pepper and salt" noises; ② In accuracy, the overallaccuracy of the object-orient-ed extraction technology is up to 86.1166%, 9.8851 percentage points higher than the maximum likelihood method, Also a KAPPA coefficient of 0.8131 is acquired.

Key words: Object-oriented; High spatial resolution image; Multi-scale segmentation; ENVI5.0; Information extraction

引言

城市用地类型的多样化使得针对城市用地的分类方法研究成为近年来人们关注的问题，传统的基于像元光谱信息的分类技术使用的多是中低分辨率的影像，其分类原理仅利用了影像的光谱信息，使得分类影像的视觉效果由于大量“椒盐”噪声的存在受到很大影响，并且“异物同谱”和“同物异谱”现象使得分类精度大大降低[1]。随着一系列高分辨率卫星的发射，高分辨率影像的获取成本越来越低，这使得面向对象的信息提取技术蓬勃发展，成为近年来研究的热点问题[2]。其基本思想是首先按照研究对象的特点将影像分割成具有一定意义的均质对象，而不是以单独的像元为研究单位，然后综合运用对象的光谱、纹理、形状、大小以及空间邻近关系等特征进行分类，所以分类精度大大提高[3]，同时该技术也省去了后期目视解译工作的繁重任务，排除了人为主观性的干扰，节省了大量成本，实现了自动获取遥感信息的过程[4]。

国内外很多学者也针对面向对象信息提取技术做了很多研究，比如孙晓霞，张继贤等利用面向对象的分类方法从 IKONOS 全色影像中提取河流和道路信息[5]；曹宝，秦其明等应用面向对象的分类方法对 SPOT5 遥感影像进行分类[6]，但是基于面向对象的高分辨率影像应用于城市用地分类的研究却比较少，因此本文利用 ENVI5.0 中的 Feature Extraction 模块，选取杭州具有典型城市用地类型的部分区域作为研究对象，利用面向对象的影像分割技术，基于边缘分割的算法，对城市用地进行分类，同时和传统的基于像元光谱信息的分类方法进行比较，并做出了精度评价，类似的应用研究目前国内并不多见，这就为利用高分辨率卫星影像提取城市用地信息提供了一种全新的思路和方法，具有巨大的经济和社会价值。

1 研究区与数据源简介

WorldView-2 影像数据获取时间为 2008 年 6 月，具有一个空间分辨率为 0.5 m 的全色波段，八个空间分辨率为 2 m 的多光谱波段，地物的光谱信息比较丰富。从影像上看，研究区内道路、绿地、建筑物、水体等城市用地类型清晰可见。为了最大限度地利用高分辨率影像的空间以及光谱信息，保证数据的精度，在正式做信息提取之前，先对研究区影像进行了融合、正射纠正、大气校正等预处理，得到图 1 所示的真彩色合成影像。本文从杭州市 WorldView-2 高分辨率遥感影像上截取 2596 × 1523 像素大小的区域作为研究区，且该地区的城市用地类型明显（见图 1）。

图 1　城市研究区真彩色合成影像

Fig.1　True color composite image of the urban study area

2 信息提取方法

2.1 基于像元光谱信息的最大似然监督分类法

传统的基于像元光谱信息的最大似然监督分类法通过定义训练样本的方式形成待提取感兴趣地物的光谱特征空间，并利用这个特征空间对整个研究区进行分类，这种分类方法仅仅考虑了研究对象的光谱信息，没有考虑其纹理、大小、形状以及空间拓扑关系特征。利用这种方法得到分类专题图如图 2

所示。通过对分类图的分析，得到以下结论：（1）大量的“椒盐”噪声存在于分类结果中使得图像的视觉效果受到影响，主要原因是同一地物在高分辨率影像上表现的光谱特征不同，混合像元增多所致；（2）建筑物和道路不能很好地分开，导致大量的错分和混分现象存在，主要原因是它们的建筑材料类似，表现在遥感图像上的光谱信息非常接近，“异物同谱”现象在基于像元光谱信息的分类方法中很难区分。

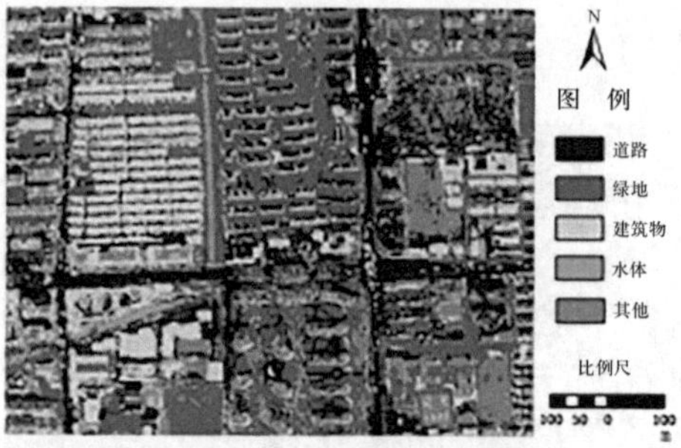

图 2　最大似然监督分类专题图

Fig.2　Thematic map of Maximum likelihood supervised classification

2.2　面向对象的信息提取方法

由于不同地物的物理化学成分、内部结构构造、纹理结构以及表面特征的不同，使得不同地物对于电磁波的辐射和反射能力不尽相同，反映在遥感影像上就表现为平均辐射亮度值的不同，从而形成不同地物在遥感影像上的不同形态及色彩表现，我们能够对不同地物进行特征分析，从而根据不同的特征在影像上进行信息提取，这就使得面向对象的信息提取技术成为可能[7]。目前，比较流行的遥感影像处理软件 ENVI、ERDAS 等都提供面向对象的分类方法，还有专门针对面向对象信息提取的 eCognition[8]。其中，ENVI5.0FX 扩展模块提供了完整的面向对象信息提取的技术流程，本文主要利用 ENVI5.0FX 扩展模块中的 Feature Extraction 工具进行基于规则的面向对象的信息提取，其主要流程如图 3 所示。

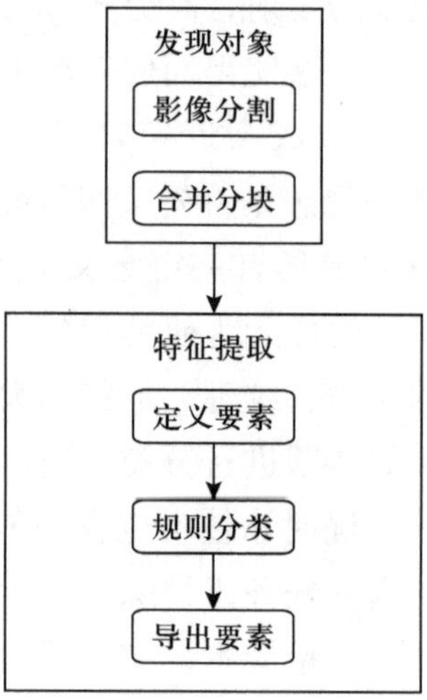

图 3　技术流程

Fig.3　Technical flow chart

2.2.1　多尺度影像分割

多尺度影像分割是根据研究目的，按照一定规则将图像分割成独立区域的过程，图像分割技术概括起来分为边缘搜索、区域增长和基于知识的分割等三类[9]。多尺度影像分割先将单个像元作为一个对象，然后根据相邻像元之间的光谱异质及其阈值和对比度异质及其阈值对象元进行合并及分割，再用形状异质对产生的对象形状进行修正，最终得到具有相似形状、颜色、纹理等特征的多边形，正因为如此，信息提取时，非常重要的语义信息并不是通过单个像元表达的，而是通过分割出的图像对象（一组像元）反映的[10]。分割尺度的大小影响影像对象的大小和数量，分割尺度不同，生成的影像对象多边形的大小和数量也不同，一个好的分割尺度分割得到的多边形可以将不同的地物类型的边界线勾勒清楚，同时能够防止地物分割的过于细碎，所以多尺度影像分割技术是面向对象信息提取最关键的一步，其分割质量的好坏直接影响到最终信息提取的精度[11]。

Feature Extraction 根据邻近像素亮度、纹理、颜色等对图像进行分割，它使用的是基于边缘的分割算法，即边缘搜索，这种算法计算速度快，并且只需要一个输入参数就能产生多尺度分割结果，通过不同尺度边界的差异控制，从而产生从细到粗的多尺度分割，高分辨率影像中对象的特征各有不同，需根据实际情况设定不同的分割尺度，所以在分割一幅影像时，最好的办法是通过反复试验不同的参数设置，以期得到最佳的分割尺度[12]。利用 Feature Extraction 工具进行基于规则的面向对象的信息提取时，要求根据待提取对象的不同特点分别设置分割尺度和合并尺度数值，并选择合适的算法进行影像的多尺度分割[13]。各种算法及其特点如表 1 所示。

表 1　分割及合并算法的种类

Table 1　Algorithm types of Segmentation and Merge

<table>
<tr><th></th><th>算法</th><th>特点</th></tr>
<tr><td rowspan="2">分割</td><td>Edge</td><td>基于边缘检测，需结合合并算法可达到最佳效果</td></tr>
<tr><td>Intensity</td><td>基于亮度，这种算法适合微小梯度变化，如 DEM、电磁场图像等，不需合并算法即可达到较好的效果</td></tr>
<tr><td rowspan="2">合并</td><td>Full Lambda Schedule</td><td>合并存在于大块、纹理性较强的区域，如树林、云等，在结合光谱和空间信息的基础上迭代合并邻近的小斑块</td></tr>
<tr><td>Fast Lambda</td><td>合并具有类似的颜色和边界大小相邻节段</td></tr>
</table>

经过多次试验并结合待提取地物在高分辨率影像上的特点，决定选择 Edge 基于边缘检测的分割算法并结合 Full Lambda Schedule 合并算法来对实验区进行多尺度影像分割。通过尺度分割实验，并结合四种城市用地类型的特点，选择出各自的最佳的分割尺度，形成了具有“同质性”的对象像元群，四种待提取对象的最佳分割及合并尺度如表 2 所示。选择高尺度的图像分割，分出的斑块少；选择低尺度的图像分割，会分出更多的斑块，至此完成了面向对象信息提取中发现对象的过程。

表 2　多尺度影像分割最佳参数

Table 2　Optimal parameters used in the multi-scale segmentation

类别	分割尺度	合并尺度
绿地	40	60
建筑物	50	90
水体	50	90
道路	40	90

2.2.2　基于分割的分类技术

Feature Extraction 中包括两种基于分割的特征提取方法：基于规则的特征提取和基于样本的特征提取，其中基于规则的特征提取属于模糊分类法。本文主要采用基于规则的特征提取法进行城市用地分类，即通过分析待提取地物本身的特征属性及与其他地物的特征差异，建立各种限定规则来提取地物，从而达到分类的目的。

应当选择待提取地物最显著的特点来建立规则，所设规则不宜太多，规则多并不意味着精度就会提高。每一个分类由若干个规则组成，每一个规则由若干个属性表达式描述，每个分类可以有若干个规则，它们之间是“or”的关系，每一个规则可以有若干个属性表达式，它们之间是“and”的关系。本文针对四种待提取地物类型的不同特点，采用不同的提取规则如表 3 所示。

表 3 多尺度影像分割特征提取规则

Table 3 Feature extraction rules of multi-scale segmentation

提取信息	提取规则
绿地	NDVI > 0.184 05；Band 3（绿光波段的 DN 值）< 1 297
水体	Band 7（近红外波段的 DN 值）< 853.548 74
道路	NDVI < 0.184 05；Elongation > 3；长宽比> 1.5
建筑物	NDVI < 0.184 05；Rectangular Fit > 0.5；Area > 45 m^2

提取绿地信息时，首先计算图像的NDVI值，植被的NDVI值明显高于其他地物，通过选择ROI进行绿地NDVI值统计，确定在NDVI > 0.184 05时可以将大部分的植被信息提取出来；一些人工搭建的塑料棚等的反射率较高，NDVI值较大，也被错误地提取出来，利用植被和人工棚在绿波段Band3的DN值特点进行区分，绿地在此波段的最大DN值和人工棚在此波段的最小DN值很接近，所以利用人工棚在此波段的最小DN值1297作为提取绿地信息的上限，可以将错误提取出来的人工搭建物剔除。

提取水体信息时比较简单，由于水体在近红外波段的反射率很低，通过选择水体的ROI信息并进行统计，只利用一个属性表达式Band 7 < 853.548 74就可以将水体很好地提取出来。

提取道路信息时，首先利用NDVI < 0.184 05将绿地信息剔除；由于道路相比于建筑物的延伸性较好，并且道路的长宽比较大，经过多次实验确定当Elongation > 3，长宽比> 1.5时可以将道路信息较好地提取出来。

提取建筑物信息时比较复杂，相比于绿地和水体来说，建筑物的光谱特征不明显，又没有道路的延伸性特点，所以需要利用多个属性表达式逐层提取建筑物信息。首先通过选择ROI进行建筑物NDVI值统计，确定在NDVI < 0.184 05时可以剔除掉植被等NDVI值较高的地物信息；由于建筑物大致呈矩形，经过多次实验确定当矩形形状度量Rectangu-larFit > 0.5时，可以将建筑物信息很好地提取出来；由于建筑物的面积不会太小，所以有必要进行面积限定以剔除掉一些面积过小的干扰区域，利用Area > 45 m^2作为限定条件。

由于目前没有很好的方法对影像中的阴影进行消除，所以阴影地区的地物信息不能很好地提取出来，所以本文采用人工解译的方法对影像中的阴影进行提取。最终得到如图4所示的专题图。

图 4 面向对象的信息提取专题图

Fig.4 Thematic map of object-oriented information extraction

3 精度评价

采用在研究区内随机抽取采样点的方式，并参考已有的一些辅助资料进行精度评价，并对随机抽取的100个采样点逐点进行类别确定，随后执行评价，以期得到比较精确的评价结果。采用的两种分类方法的精度评价结果如表4、表5所示。

表 4 监督分类最大似然法精度评价

Table 4 Accuracy assessment of Maximum Likelihood Classification

信息类别 / 精度类别	绿地	道路	建筑物	水体	其他
生产者精度（%）	63.24	75.43	43.29	98.97	88.80
用户精度（%）	55.98	60.51	86.57	98.55	70.09
总体精度 =76.231 5%					
总体 Kappa 系数 =0.653 5					

表 5 面向对象信息提取精度评价

Table 5 Accuracy assessment of object-oriented information extraction

信息类别 / 精度类别	绿地	道路	建筑物	水体	其他
生产者精度（%）	86.57	83.21	85.11	100.00	70.56
用户精度（%）	100.00	100.00	83.23	100.00	81.22
总体精度 =86.116 6%					
总体 Kappa 系数 =0.813 1					

由表 4 和表 5 可以大体得到以下结论：从单个类别提取的生产者精度和用户精度来看，除了“其他”类别的生产者精度外，面向对象的信息提取技术能够达到的精度普遍有所提高。比如对绿地信息的提取在面向对象的信息提取技术中，可以有针对性地加入 NDVI 以及第三波段这类辅助判断的信息从而提高了分类的精度；道路信息的提取在面向对象信息提取中的生产者精度为 83.21%，用户精度为 100%，比监督分类最大似然法的精度分别提高了 7.78% 和 39.49%，这是因为道路和建筑物具有相似的光谱特征，单纯使用光谱特性进行判别就会使它们很容易被错分，然而面向对象信息提取技术除了利用光谱信息外，还充分利用了道路的空间特征，如长宽比和延伸性等，从而达到了很高的提取精度；面向对象的信息提取技术最终得到的总体精度为 86.116 6%，高出监督分类最大似然法 9.885 1%，Kappa 系数也提高了 0.159 6。

4 结论

本文采用面向对象信息提取技术和传统的监督分类最大似然法对城市用地进行了分类，并通过定性和定量的方法对最终的分类结果进行对比，结论如下：（1）面向对象的信息提取技术在进行分类前，首先根据地物的光谱、纹理等特点对影像进行了分割，形成了“同质性”的对象像元群，相比于单纯依靠地物的光谱信息进行地物提取的监督分类最大似然法更加符合自然界地物的客观性。（2）面向对象的信息提取技术给人以更好的视觉效果，它彻底克服了传统的基于像元光谱信息的分类方法会产生大量“椒盐”噪声的缺陷。（3）面向对象的信息提取技术在利用了像元光谱信息的基础上，还充分利用了同质像元群的空间特征，比如利用延伸性和长宽比对道路信息进行提取，避免了和其具有相似光谱特征的建筑物的混分，最大限度地克服了“异物同谱”现象对分类结果的影响。（4）从最终的精度评价结果的定量描述中可以看出，面向对象的信息提取技术可以显著提高分类精度，有益于城市用地类型的划分，可以对规划和政府部门的决策提供更加快速准确的信息支持。

本文的不足之处：（1）面向对象分类方法的分类精度很大程度上依赖于分割尺度的

大小，若分割尺度过大则达不到分类精度的要求，而过小则会使图像过于细碎，加大分类的难度，影响分类的精度[12]，但是目前还没有形成可靠的影像分割精度的评价标准，本文也仅仅是凭借多次实验确定的最佳分割参数，带有一定的主观性。所以确定一套统一的影像分割精度的评价标准以及如何结合研究区地物的特征来获取影像的最优分割尺度，将会成为今后研究的重点。（2）被阴影遮盖地区的地物信息没有利用基于面向对象的信息提取技术进行提取，而是通过人工解译的方法将阴影单独提取出来，这主要是因为目前关于影像阴影的去除技术尚不成熟，所以如何有效剔除影像的阴影区域并且能够最大限度地保留地物的原始光谱及纹理信息是进一步研究的重点和难点所在。

参考文献

[1] 周春艳，王萍，张振勇，等. 基于面向对象信息提取技术的城市用地分类［J］. 遥感技术与应用，2008，23（1）：31-36.

[2] 张寿选. 基于面向对象的高分辨率影像专题信息提取［J］. 地理空间信息，2013，11（1）：92-94.

[3] 孙永军，童庆禧，秦其明. 利用面向对象方法提取湿地信息［J］. 国土资源遥感，2008，75（1）：79-82.

[4] 黄慧萍，吴炳方，李苗苗等. 高分辨率影像城市绿地快速提取技术与应用［J］. 遥感学报，2004，8（1）：68-74.

[5] Sun Xiao-xia，Zhang Ji-xian，Liu Zheng-jun.Extracting the river and the road using an object oriented technique from IKONOS panchromatic imagery［J］. Science of Surveying and Mapping，2006，31（1）：62-63.

[6] 孙晓霞，张继贤，刘正军. 利用面向对象的分类方法从 IKONOS 全色影像中提取河流和道路［J］. 测绘科学，2006，31（1）：62-63.

[7] 曹宝，秦其明，马海建等. 面向对象方法在 SPOT5 遥感图像分类中的应用—以北京市海淀区为例［J］. 地理与地理信息科学，2006，22（2）：46-49.

[8] 王娟，张军，吕兆峰. 基于分形纹理的遥感影像土地覆盖的分类方法研究［J］. 测绘科学，2008，33（2）：15-17.

[9] 黄亮，左小清，冯冲等. 基于 Canny 算法的面向对象影像分割［J］. 国土资源遥感，2011，91（4）：26-30.

[10] Ballard A，Brown CM，Computer-Vision［M］. Englewood Cliffs，NJ：Prentice-Hall Inc.1982.

[11] Baatz M，et al eCognition User Guide［Z］. Munich：Definiens Imag-ing GmbH，2002.

[12] 邓书斌 .ENVI 遥感图像处理方法［M］. 科学出版社 .2010.

[13] 乔婷，张怀清，陈永富等. 基于 NDVI 分割与面向对象的东洞庭湖湿地植被信息提取技术［J］. 西北林学院学报，2013，28（4）：170-175.

[14] Mo D K，Lin H，Li J P，et al.VHR Imagery Multi-Resolution Segmentation Based on Mean Shift［J］.Journal of Guangxi Normal University：Natural Science Edition，2006，24（4）：247-250.

基于三调成果在内蒙古自治区“三区三线”耕地和永久基本农田划定中的应用

唐磊

（内蒙古自治区国土空间规划院　内蒙古呼和浩特 010010）

本文在对我区三次调查成果中耕地数据进行统计汇总的基础上，综合运用空间叠加、数理统计、对比分析等技术方法将三次调查数据成果运用到内蒙古自治区“三区三线”耕地和永久基本农田划定工作中，分析和测算内蒙古耕地和永久基本农田保有量，旨在推动“三次调查”成果在内蒙古各级国土空间规划和“三区三线”划定工作中的广度与深度应用，为下一步内蒙古自治区耕地和永久基本农田保护提供工作参考。

1　前言

三次调查的目的主要是要全面查清我区范围内的国土利用基础数据，掌握翔实准确的土地利用现状及自然资源变化情况；掌握土地权属（土地所有权和使用权）及变化状况；掌握土地的自然条件、社会经济条件等状况。按照《土地利用现状分类》（GB/T 21010—2017）、《第三次全国国土调查技术规程》（TD/T 1055—2019）等统一的国家标准，采用高分辨率遥感影像，结合内业处理、外业调查和外业举证，全面查清了内蒙古自治区范围内国土利用状况，取得了全面、详实、准确的国土利用现状资料。按照《关于开展第三次全国土地调查的通知》（国发〔2017〕48 号）和《内蒙古自治区人民政府关于做好全区第三次全国国土调查的通知》（内政发〔2017〕155 号）精神，内蒙古自治区于 2017 年 12 月全面启动了全区第三次国土调查工作（以下简称“三次调查”）。历时 3 年，内蒙古自治区先后动员 3.5 万人次，汇集了 1596 万个调查图斑数据，全面查清了全区国土利用状况。2020 年 11 月 11 日，全区 103 个旗县（市、区）三次调查成果全部通过国家三次调查办质检，圆满完成了调查任务。自治区三次调查成果于 2021 年 12 月 5 日已经向社会公开公布。

2　我区现状耕地数量与分布情况

2.1　现状耕地数量与分布情况[1]

我区三次调查成果显示：耕地 17 255.43 万亩，其中，水田 237.93 万亩，占 1.38%；水浇地 8 274.28 万亩，占 47.95%；旱地 8 743.22 万亩，占 50.67%。全区 12 个盟市中通辽市、呼伦贝尔市、赤峰市和兴安盟 4 个盟市耕地面积较大，占全区耕地的 66.28%，主要分布在我区西辽河平原、松嫩平原嫩江右岸、河套平原和土默川平原。

全区耕地位于年降水量 400 mm 以上（含 400 mm）地区的耕地 11 563.47 万亩，占全区耕地的 67.01%；位于年降水量 400 mm

以下地区的耕地 5 691.96 万亩，占 32.99%。

位于 2 度以下坡度（含 2 度）的耕地 10878.80 万亩，占全区耕地的 63.05%；位于 2~6 度坡度（含 6 度）的耕地 4 877.63 万亩，占 28.27%；位于 6~15 度坡度（含 15 度）的耕地 1 451.89 万亩，占 8.41%；位于 15~25 度坡度（含 25 度）的耕地 41.54 万亩，占 0.24%；位于 25 度以上坡度的耕地 5.57 万亩，占 0.03%。

2.2 历年耕地变化及原因分析

与二次调查耕地 13 783.93 万亩数据比较，耕地增加了 3 471.50 万亩，全区只有呼和浩特市面积减少，其余盟市均为面积增加。其中，东四盟增加最多、最小为乌海市。分析耕地增加的主要原因：一是林缘后退增加耕地；二是二次调查遗漏耕地；三是种植青贮玉米的人工牧草地调查为耕地；四是调查精度提高增加耕地；五是土地整治项目实施增加耕地；六是拱地头扩底边增加耕地。虽然我区三次调查耕地较二调有所增加，但耕地中仍然存在着大量不稳定耕地。根据 2020 年国土变更调查数据，内蒙古自治区耕地 17 246.47 万亩，耕地中稳定耕地 15 554.52 万亩，占耕地总面积的 90.19%；不稳定耕地 1691.95 万亩（河道湖区耕地、林区耕地、牧区耕地、沙荒耕地、盐碱耕地、25 度以上坡耕地），占 9.81%。

3 我区耕地和永久基本农田保有量划定分析

自治区三次调查成果是法定数据、具有唯一底版的地位，是编制自治区国土空间规划和各类相关专项规划的统一基数、统一底图。2022 年 5 月 ~11 月，我区为贯彻落实全国“三区三线”划定工作电视电话会议精神，按照《自然资源部关于在全国开展“三区三线”划定工作的函》（自然资函〔2022〕47 号）、《自然资源部办公厅关于进一步加强国土空间规划“一张图”系统建设的通知》（自然资办发〔2022〕19 号）和《全国国土空间规划纲要（2021—2035 年）》要求，全面开展了“三区三线”划定工作。

3.1 耕地和永久基本农田划定工作方法和技术路线

依托国土空间基础信息平台，充分运用国土空间规划“一张图”实施监督信息系统，以三次调查及 2020 年变更调查数据为底板，将划定耕地和永久基本农田、生态保护红线和城镇开发边界中涉及的各类数据（包括批准建设用地、退耕还林还草数据、农业设施建设数据、自然保护地范围线、饮用水水源一级保护区范围线、三调河湖岸线最高水位线、省级以上重大项目用地范围线等）进行空间叠加，通过数据分析处理，协调解决各类数据间的矛盾冲突，坚持国土空间的唯一性，确保划定的三条控制线不交叉、不重叠、不冲突。

耕地和永久基本农田保护红线划定严格执行《全国“三区三线”划定规则》，严禁对不符合规则的进行调整。对于符合划定规则调入调出理由的，提供翔实准确的举证材料，通过叠加 2020 年变更调查数据核减举证材料，并进行严格审查，上报成果按照自然资源部“二上二下”的总体要求进行汇交。

3.2 耕地和永久基本农田分析

3.2.1 耕地保护目标分析

3.2.1.1 原耕地保护目标完成情况

《内蒙古自治区土地利用总体规划（2006—2020 年）》确定到 2020 年内蒙古自治区耕地保有量为 11499.18 万亩，2020 年

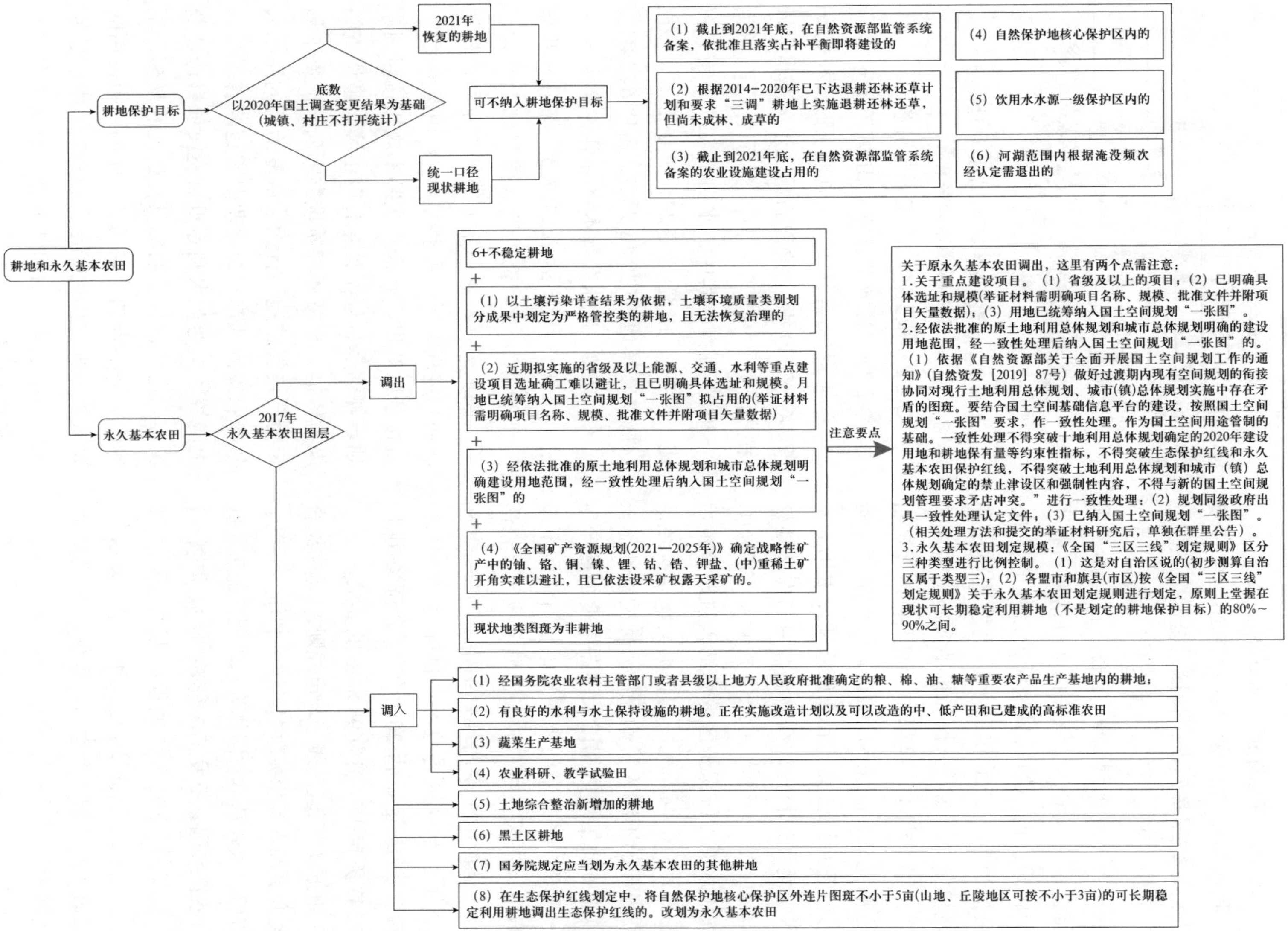

图 3.1 耕地和永久基本农田划定技术路线图

国土变更调查现状耕地超出耕地保有量5 747.29万亩。

3.2.1.2 耕地保护目标划定情况

我区划定耕地保护目标在2020年变更调查耕地数据基础上，按照《全国“三区三线”划定规则》，经地方叠加核减举证以下6种情形：1. 截止到2021年底，在自然资源部监管系统备案，已依法批准且落实占补平衡即将建设的不纳入耕地保护目标的耕地；2. 根据2014—2020年已下达退耕还林还草计划和要求，在“三调”耕地实施退耕还林还草，但未成林、成草的不纳入耕地保护目标的耕地；3. 截止到2021年底，在自然资源部监管系统备案的农业设施建设占用的不纳入耕地保护目标的耕地；4. 自然保护地核心保护区的不纳入耕地保护目标的耕地；5. 饮用水源一级保护区的不纳入耕地保护目标的耕地；6. 河湖范围内根据淹没频次经认定需退出的不纳入耕地保护目标的耕地。核减以上6类情形数据以及多图层叠加后产生的小于200平方米的小图斑，经自治区汇总各盟市“三区三线”成果，显示我区严格落实了《全国国土空间规划纲要（2021—2035年）》下达给我区耕地保护目标为17 050.32万亩，划定面积占2020年变更调查耕地（17 247万亩）比例为98.86%的要求。

根据《“三区三线”划定规则》，国家结合年度变更调查等相关数据，统一制作并下发了以耕地、永久基本农田作为基础图件的工作底图。我区按国家下发工作底图扣除数据进行分析，确定了各盟市耕地保护目标（详见图3.2）。全区12个盟市中通辽市、呼伦贝尔市、赤峰市和兴安盟4个盟市耕地保护面积较大，占全区耕地保护目标的66.37%，基本与三次调查耕地结果一致，这些地区也是水土条件较好、降水量较多和水资源较丰富地区，也是下一步承担内蒙古自治区耕地保护任务、保障粮食安全的重要盟市。

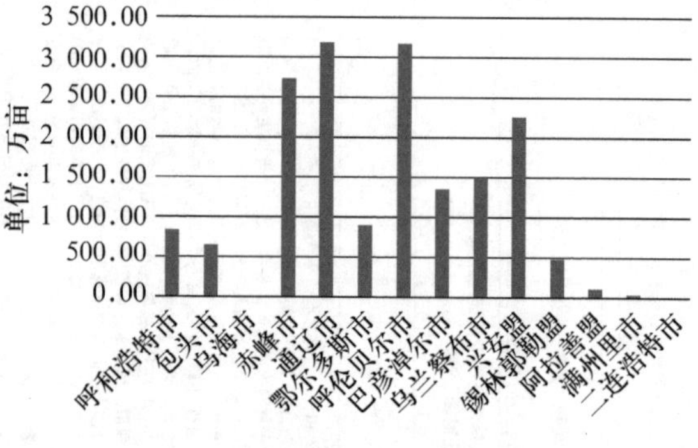

图3.2 自然资源部下达我区耕地保护目标按盟市分解情况

3.2.2 永久基本农田划定分析

3.2.2.1 原永久基本农田划定情况

《内蒙古自治区土地利用总体规划（2006—2020年）》确定自治区永久基本农田保护任务为9 300万亩，实际划定面积为9 330.82万亩。其中，水田104.27万亩，占比1.12%；水浇地3 204.37万亩，占比34.34%；旱地6 022.18万亩，占比64.54%。

3.2.2.2 原永久基本农田调出情形

经2017年全区划定永久基本农田初步叠加2020年变更调查耕地数据基础上统计分析，原永久基本农田中非耕地、不稳定耕地按照划定规则不计入永久基本农田保护面积，直接予以调出。剩余永久基本农田按照国家划定规则[2]，经举证：1. 以土壤污染详查结果为依据，土壤环境质量类别划分成果中划定为严格管控地、且无法恢复治理的原永久基本农田内调出；2. 近期拟实施的省级及以上能源、交通、水利等重点建设项目选址确实难以避让，且已明确具体选址和规模，用地已统筹纳入国土空间“一张图”拟占用的原永久基本农田内调出；3. 经依法批准的原土地利用总体规划和城市总体规划明确的建设用地范围内，经一致性处理后纳入国土空间规划“一张图”的原永久基本农田内调出；4.《全国矿产资源规划（2021—2025）》确定战略性矿产中的铀、铬、铜、镍、钴、锆、钾盐、（中）重稀土矿开采确实难以避让，且已依法设采矿的原永久基本农田内调出，以及考虑其他政策性因素将不纳入耕地保护目标的原永久基本农田调出，保留在生态保护红线内拟调出永久基本农田的耕地，将碎小图斑予以调出。

3.2.2.3　永久基本农田划定情况

按照上述永久基本农田核减分析，我区严格按照《全国国土空间规划纲要（2021—2035 年）》下达给我区永久基本农田划定控制数为 13 386.41 万亩划定。

我区按照自然资源部下达永久基本农田控制数占长稳耕地的比例 86.2% 为基础，将全区 12 个盟市和两个单列市全部按 86.2% 的比例测算永久基本农田控制数。考虑自治区各盟市保护耕地的实际，对乌海市、阿拉善盟两盟市，考虑其位于荒漠化地区等容易造成耕地“非粮化”等因素；对锡林郭勒盟，考虑牧区饲草料等容易造成耕地“非粮化”等因素；对呼包鄂和乌兰察布 4 市，考虑其是自治区重点城镇化地区因素；对赤峰、通辽、呼伦贝尔和兴安东四盟和巴彦淖尔市是粮食主产区因素。同时，考虑对长稳耕地数量较少且实地不宜保护的两个单列市二连浩特市和满洲里市永久基本农田进行核减。最终确定了我区 12 个盟市和 2 个单列市的永久基本农田保护任务，详见图 3.3。

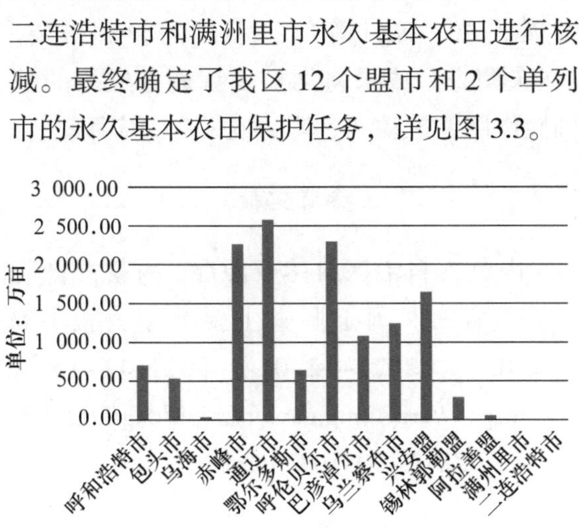

图 3.3　自然资源部下达我区永久基本农田控制数按盟市分解情况

3.2.3　重点区域耕地和永久基本农田发展方向

综上所述，以三次调查及 2020 年变更调查数据为底板，按照《全国“三区三线”划定规则》形成的内蒙古自治区三区三线初步划定成果表明，我区虽然三次调查耕地数量大能够完成《全国国土空间规划纲要（2021—2035 年）》确定的耕地和永久基本农田保护任务，但我区耕地质量差，平均等别为 14.01 等，且存在着大量不稳定耕地，水土资源空间匹配错位，阴山、贺兰山山前丘陵和台地耕地尤为突出等问题，耕地和永久基本农田保护任务依然艰巨。按照国家“三区三线”划定规则核减后，较好耕地和永久基本农田保护任务仍主要分布在黄河、西辽河、嫩江等水资源条件较好地区，主要涉及通辽市、赤峰市、呼伦贝尔市和兴安盟等盟市，这些地区也将是下一步自治区重点巩固农牧区产能优势的地区，同时上述区域始终要立足资源环境承载能力，坚持水土平衡，加大高标准农田建设力度，落实永久基本农田保护政策，实施“藏粮于地、藏粮于技”战略，发展优势特色农畜产业，鼓励适度规模经营，稳定提高粮食生产能力。结合《内蒙古自治区国土空间规划（2021—2035 年）》及有关专题研究，我区耕地和永久基本农田保护重点区域分区域发展方向如下。

大兴安岭沿麓农牧区。加强黑土地保护利用力度，实施黑土地保护性耕作，提高水土保持能力。西麓地区严格禁止新增耕地，逐步退减生态功能极重要区内耕地的还林还草。东麓地区鼓励规模化生产和养殖，提升农畜产品产能，重点建设玉米、大豆、水稻、马铃薯、奶牛、肉羊、肉牛等农畜产品生产加工基地。主要涉及呼伦贝尔市和兴安盟。

西辽河流域农牧区。加强风沙危害和盐碱地治理，坚持以水定地，严格控制超采地下水，推进水土平衡。丘陵区大力发展旱作农业；平原区开展高标准节水农田建设，引导土地流转，发展适度规模经营，重点建设优质玉米、设施蔬菜、杂粮杂豆、肉牛、奶牛等农畜产品生产加工基地。主要涉及通辽市和赤峰市。

阴山沿麓农牧区。坚持宜农则农、宜牧则牧、宜养则养的国土空间适宜性，推广农牧结合、粮草兼顾、生态循环用地模式，制止种植业无序扩张。北麓地区严禁在草原区、干旱区开垦耕地，引导有序实施退耕还林还草，严格控制地下水灌溉面积，发展旱作农业。南麓地区保障必要的种养殖用地需求，重点建设马铃薯、蔬菜、向日葵、杂粮杂豆、肉羊、奶牛、奶羊等农畜产品生产加工基地。主要涉及乌兰察布市、呼和浩特市、包头市和锡林郭勒盟。

沿黄干流平原农牧区。大力发展高效节水农业，逐步改变传统大水漫灌方式，提高农田灌溉水利用效率，培肥土壤，改良盐碱地，提高耕地质量，实施小块并大块农田改造，推行规模化生产和养殖，重点建设玉米、小麦、向日葵、蔬菜、奶牛、肉牛、肉羊等农畜产品生产加工基地。主要涉及巴彦淖尔市、呼和浩特市、包头市、鄂尔多斯市、乌海市、阿拉善盟。

4 结论与展望

1. 以三次调查及 2020 年变更调查数据为底板，按照《全国“三区三线”划定规则》形成的内蒙古自治区“三区三线”划定成果为我区编制《内蒙古自治区国土空间规划（2021—2035 年）》中农牧空间布局提供了基础支撑。

2. 三次调查成果摸清了我区各类耕地资源家底状况，为我区“三区三线”划定工作提供了基础数据支撑，为下一步夯实耕地数量、质量、生态“三位一体”保护的基础；查清了已划定永久基本农田范围内实际土地利用状况；将为我区重点建设沿黄干流平原、西辽河平原、嫩江右岸平原以粮食为主的农产品生产加工基地明确发展方向。

3. 三次调查成果进一步明确了我区农牧资源利用不够合理，空间布局尚待优化的问题。我区耕地过度开垦，草原长期超载过牧，支撑了粮食“十七连丰”、肉类“十六连稳”，导致农牧业用地空间失衡，大兴安岭、阴山山脉、贺兰山山脉沿麓农牧交错带等区域，种植业与畜牧业持续争地，耕作线不断北移，耕地开发大量使用地下水，造成局部地区地下水过度超采，全区农业用水持续增加。传统重开发、轻保护，重经济、轻生态的生产方式，加剧农牧用地不平衡，空间布局有待优化。

4. 三次调查成果是编制自治区国土空间规划和各类相关专项规划的统一基数、统一底图。根据林业和草原、农牧、生态环境、发展改革、统计等部门不同的管理需要，“三次调查”成果将切实发挥调查成果的基础性作用，推动“三调”成果广泛应用。

参考文献

[1] 内蒙古自治区自然资源厅. 内蒙古自治区第三次国土调查主要数据公报 [R/OL]. (2022-12-01) [2021-11-15]. http://zrzy.nmg.gov.cn/zwgk/tztg/202205/t20220507_2051673.html.

基于“双评价”下的内蒙古种植业生产适宜规模评价研究及对策建议

贾恪[1,2]，李冰姿[3]，于艳华[2]，郝军[2]，陈政香[2]

（1. 内蒙古师范大学地理科学学院，呼和浩特 010022；2. 内蒙古自治区国土空间规划院，呼和浩特 010010；3. 内蒙古自治区自然资源厅综合保障中心，呼和浩特 010010）

摘　要：本文基于资源环境承载能力和国土空间开发适宜性评价（“双评价”）技术指南，构建内蒙古种植业生产评价指标体系，并对农业生产适宜性进行评价，从自然条件约束及水资源约束角度评价确定种植业生产承载规模，并结合内蒙古现状提出耕地保护与空间布局的对策和建议，以期为内蒙古自治区国土空间规划提供科学参考。

关键词：国土空间规划，双评价，内蒙古，耕地

近年来，中央在若干重大会议中多次提出生态文明、绿色发展等理念。十九大报告中明确指出资源环境是生态文明建设的载体，资源环境承载力评价是科学地反映区域资源环境承载状况最直观的方法，同时也是对资源环境可持续利用的最佳依据。从 1995 年刘殿生首次提出的资源与环境综合承载力[1]，开创了我国综合承载力研究的先河。之后，随着科学技术的发展，信息技术逐步应用到了环境资源评价中，进一步提高了评价的精度以及评价结果的推广。2019 年 5 月 9 日印发的《中共中央国务院建立国土空间规划体系并监督实施的若干意见》指出，在资源环境承载能力和国土空间开发适宜性评价[2]（简称“双评价”）的基础上，科学有序统筹布局生态、农业、城镇等功能空间，划定生态保护红线、永久基本农田、城镇开发边界等空间管控边界，强化底线约束，为可持续发展预留空间[3]。再一次证明资源环境承载能力和适宜性评价工作是贯彻国家生态文明战略、落实生态文明思想的重要抓手，同时也是当前编制国土空间规划的前提和基础。2020 年 1 月自然资源部印发了《资源环境承载能力和国土空间开发适宜性评价指南（试行）》（简称“指南”）对于指导全国各地开展“双评价”工作，保证评价成果的规范性、科学性和有效性将起到很大的积极作用[4]。

1　研究地区与数据来源

1.1　研究区概况

内蒙古位于祖国北部边疆，地处东经 97°12′~126°04′，北纬 37°24′~53°23′之间。东西长达 2 400 公里，南北宽约 1 700 公里，总面积 118.3 万平方公里。地势较高，平均海拔 1 000 米，高原是主要地貌类型，山地、丘陵、高平原、平原、滩川、沙地、沙漠、戈壁、湖沼等多种地形均有分布。气候以温带大陆性季风气候为主，冬季漫长、多严寒，夏季短促而温热，春秋季干旱多风。全年降水集中、蒸发强。年平均气温在 −4℃ ~

10℃之间，由大兴安岭向东南、西南递增。年均降水量 36~560 毫米，自东向西逐渐减少；蒸发量大部分地区高于 1200 毫米，由东向西逐渐增大。风向随季节变化明显，春秋季以偏西风居多，夏季受海洋气流影响多偏南风，冬季受蒙古高压影响多西北风。耕地数量大，达 1.37 亿亩，广泛分布于河套平原、西辽河平原、嫩江右岸平原等灌溉条件较好的地区，以及大兴安岭－阴山－贺兰山山脉以东以南的丘陵、台地和平原地区。人均耕地面积 6.92 亩。但耕地质量偏低，全区耕地等别主要为 13~15 等，平均为 14.01 等。

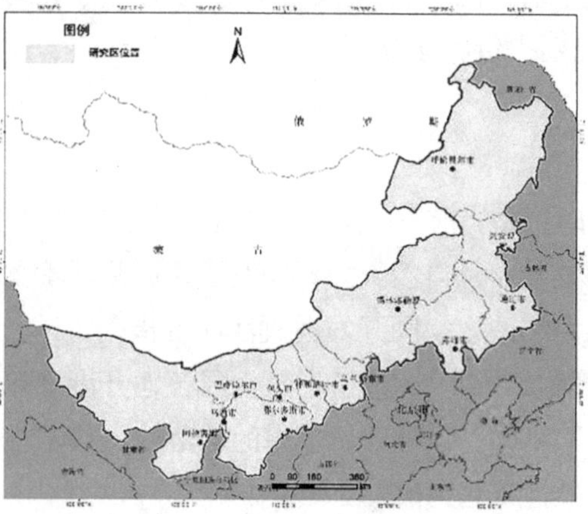

图 1　研究区位置图

1.2　数据来源与处理

地形数据采用中国科学院计算机网络信息中心地理空间数据云平台（http：//www.gscloud.cn）的 GDEM DEM 数字高程产品，空间分辨率是 30m，通过 GIS 获取高程、坡度以及地形起伏度信息。土壤质地数据从耕地质量等级评价成果中获取，气温、降雨、平均风速数据从中国气象数据网中购买获取。坐标基准和投影方式评价统一采用 2000 国家大地坐标系（CGCS2000），高斯－克吕格投影，1985 国家高程基准。

2　研究方法

2.1　评价方法

2.1.1　自然条件约束下的种植业承载规模评价方法

结合“双评价”技术指南中土地资源约束下农业生产承载规模评价方法，选取生态保护极重要区中选取的地形坡度与土壤质地两个因子，另外考虑降雨、≥ 0℃活动积温、平均风速等影响种植业生产相关因子。为能够使各指标均参与评价且更客观，将所有指标的原始数据进行数据指标的无量纲化处理为标准化指标（见公式 2–1、2–2），

对于正相关型指标：

$$y_{ij}=\frac{x_{ij}-\min x_j}{\max x_j-\min x_j}\qquad（公式 2–1）$$

对于负相关型指标：

$$y_{ij}=\frac{\max x_j-x_{ij}}{\max x_j-\min x_j}\qquad（公式 2–2）$$

式中，y_{ij} 为指标标准化值，$\max x_j$ 为每项指标数据序列的最大值，$\min x_j$ 为每项指标数据序列的最小值。

由于自然条件约束下各指标相互影响，但相互之间又具有独立性，故选用多因素综合评价法，通过德尔菲法确定因子权重（见表 1）后进行农业生产条件水平测算，计算公式为：

$$D=\sum_{j=1}^{m}y_jW_j\qquad（公式 2–3）$$

式中，D 为农业生产条件水平评价值，y_j 为指标无量纲化数值，W_j 为第 j 项指标对应的权重值。后运用自然均分法对种植业生产适宜规模进行等级划分为适宜、不适宜二个等级。

表 1　影响因子权重

因子	坡度	土壤质地	降雨	活动积温	平均风速
权重	0.3	0.3	0.2	0.1	0.1

2.1.2　水资源约束下的种植业承载规模评价方法

参照“双评价”技术指南，以内蒙古现状灌溉方式，确定灌溉可用水量、农田综合灌溉定额，通过计算公式：

$$M_{灌溉}=W_{农}\div N_{定}\quad（公式 2–4）$$

得出可承载灌溉面积。

式中，$M_{灌溉}$为可承载灌溉面积，$W_{农}$为农业灌溉可用水量，采用《内蒙古水资源配置方案》分析成果获取，$N_{定}$为现状种植结构农田综合灌溉定额，采用自治区行业用水定额分析得出。

2.2　评价过程

2.2.1　自然条件约束下的种植业承载规模评价过程

①影响因子的提取与分级

对坡度按照按≤ 2°、2~6°、6~15°、15~25°、＞ 25°划分为高（平地）、较高（平坡地）、中等（缓坡地）、较低（缓陡坡地）、低（陡坡地）5 个等级；土壤质地按照国际制土壤粒级分级和土壤质地分类标准，划分高（砂粉土 / 粉土）、较高（砂壤 / 粉黏土 / 壤黏土）、中等（面砂土 / 壤土）、较低（粗砂土 / 细砂土 / 黏土）、低（石砾 / 沙）；降水量按照≥ 400~800、200~400 mm、＜ 200 mm 分为一般（半湿润）、较差（半干旱）、差（干旱）；活动积温按≥ 7 600°、5 800~7 600°、4 000~5 800°、1 500~4 000°、＜ 1 500°划分为好（一年三熟有余）、较好（一年三熟）、一般（一年两熟或两年三熟）、较差（一年一熟）、差（一年一熟不足）5 级；气象灾害的发生频率按照≤ 20%、20~40%、40~60%、60~80%、＞ 80% 划分为低、较低、中等、较高和高 5 级。

②分析处理

将影响因子分级成果按栅格精度为 30 m × 30 m 的格网叠加，统一至国家 2 000 平面坐标系统，后采用自然断裂法对结果按照适宜、一般适宜、不适宜进行等级划分。同时，扣除不适宜开发的水域、生态红线等区域，保留剩下部分。其中适宜区域即为自然条件约束下的种植业承载规模。

2.2.2　水资源约束下的种植业承载规模评价过程

水资源约束下的种植业承载规模的核心是确定农田综合灌溉定额，内蒙古长期以来，种植作物以粮食作物为主，其中：内蒙古东、中部地区种植作物以玉米、大豆和水稻为主；西部地区种植作物则以玉米、小麦、食用葵花、油料葵花和部分杂粮为主。作物现状种植比例根据《2018 年内蒙古统计年鉴》确定，作物净灌溉定额根据《内蒙古自治区行业用水定额标准》（DB15/ T385—2015）获取。综合灌溉定额采用：

N综合 $=\alpha$水稻 $\times\beta$水稻 $\times N$水稻 $+\alpha$小麦 $\times\beta$小麦 $\times N$小麦 $+\alpha$玉米 $\times\beta$玉米 $\times N$玉米 $+\alpha$其他 $\times\beta$其他 $\times N$其他（公式 2–4）

式中：α、β 分别表示水稻、小麦、玉米等代表性作物的单季种植面积权重（单种代表性作物种植面积与所有代表性作物种植总面积的比值）、复种指数。通过确定的综合灌溉定额，按照公式 2–4 测算现状灌溉方式下水资源约束下的种植业承载规模。

3 研究结果

3.1 自然条件约束下的种植业承载规模

内蒙古种植业生产适宜性中适宜区多分布于巴彦淖尔市南部、呼和浩特市中东部、乌兰察布市南部一带，以及赤峰市、通辽市、兴安盟一带，农耕适宜性多集中于黄河“几”字弯以及西辽河流域，不适宜区多集中于内蒙古西部阿拉善地区。

评价得出内蒙古自治区耕地承载规模约为 1 090.52 万公顷，其中东部 4 个盟市约占 40%，中西部 8 个盟市约占 60%。内蒙古耕地资源整体上处于超载状态，超载盟市有 7 个，其中通辽市超载面积最大，其次为赤峰市、兴安盟。（见表 2、图 2）

表 2 自然条件约束下内蒙古可承载耕地规模评价结果汇总表

区域	可承载耕地规模（hm^2）	现状耕地规模（hm^2）
呼和浩特市	6243	5593
包头市	2794	4358
乌海市	724	89
赤峰市	13839	18477
通辽市	15375	22365
鄂尔多斯市	4434	6082
呼伦贝尔盟	29589	21550
巴彦淖尔盟	10198	9059
乌兰察布市	9236	9937
兴安盟	11815	15883
锡林郭勒盟	4285	3124
阿拉善	515	670
小计	109052	117193

续表 2

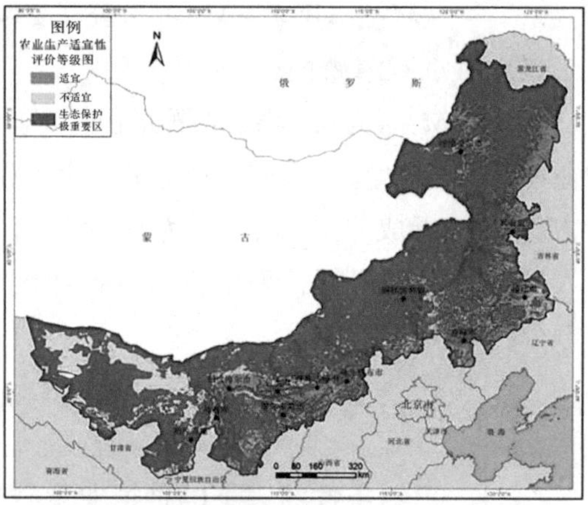

图 2 内蒙古种植业潜力分布图

3.2 水资源约束下的种植业承载规模

按照以水定地的要求，测算了水资源约束下耕地承载规模。其中农田综合灌溉定额采用自治区行业用水标准。测算结果显示，在现状灌溉方式下，自治区耕地承载规模为 824.64 万公顷。

表 3 水资源约束下内蒙古可承载耕地规模评价结果汇总表

农业用水量（亿 m^3）	农田灌溉水有效利用系数	亩均耕地灌溉用水量（m^3/hm^2）	可承载的耕地规模			现状耕地面积（万 hm^2）
			合计（万 hm^2）	其中：灌溉耕地面积（万 hm^2）	其中：雨养耕地面积（万 hm^2）	
170.09	0.54	4620	824.63	198.06	626.57	1171.93

4 讨论

①两种方法测算的耕地承载规模存在一定差异，但无论何种角度，内蒙古现状耕地均处于负荷状态，且基于水资源约束测算的耕地承载规模相对较小，也更加合理，可以作为未来内蒙古国土规划中耕地开发利用的首要限制条件。

②全区现状耕地远超出水资源可承载的范围。作为国家重要的粮食主产区之一，内蒙古国土空间规划耕地保护目标的确定，要在“以水定地”的原则下，确保粮食产量不降低的情况下，适当退出大兴安岭地区的草场、林区和阴山北麓农牧交错地带等生态极重要区内耕地。

③综合考虑区域水资源承载情况，优化耕地布局集中在河套平原、西辽河平原、嫩江右岸平原三大平原内。同时对位于草原腹地、黄土丘陵区及河道、湖区、牧区、林区、沙漠沙地等不宜继续耕作的耕地进行农业结构调整；对耕地质量差、生态环境脆弱、水资源超载地区的耕地，逐步实现退耕还林、还草，以及退水还旱。

参考文献

[1] 刘殿生. 资源与环境综合承载力分析［J］. 环境科学研究，8（5）.

[2] 自然资源部. 资源环境承载力和国土空间开发适宜性评价指南（试行）［R］.2020.

[3] 左为，唐燕，陈冰晶. 新时期国土空间规划的基础逻辑关系思辨［J］. 规划师，2019，35（13）：5-13.

[4] 张茂省，刘江，董英，王尧，张戈，张新社，郭迟辉. 国土空间优化中的关键地质要素分析与“双评价”方法［J/OL］. 地学前缘：1-11［2020-06-21］.

新时期土地资源管理与土地利用综合规划浅析

李耀

（鄂尔多斯市国土空间规划院，内蒙古 鄂尔多斯 017010）

摘　要：在国家科技进步与社会经济发展中，土地资源起到了至关重要的基础性作用。尤其在现阶段城镇化改革趋势的不断扩大中，土地资源需求量也在不断增大，如何合理分配土地资源以最大化促进经济效益的发展，是当前国土资源管理部门在土地利用综合规划中所面临的重要难题。实际上，在我国历年来的土地资源管理中，不同时代、不同阶段对土地资源管理所提出的要求存在着很大的不同，在当今的土地资源管理工作中，必须要密切结合先进技术与经济发展状况，完善土地资源管理条例，同时要建立严格的监督制度体系，促进土地资源利用质量与利用效率得到有效提升，为今后促进土地资源与国家经济的可持续发展提供重要基础。

关键词：新时期；土地资源管理；土地利用综合规划

1　新时期土地资源管理与土地利用综合规划中存在的问题

我国土地资源丰富，但人口众多，人均占有量小。此外，土地利用方面也存在不足，如违法用地、土地利用率低、征地问题、规划问题等。要妥善解决这些问题，就要全面落实土地资源管理与利用工作。针对土地资源管理与利用中存在较多问题的现状，相关人员要加强土地资源管理，具体问题具体分析，制定有效的管理措施，有效解决工作中存在的问题，优化土地管理及利用效果，提升土地利用效率。

1.1　土地规划管理体制不够健全

土地规划在国内土地资源运用中发挥着重要作用，规划的合理与否直接影响土地资源的利用效率及效益，进而影响国家经济的发展。结合当前土地资源管理及土地利用综合规划情况来看，国内尚无健全的规划管理机制，部分地区并未构建健全的土地管理制度。特别是城建部门，因为没有健全的制度，在开展实际工作时没有理论指导，土地资源浪费情况较为严重。

1.2　土地资源管理效率较低

土地资源管理以及土地利用综合规划是城市发展的关键内容，具有较强的复杂性和系统性，需要专业人员落实。目前，土地资源管理以及土地利用综合规划中存在较多的问题。比如，农业用地结构缺乏科学性，利用率较低，土地存在严重的退化问题。部分农村存在掠夺性经营情况，如过度开发、毁林开荒等，使得土地质量不断下降，甚至出现了土地荒漠化、水土流失以及盐渍化等一系列问题，需要相关部门足够重视，严格落实土地管理政策，积极采取有效措施妥善解决，维持区域生态环境的稳定。此外，相关部门对土地资源管理及规划工作缺乏足够重视，未积极组织有关人员实施培训，管理人员能力欠缺，导致土地管理工作受到消极影响，存在管理效率不高的情况，加重土地盲目利用问题。

1.3 不稳定性因素较多

土地资源管理及土地利用规划工作具有较强的综合性，在工作实践中存在诸多影响因素，给工作造成不同程度的影响。在土地资源利用中，部分开发商在土地开发利用时对周边环境保护工作不够重视，对土地保护投入较小，造成土地污染。因管理中的不稳定因素较多，易导致土地利用中出现一系列问题。

1.4 土地资源规划和其他资源规划脱节

土地资源规划和水利、农田等具有密切联系。所以，在土地资源规划工作中，要全面考虑相关因素，合理协调各个环节，科学配置土地资源，最大程度地发挥土地资源的利用价值。土地资源属于国家资源，其管理及规划也是在国家政策支持下开展的。有关部门在落实土地规划和管理工作时不仅要做到依规合法，还要注重和其他资源规划相协调、相匹配。部分地区在落实土地规划和管理工作中，只关注土地资源规划工作，忽略与其他资源规划的联系，造成土地资源规划和其他资源规划脱节，导致土地开发利用实践中存在较大问题，不利于社会经济发展。

2 土地资源管理策略

2.1 加强土地资源管理实施过程中的监督

近年来，滥用土地资源的事件时有发生，部分人对土地资源管理法不了解，违规利用土地。针对这种情况，需要国家相关行政部门建立起严格的监督制度，对土地使用情况进行调查，严厉打击违法使用土地、滥用土地资源等行为。同时，在法律的角度上，减少部分人员滥用法律、忽视法律等问题，从而控制土地资源的流失率。

2.2 加强土地资源管理，制定相关政策，提高土地资源重视度

在做好土地资源规划前，需要做好土地资源的管理，减少管理中存在的问题。要结合土地资源管理条例，进行土地资源的利用规划；简化土地资源的管理流程，完善特殊地区的服务质量以及相关通道。由于我国目前处于新时期，所以土地资源管理和利用的过程需要改变，以保证有效节约土地资源。可在日常管理中进行定期调查，从而保证员工的责任意识能不断提高。

2.3 完善我国土地资源管理法

为了更好地管理我国的土地资源，有必要制定合理的、符合我国国情的土地资源管理法。目前我国土地资源管理法尚存在一些不足，需要进一步完善。完善土地资源管理法需要考虑到两个方面，相关部门在具体实施过程中保证完善相关管理政策；加强实践，任何法规都只有在实践中进行运用，才能发现不足，加以改进完善。同时，提升公民的素质和道德修养，养成节约资源的好习惯。

2.4 合理开发利用土地，重视生态文明

土地资源和整个自然界有着不可分割的联系，是生态文明的基础。并且土地资源是有限的，因此要保护好土地资源，不能无限制地开发。在新时代背景下，我国提出了可

持续发展的目标，其是经济发展的基础，只有让生态文明和经济发展结合起来，国家才能长久地发展下去，土地资源才能被合理利用起来。不管是农村还是城市，土地资源的管理和利用都必须在保护环境、提倡生态文明的前提下进行。

3 提高土地利用综合规划质量的对策

农村地区在我国总国土面积中依旧占有十分大的比重，近年来国内城市化发展速度不断加快，新农村建设工作也在同步开展，由此导致一系列土地资源规划利用不合理现象。为了有效减少这类现象的发生，土地资源管理部门必须要重视土地利用综合规划工作，促进土地利用综合规划质量得到有效提升。

3.1 完善土地综合规划评估机制体系

现阶段，我国仍旧缺乏专业、精准的评估机制，导致土地资源利用效率低下问题难以得到有效解决，因此必须尽快完善针对土地资源利用的相关规定。相关部门需要做好对土地资源的评估工作，促进评估科学性与客观性的有效提升，在土地评估过程中必须要重视土地资源利用管理方式的选择对当地环境发展与经济建设所产生的重要影响，提高土地资源利用综合规划质量。

3.2 应用信息技术提高规划决策质量

我国地域辽阔，土地资源跨度空间普遍比较大，土地利用综合规划工作如果仍旧依赖于传统的人工管理手段，则很难有效促进土地利用综合规划质量在技术管理层面有实质性发展。所以必须要借助现代科学技术，积极应用全球定位系统及地理信息系统，如北斗导航系统可以在土地利用综合规划中为管理者提供更为全面、准确的地理信息，促进土地资源管理规划决策质量进一步提升。

3.3 进一步加强土地资源利用宣传工作质量

我国人口众多，在提高土地资源利用质量与耕地面积保护工作开展过程中，要加深群众对土地资源合理利用对未来社会发展与经济进步的重要作用等理念的理解。建议通过多方渠道加大土地资源合理开发的宣传工作，提高民众对相关知识的认知程度，减少违规违纪开发土地现象的发生。

结语

在土地资源管理与规划工作中，必须要充分结合实际状况、立足国情解决问题，提高对土地资源管理的监管力度，从长远发展角度促进土地资源管理效率的进一步提升。

参考文献

[1] 魏妍．新时期土地资源管理与土地利用综合规划［J］．住宅与房地产，2020（24）：71.
[2] 朱有富．当前土地资源管理与土地利用综合研究［J］．乡村科技，2020（18）：80–82.
[3] 陈丽芬．土地规划管理信息化体系建设与应用研究［J］．现代信息科技，2020，4（06）：130–132.
[4] 束应成．对新时代土地资源管理与土地利用综合分析［J］．现代经济信息，2019（19）：91.

内蒙古自治区生态保护红线内有限人为活动管理思考

王哲[1]，程萱[2]，张国斌[1]

（1. 内蒙古自治区地质调查研究院，内蒙古 呼和浩特 010010；
2. 内蒙古自治区国土空间规划院，内蒙古 呼和浩特 010010）

摘　要：内蒙古自治区一半以上国土面积被纳入生态保护红线，如何管好红线尤为重要，本文对国家明确的除国家重大项目外允许在生态保护红线一般区域允许的有限人为活动的内涵和管理重点进行了探讨，提出了基于国土空间规划的生态保护红线评估指标建议，分析了内蒙古自治区目前生态保护红线内有限人为活动管理存在的问题并提出相关建议。

关键词：内蒙古自治区；生态保护红线；有限人为活动

Thinking on the management of limited human activities within the ecological conservation redline in the Inner Mongolia Autonomous Region

Wang Zhe，Cheng Xuan，Zhang Guobin

（1. Geological Survey Academy of Inner Mongolia Autonomous Region，Inner Mongolia Hohhot，010010，China；2. Inner Mongolia Territorial Space Planning Institule，Inner Mongolia Hohhot，010010，China）

Abstract：Based on the actual situation of Inner Mongolia Autonomous Region，the paper discussed the connotation and management focus of the limited human activities allowed in general control areas of the ecological conservation redline，except for major national projects，proposed the ecological conservation redline assessment indicators based on land space planning. The paper analyzed the problems existing in the management of limited human activities within the ecological conservation redline in the Inner Mongolia Autonomous Region and puts forward relevant suggestions.

Key words：Inner Mongolia；ecological conservation redline；limited human activities

内蒙古自治区是我国自然生态系统类型最完整的地区之一，包括了森林、灌丛、草原与荒漠等地带性生态系统和湿地、沙地等非地带性生态系统。习近平总书记 2014 年初在考察内蒙古的讲话中强调：内蒙古的生态状况如何，不仅关系到内蒙古各族群众的生存和发展，也关系到华北、东北、西北乃至全国的生态安全，要努力把内蒙古建成我国北方重要的生态安全屏障。内蒙古自治区作为第一批生态保护红线划定试点，从 2017 年就开始生态保护红线划定工作，截至 2021 年 6 月，共划定生态保护红线 59.69 万平方公里，占国土面积的50.46%，是全国生态保护红线面积占国土面积最大的省份，所以，处理好发展与保护的关系，管理好生态保护红线内的有限人为活动对内蒙古自治区尤为重要。

1　什么是有限人为活动

在中共中央办公厅和国务院办公厅印发的《关于在国土空间规划中统筹划定落实三条控制线的指导意见》（以下简称《意见》）中指出，生态保护红线内，自然保护地核心保护区原则上禁止人为活动，其他区域严格禁止开发性、生产性建设活动，在符合现行法律法规前提下，除国家重大战略项目外，仅允许对生态功能不造成破坏的有限人为活动。有限人为活动主要包括：零星的原住民在不扩大现有建设用地和耕地规模前提下，修缮生产生活设施，保留生活必需的少量种植、放牧、捕捞、养殖；因国家重大能源资源安全需要开展的战略性能源资源勘查，公益性自然资源调查和地质勘查；自然资源、生态环境监测和执法包括水文水资源监测及涉水违法事件的查处等，灾害防治和应急抢险活动；经依法批准进行的非破坏性科学研究观测、标本采集；经依法批准的考古调查发掘和文物保护活动；不破坏生态功能的适度参观旅游和相关的必要公共设施建设；必须且无法避让、符合县级以上国土空间规划的线性基础设施建设、防洪和供水设施建设与运行维护；重要生态修复工程[1]，共8种类型。2022年8月16日自然资源部、生态环境部、国家林业和草原局印发《关于加强生态保护红线管理的通知（试行）》（以下简称《通知》），将生态保护红线内允许的有限人为活动细化为10种类型[2]。本次针对上述文件种提到的有限人为活动管理进行探讨。

2　态保护红线内有限人为活动管理内容及重点

2.1　零星原住民生产生活

《通知》中明确原住居民和其他合法权益主体，允许在不扩大现有建设用地、用海用岛、耕地、水产养殖规模和放牧强度（符合草畜平衡管理规定）的前提下，开展种植、放牧、捕捞、养殖（不包括投礁型海洋牧场、围海养殖）等活动，修筑生产生活设施[2]。零星原住居民有限人为活动管理的重点在于不扩大现有建设用地规模和耕地规模，建设用地主要包括商业服务业设施用地、物流仓储用地、工业用地、采矿用地、盐田、城镇住宅用地、农村宅基地、机关团体新闻出版用地、公用设施用地、公园与绿地、特殊用地、铁路用地、轨道交通用地、公路用地城镇农村道路用地、交通服务场站用地、机场用地、港口码头用地、管道运输用地、水工建筑用地、空闲地；耕地主要包括水田、水浇地、旱地[2]。其中不仅包括保障生活所必需的水、电、气、暖、交通出行必要的设施，也包括必要的学校、体育场、活动室等公共设施。此类有限人为活动管理应当以生态保护红线批复年度为基准年，依据每年国土变更调查成果对是否扩大用地规模进行认定。纳入国土空间规划的公路、铁路、管道运输等线性基础设施用的建设、维护在后文中论述。

2.2　战略性公益性自然资源调查和地质勘查

因国家重大能源资源安全需要开展的战略性能源资源勘查，公益性自然资源调查和地质勘查。包括基础地质调查和战略性矿产资源远景调查等工作；铀矿和已依法设立的油气勘查；铬、铜、镍、钴、锆、钾盐、（中）重稀土矿等国家战略性矿产勘查；其他由国务院同意的战略性矿产资源勘查。此类有限人为活动开展过程中需落实减缓生态环境影响措施、严格执行绿色勘查和生态修复要求。在管理中应当重点对矿产勘查工程的恢复治理工作进行监督，对各类勘查必要的永久性工程建设进行管理。

2.3 监测、执法、灾害防治和应急抢险活动

管护巡护、保护执法、科学研究、调查监测、测绘导航、防灾减灾救灾、军事国防、疫情防控等活动及相关的必要设施修筑。主要包括自然资源、生态环境、林业和草原、水利、气象等各类监测站点建设及必要永久性设施；涉水违法事件查处后，需要恢复水利设施或需要拆除违法地物等情况；在灾害防治和应急抢险活动中必要的取土取石、抢险道路修筑、行洪通道开挖、滑坡泥石流清理等工作。此类有限人为活动多为政府行为，管理的重点应当放在程序合法性上，同时也应当注重事后的监督管理，对区域生态有明显影响的时候应当落实减缓措施。

2.4 科学研究和标本采集

经依法批准进行的非破坏性科学研究观测、标本采集，主要包括在生态保护红线内动植物标本采集；动植物野外观测；建设必要的观测站及观测设施；地质、水利、气象等其他非破坏性科学研究观测和标本采集。此类有限人为活动的管理重点应当放在其活动的合法及非破坏性上，活动结束后应当向地方生态保护红线管理部门报告工作情况，经管理部门确认其“非破坏性”后结束相关活动。

2.5 考古调查发掘及文物保护

经依法批准的考古调查发掘和文物保护活动，主要包括田野调查、考古发掘；因文物保护必要的工程建设。管理的重点应当在于其程序的合法性，涉及发掘应当对表土分类存放，活动结束后按照顺序回填，并恢复至原始地形地貌。

2.6 适度参观旅游

不破坏生态功能的适度参观旅游及符合相关规划的配套性服务设施和相关的必要公共设施建设及维护，主要包括旅游线路规划、景区内部道路及观景栈道建设、景区导览系统建设、游客中心建设、景区广场及主碑建设、景区勘界立标、停车场建设等。管理的重点应当放在旅游活动和必要的建设是否不破坏生态功能，游客中心、停车场和景区广场等非多为永久性建设内容，其对地表植被和土壤具有一定的破坏作用，应当限制其建设规模；景区勘界立标后可能会对生态系统连通性及动物迁徙路线造成影响，应当采用减缓影响的措施。

2.7 线性基础设施建设、防洪和供水设施建设与运行维护

必须且无法避让、符合县级以上国土空间规划的线性基础设施、通信和防洪、供水设施建设和船舶航行、航道疏浚清淤等活动；已有的合法水利、交通运输等设施运行维护改造，主要包括公路、铁路、桥梁、隧道、供水、输电、通信、河道、河堤等建设与运行维护。管理的重点在于其是否纳入县级以上国土空间规划，是否为必须且无法避让生态保护红线。

2.8 重要生态修复工程

2020年6月3日，国家发展和改革委员会、自然资源部印发《全国重要生态系统保护和修复重大工程总体规划（2021—2035年）》。内蒙古自治区正在编制《内蒙古自治区国土空间生态修复规划（2021—2035年）》，同时布局盟市、旗县自上而下编制生态修复规划。上述规划中明确的重要生态修复工程应当属于可以保留在生态保护红线其他区域内的有限人为活动。其中包括了退耕还林、退牧还草、森林灾害综合治理、生物多样性维护、生物入侵防治、矿山生态修复治理、流域水环境保护与治理以及水土保持、防沙治沙、植被恢复等综合治理内容。该类有限人为活动管理的重点在于是否列入县级以上生态修复类规划，是否达到了规划中设置的目标，生态效益是否达标。

3 基于国土空间规划的生态保护红线评估思路

按照中共中央 国务院《关于建立国土空间规划体系并监督实施的若干意见》要求，上级自然资源主管部门要会同有关部门组织对下级国土空间规划中各类管控边界、约束性指标等管控要求的落实情况进行监督检查，建立国土空间规划定期评估制度[5]。生态保护红线作为内蒙古自治区国土空间的重要一环，对构建生态功能保障基线、环境质量安全底线和自然资源利用上线具有重大意义。

3.1 评估准备

3.1.1 查清自然生态和人类活动本底情况

摸清生态保护红线区域内的土地类型及权属、生产生活状况、基础设施、人类工程活动等基础信息。摸清生态保护红内生态系统类型、生态格局及变化情况。

3.1.2 建立评估体系

以土地利用现状结合卫星影像为主，结合自然地理、生态环境、遥感影像、气象、水利、林草其他数据，分析黄河流域人类活动基本情况，并依据黄河流域生态保护红线面积比例、人类活动影响面积、生态修复面积比例、自然生态用地面积比例、植被覆盖指数、水源涵养能力、水土保持能力、防风固沙能力、洪水调蓄能力、重点生物物种种数保护率等指标开展定量赋分研究。

3.2 评估主要内容及周期

本文将评估分为日常监测评估、年度评估和五年评估（定期评估）。

3.2.1 日常监测评估

对划定的生态保护红线及重点区域监管识别，通过卫星遥感解译等手段，提取疑似的人类活动问题和清单，采集人类活动本底调查数据，对划定的红线区域内的生态系统格局、功能变化，生态环境受威胁状况变化、人类干扰事件、突发环境事件建立台账管理，并向相关职能部门推送问题图斑进行核查。对拟进入生态保护红线的各类工程及其他人类活动进行评估，通过专家论证的方式对不可避让生态保护红线和环境影响等方面进行论证。

3.2.2 年度评估

以红线区内资源开发、生态破坏、环境污染活动等数据为本底，按年度对生态保护红线内建设用地比例、交通用地强度指数、农业用地强度指数，植被退化率、水资源利用强度指数、人口密度、水环境质量指数等综合指标进行统计分析，调研各级人民政府对生态保护红线各区块的生态管控措施及生态修复情况，综合上一年度管理情况，客观评价一年以来的生态保护红线内管理成效。

3.2.3 五年评估（定期评估）

在日常监测评估和年度评估的基础上，充分识别生态保护红线内矛盾冲突，重点识别具有重要生态价值未纳入生态保护红线的区域和生态保护红线内的矛盾冲突，对照生态保护红线“面积不减少、功能不降低、性质不改变”的要求，对建设用地规模、生态功能情况、管控措施及成效等方面进行评价，综合反映一段时间以来的生态保护红线管理成效。

3.3 评估主要指标

3.3.1 指标选取要求

指标的选取应当能科学客观的反映生态保护红线内人类活动和生态功能的基本情况和变化情况；应当能够满足不同生态功能、不同生态系统、不同本底情况评价要求；评价所需的基础数据和参数应当具备权威性能够通过官方渠道获取。

3.3.2 生态保护红线内主要评估指标思考

3.3.2.1 人类活动指标

人类活动作为生态保护红线内的最重要的影响因素，直接影响着生态保护红线管理成效。按照活动类型可以分为人类干扰和生态修复。

人类干扰主要是由于人类活动对生态系统产生的负面影响，作为扣分类指标使用。包括各类生产、建设活动规模以及中央环保督察、自然资源督察和各级各类执法机关查处的生态环境破坏行为。

生态修复主要是在人工干预下恢复与重建在自然突变和人类活动影响下受到破坏的自然生态系统，作为加分类指标使用。包括自然资源、发展和改革、林草、水利布局的各类生态修复项目和其他各类市场主体开展的有助于提升生态质量的工程或项目。

3.3.2.2 生态功能指标

为保持数据的一致性，建议按照生态保护生态划定中提供的《生态系统服务功能重要性评价方法》中采用的指标和模型进行分析，并根据各地区实际对生态环境自然本底值进行修正。然后，按照不同时间尺度需求，分析一段时间以来的生态系统状况和变化情况。同时，针对内蒙古自治区主要涉及的水源涵养、生物多样性维护、水土保持、防风固沙 4 种生态保护红线类型，提出个性化考核指标，确保生态保护红线主要功能实现。相关分值根据生态保护红线主要功能实现以及生态环境是否好转确定加分或者扣分。

3.3.2.3 生态保护红线管理指标

生态保护红线的管理指标主要针对县域内生态保护红线边界及面积变化情况、不符合生态保护红线主体功能定位的人类活动退出情况和县级以上人民政府及相关职能部门对生态保护红线管理政策出台及执行情况进行评估。

4 结论及建议

4.1 强化部门间配合

内蒙古自治区作为生态保护红线占国土面积比例最大的省份，同时，生态保护红线管理同时涉及自然资源、生态环境、林业和草原、发展和改革、水利、农牧等多部门协同配合，在日常监管、用地审批、执法监督等方面建立跨部门协同工作机制。

4.2 积极保障原住居民生产生活需要

内蒙古自治区属于边疆少数民族地区，大量农牧民分散居住在生态保护红线内，对蒙古族传统的转场生产生活模式、“渔民上岸”、原住居民“分户”享有的“一户一宅”

权力以及乡村振兴项目等新增用地需求，还需要出台针对性的管理办法，保障原住居民和各合法主体权益。

4.3 认真做好监测评估

要强化对生态保护红线实施情况的监督检查，严格国土空间用途管制实施监督，强化生态保护红线内建设用地和矿业权审批，严格规范生态保护红线管理。以历年国土变更调查数据成果为基础，发挥卫星遥感等新技术新手段在区域生态环境评价的优势，结合气象、水文、生物多样性等资料，把用地状况与生态系统变化情况统筹起来，建立短期、中期、长期生态保护红线成效评估体系，确保“生态功能不降低、面积不减少、性质不改变”。

4.4 加强生态保护红线宣传

在生态保护红线评估结果经国务院认定后，我省将组织开展生态保护红线勘界定标工作，在醒目位置设立包含生态保护红线名称、面积、范围、功能、监管等基本信息的标志牌，利用“移动大数据”对进入生态保护红线内的人短信提醒，以起到警示宣传的目的。同时，利用新媒体等方式积极开展生态保护红线宣传教育工作。

参考文献

[1] 中共中央办公厅国务院办公厅印发《关于划定并严守生态保护红线的若干意见》[R/OL].（2022-12-01）[2017-02-07]. http：/www.gov.cn/goug heco/content/2017/5174504.htm.

[2] 自然资源部生态环境部国家林业和草原局《关于加强生态保护红线管理的通知（试行）》[R/OL].（2022-12-01）[2022-08-16]. http：//www.gov.cn/zhengce/zhengceku/2022-08/20/content_5706169.htm.

[3] TD/T 1055-2019，第三次全国国土调查技术规程[S].

[4] 仇洁，林乃峰，张琨，叶鑫，杨悦，邹长新. 生态保护红线管控政策框架研究—以宁夏为例[J]. 环境生态学，2021，3（12）：1-6.

[5]《关于建立国土空间规划体系并监督实施的若干意见》[R/OL].（2022-12-01）[2019-05-23]. http：//www.gov.cn/zhengce/2019-05/23/content_5394187.htm

农村征地制度改革前后的农民满意度分析

——基于内蒙古和林格尔县的实证研究

鲁丽波　徐艳红　王友凤　范海娇　郝梦洁

（内蒙古自治区土地调查规划院，内蒙古 呼和浩特，010010）

摘　要：对内蒙古和林格尔县农村土地征收制度改革前后开展问卷调查，采用二值选择的Probit概率模型实证分析改革前后被征地农牧民对征地满意度及其影响因素，分析其土地征收制度改革措施及被征地农牧民的社会保障情况。研究结果表明：实施农村土地征收制度改革前被征地农牧民对征地满意度的影响因素主要有是否提供医疗、养老保险和土地征收用途；改革后主要的影响因素有对改革措施的了解程度和对农地流转的了解程度。研究结论：实施农村土地征收制度改革后，不同利益相关者的主观意识、客观条件和工作方法等都发生了很大的变化，整个土地交易过程更加的公开化和透明化。但是，正值改革初期仍要加强农村社会保障制度的建设、加强政府服务水平，提高被征地农牧民对征地的满意程度，进一步促进内蒙古农村土地征收制度改革。

关键词：内蒙古；农村土地征收；制度改革；满意度

Factors influencing of Land Acquisition Satisfaction in before and after the Reform of the Rural Land Expropriation System

Lulibo　Xuyanhou　Wangyoufeng　Fanhaijiao　Haomengjie

（Inner Mongolia land Surveying and Planning Institute，Hohhot，010010）

Abstract：This paper is through the two questionnaires conducted before and after the pilot rural land acquisition system reform，in Helinge County，Inner Mongolia. Probit's probability model was used to empirically analyze the level of satisfaction of land-expropriated farmers and herdsmen before land acquisition and its influencing factors，and analyzed the reform measures of the land expropriation system. Social security status of farmers and herdsmen whose land has been acquired. The research results show that the factors affecting the satisfaction of land acquisition by farmers and herdsmen before the implementation of the rural land expropriation system reform mainly include the provision of medical treatment，pension insurance，and the use of land；the main influencing factors after the reform are the understanding of reform measures and Knowledge of the circulation of agricultural land. Research conclusions：After the implementation of the reform of the rural land acquisition system，the subjective awareness，objective conditions，and working methods of different stakeholders have undergone great changes. The entire land transaction process has become more open and transparent. However, at the beginning of the reform, we still need to strengthen the construction of the rural social security system, strengthen the level of government services, increase the level of satisfaction of the landless peasants and herdsmen for land acquisition, and further promote the reform of the rural land acquisition system in Inner Mongolia.

Key words: Inner Mongolia; Countryside Land Requisition; Reformation System

1 引言

土地征收关系到国家、集体和个人的利益冲突和利益平衡，对社会影响深远[1]。随着市场经济的发展，资本、劳动力等各类生产要素市场逐步形成，土地资产的重要性也越来越凸显[2]。在经济快速发展过程中，土地征收是城市化、工业化的必要环节，非农建设用地大量挤占农用地，导致失地农牧民数量越来越多，他们就业困难和长远生计得不到保障等问题日益突出，成为社会各界广泛关注的焦点问题[3-5]。新中国成立以来，中央和地方政府发布了一系列规范土地管理和深化土地制度改革的政策、法规，有效推动着土地制度的变迁。2015 年，内蒙古自治区和林格尔县被确定为全国农村土地征收制度改革试点县（市）之一，土地征收制度改革要求各试点围绕缩小土地征收范围，规范土地征收程序，完善对被征地农民合理、规范、多元保障机制等方面进行探索。农村土地征收制度改革是否按照国家实施政策初衷开展，执行过程是否规范均有待探究。古人云："知屋漏者在宇下，知政失者在草野"，老百姓满意与否是政策改革是否有效最直接的判定依据。基于此，本文通过对试点土地征收制度改革前后开展问卷调查研究，对比分析改革前后试点内失地农牧民对征地满意度及其影响因素，以及失地农牧民、国家和集体之间不同利益相关者之间的情况变化。

2 研究方法

问卷调查具有针对性强、执行效率高的特点，采用问卷调查方法支撑研究，根据研究区农村土地征收制度的特点，对改革前后被征地农牧民对征地满意度的影响因素进行研究。可以增加土地征收制度改革情况的可靠性，还能够更加直观的反应出改革过程中出现的问题，更容易让人信服[9-11]。问卷调查的结果也能够比较客观的反映出不同利益相关者对农村土地征收制度改革的意见、建议，并及时发现农村土地征收制度改革中具体实行过程中存在的问题，为制度改革的进一步完善提供参考和依据[12]。

2.1 调查问卷方案设计

基于农村土地征收制度改革前后被征地农牧民满意度影响因素分析这一目的，本文从政府、国土部门和农牧民相关者的利益诉求和行为倾向出发选取调查问卷的对象，主要分为：（1）政府部门——内蒙古和林格尔县人民政府；（2）土地管理部门——内蒙古和林格尔县国土资源局；（3）被征收土地农牧民——内蒙古和林格尔县被征收土地农牧民，具体如图 1 所示。在明确调查目标的基础上，通过实地现场发放填写调查问卷方式开展研究。

2.2 调查问卷内容设计

调查问卷依据调查目标设置基本信息、征地及补偿情况、就业及社会保障情况、征地过程中出现的问题、土地征收制度改革方案两个问答题5栏内容。其中基本信息包括被调查者的年龄、文化程度、家庭规模、所在单位、是否参与过土地征收过程；征地及补偿情况包括被征收土地用途、对土地征收补偿标准是否满意、政府提供的安置方式、失地农牧民的基本权益是否能够得到保障、失地农牧民对政府的补偿政策是否了解；就业及社会保障情况包括：征地对失地农牧民的家庭经济状况有哪些影响、政府提供过那些就业帮扶、政府提供免费就业培训是否有必要、当前失地农牧民最低生活保障标准是否能够保障困难家庭的基本需要、失地农牧民社会保障制度建立所需的资金来源[13–16]。

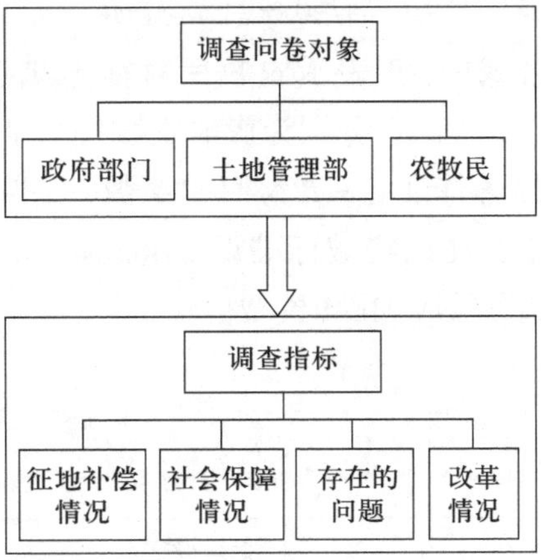

图1 调查方案

Fig.1 The investigation plan

表1 问卷调查内容表

Tab.1 Questionnaire

调查项目	调查项目	征地及补偿情况	就业及社会保障情况	问答题
内容说明	年龄、文化程度、家庭规模、所在单位、是否参与过土地征收过程	征收用途、安置方式、对补偿标准是否满意、补偿政策情况	对家庭经济状况有哪些影响、提供的就业帮扶、就业培训、社保医保情况、社会保障的资金来源	征地过程中出现的问题、改革措施

3 调查结果及其分析

3.1 样本选择

2015年初农村土地征收制度改革试点刚刚确定，我们第一次对试点的土地征收制度现状进行问卷调查；2017年，经过两年的改革实施，我们再次对试点土地征收制度改革情况进行问卷调查。两次问卷调查共发放问卷600份，每次300份，第一次问卷调查中被征收土地农牧民200份，有效问卷185份；政府部门50份，有效问卷48份；基层土地管理部门发放50份，有效问卷46份；第二次问卷调查中被征收土地农牧民200份，有效问卷188份；政府部门50份，有效问卷47份；基层土地管理部门发放50份，有效问卷48份；为了使调查样本有较强的针对性，调查数据和情况有较高的可信度，调查问卷主要发放到正处于高速发展阶段的工业园区和城乡结合地区，例如盛乐镇、城关镇、舍必崖乡等。

3.2 模型选择

Probit本文采用二值选择的Probit概率模型对改革前后被征地农牧民征地满意度进

行估计，分析试点内农村土地征收制度改革前后征地满意度影响因素。变量的设定、说明及赋值详见表 2。将模型的矩阵式定义为：

$$Y=\beta_1X_1+\beta_2X_2+\cdots+\beta_nX_n+\mu \quad (1)$$

公式中：Y 表示农牧民对征地满意度；X_1，X_2，…，X_n 分别为影响农牧民对征地满意度的解释变量；β 为回归系数；μ 为误差项。本文使用稳健标准误（Robust Std.Err）、均值边际效应 MEM 模型检验[17-18]。

回归模型能够成立的重要条件是变量之间不存在多重共线性问题，并解释与扰动项不相关，因此，接下来对解释变量直接进行多重共线性检验，选择使用方差膨胀因子（VIF）检验[19-20]，结果各自变量的 VIF 在 1.01~1.87 之间，远远小于 10，故不必担心存在多重共线性，都可以同时纳入 Probit 回归模型中。

表 2　变量设定、说明及赋值

Tab.2　The setting，definition andassignment of the variables

	变量设定	代码	变量说明及赋值
被解释变量			
	改革前农牧民对征地满意度	Y1	1= 是，0= 否
	改革后农牧民对征地满意度	Y2	1= 是，0= 否
解释变量			
基本情况	年龄	X1	1= 小于 30 岁，2=30 岁 –40 岁，3= 大于 40 岁
	文化程度	X2	1= 小学及以下，2= 中学（初中及高中，3= 大专及以上）
	家庭规模	X13	1= 两人，2= 两人以上
	是否参与过土地征收	X4	1= 是，0= 否
征地及补偿情况	土地征收用途	X5	1= 国家基础设施建设，2= 工商业、房地产等经营性用地
	对土地征收程序是否了解	X6	1= 是，0= 否
	对补偿政策是否了解	X7	1= 是，0= 否
	安置方式	X8	1= 提供一次性的土地补偿金，2= 提供还建住房，3= 划拨重新安置了土地
就业及社会保障情况	对家庭经济状况的影响	X9	1= 很大的帮助和改善，2= 没有任何影响，3= 较多的损失
	提供的就业帮扶	X10	1= 提供岗位，2= 技能培训指导和提供招工信息，3= 没有任何行动
	是否提供医疗和养老保险	X11	1= 是，0= 否
	社会保障的资金来源	X12	1= 个人，2= 国家和集体，3= 三方共同支付
政策导向认知度	对改革政策的了解程度	X13	1= 是，0= 否
	对改革措施的了解程度	X14	1= 是，0= 否

续表 2

	变量设定	代码	变量说明及赋值
政策导向认知度	对农地流转的了解程度	X15	1= 是，0= 否
	对集体经营性建设用地入市的了解程度	X16	1= 是，0= 否

3.3 结果分析

在统计分析调查问卷时发现，被调查对象的基本特征为：年龄集中在 40~55 之间，文化程度主要在水平较低的初中、高中阶段，家庭规模以 3 人以上为主，每个家庭平均拥有劳动力为 2.5 人；家庭年均总收入在 2~3 万元之间，务农和外出打工是家庭总收入的主要来源，政府部门提供的就业岗位只能满足 38% 失地农牧民需求，而超过一半的失地农牧民只能从中得到技能指导和招工信息；超过 65% 的被调查对象对征地方式、程序及征地政策都不是十分了解，对社会保险的含义、形式和种类也都不了解。

由表 3 调查结果可知改革前后失地农牧民对征地的满意度呈现 U 型变动，满意度呈上升趋势。其中，失地农牧民的调查结果显示，改革前后满意度增长了 32 个百分点。政府、土地管理部门改革前后满意度增长了 19 个百分点，据调查改革前政府及土地管理部门，对征地满意度不高主要表现在：征地难、征地程序无法正常实施，还会出现个别群众不配合征地最终进行不下去的现象；改革后，征地难的现象逐渐降低，政府及土地管理部门对征地满意度有所提高[21-23]。

表 3 改革前后失地农牧民对征地的满意度

Tab.3 Evaluation on the satisfaction of landless farmers and herdsmen to land acquisition institution at different times

改革前满意度	满意	不满意	改革后满意度	满意	不满意
失地农牧民样本数（人）	31	154	失地农牧民样本数（人）	93	95
比例	17%	83%	比例	49%	51%
政府、土地管理部门样本数（人）	62	32	政府、土地管理部门样本数（人）	81	10
比例	66%	34%	比例	85%	15%
总样本数（人）	93	186	总样本数（人）	174	105
比例	31%	62%	比例	58%	35%

使用 Stata12.0 统计软件对 600 个样本数据进行了 Probit 回归分析，得到改革前后失地农牧民对征地满意度影响因素实证分析结果，如表 4 所示。

（1）样本基本特征对征地满意度有影响。改革前后，年龄、文化程度和家庭规模都通过了显著性检验，表明这三个解释变量对征地满意度有显著影响。其中，年龄的显著系数为负，说明年龄越大对征地的满意度越小，对耕地的依赖性更加强烈，耕地是他们最重要的生产资料、最稳定的收入源泉，对于失去耕地的心理要素更加复杂与紧张；

表 4 模型评估结果

Tab.4 The model estimation results

自变量 Independent variable	Y1				Y2			
	β	RSE	P > |z|	MEM	β	RSE	P > |z|	MEM
X1	–4.496 97	0.710 2	0.000	–0.000 071 8	–0.610 487	0.110 206 9	0.000	–0.222 850 7
X2	1.393 80	0.382 2	0.000	0.000 022 3	0.287 011	0.164 165 2	0.080	0.104 77
X3	0.661 790	0.437 7	0.131	0.000 010 6	0.516 526	0.188 245 2	0.006	0.188 551 6
X4	–0.239 308	0.457 1	0.601	–0.003 820	0.280 164 5	0.535 594 5	0.601	0.102 270 5
X5	–0.177 552 6	0.395 3	0.653	–0.002 830	0.069 776 7	0.162 434 2	0.668	0.025 471 1
X6	0.922 265 8	0.426 1	0.036	0.014 700	0.102 951 4	0.471 807 2	0.0549	0.037 581 1
X7	0.556 504 5	0.362 4	0.066	0.002 500	0.178 132 6	0.373 121 4	0.0704	0.065 025 1
X8	0.301 036 3	0.335 8	0.37	0.004 810	0.043 149 2	0.137 026 1	0.753	–0.015 751 1
X9	–0.122 399 9	0.323 4	0.705	–0.001 950	–0.012 218 7	0.093 982 5	0.897	0.004 460 3
X10	0.187 213 9	0.234 9	0.426	0.002 990	0.058 255 9	0.092 132 6	0.527	0.021 265 6
X11	0.530 532 8	0.428 1	0.215	–0.008 470	0.284 3115	0.159 521 2	0.075	0.103 784 4
X12	0.376 057 4	0.318 1	0.034	–0.000 010 8	0.464 82	0.100 403 1	0.084	0.005 347 2
X13					0.487 012 9	0.209 876 8	0.073	0.068 266 7
X14					0.488 872 5	0.184 089 1	0.065	0.068 945 5
X15					0.001 887 1	0.199 920 6	0.992	0.000 688 8
X16					0.191 031 9	0.133 840 6	0.553	0.069 733 8
常数 Constant	3.806 163	2.140 2	0.075		0.394 253 2	0.935 207 8	0.673	

文化程度和家庭规模都正向显著影响征地满意度，受教育程度越高，政策的响应度、程序的规范度等理性意识更加强烈；家庭成员的多样化与均衡化，使家庭获取信息的渠道越多，愿意和他人交流、分享信息的越多，进而有利于增加对征地政策的满意程度。因为在发放调查问卷时，主要针对参与过土地征收过程的失地农牧民进行调查，在总体样本中有超过 90% 的人参与过土地征收，未通过显著性检验，表明是否参与过土地征收这一解释变量对征地满意度无显著影响。

（2）征地及补偿特征对征地满意度有影响。改革前，土地征收用途与征地满意度呈现显著的负相关，说明当土地用途为工商业、房地产等经营性用地时，降低了被调查失地农牧民对土地征收的满意度，对于国家基础设施建设用地，被调查失地农牧民并没有表现出强烈的不满意度。改革后，由于被调查失地农牧民对土地征收的满意度整体提高，土地征收用途并没有显著影响征地满意度。对土地征收程序是否了解、对补偿政策是否了解两个解释变量无论是改革前还是改革后都正向显著影响征地满意度。调查过程中发现，改革前由于有些征地补偿金额不统一、征地行为不规范、土地征用不符合相关规定、征用土地的相关概念模糊、对政策宣传不到位，失地农牧民对政策一知半解等原因，导致很多失地农牧民对当地土地征地满意程度普遍较低。

（3）就业及社会保障情况对征地满意度有影响。无论是改革前后，对家庭经济状况的影响这一解释变量，都对征地满意度呈现负相关性，说明征地后对家庭有较多损失的农牧民都表现出对征地不满意的情形。超过75% 的农牧民表示愿意参加免费的就业培训，以此来寻求更多的就业机会，从而减轻由于征地带来的对家庭经济状况的影响。然而，由于征地执行的过程中相关部门沟通协调欠缺，实地调研少，在失地农牧民就业与补偿款如何支配的问题上并没有得到较好的引导。对于是否提供医疗和养老保险、社会保障的资金来源都通过了 5% 水平上显著性检验，表明越给失地农牧民提供医疗和养老保险，他们的满意度越高。

（4）政策导向认知度对征地满意度有影响。只有对改革后的被调查者进行了政策导向认知度的调查，从中发现对改革政策的了解程度、对改革措施的了解程度对征地满意度呈现较显著的正相关性，可见他们对征地满意度影响较大。进一步调查发现，试点内农村土地征收制度改革的具体措施包括：第一，以“镇级统筹，村级建设”为指导思想，自上而下统筹规划每一块土地的主题功能与利用方式，自下而上以村集体为单元明确每一块土地的流转情况与收益分配情况；第二，以“科学合理分配增值收益”为关键所在，通过学习与研究其他发达地区先进试点的收益分配方式，以专家论证方式，多角度、多方面最终确定既科学又符合当地实际情况的土地增值收益分配方式；第三，以“集体经营性建设用地入市”为主要改革手段，全县目前已有多宗集体经营性建设用地进入了土地市场中进行交易。但是统计发现对农地流转的了解程与对集体经营性建设用地入市两个解释变量对征地满意度影响较小，可见失地农牧民对于农地流转和集体经营性建设用地入市并不是非常了解，仍然需要加大力度进行政策宣传与交流。

4　结论与讨论

“镇级统筹，村级建设”，这样不但可以解决因农牧民对政策导向和征地程序的不了解、不关心而引发的征地纠纷，还可以促使农牧民、村集体和政府部门的有效衔接，提高办事效率。但是，有些村集体不能有效组织农牧民进行科学建设集体土地，出现集体土地利用率低下，农牧民对土地入市流转积极性不高的现象。

“科学合理分配增值收益”，农用地征收转用过程中的土地增值收益分配问题直接关系农村土地所有者和使用者的利益，也影响到“三农”乃至整个社会经济发展的全局24。补偿标准一直是土地征收过程中急需有效解决的关键问题，科学合理的制定土地增加收益分配体系是解决因对补偿标准不满意而引发的失地农牧民上访问题。

“集体经营性建设用地入市”直接促成了城乡土地资本“双轮驱动”，使原有政府获取土地差价并通过财政投入进行城镇化建设投资的国有土地财政驱动方式发生改变，激发了农村土地资源活力，形成了企业和农民互惠互利、协同发展的和谐局面，并有效地促使了旗县级地区的经济发展。然而，在集体经营性建设用地入市过程中，会出现区位差别过大的情况。有些集体经营性建设用地所在的村距周边公路网较近，周边村庄劳动力资源丰富；有些集体经营性建设用地距城区较远、交通不便、村庄劳动力资源匮乏，很难进行土地入市交易[25]。

总之，通过对研究区域改革前后进行问卷调查，并对两次调查结果对比分析之后，得出以下结论：失地农牧民生活变化情况，通过两年的试点改革，在不断的走访调查中发现，失地农牧民无论从主观意识，还是客观条件都发生了显著的变化。改革前，提到征地，让人们首先想到的就是补偿标准和补偿金额，人与人之间不看实际情况，盲目攀比，进而造成了不必要、不可调和的矛盾，而且对征地满意度的主要影响因素是否提供医疗和养老保险；改革后，大部门实地农牧民首先考虑的是政策导向、政策认知，会以主人翁的心态参与到整个征地过程中。政府部门和土地管理部门的变化情况，政府部门和土地管理部门的工作人员，更加明确了工作思路，科学地制定了工作方法，以认真负责的态度，实实在在地为老百姓服务，整个土地交易过程都更加的公开化和透明化，对征地满意度的主要影响因素是对改革政策的了解程度。在农村土地征收制度改革逐步发展中，研究区内具体改革措施将进一步改进和完善。

农村土地征收制度的改革与否，归根结底为“追求经济效率”和“维护农村社会稳定”两者之间的权衡与博弈。市场化的改革有利于提高土地资源的利用效率、提高农牧民生活水平，但是过度的改革又会使农牧民在市场化的大潮中因种种原因失去土地，失地农牧民失去生存保障，会担心工商资本下乡导致圈地和土地兼并[26]。只有乡村实现经济转型，乡村振兴产业实现多元化发展，农牧民拥有稳固工作和可靠的收入来源，降低农牧民对土地的依赖程度，在乡村经济的带动下进行全面的农村土地征收制度改革，不断提高农牧民的满意程度。乡村振兴与乡村经济转型，村镇规划等基础性、指导性、纲领性文件必不可少，可以说，好政策的实施需要经济支撑，更需要基础保障。

参考文献

[1] 叶丽芳，黄贤金，马奔，等．基于问卷调查的土地督察机构改革设想［J］．中国人口．资源与环境，2014，(03)：77-82.

[2] 李效顺，卞正富，杨永均，等．基于问卷调查的土地资源领域技术竞争力分析［J］．中国土地科学，2014，(05)：19-26+97.

[3] 王良健，吴佳灏，李辉．农户土地征收意愿及其影响因素的区域比较分析［J］．中国农村观察，2013，(01)：11-20+90

[4] 刘琼，吴斌，欧名豪，等．土地利用总体规划与城市规划冲突的利益关系及协调［J］．中国土地科学，2014，28(4)，4-7.

[5] 罗文春．基于农民意愿的土地征收补偿研究［D］．西安：西北农林科技大学，2011，59-64.

[6] 李尚蒲，罗必良，钟文晶．产权强度、资源禀赋与征地满意度——基于全国273个被征地农户的抽样问卷调查［J］．华中农业大学学报（社会科学版），2013，(05)：7-15.

[7] 王静，邱道持，赵梓琰，蔡进．农村土地资产管理改革影响因素分析——基于重庆市忠县316份农户调查问卷［J］．西南大学学报（自然科学版），2014，(04)：114-119.

[8] 谢琳，罗必良．土地所有权认知与流转纠纷——基于村干部的问卷调查［J］．中国农村观察，2013，(01)：2-10+20+90.

[9] 李燕琼，魏玲丽．我国城市化过程中土地征用与农民惜地心态研究——基于东、中、西部1542个失地农民的问卷调查［J］．农村经济，2012，(05)：33-36.

[10] 陈丽．我国转型时期土地利用规划的制

度均衡分析［D］. 南京：南京农业大学，2007，46-49.
［11］武玲娟 . 城市化进程中“政府主导型”失地农民社会保障模式研究［D］. 山东：山东大学，2006，25-49.
［12］肖屹，钱忠好 . 交易费用、产权公共域与农地征用中农民土地权益侵害［J］. 农业经济问题，2005，（09）：58-63.
［13］王小映 . 论土地征收中的同地同价补偿［J］. 新视野，2010，（01）：24-26.
［14］杨峰 . 我国农地承包经营权流转制度的完善——以山西省家庭农场建设为例［J］. 中国特色社会主义研究，2015，（04）：52-56.
［15］肖屹，钱忠好 . 曲福田 . 农民土地产权认知与征地制度改革［J］. 经济体制改革，2009，01，84-85.
［16］王小映 . 全面保护农民的土地财产权益［J］. 中国农村经济，2003，10，9-16，
［17］刘康，李月娥，吴群等 . 基于 Probit 回归模型的经济发达地区土地利用变化驱动力分析——以南京市为例［J］. 应用生态学报，2015，26（07）：2131-2138.
［18］田国双，邹玉友，刘畅 . 国有林区职工对林业补贴政策实施满意度及其影响因素实证分析［J］. 干旱区资源与环境，2018，32（04）：26-30.
［19］李玉贝，陆迁，郭格 . 农户对水土保持技术的支付意愿及影响因素分析——基于社会关系网络视角［J］. 干旱区资源与环境，2018，32（04）：31-36.
［20］卢圣华，姚妤婷，汪晖 . 社会资本如何影响征地拆迁农户的生活？——基于有序 Logistic 模型的实证分析［J］. 中国土地科学，2017，31（06）：3-12.
［21］严虹霞，张宏 . 失地农民社会保障安置模式研究［J］. 社会科学研究，2007，05，104-106，
［22］张希兰 . 失地农民社会保障问题研究［D］. 南京：南京农业大学，2013，46-58.
［23］肖屹 . 曲福田，钱忠好 . 土地征用中农民土地权益受损程度研究［J］. 农村经济问题，2008，03，77-79，
［24］谢保鹏，朱道林 . 基于制度运行路径视角的我国征地制度效率分析［J］. 农村经济，2015，01，26-27，
［25］张合林，赵明 . 我国征地制度框架下农地资源保护绩效的博弈论分析［J］. 财经科学，2015，07（328），100-106.
［26］宋志红 . 农村土地制度改革中的效率与稳定问题探讨［J］. 中国国土资源经济，2016，29（04）：9-10.